U0161502

国家社会科学基金一般项目
"历史语境视野下的前苏联(俄罗斯)与西方科学哲学比较研究"
(项目批准号13BZX019)研究成果

俄罗斯科学技术哲学文库 | 孙慕天◎主编

Comparative Study of Russian（The Soviet Union）and
Western Philosophy of Science from the Perspective of Historical Context

历史语境视野下的
俄苏与西方科学哲学比较研究

孙玉忠／著

科学出版社

北 京

内 容 简 介

本书对两种思想传统下的科学哲学进行了比较研究。主要以俄苏与西方科学哲学的比较研究为基础,并通过两者的比较彰显马克思主义科学哲学的思想优势,在分析各自发展历史的基础上,进一步反思俄苏科学哲学独特的发展道路,总结其思想资源,为推进中国科学哲学的本土化发展寻求重要的思想启示。

本书的内容主要包括:西方与俄苏科学哲学比较研究的历史语境;西方与俄苏科学哲学比较研究的意义与价值;西方与俄苏科学哲学比较研究的基础和路径;西方与俄苏科学哲学比较研究的领域和内容;西方与俄苏科学哲学的差异、互补与趋同演化。

本书适合自然辩证法工作者、从分析哲学视角从事西方科学哲学研究的研究者、科学哲学专业的研究生以及对科学和哲学感兴趣的读者参考阅读。

图书在版编目(CIP)数据

历史语境视野下的俄苏与西方科学哲学比较研究/孙玉忠著. —北京:科学出版社,2020.10

(俄罗斯科学技术哲学文库)

ISBN 978-7-03-066109-8

Ⅰ.①历⋯　Ⅱ.①孙⋯　Ⅲ.①科学哲学-对比研究-世界　Ⅳ.①N02

中国版本图书馆CIP数据核字(2020)第175787号

丛书策划:侯俊琳　刘　溪

责任编辑:邹　聪　陈晶晶 / 责任校对:贾伟娟

责任印制:赵　博 / 封面设计:有道文化

科 学 出 版 社 出版

北京东黄城根北街 16 号

邮政编码:100717

http://www.sciencep.com

北京凌奇印刷有限责任公司印刷

科学出版社发行　各地新华书店经销

*

2020 年 10 月第　一　版　开本:720×1000　1/16

2025 年 2 月第四次印刷　印张:20 1/2

字数:410 000

定价:128.00 元

(如有印装质量问题,我社负责调换)

总　序

　　不知不觉间，21 世纪也已经快过去六分之一了。20 世纪虽然渐行渐远，但是，人们对这 100 年的评价却大相径庭，褒之者誉之为非常伟大的世纪，贬之者嗤之为极端糟糕的世纪，两种观点各有理由，倒是霍布斯鲍姆（E. Hobsbawm）的说法最接近历史的辩证法："这个世纪激起了人类最伟大的想象，同时也摧毁了所有美好的设想。"

　　苏联 69 年的社会主义理论和实践，无疑是 20 世纪最重大的历史事件之一，只不过它是最大的历史悲剧，以美好的憧憬开始，却以幻梦的破灭告终。在 20 世纪初叶，得到普遍认同的观点是"十月革命开启了人类历史的新纪元"；而在 20 世纪末叶，流行的观点却是"苏联的解体是社会主义道路的终结"。苏联解体和十月革命一样震撼世界，无论是在那片土地上，还是在整个世界，人们都在思考这一最富戏剧性的历史事变。当然，站在不同的立场上，人们对苏联共产党的失败和苏联的崩解所持的态度各自不同。有的欢呼雀跃，认为是"历史的终结"，如美国学者弗朗西斯·福山（Francis Fukuyama）认为，这表明，"测量和找出旧体制的缺陷，原来只有一个一致的标准集：那就是自由民主，亦即市场导向的经济生产率和民主政治的自由"；有的则呼天抢地，哀叹这是"历史的大灾难"，如曾任苏联部长会议主席的尼古拉·伊万诺维奇·雷日科夫惊呼，他们留给后辈的是"一个四分五裂的国家""一副沉重的担子"。从国际共产主义运动的角度说，苏联的兴亡史的确是比巴黎公社所包含的内容和提供的教训要丰富和深刻得多，对共产主义抱有信心的研究者应当珍视这笔巨大的财富，认真地进行反思和总结。现在，苏联的继承者——俄罗斯已经走上了新的发展轨道，继续谱写一个伟大民族国家的新篇章。这段波澜壮阔的时代交响曲正在引起越来越多的关注，对过去的反思，对未来的前瞻，是当代学人不可推卸的历史责任。

中国是对苏联模式的弊端最早抱有清醒认识的社会主义国家，在这方面，从主流思想说，我国的领导层和学术界是有共识的。其实，早在 20 世纪 50 年代中期，对苏联教训的警惕和分析就已经开始了，而特别值得注意的是，对此具有先导和示范作用的恰恰是科学哲学领域。早在 1950 年，当苏联在自然科学领域大搞政治批判，对摩尔根遗传学进行"围剿"的时候，中国共产党的领导人就指出其错误的思想倾向。1956 年召开的青岛座谈会，则反其道而行之，对科学和哲学、科学和政治做了明确的划界。著名科学哲学家龚育之先生从新中国成立开始，就致力于苏联科学技术哲学的研究，先是总结列宁对"无产阶级文化派"的批判，后又具体分析了苏联哲学界用哲学思辨取代科学实证研究的重大案例。20 世纪 60 年代，他致力于介绍苏联持正确观点的哲学家和科学家的学术成果，坚持对苏联科学技术哲学进行系统研究。在改革开放后的 20 世纪八九十年代，他发表了《苏联自然科学领域思想斗争的情况》和《历史的足迹》两部系统论著，奠定了我国苏联科学技术哲学研究的基础。可以说，我国的俄（苏）科学技术哲学研究从一开始就有很高的起点，通过认真总结苏联的经验教训，为我国正确处理科学技术与政治的关系、制定合理的科学技术政策提供了重要鉴戒，也有力地推动了有中国特色的科学技术论的建设。

改革开放初期，在龚育之先生等老一辈学者的直接推动和指导下，一批中青年学者怀着新的目标热情地投入这项研究中。当时，在长期的文化锁国之后，学术界开始面对世界各种新的思潮，而西方科学哲学中的一些理论流派，如波普尔的证伪主义、库恩的范式论等，因为与思想解放的潮流有某种契合，一时成为学术热点，相应地，苏联学者如何评价西方科学哲学就成了学界亟待了解的学术动向。恰在此时，苏联也在"新思维"的旗号下热推改革，而以"六十年代人"为代表的苏联科学哲学家，早已率先从理论上向僵化的教科书马克思主义发起了挑战。所有这一切，都引发了学者们的强烈兴趣，于是，国内的苏联科学技术哲学研究自然成了改革理论的一翼。

历史地看，苏联科学技术哲学研究一直活跃在我国学术的前沿。龚育之先生当年提出的方针是："前事不忘，后事之师，研究历史，是为了现在。"在那个时代，遵循这样的方针是现实的要求，有其历史必然性。从 20 世纪 80 年代开始，30 年过去了，世界形势发生了根本变化，中俄两国的社会背景和学术语境也今非昔比。我们虽然不应当也不能够丢弃先驱者优秀的历史传统，但是，一代人有一代人的责任：如果说那时的研究主要是像鲁迅先生所说，是"借了别人的火来煮自己的肉"；那么，今天我们可以进入更广阔的学术空间，立场更客观，认识更理性，视野更开阔，主题更宽泛。一方面必须继续深入总结苏联悲剧的历史教训；另一方面更应当密切注视新俄罗斯发展的未来趋势，只有如此，才能科学地认识世界，认识中国。这表明，我们这一代俄罗斯科学技术哲学研究者有太多的工作要做。

恩格斯说过："各种不同的民族性所占的（至少是在近代）地位，直到今天在我们的历史哲学里还很少阐述，或者更确切些说，还根本没有加以阐述。"俄（苏）科学技术哲学是科学技术哲学的国别研究，唯其属于苏联，属于俄罗斯，才有了无可替代的学术价值。个性和共性、特殊和一般、相对和绝对的关系是认识论的基本问题，也是唯物辩证法的精髓。俄（苏）科学技术哲学是人类科学技术、哲学理论、思想文化的丰富资源，其中包含了社会发展的宝贵经验和教训，蕴藏着精神文明进步的潜在生长点，它的独特优势当然是这项研究的着力点。但重要的是与时俱进，形势的发展要求我们站在新的历史高度重新思考俄（苏）科学技术哲学研究的进路。

苏联科学技术哲学是马克思主义哲学导向的理论流派，新俄罗斯①的科学技术哲学虽然不再将马克思主义作为统一的指导思想，但苏联时期的传统仍然在一定程度上延续下来。简言之，在学科的划界、问题的设立、范式的规定、体系的建构、概念的定义、理论的解释、成果的评价，一言以蔽之，在科学技术哲学的整个研究域，苏联和俄罗斯的学者都展示了与西方迥然不同的思想进路和研究模式，是科学技术哲学发展的另一个维度，为研究者提供了一个可以比较和选择的参考系。

应当特别指出，苏联科学哲学一度是以本体论研究为中心的，尤其重视自然界各种物质运动形式的客观辩证法，相应地，所谓自然辩证法研究的主体则定位于各门实证科学中的哲学问题。在科学史上，苏联科学家是最自觉地运用哲学世界观和方法论指导具体科学研究的群体，如美国学者格雷厄姆（L. R. Graham）所说："我确信，辩证唯物主义一直在影响着一些苏联科学家的工作，而且在某些情况下，这种影响有助于他们实现在国外同行中获得国际承认的目标。"自然界是辩证法的试金石，深入研究苏联科学家在实证科学研究中应用唯物辩证法的功过得失，具体分析那些重大的案例，不仅对正确认识苏联科学技术哲学，而且对检验和发展马克思主义哲学，以至对全面评价整个科学技术哲学学科都具有重大的意义。格雷厄姆已经意识到这一点，他在谈到上面所说的

---

① "新俄罗斯"指的是 1992 年建立的俄罗斯联邦，以区别于苏联成立之前的旧俄罗斯。——编辑注

研究主题时说："所有这一切对一般科学史——而不单单是对俄罗斯研究——都是重要的。"当年，我们曾大力介绍苏联自然科学哲学研究的具体成果，但是新时期以来，这方面的研究完全中断了，现在，对这项研究应该有新的认识。

语境主义已经成了后现代科学哲学的共识，其实对科技进步的语境分析和历史唯物主义的科学编史学，是有互文性和一定程度的契合性的。关于斯大林主义的社会主义模式对苏联科技进步的灾难性破坏，在西方，早已成为苏联学（Sovietology）的首选主题，在俄罗斯和中国也是对俄（苏）科学技术史和科学技术哲学研究的重大关注焦点，各种文献汗牛充栋。问题是，即使在那样的语境中，仍然有一批学者拒绝附和斯大林学者对马克思主义哲学的歪曲，而是坚持正确阐释和发展辩证唯物主义，并自觉地用唯物辩证法指导科学研究。如果说，对改革派科学哲学家的研究已经得到较多的重视，那么在同样语境下坚持正确哲学路线并继续以辩证法指导科学研究工作的科学家，却被忽略了。哈佛大学俄罗斯研究中心教授鲍尔（R. A. Bauer）指出："才能卓越、成就斐然的那些苏联知识分子认为，历史的和辩证唯物主义的自然解释，在概念基础上是令人信服的。施密特、阿果尔、谢姆科夫斯基、谢列德洛夫斯基、鲁利亚、奥巴林、维果茨基、鲁宾斯坦等杰出的苏联学者，都强调马克思主义思想对他们的创造性活动的启发意义，而且在被要求做与马克思主义有关的陈述之前，他们就已经这样做了。"显然，这是今后俄（苏）科学技术哲学研究必须填补的空白。

科学技术哲学与俄（苏）特殊历史语境的关联还有许多未被触及的方面，如斯拉夫文化传统对俄（苏）科技进步的影响就值得深入探索。旧俄罗斯（沙皇俄国）被称作第三罗马，"正教、君主制、民族性"是斯拉夫文化传统的核心，其主流思维方式属于出世的理想主义应然范畴，而不是入世的功利主义实然范畴。集中而不是发散，醉心于信仰，强烈的民族主义，都深植于民族文化精神的本底，所有这些不仅一直支配着俄（苏）公众的社会心理，也全面规范了俄（苏）哲学乃至科学技术哲学的特质。格雷厄姆在谈到苏联科学家时说过一句话："他们中最明智的一些人甚至会同意，哲学唯物主义与其说是一种可以证明的理论，不如说是多数学者赞同的一种信仰。"行文至此，使人联想起马克思在致查苏利奇的著名复信草稿中对俄国社会基础的研究，他认为俄国作为欧洲唯一保留农业村社作为社会基础的国家，其特征就是"它的孤立性"，"保持与世隔绝的小天地"，而"有这一特征的地方，它就把比较集权的专制制度矗立在公社的上面"。我们不能不承认，俄（苏）科学技术哲学发展的曲折过程及其内在的诸多矛盾，正是折射出俄罗斯社会文化语境的结构性特质。苏联解体后，俄罗斯官方有意扶植和依托东正教，旧俄时代的索洛维约夫、别尔嘉耶夫等的宗教哲学思想大有主流化的趋势，对新俄罗斯的科学技术哲学研究也有不容忽视的影响。这就是说，从文化语境上研究俄（苏）科学技术哲学，还有许多需要深入挖掘的地方。

在整个苏联哲学中，也许还可以说，在整个苏联文化中，科学技术哲学占据十分特殊的地位。第一，相对于其他部门，相对于政治和官方意识形态，科学技术哲学受的负面干扰较少，始终保持自己的学术独立性；第二，科学技术哲学率先举起反官方教条主义的旗帜，成为苏联社会改革的思想先驱；第三，科学技术哲学是整个苏联时期意识形态领域始终保持连续性的学科部门，即使在苏联解体后的新俄罗斯时期，原来的许多研究结论仍然得到肯定，一些研究方向仍在继续向前推进；第四，俄（苏）科学技术哲学所取得的成就是举世瞩目的，完全可以和西方同行相媲美，而且得到了国际学术界的承认。我曾把上述事实称作"苏联科学技术哲学现象"，认为对这一现象的解读，可以揭示俄（苏）科学技术发展的内史和外史的许多深层本质。作为国际俄（苏）科学技术哲学研究的权威学者，格雷厄姆就曾敏锐地注意到这个特异的现象，并给出了自己的答案："在过去七十年间苏联的辩证唯物主义者在科学哲学中努力创新，在同其他思想的尖锐冲突中卓然独立。也许，苏联在自然哲学领域比其他思想领域有所成就的一个更重要原因在于，尽管存在共产党控制思想生活的体制，但和政治主题相比，这种体制给予科学主题以更多的创造空间。众多英才潜心研究科学课题，而其中一些人自然而然地为其工作的哲学方面所吸引。在苏联的特殊环境下，对作者们说来，辩证唯物主义讨论的深奥性质还有某种免遭检查的好处。"格雷厄姆的解读不无道理，但仅停留在现象学层面，未触及科学技术哲学的学科性质等本质问题。科学技术哲学在近日俄罗斯的地位有所变化，但与其他哲学部门相比，仍有其特殊性。总之，科学技术哲学在苏联和现在的俄罗斯的特殊地位问题，是我国俄（苏）科学技术哲学研究者不能回避的重大问题。

我国新一代俄（苏）科学技术哲学研究者特别注意俄罗斯技术哲学的发展，这不是偶然的。相对于科学哲学而言，苏联时期的技术哲学因为意识形态原因，曾一度遭到冷遇或被片面理解。而在新俄罗斯却因为技术与人的本质、与生存环境、与社会伦理、与文明转型的密切关系，而成为科学技术哲学的人本主义转向的中心枢纽。一批中青年学者敏锐地察觉到这一重要学术动向，并为之付出了巨大的努力，已有几部重要成果问世，成为新时期俄（苏）科学技术哲学研究的亮点。

共性寓于个性之中，对俄（苏）科学技术哲学和西方科学技术哲学的比较研究表明，二者存在着明显的趋同演化过程。就西方科学技术哲学来说，从认识论转向到语言学转向，从人工语言哲学到日常语言哲学，以逻辑实证论为主导的"冰峰上的哲学"让位给以世界观分析为核心的社会文化主义；就俄（苏）科学技术哲学来说，从本体论主义主导的自然界客观辩证法研究，转向认识论主义主导的科学结构学和科学动力学研究，进而发展到人本主义主导的科学文化学研究。两两相较，可以发现，世界科学哲学的发展逻辑是从走向客体（本体论的形而上学）转到走向主体（认知主体的活动反思），再转到走向历史（文化价值语境的研究）。不仅发展过程上存在趋同演化，而且在内容结构上同样存在明显的理论趋同。特别是 20 世纪后半叶，西方和俄（苏）科学哲学在结构学上都把前提性知识的研究置于中心地位，而在动力学上则聚焦于科学革命的全域性分析和概念重构。布莱克利（T. J. Blackley）在《苏联的知识论》一书中明确断言："苏联哲学家对待越来越多的问题的方式，与西方对这些问题所采用的方式多半相同。"他认为区别只是在所使用的词汇上，而"致力于解释和标准化的词汇表就可以打开哲学上接触的广阔前景"。这位波士顿学院的学者是很有见地的，我们应当在世界科学技术哲学的整体文化背景上，以时代发展的眼光，用马克思主义的观点对俄（苏）科学技术哲学重新进行审视。实话说，在这方面我们仍然不够自觉，而俄（苏）学者是有这种自觉性的，当年科普宁（П. В. Копнин）就说过："对世界过程的真正理解既不是他们（西方），也不是我们。将来的某一时刻会产生第三方，而我们所能做的只是全力促进这一发展。"今天，全球化已经成为时代不可阻挡的趋势，每个民族的命运都与整个人类的命运紧密相关，俄（苏）科学哲学的领军人物弗罗洛夫（И. Т. Фролов）说："可以再一次想一想陀思妥耶夫斯基，他说，俄罗斯的命运'在全世界的整体性的团结之中'，在精神和物质的团结之中。现在，这是最重要的。" 站在历史转折的关头，我们中国的俄（苏）科学技术哲学研究者理应从这样的思想高度促进这一学科的发展。

从新中国成立开始的中国俄（苏）科学技术哲学研究，已经走过了半个多世纪的历程。21 世纪以来，在俄（苏）科学技术哲学研究领域，新一代人已经成长起来，他们无论在目标上，在学识上，还是在眼界上，都有了更高的起点，已经开始回答我在上面所提出的那些新的学术问题。近些年来，他们从新的角度出发，采用新的方法，特别是通过与俄罗斯学者的直接对话和交流，全面推进了这项研究，并且成果斐然。值得注意的是，他们的研究几乎是与 21 世纪俄罗斯科学技术哲学的发展同步的。古人说，明达体用，这批研究成果既在理论的深度和广度上有重大的推进，实现了学术本体上的创新，又有直接的现实关怀和强烈的问题意识，显示了重大的实际应用价值。

现在，科学出版社决定把这些成果汇集起来，作为"俄罗斯科学技术哲学文库"出版。新时期我国的文化开放是全方位的，且不说对西方的研究差不多已经没有多少死角，就是有关苏联和俄罗斯的研究也几乎实现了全覆盖，但是，唯独俄（苏）科学技术哲学的出版物却寥若晨星。造成这种情况的原因是多方面的，在这里我不想对此进行追究，因为那是业内工作方面的检讨。应当说的是，感谢科学出版社对学术发展的深切关怀，以超越的学术眼光，把这株含苞欲放的稚嫩花株培植起来，让它在百花园里开放，点缀这繁花似锦的学术春天。

不能奢望这一文库短时期内会引起多大关注，也不应责怪人们对俄（苏）科学技术哲学的冷落，因为对这一领域的误解由来已久，30 多年来，这一学科的边缘化是有深刻历史原因的。然而，在那片广袤的土地上，在漫长的岁月里，在这个重要的学科领域中，毕竟结出了而且还在继续结出累累硕果。虽然和一切文化生产一样，其中不免混杂着种种糟粕，但其中的精华却是人类精神文化宝库中的珍品，挖掘、清理、继承、发扬这一领域的遗产，密切关注所发生的变化和最新动向，既是对这个国家学术工作的尊重，也是这些成果本身固有的历史的权利，谁也不应也不能剥夺这一权利。我相信，无论久暂，正确认识俄（苏）科学技术哲学真正价值的日子必将到来。恩格斯说过："对历史事件不应当埋怨，相反地，应当努力去理解它们的原因，以及它们的还远远没有显示出来的后果……历史权利没有任何日期。"历史权利是没有日期的，但是我们却有义务促进历史进程的发展，这是"俄罗斯科学技术哲学文库"的编著者和出版人共同的心愿。

孙慕天

2016年11月19日

前　言

　　本书的主题是对俄苏科学哲学与西方科学哲学进行比较研究，其实质是对两种思想传统——马克思主义和非马克思主义的科学哲学进行比较研究。就科学哲学自身的发展来说，这一比较是在这样的背景下进行的。第一是当下西方科学哲学的发展遭遇到前所未有的困境，自身不仅存在着本体论与认识论的割裂、逻辑方法与历史方法的分离等固有缺陷，又在后现代转向中出现迷失。仅仅凭借自身的努力，难以摆脱这一发展困境。第二是马克思主义科学哲学的思想优势亟待进一步总结和彰显。俄苏近百年来在马克思主义思想指导下的科学哲学不仅使本国的马克思主义哲学研究得到发展，对本国自然科学的研究也产生了积极影响，更使本国的科学哲学研究取得原创性成就。但是，改革开放以来，我们对这一领域的研究一定程度上有所忽视。第三是推进中国科学哲学本土化研究的需要。当代中国科学哲学的发展与重构，必须在全方位开放（不仅仅是西方）的前提下，全面吸收世界各国的思想资源，才能走出一条科学哲学发展的中国化道路。西方与俄苏科学哲学的比较研究，首先，有利于西方科学哲学走出当下发展的困境。西方科学哲学的发展历程已经证明了在自己的理论圈子内难以找到走出困境之路，必须借助外来的帮助，需要以马克思主义科学哲学为参照系，重新审视和评价自己。其次，有利于总结并彰显马克思主义科学哲学的思想优势。俄苏科学哲学的研究证明了，唯物辩证法和历史唯物论不仅能够提供分析重要科学问题雄厚的理论资源，同样具备研究科学哲学重大理论问题的优势。最后，有利于推进中国科学哲学的本土化研究。俄苏科学哲学的发展在为我们提供巨大的思想资源的同时，其独特的发展道路更值得我们深思。

　　总体上看，俄苏与西方科学哲学的比较研究在国内外尚没有全面展开，目前只有局部的和具体的研究。就国内而言，早在 20 世纪 80 年代，我国学者顾芳福曾发表系列论文综述了苏联学者对库恩、波普尔等的研究和评价，在总结结论时对相关主题进行过对比分析，尤其是对凯德洛夫和库恩的科学革命的观点进行过比较。孙慕天围绕科学动力学的主题对俄苏与西方科学哲学进行过比较研究。孙慕天等人还对科学哲学的比较进行过前提性分析，他认为，比较哲学的研究方法同样适用于科学哲学，科学哲学的比较应该从三个方面进行，一是马克思主义和非马克思主义两种思想路线，二是马克思主义与非马克思主义科学哲学发展的历史语境，三是不同的研究结论。王彦君等人对俄苏与西方科学哲学兴起的社会文化背景进行过分析。她认为，俄苏科学哲学的兴起与西方的不同在于，西方是对"科学发展"的"哲学反思"，而俄苏却是对"发展科学"的"哲学指导"。

国外学者的相关研究也比较分散，可以概括为三个方面。第一个方面是发生学比较。1997 年，俄罗斯学者马姆丘尔（Мамчур，Е. А.）在其著作中指出，从发生学角度，俄苏与西方科学哲学都与 19 世纪后期自然科学和德国古典哲学的发展联系在一起，当时的哲学发展要求建立起自然科学与哲学的合理关系。他们面临的是同一个问题却选择了不同的解决方式，一个根源于马克思主义哲学，另一个则承袭西方实证主义传统，以各自的方式寻求问题的解决。2006 年、2010 年，俄罗斯学者斯焦宾（Стёпин，В. С.）在其著作和论文中指出俄苏科学哲学的发生与西方有着共同的思想渊源——实证主义，但是由于俄苏特殊的文化语境，实证主义没有走上逻辑实证主义分析哲学的道路，而是在强调马克思主义哲学与科学的合理关系中建立起自己的科学哲学。上述讨论均旨在凸显俄苏科学哲学发生的特殊语境，已经触及发生学的比较，但并没有沿着比较的方向进一步深入下去。第二个方面是相关主题的比较。主要围绕三个方面进行，首先是逻辑经验主义与马克思主义有关科学的主张的比较，其次是科学理论建构方式的比较，最后是科学综合研究（即科学元勘，science studies）的比较。第三个方面是俄苏科学哲学的独特性研究。1987 年，美国学者格雷厄姆（Graham，L. R.）在著作中指出，俄苏马克思主义科学哲学的独特性在于，一是马克思主义与科学的关系问题，二是马克思主义科学哲学并不拒绝非马克思主义科学哲学。在马克思主义的研究中，非马克思主义科学哲学扮演着双重角色：一是分析、批判并加以改造的对象；二是作为研究的外部思想资源。这两方面都要在比较中完成。1993 年、2017 年，海勒娜·希恩（Helena Sheehan）在其著作中指出，马克思主义科学哲学值得深入研究并得到应有的肯定。她认为，根源于马赫和维也纳学派的科学哲学基础过于狭窄，标准太过苛刻，漏掉了太多真实的思考，而马克思主义对科学哲学则有新的创意。马克思主义科学哲学的独特性在于，它将科学、哲学和社会历史的发展综合起来考察，将哲学、科学和科学哲学，乃至所有知识文化的各个方面看作是彼此相互交织并且结成一个共同社会模式的全部。1998 年，格雷厄姆在其新著作中对比了两种思想传统下科学问题的不同解决方案，得出了公允的结论："马克思辩证唯物主义是非常合理的科学哲学，它与世界各地许多科学家的观点相一致。"

　　总体来看，无论是国内学者还是国外学者，对俄苏与西方科学哲学比较研究的理论自觉性均有待提高。国外学者的研究，虽然是来自相互的关注和对望，但目的和出发点各有不同。俄苏学者的比较研究主要是为了强调自己理论的独特性和独创性，并积极汲取非马克思主义科学哲学的有益资源，以丰富和发展自己的理论学说。与俄苏学者对非马克思主义科学哲学的正视和积极态度相比，西方学者对马克思主义科学哲学的研究还远远不够，要么是在对马克思主义的整体研究中涉及，要么是在意识形态领域作为政治干预科学的案例出现，整体上缺乏合理公正的态度。尽管有像海勒娜·希恩和格雷厄姆这样公允的学者，他们承认俄苏科学哲学的独特性，看到了在一些具体问题研究中马克思主义思想传统的优势，但往往又不能合理地认识马克思主义和科学的关系，把马克思主义与意识形态画等号，致使他们的研究存在很大的偏颇。国内一些有识之士虽积极倡导这项研究并做了一定的基础性工作，但整体的研究尚未真正推进。俄苏与西方科学哲学都需要正视对方的发展及其所取得的成就，合理吸收对方的资源以发展壮大自己。因此，从整体上进行科学哲学的比较研究亟待深入且势在必行。

　　本书共分为 5 个部分。绪论：西方与俄苏科学哲学比较研究的历史语境。主要包括历史背景、历史契机与研究现状三个方面。西方与俄苏科学哲学比较研究的历史背景是 20 世纪以来的科学技术革命和比较哲学的研究。科学技术革命改变了对科学的原有理解，提升了科学哲学在现代哲学中的地位，推动了科学哲学在东西方的全面发展；20 世纪的比较哲学研究明确了哲学比较研究的目标，分析了哲学比较研究的前提。对于西方与俄苏科学哲学比较研究的历史契机，从纵向角度讲是现代化社会转型，从横向角度看是全球化浪潮。现代化社会转型的历史进程降低了西方文化的神圣性，凸显了多元文化的合理性；全球化营造了世界科学哲学的发展平台，改变了世界科学哲学发展的历史轨迹，也弱化了民族科学哲学的意义价值。对于科学哲学比较研究的现状，目前，国外的相关研究主要集中在科学哲学主题的比较，正统科学哲学与辩证唯物论的比较以及在互相的"否定性"评价中实现的比较上。国内的相关研究主要围绕西方科学哲学内部的比较，中国与其他国家科学哲学的比较，俄苏与西方科学哲学的比较而展开。第一章：西方与俄苏科学哲学比较研究的意义与价值。分别从摆脱当下西方科学哲学发展的困境、彰显马克思主义科学哲学的思想优势和推进中国科学哲学的本土化研究三个方面阐释了此项研究的意义和价值。第二章：西方与俄苏科学哲学比较研究的基础和路径。从理论层面来说，比较研究的基础源于科学的自在本性和科学哲学的形而上学性；从现实层面来说，则是基于西方与俄苏科学哲学研究的相互对望。可以从三条路径对科学哲学进行比较研究：发生学路径、结构学路径和过程学路径。第三章：西方与俄苏科学哲学比较研究的领域和内容。主要讨论了四个方面，第一是研究导向的比较，第二是历史语境的比较，第三是发展道路的比较，第四是研究主题的比较。从结构学角度分析了俄苏与西方科学哲学的核心概念——科学世界图景与范式，它们都是在分析科学革命中提出的核心概念；对科学世界图景与范式的概念进行对比，分析了两者的差异与趋同和在各自理论体系中的意义。从动力学角度，讨论了科学进步问题研究的逻辑分析和历史分析两种导向，西方从逻辑分析到逻辑建构历史，而俄苏的研究则从历史分析到寻求历史的逻辑，两者有望寻求互补、实现统一。第四章：西方与俄苏科学哲学的差异、互补与趋同演化。从三个方面来理解这种差异：从研究维度看，是从本体论的维度理解自然界，还是从认识论的维度理解科学；从研究着眼点看，是从科学发现的逻辑着眼，还是从社会实践着眼；从研究方法看，是以辩证逻辑作为指导思想，还是以形式逻辑作为工具手段。互补性表现在：整体层面上表现为一般科学哲学和分支性科学哲学的互补，认识论视域和社会文化视域下的研究互补；具体层面上表现为科学知识结构研究中"引导假设"和科学世界图景的互补，科学动力学研究中内史论和外史论研究的互补，科学革命研究中过程学和类型学研究的互补。趋同演化：几乎是同时的，西方与俄苏科学哲学在自己的思想逻辑发展中经历了两次趋同式演变。第一次是 20 世纪 60 年代的社会—历史转向，第二次是 20 世纪 80 年代的文化—人类学转向，西方经历了从"逻辑的人""历史的人"到"介入的人"的转变，俄苏科学哲学则出现人道化发展趋势。科学哲学趋同演化的基础在于科学发展凝聚了共同的研究主题；科学哲学趋同演化的根据是全球化凸显出英美科学哲学的研究范式；科学哲学趋同演化的实现则在于马克思主义科学哲学的开放性。

科学哲学比较研究的最终目标是走向比较科学哲学。比较科学哲学的可能性在于：哲学和科学的相通性，不可通约性是困难而非本质，比较科学哲学是对话而非选择。比较科学哲学研究的原则是寻求科学哲学的共通性，彰显科学哲学的民族性。比较科学哲学实现的路径是互补、渗透和整合。

孙玉忠

2019 年 4 月 3 日

目　　录

西方与俄苏科学哲学比较研究的历史语境

20 世纪以来科学哲学的研究，一直以西方科学哲学为核心内容。西方科学哲学的研究在观点、体系、领域、流派等方面形成了丰富的积累，取得的进展也令人瞩目。西方科学哲学关于科学结构、科学发现、科学动力学等领域的研究，不仅提出了很好的问题，也对这些问题给予了深刻的思考，其结论也有一定的合理性。西方科学哲学总是在问题中发展。

广义的科学哲学应该包含自然哲学、一般性科学哲学、分支性科学哲学。与之相比，西方科学哲学的研究领域要窄很多。或者说，西方科学哲学并不在这三个方面均有所擅长。我国学者刘大椿曾经对当代科学哲学的发展态势进行过总结。他认为，科学哲学发展阶段的总态势是从科学的哲学转向对科学的哲学探讨，后现代科学哲学阶段的重要特点是对科学的解构。当下的重要态势是从理论优位的科学哲学走向实践优位的科学实践哲学，从科学哲学走向科学文化哲学。①

进入 21 世纪，西方科学哲学的发展面临三个方面的问题。一是在自身的理论范围内，难以解决自身理论研究的矛盾和困难，必须借助"外力"。二是局限于认识论狭窄范围的研究，已难以招架越来越广泛的科学领域中的问题。三是不跳出现有的研究范围，西方科学哲学将无法应对广泛的科学实践问题和科学哲学的文化转向。

对科学的哲学反思绝非为西方哲学的某个派别所独有。马克思主义哲学肯定要关注并研究这一领域，其研究成果就会构成马克思主义科学哲学。以俄苏和我国为代表的马克思主义科学哲学研究展现出独特的传统。长期以来，在马

---

① 刘大椿，等. 2016. 一般科学哲学史. 北京：中央编译出版社：4.

克思主义思想导向下俄苏从事独具特色的自然科学哲学问题研究，我国则在自然辩证法的旗帜下，"一个哲学学派正在中国兴起"①。用于光远先生的说法，"我们这个学派，是属于马克思主义哲学学派的；是马克思主义学派当中重视自然辩证法的一个学派；在自然辩证法学派当中，是特别重视'人工的自然'和'社会的自然'的一个学派"②。20世纪60年代起，苏联的研究转向了科学方法论和科学认识论领域，与西方科学哲学有着较为深刻的互动，但是，体现马克思主义思想传统的独具特色的个性化研究仍然保留了下来。而我国的研究在与西方科学哲学有着深刻、全面交流的前提下，也同样保留着我们的传统与特色。在我国，自然辩证法已由学科群走向一个科学体系。"自然辩证法是一个科学体系……是马克思主义科学体系下面的一个体系。"③这个体系主要包括两个部分：首先是自然界的辩证法，其次是改造自然界的辩证法。

　　我国学者用"恩怨交织"来形容我国自然辩证法研究与俄苏自然科学哲学研究，指出在科学哲学领域，我们对于俄苏自然科学哲学研究经历了起初的"以苏为师"，中期的"以苏为敌"，到现在的"以苏为鉴"三个阶段。④我国的自然辩证法研究始于20世纪30年代，这一时期，除了西方科学哲学的翻译介绍外⑤，一些左翼学者也开始了翻译和介绍苏联自然科学哲学研究方面的文献和著作。⑥新中国成立初期，在整体上引进和学习苏联哲学的大背景下，苏联自然

① 于光远. 2013. 中国的科学技术哲学——自然辩证法. 北京：科学出版社：xi-xii.

② 于光远. 2013. 中国的科学技术哲学——自然辩证法. 北京：科学出版社：65.

③ 于光远. 2013. 中国的科学技术哲学——自然辩证法. 北京：科学出版社：78.

④ 孙慕天，刘孝廷，万长松，等. 2015. 科学技术哲学研究的另一个维度——中国俄（苏）科学技术哲学研究的回顾与前瞻. 自然辩证法通讯，（5）：150.

⑤ 这方面的工作总体上有三个方面。第一方面，西方科学哲学的翻译和介绍。如罗素、怀特海、汤姆生、皮耳生、彭加莱、卡尔纳普、普朗克、爱因斯坦、秦斯、阿勒里雅斯、柏尔纳、赫胥黎、德尔柏、J. W. 德拉帕、丁格尔、石原纯、桑木严翼、永井潜、果林斯坦等人的科学哲学、科学方法论或科学概论著作的出版。第二方面，出版了大量具有科学启蒙特点的科学哲学类著作。如胡明复的《科学方法》（1931年）、张绍良的《科学导论》（1934年）、陈正谟的《现代哲学思潮》（1933年）、黄子通的《科学方法研究》（1936年）、方东美的《科学哲学与人生》（1937年）、葛名中的《科学的哲学》（1948年）、申自天的《科学方法论》（1939年）、汪敬熙的《科学的方法论》（1940年）、莫绍棠的《科学概论》（1942年）、何兆清的《科学思想概论》（1944年）、罗克汀的《自然哲学概论》（1948年）、石兆棠的《科学的方法论》（1949年）等。第三方面，出现了金岳霖和洪谦这样的大师级研究者。金岳霖的《知识论》对科学哲学中的主观论和操作主义进行了非常深刻的批判。洪谦曾随维也纳学派创始人石里克学习，是该学派的早期成员之一。他的著述《现代物理学的因果律问题》和《石里克与现代经验主义》更是这一时期水平较高的成果。更多详细内容可参见任元彪. 2002. 20世纪中国科学技术哲学简述. 自然辩证法研究，18（4）：19-22。

⑥ 孙慕天，刘孝廷，万长松，等. 2015. 科学技术哲学研究的另一个维度——中国俄（苏）科学技术哲学研究的回顾与前瞻. 自然辩证法通讯，（5）：150.

科学哲学研究也被全面引进。

　　为了具体直接地了解这一时期我国研究和苏联研究的关系，我们做了两个方面的分析。首先，我们将 1956 年我国公布的《自然辩证法（数学和自然科学中的哲学问题）十二年（1956—1967）研究规划草案》（简称《研究规划草案》）和苏联《哲学问题》杂志于 1957 年第 2 期发布的《苏联〈哲学问题〉杂志 1957—1958 年自然科学中的哲学问题选题计划》（简称《选题计划》）进行了对比，这个对比能够看出我国和苏联相关研究在主题上的相关性。其次，我们对 20 世纪 50—60 年代，由中国科学院哲学研究所《自然辩证法研究通讯》编辑部编辑、科学出版社出版的《自然辩证法研究通讯》杂志，从 1956 年 10 月创刊到 1965 年第 4 期共 25 期的期刊论文情况做了简要的数量分析，可以从结构分析中一窥相关研究的影响程度。

　　我国的《研究规划草案》共包括九类题目。第一类题目，即数学和自然科学的基本概念与辩证唯物主义的范畴，包括现代物理学关于物质和运动、质量和能量的学说等 5 个方面的问题；第二类题目，即科学方法论，包括科学经验与客观实在等 11 个方面的问题；第三类题目，即自然界各种运动形态与科学分类问题，包含自然界各种基本运动形态及其主要特征等 7 个方面相关的问题；第四类题目，即数学和自然科学思想的发展，包括整个数学和自然科学以及各个科学部门中心思想的发展等 3 个方面的问题；第五类题目，即对于唯心主义在数学和自然科学中的歪曲的批判，包括数学、物理科学、生物科学、心理学中的唯心主义的研究和批判等 4 个方面的问题；第六类题目，即数学中的哲学问题，包括数学与逻辑的关系问题，数理逻辑的性质、特点、作用及其成果的哲学意义等 4 个方面的问题；第七类题目，即物理学、化学、天文学中的哲学问题，包含相对论、量子力学、场论、统计物理学、物质结构理论、周期律、天文学等 9 个方面的问题；第八类题目，即生物学、心理学中的哲学问题，包括生命起源和初始生命形态的理论问题等 8 个方面的问题；第九类题目，即作为社会现象的自然科学，包括自然科学的特点和发展规律，自然科学同生产、技术的关系，自然科学同哲学、社会科学、政治、宗教等的关系等 8 个方面的问题。①

---

① 自然辩证法研究通讯编辑部. 1956. 自然辩证法（数学和自然科学中的哲学问题）十二年（1956—1967）研究规划草案. 自然辩证法研究通讯，（10）: 1-4.

《选题计划》中公布了 50 个选题。[①]从研究内容中我们可以看出研究主题的相关性。例如，我国《研究规划草案》中第一类题目中的"现代物理学关于空间与时间的学说"与苏联《选题计划》中的"空间与时间的问题"；"力学的规律性与统计的规律性"与"现代自然科学中的力学的规律性与统计学的规律性问题"；等等。我国《研究规划草案》中第二类题目中的"辩证唯物主义的一般方法与各门具体科学的研究方法"与《选题计划》中的"现代细胞理论的方法论问题""现代遗传学的方法论问题"；"数学在自然科学和技术科学中的作用"与"数学在现代物理学中的作用""在生物学中运用数学的近况""在现代生物学中应用数学的认识论基础"；等等。我国《研究规划草案》中第三类题目中的"自然界各种基本运动形态及其主要特征（力学运动与物理运动的关系；物理运动诸形态及其互相间的关系，微粒子运动是否是特殊运动形态；化学运动形态与物理运动的关系；生物运动形态等）"与《选题计划》中的"物质运动的物理形式与化学形式的特点及其彼此间的相互关系"；"运动形态的高级与低级问题，两者的区别与联系"与"论物质运动的物理形式与生物形式之间的联系""论物质运动的化学形式与生物形式之间的联系"；等等。我国《研究规划草案》中第四类题目中的"重要数学家和自然科学家的世界观和科学方法的分析研究或批判"与《选题计划》中的"关于国外和国内大自然科学家的哲学观点与一般性理论观点的论文"。我国《研究规划草案》中第五类题目中的"对数学、物理科学、生物科学和心理学中唯心主义的研究和批判"与《选题计划》中的"现代数学中的唯物主义和唯心主义的斗争""现代资产阶级自然科学的哲学的方法论概念的批判"；等等。我国《研究规划草案》中第六类题目中的"概率论中的哲学问题"与《选题计划》中的"现代数学和物理学中的或然率问题"。我国《研究规划草案》中第七类题目中的"场论的理论基础和基本方法的哲学分析"与《选题计划》中的"现代物理学关于'场'的观念与辩证唯物主义关于物质的学说"；"量子力学的理论基础和基本方法"与"量子力学的诠释的发展""量子电动力学中的新观念及其哲学意义"；"物质结构理论的哲学分析"与"原子核物理学与哲学上的几个问题"；等等。我国《研究规划草案》中第八类题目中的"有机体与环境的统一问题（神经活动和高级神经活动的产生和发展）"与《选题计划》中的"动物的神经活动进化的特点"；"巴甫洛夫高级神经活动的哲学分析"与"巴甫洛夫的客观方法的基本原则及其对生理学和心理学研究的意义"；"人脑反映客观世界过程中高级神经活动和心理活动的关

---

① 参见蒋继良. 1957. 苏联"哲学问题"杂志 1957—1958 年自然科学中的哲学问题选题计划. 自然辩证法研究通讯,（3）: 74-75.

系"与"心理与生理的问题";"意识的发生与发展问题(包括从动物到人的意识的发生发展和儿童的意识的发生发展)"与"论儿童的第二信号系统形成的规律性";等等。我国《研究规划草案》中第九类题目中的"自然科学的特点和发展规律"与《选题计划》中的"自然科学分化和完整化的历史过程的认识论基础"等。①

如果说我国的《研究规划草案》和《选题计划》进行的对比,反映出我国和苏联在研究主题上存在相关性的话,那么,对《自然辩证法研究通讯》杂志,从 1956 年 10 月创刊到 1965 年第 4 期共 25 期的有关自然科学哲学问题研究的期刊论文的统计则反映出研究主题的依附性。

对《自然辩证法研究通讯》杂志所发相关主题的研究论文的统计情况如表 0-1 所示。按照每出版 5 期为一个考察的时限,虽然所统计论文的样本数量不多,但考虑到《自然辩证法研究通讯》杂志是当时的主要期刊,因此,样本的代表性是极强的,可以反映当时的研究状况。统计结果见表 0-1,从表中的统计数字来看,可以得出一些基本的结论。首先,20 世纪 60 年代以前,自然科学哲学问题是我国自然辩证法研究的核心部分,这种情况与苏联科学哲学发展在 60 年代时期的特点相一致。其次,60 年代以前,对苏联学者相关研究的译介是我们研究工作的重要组成部分,表 0-1 中的数字能够清晰地反映出这一点。从 1958 年到 1960 年,苏联学者的研究文献都达到了 32%,已经占到了近 1/3 的数量。再次,60 年代以后,从 1963 年起,苏联学者的研究文献持续增加的同时(所占比重升至 41%),其他国家学者的相关研究开始被介绍到国内,从先前所占比重的个位数跃升至 32%。被介绍到国内的学者分别来自日本、英国、加拿大、民主德国、联邦德国、丹麦、捷克斯洛伐克、法国、意大利。值得一提的是,1964 年第 2 期首次发表了美国学者奈多夫的文章《爱因斯坦是一个实证主义者吗?》。虽然这些作者大多是科学家,如汤川秀树(Yukawa,Hideki)、坂田昌一(Sakata,S.)、玻尔(Bohr,N.)、玻恩(Born,M.)、狄拉克(Dirac,P. A. M.)等,但仍能反映出我国在该领域的研究视野已经开始拓展。最后,1964—1965 年,由于众所周知的原因,苏联学者的研究文献所占比重急剧下降,在所发表的 55 篇文章中,仅有特罗申(Трошин,Д. М.)的《科学的分类与系统化》1 篇论文。

---

① 自然辩证法研究通讯编辑部. 1956. 自然辩证法(数学和自然科学中的哲学问题)十二年(1956—1967)研究规划草案. 自然辩证法研究通讯,(10):1-4;蒋继良. 1957. 苏联"哲学问题"杂志 1957—1958 年自然科学中的哲学问题选题计划. 自然辩证法研究通讯,(3):74-75.

表 0-1 《自然辩证法研究通讯》杂志有关自然科学哲学问题研究论文的数量统计（共 25 期）

期数	作者	数学哲学/篇	物理学哲学/篇	天文学哲学/篇	化学哲学/篇	生物学哲学/篇	生理学哲学和心理学哲学/篇	地理学哲学/篇	遗传学哲学/篇	运动形式科学分类/篇	科学方法论/篇	一般问题/篇	占比/%	合计/篇
1956年10期—1957年4期	中国	12	15	5	6	16	9	3	12	11	11	8	93	116
	苏联	2	0	0	2	0	1	0	0	0	0	2	6	
	其他	0	0	0	0	0	0	0	0	0	0	1	1	
1958年1期—1959年1期	中国	8	7	1	1	1	1	2	4	0	0	8	62	53
	苏联	0	7	1	1	1	3	0	0	0	0	4	32	
	其他	1	1	0	0	0	1	0	0	0	0	0	6	
1959年2期—1960年2期	中国	8	6	0	0	8	7	0	0	1	0	6	64	56
	苏联	1	7	0	0	2	0	0	0	1	0	7	32	
	其他	0	2	1	0	0	0	0	0	0	0	0	4	
1963年1期—1964年3期	中国	3	5	1	0	0	2	0	0	0	2	5	27	66
	苏联	6	6	1	1	3	0	2	0	0	3	5	41	
	其他	1	10	1	0	1	2	0	0	0	3	3	32	
1964年4期—1965年4期	中国	4	14	2	3	7	0	1	0	0	7	4	76	55
	苏联	0	0	0	0	0	0	0	0	1	0	0	2	
	其他	1	9	0	0	0	0	0	0	0	1	1	22	
合计		47	89	12	14	39	26	8	16	14	27	54		346

　　新中国成立前，"直到上世纪五十年代，国内思想界主要是介绍和评述苏联官方的本体论自然哲学，核心是自然界的客观辩证法和各门科学的哲学问题，矛头指向'自然科学唯心主义'"①。20 世纪 60 年代中期以后，随着中苏交恶这样一个特定的历史时期，学术蜜月期进入学术冰冻期。进入 80 年代，改革开放我们打开国门则是全面面向西方的开放，随着西方学者著述的大量译介，学术界迎来了一个特殊的时期，言必称西方，俄苏学者的研究鲜有人关注和介绍。

　　进入 21 世纪，就世界科学哲学发展的总趋势和中国科学哲学发展的现状而言，"以苏为师"既不具备历史条件，更不具备现实可行性。但俄苏科学哲学的发展对我们来说仍具有双重意义，一是俄苏科学哲学发展的历史经验，主要是马克思主义思想传统下从事研究所取得的不可替代的丰硕成果。"苏联自然科学哲学是一笔巨大的思想财富，是有待开发的精神富矿。决不能说苏联自然科学哲学的全部成果都是消极的。何况苏联自然科学哲学是在马克思主义传统中发展起来的，其活动方式、主题设定和理论成果往往与西方科学哲学大异其趣，为科学技术哲学的发展提供了另一个参照系，这一点本身就有不可估量的学术价值。"②二是俄苏科学哲学发展的历史教训，"恰恰是苏联哲学给我们提供了一个难得的历史文本，使我们深入反思哲学和政治的关系，从而重新认识哲学在整个知识系统中的定位，以及哲学的性质和功能"③。成功的要进行总结，教训更要引以为戒。

　　因此，这种对科学哲学的比较有多重意义。第一，能够全面总结 20 世纪科学哲学的发展成果，有利于科学哲学的全面发展。从地域来看，对科学的哲学反思并非西方所专有。因为科学哲学是以科学为研究对象的领域，从某种意义上讲，只要有科学就相应会有对科学的哲学反思。因此，在东西方不同文明的历史中都会包含相应的内容。东西方哲学不同造成的差异是巨大的。当代俄罗斯著名学者马姆丘尔（Мамчур，Е. А.）在自己的著作《祖国科学哲学：初步的总结》（*Отечественная философия науки：Предварительные итоги*）的绪论中批评道，长期以来，西方对俄苏科学哲学存在着一种无根据的偏见，他们把俄苏哲学同宗教习俗联系在一起，认为俄苏并没有科学哲学。如果科学哲学在俄苏存在过的话，也只是在 19 世纪末，欧洲实证主义观点在俄罗斯帝国的传播

---

① 孙慕天，刘孝廷，万长松，等. 2015. 科学技术哲学研究的另一个维度——中国俄（苏）科学技术哲学研究的回顾与前瞻. 自然辩证法通讯，（5）：150.
② 孙慕天. 2009. 边缘上的求索. 哈尔滨：黑龙江人民出版社：430.
③ 孙慕天. 2009. 边缘上的求索. 哈尔滨：黑龙江人民出版社：423.

和渗透，并不是俄罗斯原创的。总体上看，欧洲实证主义观点无论是在俄罗斯的文化史中，还是在自然科学的发展中以及哲学观点的进展中都未起过任何实质性的作用。[①]马姆丘尔不无深刻地指出，那种认为科学哲学仅仅限于西方科学哲学的看法是十分狭窄的。我国学者刘大椿在分析当下科学哲学研究的不足时也指出，时下科学哲学除了对欧陆科学哲学有不合理的忽视外，更忽略了非西方科学哲学的发展。科学哲学"既有相关研究成果虽然已经打破英美分析传统与欧陆人文传统的人为隔绝，但对欧陆科学哲学的思想资源的关注还应进一步加强，比如法国科学史传统、德国知识社会学传统等"。而且，"既有相关研究常常忽视非西方科学哲学的历史发展，比如中国科学哲学史问题"[②]。

第二，能够揭示不同哲学传统下科学哲学发展的差异，寻找共性差异和互补。俄苏科学哲学的产生既是欧洲实证主义哲学及其一整套的相关思想、观念传入俄苏的结果，也是西方文明与俄罗斯帝国文化交流和碰撞的产物。但总体上，铭刻着深深的俄罗斯帝国文化的烙印。马姆丘尔就曾指出，"科学哲学不仅在欧洲科学哲学界中，而且在 18 世纪的俄罗斯帝国思潮中也很流行"[③]。她同时指出，在欧洲的文化史中，科学包括自然科学和人文科学，西方科学哲学将科学限定为自然科学，限定在与精确的、实验的、合理的理论知识相关的范围内，这种科学的范围相当狭窄。俄罗斯帝国形成了在哲学—神学综合体中讨论科学问题、人类学问题和社会文化问题的传统，形成了独特的文化氛围。因此，一方面，俄苏科学哲学深受俄罗斯帝国传统思想、神秘的禁欲主义和东正教的影响，另一方面，马克思主义传统下的自然科学哲学问题研究代表着其科学哲学发展的独特历程。

第三，能够凸显出马克思主义思想导向下科学哲学的思想优势。当代科学哲学的研究，其"出发点和基础必须贯彻辩证思维才是恰当的。因而选择马克思主义哲学作框架是合适的。从马克思主义观点看来，否认逻辑观点和逻辑方法是错误的，否认历史观点和历史方法也是错误的；否认科学追求真理是错误的，否认科学可包含错误也是错误的；否认存在普遍规律、普遍方法是错误的；否认规律的多样性和方法的可变性也是错误的"[④]。

---

① Мамчур Е А，Овчинников Н Ф，Огурцов А П. 1997. Отечественная философия науки：Предварительные итоги. Москва：РОССПЭН：1.

② 刘大椿，等. 2016. 一般科学哲学史. 北京：中央编译出版社：2.

③ Мамчур Е А，Овчинников Н Ф，Огурцов А П. 1997. Отечественная философия науки：Предварительные итоги. Москва：РОССПЭН：2.

④ 舒炜光. 1987. 科学哲学思潮. 浙江大学学报（人文社会科学版），（1）：24.

第四，能够为我国发展科学哲学提供有益的思想启示。一方面，俄苏科学哲学相对成熟、独立的发展，为坚持马克思主义思想传统的科学哲学研究，提供了一个合适的样板和参照。俄苏科学哲学有别于西方科学哲学，但同样取得了独特可喜的成就，为我们发展本民族中国特色的科学哲学提振了信心。其存在和独特的发展使我们看到，不对西方科学哲学采取跟随的态度，而是坚定地走自己的道路，一定会发展出我们自己的理论。另一方面，俄苏科学哲学的发展提供了丰富的思想资源。今天科学哲学的发展，一定是博采众家之长，为己所用，结合自己的文化特色，形成符合自己民族和社会发展的理论。

20 世纪以来，西方科学哲学一直在为解决自身的问题而不懈努力着。但多年的发展证明了，在西方科学哲学的内部找不到解决自身问题的路径和方法，只能是在对某个具体问题的思考上取得一定的深入。舒炜光先生曾经指出，"今天研究科学哲学，或者研究西方科学哲学思潮，其出发点和基础既不能选择逻辑经验主义或否证主义，也不能是历史主义，而应跳出西方科学哲学的圈子"[①]。因此，科学哲学要想有所发展，必须进入更广阔的发展空间中。

无论按照哪一种方式来理解科学哲学，科学哲学都与哲学有着十分密切的联系，它们彼此互动，相互影响。研究科学哲学一定是以哲学思想为逻辑前提和基础的，正确的哲学观点、哲学原则为科学哲学的发展所必需。

第一节　历史背景

科学哲学比较研究的总体背景是 20 世纪科学和哲学的总体发展，具体来讲是 20 世纪以来在自然科学研究领域发生的极为深刻且影响深远的科学革命，以及 20 世纪后半叶的比较哲学研究。

科学哲学的研究对象的科学，是对科学所给予的哲学反思。从静态角度，科学代表着人类认识自然界的成果——科学知识；从动态角度；科学代表着人类认识自然界的活动。由于科学认识的主体是人，因此从人的复杂的关系属性出发，又形成了理解科学的新角度。例如，从人的社会关系属性出发，形成了理解科学的社会视角；从人是文化承载者的角度出发，我们把科学视为一种文

---

① 舒炜光. 1987. 科学哲学思潮. 浙江大学学报（人文社会科学版），（1）：24.

化。无论我们从哪个角度来认识科学，作为对象的科学的变化，都会直接影响到哲学对其进行反思的过程、角度和结果。

另外，科学哲学是在总体的哲学中发展的。20 世纪以来，科学哲学的发展给哲学带来了新的动力和目标。但同时，哲学的总体发展也影响着科学哲学的研究。

一、20 世纪以来的科学革命

20 世纪以来的科学革命给人类社会带来了前所未有的改变，极大地提升了科学的社会作用，改变了人们对科学的原有理解。作为时代精华的哲学，也随之发生了较大的改变。从维也纳学派试图将哲学改造成科学的运动开始，科学哲学在现代哲学中的地位得到了空前的提升。而随着科学的日益进步和哲学领域对此关注的日益加深，又进一步推动了科学哲学在东西方的全面发展。

（一）改变了对科学的原有理解

科学技术哲学的研究，有广义和狭义两个领域。就广义而言，科学技术哲学包括自然哲学、科学哲学和技术哲学。而狭义的科学技术哲学主要以科学哲学为主要内容，其研究领域和历史覆盖范围与前者相比均有较大的区别。从西方来看，古代的自然哲学从探讨万物的本源和"始基"开始，直至黑格尔以后本体论研究的最终流产。就俄苏来说，则溯源至 1883 年十月革命前马克思主义思想在俄国的传播。俄苏第一位真正的马克思主义者、马克思主义在俄苏最早的传播者普列汉诺夫（Плеханов，Г. В.）的哲学著作中包含着大量的自然科学哲学研究，是"是苏维埃俄国和以后苏联马克思主义自然科学哲学研究的先驱"[①]。

西方真正意义上的科学哲学是从 19 世纪初开始萌芽的。科学哲学是对科学认识的理论和实践及其成果的理论反思。科学哲学的兴起，首先是源于自然科学的发展。虽然 18 世纪以前，人类在自然领域中已经获得了一定数量的自然科学知识，但大多没有形成相对完备的知识体系。正如恩格斯所指出的，"18 世纪以前根本没有科学；对自然的认识只是在 18 世纪（某些部门或者早几年）才取

---

① 孙慕天. 2006. 跋涉的理性. 北京：科学出版社：17.

得了科学的形式"①。19 世纪，科学获得了迅速发展。从 1755 年康德提出星云假说起，以细胞学说、能量守恒与转化定律、生物进化论为标志的自然科学革命，使自然科学的各个具体部门获得了长足的进步，而且打破了机械力学的模式，挑战了牛顿经典力学一家独大的统治地位。这次深刻的革命在哲学领域中造成了巨大的影响。康德在其研究早期提出的星云假说，显示出了与目的论相对立、批判的哲学方向。后期转向了对人的认识能力的批判研究。黑格尔写作了《自然哲学》，建立了唯心辩证法。马克思主义哲学也诞生在这一时期，马克思创立了唯物辩证法，恩格斯写作了《自然辩证法》。

19 世纪末 20 世纪初，近代自然科学迎来了新一轮的革命。以自然领域的新三大发现——X 射线、元素放射性和电子为标志，引发了深刻的革命。这次革命的成果是相对论和量子力学理论的建立，其深刻意义在于从根本上动摇了牛顿经典力学在自然领域的统治。经典力学的基本观念——不可分割的质点、绝对时空、不变的质量、机械因果已被新的科学观念所覆盖。与这一时期科学发展相对应的是，哲学领域中逻辑实证主义思潮出现。面对这一时期对西方科学影响最大的哲学派别，怀特（White，M.）在《分析的时代》一书中作出了这样的评价：维也纳小组是这样一个运动的顶峰，这个运动于 19 世纪后半期开始在欧洲大陆产生并且一直延续到 20 世纪。像玻尔兹曼（Boltzmann，L.）、杜恒、赫尔姆霍兹、马赫以及爱因斯坦这些卓越的自然科学家已经开始去挣脱哲学独裁者的枷锁，这些哲学的独裁者对于自然科学没有一点直接的知识，却要就自然科学的性质发号施令。②维也纳学派的工作，建立了科学哲学研究的基础和前提。以科学认识论为核心的研究是西方科学哲学的主要内容。此时的俄国正处在十月革命的前夜。从总体上讲，俄国的发展滞后于西欧先进国家，科学技术的发展也相对迟缓。正因为俄国科学的这种状况，形成了俄苏科学哲学的两个特点：一是后发性，二是独特性。

20 世纪初的这场深刻的科学技术革命，为整个自然科学领域的发展奠定了新的基础，也为 20 世纪中期的技术革命确立了前提。随着原子能、电子计算机和空间技术的发展，其成就以前所未有的速度和宏大的规模改变着人类社会。20 世纪的科学技术革命不仅彻底改变了生产领域，而且也使人类活动的其他相

---

① 恩格斯. 1956. 英国状况——十八世纪//马克思，恩格斯. 马克思恩格斯全集. 第 1 卷. 中共中央马克思恩格斯列宁斯大林著作编译局译. 北京：人民出版社：657.
② M. 怀特. 1964. 分析的时代. 杜任之，等译. 北京：商务印书馆：211.

关领域发生了深刻的变化。除了生产方式发生变化外，更改变了人们的生存方式，导致人们价值观念和生活世界发生深刻的变革。在科学技术领域，科学技术对人类和社会的作用方式、影响方式也在发生着变化。在经济社会领域，改变最大的是国际政治格局，形成了美、苏两个超级大国的对峙。

20 世纪的科学技术进步改变了我们对科学的原有理解。自牛顿时代以来的科学成果，一直被认为是代表了人类有关自然界的全部正确的认识。20 世纪 30 年代，以维也纳学派为核心的逻辑经验主义更是强化了这一认知：科学除了提供正确的知识，还提供科学合理性的论证，积极影响我们的思维逻辑。20 世纪的科学技术革命，打破了这种只在理性世界中理解科学的状况。科学技术成就给人类社会和人们的生活世界带来巨大的改变，使得我们无法再脱离这两个领域来理解科学。因为人们已经认识到，以往对科学的理解并不能穷尽科学对人们的思想和社会行为的影响。于是，出现了科学的社会研究和历史研究。1962 年，库恩（Kuhn，T.）《科学革命的结构》一书的出版，标志着西方科学哲学的研究发生了重大的转变。

20 世纪深刻的科学技术革命带来了自然科学的蓬勃发展。苏联的哲学工作者同样以自己的视角密切关注这次深刻的变化。他们深深意识到，"二十世纪自然科学中发生的革命，提出了许多复杂的哲学问题。现在，自然科学比过去任何时期更不能没有哲学的总结和概括了"①。科学发展的历史表明，有关科学的哲学问题往往发生在科学的最前沿。科学的前沿问题也往往得到哲学更多的关注。这是因为，科学在前沿领域每向前发展一步，都会触及科学部门的一般理论问题。就科学部门的一般理论问题而言，有两种情况，一是这些一般理论问题本来就是哲学问题，如从牛顿经典力学到狭义相对论、广义相对论，其中涉及的时间、空间以及时空与物质运动的关系；二是某些一般理论问题本身并不是哲学问题，但是其解决不仅对自身学科是重要的，而且对其他学科也很重要，如物质守恒定律、能量守恒定律等，那么，它们的解决就会对一般世界图景和方法论做出贡献，此时科学的一般理论与哲学问题就会发生重合。对于当时的苏联学者来说，"自然科学哲学问题是在各门学科以及科学哲学的'交叉点'上发生的"②。对自然科学的成就进行合理的总结和哲学反思，能够体现出

---

① 涂纪亮译. 1959. 关于自然科学中哲学问题的研究任务（全苏自然科学中哲学问题会议决议）. 自然辩证法研究通讯，（2）：32.

② C. T. 麦柳欣. 1989. 苏联自然科学哲学教程. 孙慕天、张景环、董驹翔译. 哈尔滨：黑龙江人民出版社：9.

当代自然科学成就对辩证唯物主义原理的丰富和发展。

与此同时，苏联对科学革命的研究也日益加强。1976 年 1 月，苏联《共产党人》杂志第一期刊登哲学副博士列克托尔斯基（Лекторский，В. А.）和哲学博士麦柳欣（Мелюхин，С. Т.）的文章《谈谈唯物辩证法发展的若干问题》。在谈到科技革命时，分析了科技革命对科学哲学研究的重要影响，"随着科学在社会主义社会中作用的增长，研究科学结构、科学发展规律和它所利用的方法及概念手段，正在成为唯物辩证法日益紧迫的任务。苏联哲学家最近几年相当成功地研究（特别是在自然科学材料的基础上）的这些问题，涉及科学认识的辩证唯物主义方法论。对科学方法论问题的特殊兴趣是直接由科技革命决定的，在这种革命的影响下，不仅科学研究的规模和科学家的劳动性质发生变化，连科学家的思维方式和科学分析的原则也在发生变化"①。

20 世纪科学技术的迅猛发展，使人们越来越清晰地认识到，科学不仅仅只是产生新知识的认识活动，更是一种社会行为。科学的发展在相当大的程度上取决于其作为一种社会活动的合理性，以及和其他社会活动的合理互动和相互促进。没有这个前提，科学无法在当下的社会中获得更有效的发展，科学的社会影响也无法实现。对此，夏皮尔（Shapere，D.）曾有很好的概括，他明确指出，科学不仅仅是理性的逻辑知识系统，更是一种事业。科学既是知识成果，也是探求知识的活动。而且，科学知识的获得正是通过探索求知的活动实现的。科学作为知识，是人类知识大厦中的重要成员，既不代表人类知识的全部，也不是唯一合理的知识。常识性知识、哲学、艺术，乃至于世界宗教和神话都是人类知识的合理且重要的部分。科学知识没有，也不可能脱离整体的知识域存在。科学作为一种特殊的认知活动，同样与其他形式的认知活动相互交融、不可分割、彼此互动。20 世纪的科学，又作为一种重要的社会活动，和社会的其他活动结合在一起，以整体的方式对社会的发展和进步产生积极的推动作用。由此可见，20 世纪对科学的研究，的确不能孤立于其他社会活动而独立进行。

分析科学知识的发展规律，还必须考虑科学的历史性。科学的社会学分析和历史性分析，把我们纳入文化的分析程序中。历史和社会条件的不同，决定了各国在发展科学、形成认识和理解科学上的差异。科学哲学的目标旨在分析

---

① 贾泽林，王炳文，徐荣庆，等编译. 1979. 苏联哲学纪事 1953—1976. 北京：生活·读书·新知三联书店：593.

科学知识的特点，确定科学知识的结构，分析科学认识的过程和科学方法，以及对科学合理性进行辩护。各民族由于历史文化的不同、社会发展方式的差异，对上述问题会形成不同的研究方式、不同的思维路径和迥异的解决方案。俄苏和西方科学哲学以不同的方式回应上述变化，不同的历史语境、不同的理论前提、不同的哲学导向、迥异的发展道路，形成了各有特点且特色鲜明的科学哲学研究，为科学哲学的比较研究提供了基础前提。美国学者格雷厄姆（Graham，L. R.）曾评价道，"苏联的辩证唯物主义者，在缺乏合适的对自然界的马克思主义解释并且面对一场科学革命的情况下，在过去五十年间，已经在科学哲学中进行了一种创新的努力，这种努力与苏联其他知识领域的种种努力突出地形成了鲜明的对照"①。

（二）提升了科学哲学在现代哲学中的地位

对于科学哲学在现代哲学中的地位，讨论的前提是把科学哲学看作是哲学运动还是一门学科。如果把科学哲学看作是哲学运动，分析是过程性的。我们所关注的是以维也纳学派为代表的将哲学改造成科学的那场哲学运动，以及这场运动给哲学带来的变化。如果把科学哲学作为一门学科，分析是结构性的。科学哲学作为哲学门类下的一个学科，同自然哲学、历史哲学、政治哲学等共同组成现代哲学。因此，讨论科学哲学在现代哲学中的地位，取决于现代哲学体系内部要素之间的结构性关系及其变化。同时，作为学科，科学哲学又不仅仅局限于西方科学哲学，马克思主义哲学也必然包含科学哲学的内容。因此，我们不仅要研究西方科学哲学，也要研究马克思主义科学哲学在世界哲学体系中的地位。"研究科学哲学在现代哲学中的地位，有两个意思：第一，研究西方科学哲学在现代哲学中占什么地位；第二，根据目前发展情况，马克思主义科学哲学占有什么地位。"②研究马克思主义科学哲学的地位，必然引出两个问题。一是马克思主义科学哲学是否具备完整的形态，"如果说它还没有完整的形态，那么，建设系统的完整的马克思主义科学哲学，已是时代的任务"③。二是马克思主义科学哲学与西方科学哲学的关系，具体说来就是两者之间的共性、差异，以及各自的优势和彼此的互补。于是，马克思主义科学哲学与西方科学

① L. R. 格雷厄姆. 1978. 苏联国内的科学和哲学（下）. 丘成，朱狄译. 世界哲学，（3）：70.
② 舒炜光. 1987. 科学哲学思潮. 浙江大学学报（人文社会科学版），（1）：14.
③ 舒炜光. 1987. 科学哲学思潮. 浙江大学学报（人文社会科学版），（1）：14.

哲学的比较研究，则成为研究的重要根据。

进入 21 世纪，斯焦宾（Стёпин，В. С.）在总结 20 世纪科学哲学发展状况时曾指出，"六七十年代，这个方向是最有趣和卓有成效的方向之一。这个方向较少有意识形态的监督，不像社会哲学那么多。在哲学史中，我们积极地掌握着国外的研究成果，并且也有自己原创的深入研究。它们在许多方面是哲学家与我国杰出的自然科学研究者积极交往的总结。从事科学方法论的研究当时对于哲学家来说是声誉很高的事情。这个领域涌入了大量的受过自然科学教育的专家。自然科学研究者非常认真地对待逻辑学和科学知识方法论问题的讨论。所有这些都促进了这个领域新知识的发展"①。这一时期，科学哲学成为最活跃、发展最为迅速的学科之一。

（三）推动了科学哲学在东西方的全面发展

在现代文明体系中，科学技术无疑发挥着重要的作用。20 世纪科学技术的进步，不仅使西方国家进入发达社会，也对东方国家产生了重要的影响。科学技术不仅彻底改变了生产领域，而且对人类活动的许多其他领域也都产生了重要的影响。

科学技术的进步也影响着我们认知世界的方式。科学和认知世界的其他方式——常识、哲学、艺术、宗教等——的交互和互动更加频繁和深入。这种交互和互动加强了科学与这些认知方式之间的关系，使科学与哲学之间的关联更加突出。更使得科学的行为被纳入文化之中，成为文化的一部分。东西方共同面对这场深刻的变化，从各自的角度发展了科学哲学。西方开始按照科学的标准来改造哲学，力图把哲学改造成"科学的"哲学。因此，西方科学哲学的早期研究主要集中在明确科学知识的特点、分析科学的结构、确立科学发现的逻辑、说明科学的合理性上。俄苏科学哲学则在科学的前沿中发掘、阐释科学与哲学的关系，全面开始了自然科学哲学问题的研究。

1. 西方："哲学的改造"

科学哲学的形成基于两个基本的要素，首先是科学和哲学关系的重建，其次是科学的进一步发展需要建立起一种新的方法论基础。

传统的自然哲学着力构建一个完整、全面的哲学体系，并将该体系视为最终的关于宇宙的真实认识。自然哲学这种努力的不足在于，一是当时的科学对

---

① Стёпин В С. 2004. У истоков современной философии науки. Вопросы Философии, （1）: 5.

世界的认识无论是在广度还是在深度上都十分有限,二是为了让科学成果与预先构建的自然哲学体系相一致,无法克服对自然科学成果进行扭曲的削足适履式的解释。到了 19 世纪中期,科学的快速发展,尤其是法拉第、麦克斯韦等人创立的经典电磁场理论和玻尔兹曼等人创立的经典热力学和统计物理学理论,已经对经典力学的世界图景提出了挑战。场的概念、概率决定等观念则冲击着牛顿以来的机械因果决定论。1895 年、1896 年、1897 年,物理学在实验领域相继发现 X 射线、元素放射性和电子,这三大发现进一步冲击着经典力学的物质观念——不可分割的质点。经典物理学的元老、热力学理论的奠基者开尔文尽管于 1900 年在送别旧世纪的欧洲年会上乐观地断定,以经典力学、经典电磁场理论、经典热力学和统计物理学为标志,物理学的大厦已经建立完毕,但还是不无忧虑地指出,在物理学的晴朗天空中尚有令人不安的"两朵乌云"。 开尔文所说的"两朵乌云"其中之一是迈克尔逊-莫雷实验,在搜寻以太效应时得出了以太存在效应的"零结果";其中之二是黑体辐射问题。令当时在场的绝大多数人没有预料到的是,正是这"两朵乌云"降下了物理学革命的暴风雨。暴风雨后重新晴朗的物理学天空中,出现了现代物理学新的基础理论——相对论和量子力学。

科学总是在不断的发展中丰富人类的认识。不仅是科学,在文化各领域中的认识和所获知识——艺术的、道德的、政治的、法律的意识等——也在不断发展。在这种情况下,"通过他们与文化各个相关领域的真正发展来反思其体系和结构,哲学知识的各个领域开始有了相对的自主权。他们作为一个特殊的哲学学科(本体论、认识论、伦理学、美学、宗教哲学、法哲学、科学哲学等)构成哲学的全貌"[①]。

19 世纪中期以来自然科学的成就为科学哲学的研究和发展准备了必要的前提。以经典电磁场理论、经典热力学与统计物理学理论为代表的理论发展,揭示出科学发展的新进路。科学可以不在经典力学的模式框架内发展,经典电磁场理论、经典热力学与统计物理学理论的成果,使人们看到,偏离经典力学传统的模式框架,科学也能取得认识上的成功。同时,这些科学成就不仅瓦解了经典力学的基本观念——不可分割的质点、绝对时空和机械因果,也摧毁了科学建立在机械论基础上的统一的科学世界图景。重新建立统一的科学世界图景

① Стёпин В С. 2006. Философия науки. Общие проблемы. Электронная публикация: Центр гуманитарных технологий. http://gtmarket.ru/laboratory/basis/5321[2012-03-18].

和科学的方法论基础，成为亟待解决的问题。

　　历史上，西方科学哲学中占主导地位的实证主义经历了三个阶段，第一阶段以孔德（Comte，Auguste）、斯宾塞（Spencer，Herbert）、穆勒（Mill，John Stuart）为主要代表，马赫（Mach，Ernst）等的经验批判主义为第二阶段，20世纪 20—30 年代的逻辑经验主义和维也纳学派为第三阶段。实证主义经历的每一次变化都实现了"哲学的改造"。先是批判了传统自然哲学以思辨的方式强加于科学的做法，进入 20 世纪，罗素（Russell，R）、维特根斯坦（Wittgenstein，L）、赖欣巴哈（Reichenbach，Hans）、石里克（Schlick，Moritz）、卡尔纳普（Carnap，Rudolf）、纽拉特（Neurath，Otto）、弗兰克（Frank，Philipp）等维也纳学派的学者提供了理解科学的基本概念和原则的特殊方法，他们专注于逻辑的语言分析，试图通过逻辑方法来实现"哲学的改造"。克拉夫特（Kraft，Viktor）指出，维也纳学派"有一个共同的信条是：哲学应当科学化。对科学思维的那种严格要求被用来作为哲学的先决条件。毫不含糊的明晰、逻辑上的严密和无可反驳的论证对于哲学就像对于其他科学一样都是不可缺少的。那种仍然充斥于今日之哲学的独断的断言和无从检验的思辨，在哲学中是没有地位的。这些先决条件隐含着对一切独断——思辨形而上学的反对。应当完全取消形而上学"①。赖欣巴哈在《科学哲学的兴起》一书的序言中，也明确指出，"哲学思辨是一种过渡阶段的产物，发生在哲学问题被提出，但还不具备逻辑手段来解答它们的时候"。"一种对哲学进行科学研究的方法，不仅现在有，而且一直就有。"②

　　逻辑经验主义者"他们把自己的目标规定为使哲学成为科学的，或者认为自己的哲学是科学的"③。关注哲学的科学化，"最重要的事情是把科学方法引入哲学。逻辑经验主义和精确哲学强调数学和逻辑对于哲学的重要，就是这个缘故。因为要使哲学变成科学的，必须依赖可靠的手段来进行，科学方法是缺少不了的。并且哲学的科学性要有其标志，这也离不开科学方法"④。

2. 俄苏：自然科学哲学问题研究

　　对自然科学的成就进行合理的总结和哲学反思，一方面体现了当代自然科学成就对辩证唯物主义原理的丰富和发展，另一方面也有利于自然科学的进

① 克拉夫特.1998.维也纳学派——新实证主义的起源.李步楼，陈维杭译.北京：商务印书馆：20.
② H. 赖欣巴哈.1983.科学哲学的兴起.伯尼译.北京：商务印书馆：3.
③ 舒炜光，邱仁宗.2007.当代西方科学哲学述评.2 版.北京：中国人民大学出版社：3.
④ 舒炜光，邱仁宗.2007.当代西方科学哲学述评.2 版.北京：中国人民大学出版社：4.

步。"科学哲学作为相对独立的研究领域的形成缘于两个相互关联的原因：首先，哲学观念的改变和新的发展方式；其次，科学需要确立一种新的哲学和方法论基础。"[①]

龚育之先生曾经对苏联《哲学问题》杂志在 1948—1957 年发表的有关自然科学哲学问题的论文，赵璧如对该杂志 1957—1958 年的相关论文进行过统计。11 年间一共发表论文 276 篇，年均超过 25 篇。其中一般性论文 34 篇，数学哲学问题研究论文 12 篇，物理学哲学问题研究论文 85 篇，化学哲学问题研究论文 21 篇，生物学哲学问题研究论文 62 篇，生理学、心理学哲学问题研究论文 41 篇，天文学哲学问题研究论文 9 篇，地理学哲学问题研究论文 12 篇。[②] 一般性论文所涉及的主题有：①经典作家关于自然科学的论述，如科林尼（Криний，А. М.）的《马克思关于自然科学的工作》（1948 年第 1 期）、列别什卡娅（Лепешкая，О. Б.）的《马·恩·列·斯的著作对于自然科学发展的创造意义》（1953 年第 2 期）；②科学家的哲学思想，如凯德洛夫（Кедров，Б. М.）的《门捷列夫关于自然科学哲学问题的言论》（1952 年第 2 期）；③科学家科学发现的意义，如凯德洛夫的《罗蒙诺素夫的自然科学发现的哲学意义》（1951 年第 5 期）；④科学观问题，如科尔波夫（Корпов，М. М.）的《论自然科学发展的内部规律性》（1957 年第 1 期）、特罗申（Трошин，Д. М.）的《科学发展的特点》（1953 年第 6 期）、科平（Копин，П. В.）的《假设在认识中的地位与作用》（1954 年第 4 期）；⑤自然科学中反对唯心主义的斗争，如萨多维耶夫（Содовиев，Ю. И.）的《19 世纪上半叶俄国自然科学家反对唯心主义的斗争史片论》（1954 年第 1 期）、亚罗施耶夫斯基（Ярошевский，М. Г.）的《19 世纪俄国自然科学中唯物主义与唯心主义斗争的历史摘要》（1956 年第 1 期）、凯德洛夫的《对自然规律的唯物主义理解》（1952 年第 6 期）。

物理学哲学问题所涉及的主题有：①围绕马尔可夫《论物理学知识的本性》一文的争论[③]，1948 年第 1 期发表"关于马尔可夫一文的讨论"共计 11 篇论文，还有捷尔杰茨基（Тердецкий，Я. П.）的《关于马尔可夫一文的讨论》

[①] Стёпин В С. 2006. Философия науки. Общие проблемы. Электронная публикация：Центр гуманитарных технологий. http://gtmarket. ru/laboratory/basis/5321[2012-03-18].

[②] 参见龚育之. 1957. 苏联"哲学问题"（1948—1957 年）中有关自然科学哲学问题的论文目录. 自然辩证法研究通讯，（2）：47-53；赵璧如. 1958. 苏联"哲学问题"（1957—1958）中有关自然科学哲学问题的论文目录. 自然辩证法研究通讯，（2）：53-54.

[③] М. А. 马尔可夫，苏联著名物理学家，1966 年当选苏联科学院院士。在《哲学问题》杂志 1947 年第 2 期发表了该文。该文被认定为对现代物理学知识的辩证性质做出了完全不同于当时苏联主流观点的说明，因而遭到批判。1947 年 7 月 19 日，主编凯德洛夫因此被免职。

（1948 年第 3 期）、《关于马尔可夫一文讨论的总结》（1948 年第 3 期）；②相对论的哲学问题，如科尔波夫的《爱因斯坦的哲学观点》（1951 年第 1 期）、纳安（Нaан，Г. И.）的《物理学中相对性原理问题》（1951 年第 2 期）、乌也莫夫（Уемов，А. И.）的《时空连续体能够与物质相互作用吗》（1954 年第 3 期）；③量子力学中的哲学问题，如武尔（Вул，Б. М.）的《古典与量子物理学中力学运动研究的问题》（1949 年第 3 期）、马克西莫夫（Максимов，А. А.）的《关于 И. В. Кузнецов〈现代物理学的相应原理及其哲学意义〉一书的讨论》（1950 年第 2 期）、索尔恰克（Сорцак，Л. И.）的《争取辩证唯物主义地阐述量子力学基础》（1952 年第 3 期）、奥米里扬诺夫斯基（Омелъяновский，М. З.）的《反对量子力学中的唯心论》（1951 年第 4 期）；④反对物理学中的唯心主义，如施泰因曼（Штейнман，Р. Я.）的《唯心主义在物理学中的反动作用》（1948 年第 3 期）、维茨尼切基（Вицницкий）的《争取对物理学中相对性原理的一贯唯物的处理》（1952 年第 1 期）、巴里亚别夫（Полиаъов，А. П.）的《海森堡新著作对于量子力学的唯心主义阐述》（1952 年第 3 期）、福克（Фок，В. А.）的《反对对现代物理理论的无知的批判》（1953 年第 1 期）、马克西莫夫的《现代物理学中争取唯物主义的斗争》（1953 年第 1 期）、奥米里扬诺夫斯基的《反对对量子力学中统计系综的唯心主义解释》（1953 年第 2 期）等。

化学哲学问题所涉及的主题有：①化学中的马赫主义及其评价，如加捷夫斯基（Гатевский，Б. М.）的《化学中的一种马赫主义理论及其宣传者》（1949 年第 3 期）；②门捷列夫的相关研究，如凯德洛夫的《门捷列夫定律与控制核子过程的任务》（1953 年第 5 期）。

生物学哲学问题所涉及的主题有：①批判遗传学中的唯心主义，如普什科（Пушенко，И. Е.）的《反对遗传学中的唯心主义与形而上学》（1948 年第 2 期）；②米丘林（Мичуин，И. И.）的相关研究，如别洛夫（Белов，П. Т.）的《米丘林是辩证唯物主义者》（1948 年第 3 期）、斯托列戈夫（Столегов，В. Н.）的《辩证唯物主义与米丘林生物学》（1949 年第 3 期）；③生命（人类）起源问题，如科尼柯娃（Коникова，А. С.）的《关于生命现象的最初形成问题》（1954 年第 1 期）、波尔什涅夫（Поршиев，Е. Ф.）的《人类起源问题上的唯物主义与唯心主义》（1955 年第 5 期）；④生物进化问题，如普济科夫（Пузиков，П. Д.）的《生物进化中的几个哲学问题》（1956 年第 4 期）；⑤对达尔文主义的研究，如凯德洛夫的《马克思主义与达尔文主义在物种形成上的关系》（1955 年第 6 期）等。

生理学、心理学哲学问题所涉及的主题有：①巴甫洛夫（Павлов，И. П.）的相关研究，如萨尔基索夫（Саркисов，С. А.）的《巴甫洛夫关于高级神经活动的学说与脑的结构问题》（1950 年第 3 期）；②反对心理学中的唯心主义，如布季洛娃（Будилова，Е. А.）的《谢切诺夫为唯物主义心理学而斗争》（1955 年第 1 期）等。

天文学哲学问题所涉及的主题有：①恒星、行星的起源问题，如费先科夫（Фесенков，В. Г.）的《现代银河系中恒星的演化与发生》（1952 年第 4 期）；②天体演化问题，如阿尔谢尼耶夫（Арсеньев，А. С.）的《天体演化学的几个方法论问题》（1955 年第 3 期）等。

地理学哲学问题所涉及的主题有：①自然地理，如格拉戈列耶夫（Граигорьев，А. А.）的《自然地理的几个问题》（1951 年第 1 期）；②地理学方法论，如库兹涅佐夫（Кузнецов，П. С.）的《地理学的最重要的方法论问题》（1951 年第 3 期）等。

我国学者赵璧如对苏联 1951—1957 年出版的有关自然科学哲学问题的著作进行过统计。这一时期，苏联各地的出版社出版著作 59 部，其中，一般性著作 14 部，如卡加诺夫（Каганов，В. М.）的《自然科学的一些哲学问题（论文集）》（苏联科学院出版社，1957 年）、特罗申的《斯大林关于语言学问题和自然科学》（真理出版社，1951 年）；物理学哲学问题的著作数量最多，达到 15 部，如马克西莫夫的《现代物理学的哲学问题》（苏联科学院出版社，1952 年）、奥米里扬诺夫斯基的《反对量子力学中的主观唯心主义》（乌克兰苏维埃社会主义共和国科学出版社，1953 年）；化学哲学问题著作 2 部，如凯德洛夫的《化学元素概念的进化》（俄罗斯苏维埃联邦社会主义共和国教育科学院出版社，1956 年）；生物学哲学问题著作 13 部，如特罗申的《米丘林生物学中发展的辩证法》（苏共中央直属社会科学院辩证唯物主义历史唯物主义教研室，1951 年）、诺温斯基（Новинский，И.）的《现代生物学的哲学问题（论文集）》（苏联科学院出版社，1952 年）；生理学、心理学哲学问题著作 15 部，如曼苏罗夫（Мансуров，Н. С.）的《巴甫洛夫为自然科学中的唯物主义而斗争》（苏联科学出版社，1955 年）、捷普洛夫（Теплов，Б. М.）的《关于高级神经活动学说的哲学问题》（苏共中央直属社会科学院辩证唯物主义历史唯物主义教研室，1954 年）等。[①]

---

① 赵璧如. 1958. 苏联 1951—1957 年出版有关自然科学哲学问题著作目录. 自然辩证法研究通讯，（2）：55-57.

这一时期，苏联的自然科学哲学问题全面展开，几乎涉及自然科学的全部领域。

二、20 世纪比较哲学研究

与比较科学哲学相比，比较哲学是相对成熟的研究领域。历史上的中外哲学均对此有所研究。

20 世纪 80 年代以来，敞开国门的我国哲学界，介绍引进了大批的西方哲学的研究，极大地拓展了我国哲学研究的视域。出于深入地理解、研究西方哲学的需要，也由于我国哲学发展的自身需要，中西哲学的比较研究在 90 年代开始兴起，出现了一批高质量的研究成果。例如张世英的论文《"天人合一"与"主客二分"》（《哲学研究》，1991 年第 1 期）、张祥龙的《胡塞尔、海德格尔与东方哲学》（《中国社会科学》，1993 年第 6 期）、田薇的《中西哲学的分殊与融通》（《中国人民大学学报》，1994 年第 5 期）、王为理的《思与禅的一种诠释与对话》（《社会科学战线》，2000 年第 5 期）、张祥龙的专著《海德格尔思想与中国天道：终极视域的开启与交融》（生活·读书·新知三联书店，1996 年）等。总体上看，上述研究集中在三方面：一是对中西哲学所做的宏观的整体比较，二是中西人物思想的比较研究，三是就西方哲学的一些流派和中国哲学展开对话。①

与此同时，世界范围内的比较哲学研究在更大范围内展开，不仅包含西方哲学之外的两个主要传统——中国哲学和印度哲学，还尝试扩展至阿拉伯哲学、伊斯兰哲学甚至是非洲哲学。②2012 年 5 月 22—25 日，莫斯科召开了第三届比较哲学国际会议，会议主题为"东西方文化中的哲学与科学"。来自俄罗斯、美国、印度、英国、法国、土耳其、伊朗、叙利亚、德国、立陶宛和日本等国的哲学家出席了此次会议。③除了来自西方和俄罗斯本土学者贡献的大量论文外，我们看到了这样主题的文章，如《印度传统文化中的哲学与科学的关系》《伊斯兰哲学可以为比较哲学贡献什么？》《伊斯兰教、哲学和科学》等。④目前，比较哲学的研究已经成为哲学领域中的重要理论问题，在世界话语下展开。蓬勃兴起的比较哲学研究加强了对哲学比较的前提性和基础性问题的思考。从历史发展的角度，俄苏

① 孙正聿. 2008. 中国高校哲学社会科学发展报告：1978—2008. 桂林：广西师范大学出版社：112-113.
② 达亚·克里希纳. 1989. 比较哲学：是什么和应该是什么. 马莉莉译. 第欧根尼，（1）：80.
③ Степанянц М Т. 2013. Расширяя горизонты философии и науки. Вопросы Философии，（2）：75.
④ Степанянц М Т. 2013. Расширяя горизонты философии и науки. Вопросы Философии，（2）：76.

和西方科学哲学都在各自的哲学思想体系内得到相应的发展，其相关研究成果也都是各自理论体系的重要组成部分。一定范围内的哲学比较研究的开展为科学哲学的比较研究提供了认识前提和方法论基础。

（一）哲学比较研究的目标

以文化对话为前提的哲学比较，参与者追求的目标是有差异的，可以区分为三种目标。第一种目标是，美国和西欧等发达国家在哲学比较中突出并强化自己哲学的"文化霸权"地位。他们认为，全球化会导致世界各民族对西方文化的认同，逐渐弱化自己的文化个性，消除与西方文化的差异并最终在西方文化的引领之下走向世界繁荣。饶有兴味的是，除西方国家外，声称要成为全球文化领导者的也有东方的代表，这种努力来自伊斯兰世界。第二种目标是，力图通过哲学的比较实现东西方文化的有机融合。在我国早期提出这一想法的是康有为，杰出代表是冯友兰。第三种目标是借鉴，其典型的代表是日本。从早期的"日本精神—中国技能"到现在的"东方道德—西方技能"，被称为日本"科学技术的创造性公式"。[①]

比较研究的目标是寻求统一性，保留多样性。作为一种文化对话，既要消除对抗，实现彼此的文化理解和认同，又要在尊重的前提下保留彼此的文化个性。"我们既不希望东方与西方的冲突，也不盼望他们的融合，而是彼此都应该保持其完整性，并向来自其他所有有价值的借鉴表达感谢。这种'交叉施肥'，使我们可以发展出一个世界眼光的哲学。"[②] 哲学比较研究的逻辑前提在于"所有的比较研究都同时含有同一性和差异性"[③]。概括共性，总结差异，是比较研究的两个主要方面。共性是比较的前提，我们无法对毫无共性可言的两个事物进行比较。因为共性提供比较的范围、确定比较的主题，没有共性的差异无法形成问题的聚焦，无法在一个共同的领域形成对视。只有共性基础上的差异才有比较的意义。因此，哲学比较研究的重要前提是，必须辩证地处理好共性与个性的关系。在这方面，西方学者的研究遇到很大的困难。他们往往割裂二者的辩证关系，对二者关系的分析停留在逻辑分析的层面，导致了"这种充溢着智力难题的局面引起了无休无止的争论"[④]。在西方学者看来，从逻辑上讲同一

① Степанянц М Т. 2013. Расширяя горизонты философии и науки. Вопросы Философии, （2）: 80.
② Степанянц М Т. 2013. Расширяя горизонты философии и науки. Вопросы Философии, （2）: 80.
③ 达亚·克里希纳. 1989. 比较哲学：是什么和应该是什么. 马莉莉译. 第欧根尼，（1）: 78.
④ 达亚·克里希纳. 1989. 比较哲学：是什么和应该是什么. 马莉莉译. 第欧根尼，（1）: 78.

性即"A=A"。而"A=A"的逻辑形式即为永真命题。奎因（Quine，W. V. O.）在《经验论的两个教条》中曾经指出，这种形式的永真命题不会为我们提供任何新的知识，更不能使我们的认识能力有任何的发展。差异性建立的是"A=B"的逻辑关系。而正如我们所知的，自弗雷格（Frege，G.）、罗素以来，"'A=B'所提出的问题至少从纯粹理论推论上讲似乎是不可解决的"①。以"A=A"和"A=B"所表达的逻辑关系，用哲学语言表达，即"我们所争论的究竟是同一事物还是不同的事物？"②遗憾的是，这种表达方式自然会把人们引向用二者取一的方法解答问题，如上所述，问题无解。为了走出这一困境，西方学者提出"相似物"的概念，力图消弭"A=A"和"A=B"的对立。结果是原来的问题不仅没有解决，又带来了新的隐患。一方面，"'相似到什么程度才可以称之为相似物呢？'这是人们总要提出的一个问题"；另一方面，"相似物"是"进行所有比较研究的祸患，并使这些比较研究带有不能根本消除的不明确性"。③

由此可见，在西方分析哲学的框架内难以消除同一性和差异性的矛盾。要想走出这一困境，马克思主义唯物辩证法显示出了强大的方法论功能。

（二）哲学比较研究的前提

当代哲学的比较研究在方法论层面给予我们深刻的启示。在怎样认识世界各国哲学，尤其是怎样给中国古代哲学以合理的定位，能否对不同文化传统和历史语境下的各国哲学进行比较等方面的思考和研究，为科学哲学的比较研究提供了丰富的思想启示。它在具体揭示世界各国哲学体系之间的相同点和相异点的过程中，表明了不同文化背景下的各民族在运用本民族语言所表达和概括出来的哲学思想体系中，不但具有人类思维的普遍共性，而且还充分彰显出所在民族的特点和个性。

努斯鲍姆（Nussbaum，Martha）指出了比较哲学研究中需注意的问题。她认为比较哲学研究应该消除三种"危险"。第一种是沙文主义，一是描述上的，二是规范上的，"描述上的沙文主义（descriptive chauvinism）按自己的哲学框架去解释另一个传统的哲学，以为另一种哲学以相同的方式使用概念、提出和回

---

① 达亚·克里希纳. 1989. 比较哲学：是什么和应该是什么. 马莉莉译. 第欧根尼，（1）：79.
② 达亚·克里希纳. 1989. 比较哲学：是什么和应该是什么. 马莉莉译. 第欧根尼，（1）：78.
③ 达亚·克里希纳. 1989. 比较哲学：是什么和应该是什么. 马莉莉译. 第欧根尼，（1）：78.

答相同的问题"。比起描述上的沙文主义，最常见的还是规范上的沙文主义，"规范上的沙文主义（normative chauvinism）则拿自己的哲学作为规范或标准来评价另一个传统的哲学"。第二种是怀疑论。以客观公正的面目出现，只做叙述，不做评价。这种所谓的客观貌似公正，其实，在西方科学哲学成为主导范式的情况下，不做评价就得不到合理的承认和肯定。第三种是不可通约性论题。①例如沃夫（Whorf, B. L.）等人的语言相对性论题、库恩的范式不可通约性论题。库恩在《科学革命的结构》中详细地讨论了科学范式不可通约性问题。库恩之后，翁格（Wong, David）又提出了三种不可通约。第一种：一种哲学的概念无法译为另一种哲学中有相同指称和含义的概念。第二种：两种哲学范式差异太大，以至于两种哲学的赞成者之间无法交流和理解。第三种：两种哲学传统对于什么是证据或判别的根据有不同的看法，因此，无法对它们做出比较评价。②值得注意的是，俄苏学者关于不可通约性问题提出了独到的见解和思想。叶果罗夫（Егоров, Д. Г.）在文章《如果范式不可通约，为什么它却变动不居？》（*Если парадигмы несоизмеримы, то почему они все-таки меняются?*）中说道，"我们不赞成这种非理性主义的立场。按我们的观点，反对不可通约性的主要理由是，新观念的创造者总是以某种方式来比较它们；把这种比较和选择行为描述为'格式塔转换'或者'模糊的美学感觉'显然是不能令人满意的"③。他提出了两个重要概念——元立场和标准集群，"在我们看来，库恩所描述的格式塔转换实际上是理解的改变，但不是水平的（变动为另一种等位立场），而是垂直的：就两种范式进路说是元立场的改变。如果使用视觉隐喻，其中（现实世界的）领土地图代表范式，那么这就是地点的立体变更，其中两幅地图同时被观察到"④。标准集群是一组合理性标准，是为了摒弃极端常规立场上的比较科学理论的合理性标准而制定的"软"标准。标准集群的作用在于，"研究者总是以这种或那种方式，自觉地或不自觉地比较不同的理论；制定明确的标准不是要消除任何概念，而是要促进科学争论中理性成分和感性成分的分化（理想地说，即使不是一般地从科学中，至少是从科学争论中，完全消除非理性的、

---

① 武汉大学哲学学院，武汉大学中西比较哲学研究中心. 2007. 哲学评论（第 6 辑）. 武汉：武汉大学出版社：3.
② 武汉大学哲学学院，武汉大学中西比较哲学研究中心. 2007. 哲学评论（第 6 辑）. 武汉：武汉大学出版社：3.
③ Егоров Д Г. 2006. Если парадигмы несоизмеримы, то почему они все-таки меняются? Вопросы Философии，（3）：107.
④ Егоров Д Г. 2006. Если парадигмы несоизмеримы, то почему они все-таки меняются? Вопросы Философии，（3）：108.

基于感情的偏见）"①。

哲学的比较研究面临的问题是，西方文化之外的一切文化都已因被轻视而降到被观察的"客体"的地位，即西方学者用西方的概念和范畴来观察和研究这些文化，因为他们并不认为这些概念和范畴是有局限性的文化，而认为它们具有普遍性。因此，从某种深层的和激进的意义上说，只有西方文化才不可思议地把认知领域中的"主体"地位占为己有，而把其他一切文化都降居到"客体"地位。②比较是在两者（或更多）事物之间进行的，结果是总结共性特征，寻找差异性。但无论是共性，还是差异性，以比较的哪一方为出发点，以哪一方为主确立比较的标准，结论会有不小的差别。以中西哲学的比较为例，以中国哲学为出发点和以西方哲学为出发点所进行的两者的比较，结论显然会有很大的不同。"在'比较研究'的基础中存在的矛盾，往往被求助于所有知识的共性以及把知识同这个有特权的'我们'等同起来的做法所掩盖，人们正是从这个有特权的'我们'的观点出发，来判断和评价'其他'社会和文化的。"③

从哲学的比较研究来看，人们首先应该寻求的是知识的共性，就这一点而言，各种哲学应具有同等的地位，没有哪一种哲学居于特殊位置。但实际上，在目前的比较哲学研究中，西方哲学具有无以撼动的特殊地位。从历史上看，大多数的比较研究与人类学的研究关系密切，而人类学的研究本身就与西欧各国的政治、经济势力的全球性扩张的过程联系在一起。这种扩张形成了以西方为核心的评价标准和评判标准。凡是被西方发现的任何可以称为知识的东西都是正确的。西方为世界树立了一种标准，可以用这种标准不附加任何条件地衡量世界上所有其他的知识。西方之外的成果能否称为知识，主要看是否满足西方确立起来的标准。而且，以西方为标准的情形还超出了知识领域，走进了文化、社会等领域。从文化方面看，西方文化在世界中居于强势地位，形成了文化霸权。文化霸权的强势扩张，导致了非西方国家程度不同地对自身本土文化失去自信。在这些国家的相关研究中，不是用自己的观点去看待分析西方的社会和文化，而是按照西方的标准来衡量自己的文化。衡量的结果是，与西方有相符之处或可比附则是证明了自己的文化成就，不符之处就是差距，而不是合理的差异。这是目前比较哲学研究中常见的一种文化心态。达亚·克里希纳

① Егоров Д Г. 2006. Если парадигмы несоизмеримы, то почему они все-таки меняются? Вопросы Философии, (3): 108.
② 达亚·克里希纳. 1989. 比较哲学：是什么和应该是什么. 马莉莉译. 第欧根尼，(1): 83.
③ 达亚·克里希纳. 1989. 比较哲学：是什么和应该是什么. 马莉莉译. 第欧根尼，(1): 79.

（Krishna，Daya）在分析印度哲学时就曾指出，"一些研究哲学的印度学者不仅吞进带着鱼钩的诱饵、钓丝和钓锤，他们要么是在印度传统中搜寻那些与西方哲学观点相类似的东西，要么是骄傲地认为印度哲学不是为强词夺理的辩论而进行的枯燥无味的简单的智力练习，而是探讨人类心灵深处束缚与解放的最深奥的存在问题，他们试图通过这些来博得世人对印度哲学的尊重"①。20 世纪30 年代，金岳霖在为冯友兰的《中国哲学史》所做的"审查报告二"中也曾指出："现在的趋势，是把欧洲的哲学问题当作普遍的哲学问题。""如果先秦诸子所讨论的问题与欧洲哲学问题一致，那么他们所讨论的问题也就是哲学问题。"这种比较会出现两种结果，"先秦诸子所讨论的问题或者整个的是，或者整个的不是哲学问题。或者部分的是，或者部分的不是哲学问题"②。"整个的是"和"部分的是"是由于比较的方式不同。因此，与西方的比较要力争打破惯常的两种方式，一是比附，要避免以西方传统思想为依归的比附；二是依赖，要尽可能地发掘各自哲学原本的"思想路数"，考察其哲学思想产生的历史、文化背景，思考其文化印记和时代精神，除了理论共性，还具有哪些自身的特质。

哲学的比较研究需要将各种哲学置于同等的地位，这是合理研究的重要条件，这是哲学比较研究的前提，也是比较研究的意义所在。

第二节　历史契机

科学哲学比较研究的兴起，重要的历史契机有两方面。从纵向说，是从工业化社会向后工业化社会到知识经济社会的转型。从横向说，则是当代的全球化。全球化既为世界科学哲学的发展营造了适合的平台，也改变了世界科学哲学发展的历史轨迹，但同时也弱化了民族科学哲学的意义和价值。

一、纵向：现代化社会转型

总体上看，现代化社会转型带来了两个重要结果，首先是降低了西方文化的神圣性，其次是凸显了多元文化的合理性。

---

① 达亚·克里希纳. 1989. 比较哲学：是什么和应该是什么. 马莉莉译. 第欧根尼，（1）：82.
② 转引自张晓芒. 2008. 比较研究的方法论问题——从中西逻辑的比较研究看. 理论与现代化，（2）：71.

（一）降低了西方文化的神圣性

社会转型是发展社会学的重要议题。西方学术界关注这一问题可以上溯到文艺复兴以后的 17 世纪。随着资本主义生产方式的出现和确立，欧洲一些国家开始了由传统社会向工业化社会的转变。对这种社会转变的研究首先是在历史领域。如维柯（Vico，G.）在《新科学》中解答了历史研究的三个问题：①世界历史经历了从原始蒙昧状态到现代社会的文明状态的过程；②人类社会的发展体现出一个进步的过程；③这一过程有共同规律。和维柯并列同为"18 世纪建立'有效的'社会科学的努力中最有贡献的两个人"的孔多塞（Condorcet，M.）是西方历史哲学中历史进步观的另一奠基人。他在《人类精神进步史表纲要》中将历史的进程与人的理性联系在一起，认为，"历史进步的阶段，基本上就相当于人类理性发展的阶段"①。他将人类文明划分为十个时代：第一个时代，人类结合成部落；第二个时代，游牧民族（由这种状态过渡到农业民族的状态）；第三个时代，农业民族的进步（下迄拼音书写的发明）；第四个时代，人类精神在希腊的进步（下迄亚历山大世纪各种科学分类的时期）；第五个时代，科学的进步（从它们的分类到它们的衰落）；第六个时代，知识的衰落（下迄十字军时期知识的复兴）；第七个时代，科学在西方的复兴（从科学最初的进步下迄印刷术的发明）；第八个时代，印刷术的发明（下迄科学与哲学挣脱了权威的束缚的时期）；第九个时代，笛卡儿（Descartes，Rene）（下迄法兰西共和国形成）；第十个时代，人类精神未来的进步。这样的历史虽然是理性力量的发展，但是会带来社会的变化和进步。在孔多塞看来，进步的要义就在于扫除历史前进道路上的障碍，这些障碍来自两个方面：既来自在上者的专制主义和等级制度，也来自在下者的愚昧和偏见。但是这两个都可以，并且应该由政治的和知识的革命而被扫除。②就孔多塞而言，进步的历史必然会导致社会的变化。维柯和孔多塞属于西方早期从历史进步角度对社会转型有所研究的思想者。不过，他们所处的年代正值现代工业社会的诞生期，工业化的社会转型尚未清晰、完整地呈现。因此，他们的研究仅仅是个开始。

从 19 世纪中期到 20 世纪中期，西方工业化社会的转型导致中古社会的瓦解，西方主要国家迅速走向工业化。作为人类社会的一场深刻的历史运动，这场社会转型引起了西方学者的关注，形成了研究社会转型机制和社会转型结果的两

---

① 孔多塞. 2006. 人类精神进步史表纲要. 何兆武，何冰译. 南京：江苏教育出版社：译序 2.

② 孔多塞. 2006. 人类精神进步史表纲要. 何兆武，何冰译. 南京：江苏教育出版社：译序 3.

个维度。例如，摩尔根（Morgan，L.）分析了社会转型的技术机制，涂尔干（Durkheim，E.）从具体的社会实在域探求社会转型的机制。滕尼斯（Tonnies，F.）分析了社会转型的结果。其相关的理论研究提出了一些基本假定，即"肯定人类社会的进步与转型有统一的逻辑或模式，对它的认识就是对历史的预见；社会是一个有机整体，转型的要素可以以宗教、道德或技术等等为主导，但最终社会的变化都是整体的、全方位的；转型的结果是进步，是社会从简单到复杂、从低级到高级、从分散到集中、从混乱到有序的运动，前进的方向是不可逆的；转型的道路是一元的，在不同社会之间存在的差异只是快与慢之分，其因果机制和变化序列却是一致的，其标准模式就是西方社会转型"①。斯宾格勒（Spengler，O.）在其著作《西方的没落》中倡导一种多元文化历史观，向欧洲中心主义的一元论提出了挑战。在斯宾格勒看来，文化是一个有机的整体，"整体"意味着文化是一个自身各部分相互关联的自主整体，"有机"则意味着任何一种文化都是一个要经历生长期和衰亡期的有机活体。用他的话来说，"每一个活生生的文化都要经历内在与外在的完成，最后达至终结——这便是历史之'没落'的全部意义所在。在这些没落中，古典文化的没落，我们了解得最为清楚和充分；还有一个没落，一个在过程和持久性上完全可以与古典的没落等量齐观的没落，将占据未来一千年中的前几个世纪，但其没落的征兆已经预示出来，且今日就在我们周围可以感觉到——这就是西方的没落"②。

　　20世纪50年代以后，西方社会转型理论的研究出现了所谓"新进化主义"的研究导向，以怀特（White，L.）、斯图尔特（Steward，J.）、萨林斯（Sahlins，M.）、塞维斯（Service，E.）等为代表。研究的宗旨是"在肯定和承认文化多元性的前提下，寻求其内在的本质的同一性，从而维护经典转型论的一元化假定"③。在他们的心中，转型的标准仍然是西方中心主义。纵观20世纪50—60年代，西方的社会转型理论始终围绕西方中心主义这一核心展开。西方模式是其他不发达国家的必经之路和未来目标。西方国家的社会转型作为成功的实践，为其他国家树立了效仿的榜样。用艾森斯塔特（Eisensdadt，S. N.）的话来说："历史上，现代化是向着这样一种社会的、经济的和政治的体制变迁的过程：这一体制从17世纪到19世纪在西欧和北美发展起来，然后扩展到其

① 孙慕天. 2009. 边缘上的求索. 哈尔滨：黑龙江人民出版社：504.
② 斯宾格勒. 2006. 西方的没落. 吴琼译. 上海：上海三联书店：32.
③ 孙慕天. 2009. 边缘上的求索. 哈尔滨：黑龙江人民出版社：505.

他欧洲国家，并且在 19 世纪 20 世纪又扩展到北美、亚洲和非洲的另一些国家。"①不发达国家可以通过三条道路实现向发达工业社会的转型。第一种是跨越式，不发达国家可以通过技术、资金的帮助合理借助外力，跨越中间阶段，直接进入发达社会。第二种是过渡论，认为不发达国家可以按照发达国家的模式，经历发达国家所走过的道路通过过渡阶段进入现代社会。第三种是外力强制，与发达国家通过社会本身固有的力量实现社会转型不同，不发达国家自身的内部并不具备这种力量，因此，可以借助发达国家的力量从国家外部着手，以强制的方式实现从传统向现代的转型。这些观点虽然允许不发达国家以三种方式中的一种实现现代化社会转型，但在本质上仍未脱离西方中心主义。亨廷顿（Huntington, S. P.）建立了"现代化是一种同质化过程"的命题，用他的话说就是："传统社会除了缺乏现代性这一点相同之外，很少有共性，而现代化却在各种社会中引发了趋同的倾向。"②

从 20 世纪 60 年代起，这种认识遭遇到激烈的争论和猛烈的批评。德国学者沃尔夫冈·查普夫（Zapf, Wolfgang）指出，这种现代化理论其实是狭义的现代化理论，其宗旨是通过研究西方现代社会，分析其经济增长和民主政治发展的必需条件，并将其发展政策转移到不发达国家中去。因此，这种理论从 20 世纪 60 年代起开始受到批评。查普夫分析了三个方面的原因。首先，西方援助的发展项目由于只是机械地照搬西方的范例，"而缺乏社会容纳性，往往出现很多意想不到的副作用"。其次，西方的现代化模式往往是"美国式"的现代化，而实际上，这种模式不是唯一的，"苏联模式、中国模式或者古巴模式中都产生了强大的竞争者"。③最后，对于西方现代化模式，即使是在西方内部，人们的认识也不一致，例如，"西方现代社会的模式'在家里'遭到了西方马克思主义不同学派的猛烈攻击"④。

（二）凸显了多元文化的合理性

20 世纪 70 年代后，世界形势发生了重大的变化。这种变化有三个重要的标志：一是西方多数发达国家的经济发展遭遇到第二次世界大战以来的重大挫折；二是东亚新兴工业国家以强劲的势头迅速崛起；三是苏联和东欧的社会主

① 孙慕天. 2009. 边缘上的求索. 哈尔滨：黑龙江人民出版社：506-507.
② 孙慕天. 2009. 边缘上的求索. 哈尔滨：黑龙江人民出版社：508.
③ 沃尔夫冈·查普夫. 2000. 现代化与社会转型. 2 版. 陈黎，陆宏成译. 北京：社会科学文献出版社：62.
④ 沃尔夫冈·查普夫. 2000. 现代化与社会转型. 2 版. 陈黎，陆宏成译. 北京：社会科学文献出版社：62-63.

义制度瓦解。第二次世界大战以后，西方发达国家的经济进入了快速发展的时期。与战前相比，战前发达国家的工业生产年平均增长速度为 2.4%，对外贸易额的年平均增长速度为 2.5%；战后的 1950—1975 年，这两项指标的年平均增长速度分别为 5.5%和6.9%。[1]这种良好的发展势头在 70 年代中期开始趋缓，直至出现了英语"停滞"和"通货膨胀"两个词混合而成的新词——"滞胀"。经济增长速度下降，通货膨胀加剧，经济复苏乏力，经济生活更加不稳定。以美国为例，美国在 20 世纪 50 年代国民总收入的年平均增长率为 4%，60 年代增至4.8%，1971—1978 年下降到 3.4%并且呈持续下降趋势。1978 年第四季度国民总收入的年均增长率为 0.5%，1979 年第四季度为 1%。[2]整体来看，"一九七七年和一九七八年，二十四个发达国家的国民生产总值，平均每年只增百分之三点五，远低于六十年代的平均数（百分之五点一）；失业总人数经常在一千七百万人左右。所以，整个说来，七十年代的资本主义世界经济是停滞的"[3]。

经济停滞加上政治和社会分化，促使人们开始全面反思已有的现代化理论。社会学家帕森斯提出了"现代社会系统"的思想，指出"发展（现代化、变迁）被理解为容纳、价值普遍化、分化和地位提高的综合体，意指把更多的社会群体容纳到一个社会的基础体制当中；价值普遍化意味着共同的基本价值观的不同的文化阐释的高度灵活性"[4]由此带来了社会学"理论上的多元化和方法上的分化"[5]。

二、横向：全球化浪潮

对科学哲学的发展而言，全球化是一把双刃剑。一方面，全球化提供了人类有史以来最大的交流平台，打破了人类思想封闭、割裂的状况，使进入这个平台的各种思想都能够得到最充分的交流；另一方面，全球化必须寻求在差异中进行平等的对话，既要承认这种差异存在的合理性，又要使这些文化得以合理地保留。但就目前的全球化进程来看，全球化给非主流文化带来极大的冲击，不仅做不到平等地对话，甚至还与这个目标渐行渐远。对于没有一定主导

① 叶义材. 1980. 美国的"滞胀"与凯恩斯学说的破产. 安徽财贸学院学报, (2): 38.
② 叶义材. 1980. 美国的"滞胀"与凯恩斯学说的破产. 安徽财贸学院学报, (2): 30.
③ 陈观烈. 1979. 七十年代——资本主义世界的"滞胀"年代. 世界知识, (6): 15.
④ 沃尔夫冈·查普夫. 2000. 现代化与社会转型. 2 版. 陈黎, 陆宏成译. 北京: 社会科学文献出版社: 63.
⑤ 沃尔夫冈·查普夫. 2000. 现代化与社会转型. 2 版. 陈黎, 陆宏成译. 北京: 社会科学文献出版社: 54.

权和话语权的国家和地区来说，全球化使其陷入两难的境地。既要更加积极主动地融入这一进程，不使自己游离于世界主流之外，又要面对全球化对本土文化的冲击。

（一）全球化营造了世界科学哲学的发展平台

当今时代，席卷世界的全球化浪潮冲击着生活的每一个角落。经济的全球化逐步走向了政治、社会和文化等领域。如果把全球化定义为"全球各地人们的密切关联"①，从历史上看，全球化经历了三个阶段。第一阶段：以世界市场拓展和殖民为特征的全球化（15 世纪末至 19 世纪末）。15 世纪后期，西方世界的发展进入一个崭新的时期，这个时期的重要标志是航海、地理大发现和早期工业的机械化。由纺织技术革新起始的工业技术革命加速了生产动力机械的出现。蒸汽动力先是在生产中，然后进入运输行业，推动了运输业的革命。蒸汽机车克服了陆地的空间障碍，蒸汽动力轮船又为跨陆地的海上航行提供了动力保障。航海技术的进步突破了地域的限制，消除了海洋的隔绝，实现了陆地的连接和海上的跨越，世界贸易随之有了大发展。工业社会的进步，从技术上、物资上使以英国为代表的欧洲国家向世界的扩张成为现实。"它们对世界市场的拓展和向亚非国家的殖民活动是全球化过程开始阶段的根本特征。"②它们的扩张范围包括亚洲、非洲和南北美洲的古代文明中心，以实行殖民统治的方式强行向这些地区推行了西方文化。这次全球化的结果是确立了以英国为首的西方中心地位。第二阶段：以生产要素和世界市场新整合为标志的全球化（19 世纪末至 20 世纪中期）。20 世纪初，美国开始崛起。第二次世界大战以后，美国开始取代英国成为新的世界中心。在美国主导的世界经济秩序中，全球化进程明显加快。标志是信息实现"即时"流动、物资在全球范围内交换，并且周期大大缩短。经济交往的规模扩大，交往频次提高，"以跨国公司为代表的经济力量对生产要素和世界市场进行了新的整合"③。第三阶段：一元中心—两级对立—多元对话（20 世纪中期至今）。全球化不仅是在生产和市场领域，而是全方位地向政治、文化和思想领域扩展。

知识领域中的全球化要跨越语言和文化的障碍。全球化中英语成了通用

---

① 费孝通. 2005. 费孝通论文化与文化自觉. 北京：群言出版社：387.
② 费孝通. 2005. 费孝通论文化与文化自觉. 北京：群言出版社：387.
③ 费孝通. 2005. 费孝通论文化与文化自觉. 北京：群言出版社：388.

语，沃尔特斯（Wolters，Gereon）分析道，英语作为全球的通用语，将把以非英语为母语的国家和地区置于不利地位，有四个方面的原因。第一，因为全球化的平台普遍要用英语进行交流，这就迫使以非英语为母语的国家和地区的人们要将自己的思想成果译成英语，这势必要花费大量的时间和金钱。第二，即使他们将自己的成果或论文译成英语，其内容也一定会因语言的转变而发生变化。第三，由于无法做到内容与表述语言的完全一致，这些思想即使是用英语表达出来，其影响和作用也是有限的。第四，语言往往也会影响事实材料的取舍，有些内容材料只能在一种语言或语境中有效，换一种语言来表达，往往会失去本有的含义。就犹如食物和水本该装在合适的容器里，要是把它换成了一个并不适合于它们的容器，我们就很难判断容器里装的是什么。因为每一种语言是对应于特定文化的，语言可以转换，但文化很难被更改。①

人类思想产品的地域性和文化关联性极强，"从全球范围看，有的差异如此之大以致很难找到一个统一的或相近的范式"②。就哲学学科而言，艺术哲学、宗教哲学、伦理学等也同样如此。但是科学哲学却是个例外，科学哲学已经基本实现了全球化。我国学者孟建伟指出，"所谓全球化，主要指在全球范围内有着统一或相近的学科范式，包括统一或相近的问题领域、研究方法和价值标准等等"。按照这一标准，"科学哲学不仅是所有哲学学科中全球化程度最高的学科，而且也是整个人文和社会科学领域中全球化程度最高的学科之一"。③其重要原因是科学哲学以科学为研究对象，虽然从广义的意义上说，科学也是一种文化，也不可避免地会受到文化的影响，但是这种影响对于数学和形式逻辑来说几乎可以忽略不计。对物理学和与之相关的技术学科影响也较小。自然科学已经全球化，"科学本身已经高度知识化、学科化、专业化和规范化，在全球范围内已经形成统一的范式，无论是问题领域，或是研究方法，还是价值标准等等，都是全球化程度最高的领域。除此以外，再也没有其他别的专业领域能够像科学那样在全球化的道路上做得如此全面、彻底而成功"④。全球化的科学有力地推进了科学哲学的全球化。

英美分析哲学框架内的科学哲学为全球的科学哲学确立了基本的学科范式。

① Galavotti M C，Nemeth E，Stadler F. 2014. European Philosophy of Science—Philosophy of Science in Europe and the Viennese Heritage. Dordrecht：Springer：278-279.
② 孟建伟. 2014. 全球化科学哲学：根源、问题与前景. 北京行政学院学报，（6）：109.
③ 孟建伟. 2014. 全球化科学哲学：根源、问题与前景. 北京行政学院学报，（6）：108.
④ 孟建伟. 2014. 全球化科学哲学：根源、问题与前景. 北京行政学院学报，（6）：108.

"所谓全球化科学哲学，实质上就是英美化科学哲学，即在英美分析哲学的框架内从事科学哲学研究。"①英美科学哲学能够成为基本的范式，既与全球化发展的进程有关，也与科学哲学自身发展的特点相关，前者是外在原因，后者是内在原因。就内在原因来说，孟建伟分析道，全球化的科学哲学采取了英美分析哲学的范式，而没有采取欧陆、俄苏和中国等国家和区域的科学哲学的范式，主要是基于两方面的原因。首先，英美科学哲学从知识的角度来理解科学，这种科学哲学本质上是一种知识论。知识在很大程度上可以用逻辑和实证方法加以确证，因而具有很强的普适性和公认度，"所谓全球化科学，实质上就是全球化科学的知识及其产生知识的方法。也正是这种全球化科学的知识及其方法，给了英美分析哲学的科学哲学范式以合法性"②。与之相比，欧陆科学哲学是从文化角度来理解科学的，带有浓厚的地域特色。俄苏和中国科学哲学同样是依循各自的哲学传统，在马克思主义思想的指导下从社会、文化的角度来理解科学，具有很强的地域关联。由于各自的文化源点本就存在差异，因此这样的科学哲学在很大程度上难以全球化。其次，英美科学哲学基本上采取的是一种逻辑、推理和分析的方法，本质上属于科学研究的方法，具有普适性，易于全球化。而欧陆、俄苏和中国的科学哲学本质上属于文化研究的方法，难以具有普适性，不易全球化。

全球化为科学哲学在世界范围内的交流和发展搭建了一个合适的平台，全世界不同文化背景的科学哲学工作者能够在这个平台上交流和融通。英美科学哲学为世界科学哲学的研究提供了知识论和方法论范式，在这个范式下，科学哲学实现了对科学的精细且深入的研究。英美科学哲学还成功、有效地聚焦了世界科学哲学研究的主题。尽管每个国家科学哲学研究的发端、路径、研究的问题域和文化的依托都有所不同，但其基本的主题大致是一致的，如逻辑经验主义的相关主张、波普尔的批判理性主义、以库恩为代表的历史主义、拉卡托斯（Lakatos，Imre）的精致证伪主义和研究纲领方法论、劳丹（Laudan，Larry）的科学进步模式和科学合理性网状模式等，吸引了世界各国学者的关注和研究。有了全球化这个平台，英美科学哲学的研究成果得以快速、广泛地传播，极大地影响了世界科学哲学的研究。尽管世界范围内科学哲学的发展并不均衡，但"一个与世界发展的全球性进程的研究相联系的、要求加强现代科学

---

① 孟建伟.2014.全球化科学哲学：根源、问题与前景.北京行政学院学报，（6）：108.
② 孟建伟.2014.全球化科学哲学：根源、问题与前景.北京行政学院学报，（6）：109.

知识结构整体化趋势的科研新方向，正在形成并很快发展"①。

　　全球化背景下，世界各民族也都在试图加强自己在世界中的影响力。马克思主义思想传统下的科学哲学研究在世界上应有一席之地。对此，俄苏的科学哲学工作者提出，全球化时代，我们面临的任务是把科学和科技进步这一现象的研究在质量上提高到新水平。这里需要研究的有这样一些论题，诸如科学的概念；作为一种知识的科学；作为社会建制的科学活动；科学知识和科学活动的特点；科学性的标准；科学的社会功能；科学外表上的变化及其社会历史作用的变化②。在这方面，马克思主义的学者是大有建树的。

（二）全球化改变了世界科学哲学发展的历史轨迹

　　沃尔特斯在《欧洲有哲学科学吗？唤醒和召唤》(*Is There a European Philosophy Science? A Wake-Up Call*) 一文中不无忧虑地指出，全球化中有赢家，也有输家。但是在可预见的未来中，欧洲不会是赢家，无论是在商品、服务还是在哲学思想领域。在哲学思想领域中的赢家毫无疑问是美国，其得到了全球性的专业承认。而欧洲则在哲学思想领域中成了输家，因为全球化改变了传统科学哲学的发展道路。③全球化进程披上了语言的外衣，人类从上千种语言中选择了英语。这种语言选择使得科学哲学思想的传播不再是类似柏拉图的、脱离现实的方式。当然，英语成了世界的通用语言首先是件好的事情，为加速全球化中世界各国最大范围、最大可能的交流提供了便利。今天的世界中，英语的作用是不可替代的，几乎不可能被其他的语言所替代。但一枚硬币有两个面，以英语为世界通行的语言将迫使以非英语为母语的国家付出一定的代价。

　　沃尔特斯较多地关注到语言上的差异，也一再提到非英语的论文在译成英语时会出现语言材料和思想内容方面的损失。对于出现这种现象的原因，沃尔特斯没有进一步地分析，也没有深入文化差异这个层面上去做进一步的思考。其实，语言的某种不可对译性恰恰是文化方面的原因所导致的。不得不说，沃尔特斯过多地在语言的不可对译性上着墨分析，的确是只抓住了表层上的问

---

① И. Т. 弗罗洛夫. 1987. 科学技术的哲学问题和社会问题研究的问题与展望. 戴凤文，孙云先译. 哲学译丛，（5）：21.

② И. Т. 弗罗洛夫. 1987. 科学技术的哲学问题和社会问题研究的问题与展望. 戴凤文，孙云先译. 哲学译丛，（5）：21.

③ Galavotti M C，Nemeth E，Stadler F. 2014. European Philosophy of Science—Philosophy of Science in Europe and the Viennese Heritage. Dordrecht：Springer：277.

题。因为科学不仅仅是一种知识和方法，还是一种文化。英美科学哲学自身的发展存在很多问题，虽然它的发展脚步没有停下来，也总有新的理论出现，但是我们也看到，新的理论从提出的那一天开始，就不断地面对争论、质疑和诘难，而且几乎没有哪一个理论能够幸免。后起的理论在解决先前理论的某些问题方面会有一定的成功，但自身又会面对新的问题和困难。科学哲学的发展，很难说后起的理论比先前的理论更进步，在解决某一方面问题上可能会比先前的理论更成功，但是在解决另外一些问题上，比起先前的理论，可能又会是倒退。这就是英美科学哲学的现状。究其根源，是由于英美科学哲学没有文化之根，"全球化科学哲学的最大问题就在于，它切断了科学的文化之根及其科学同全球多元文化的深刻关联，来抽象地研究'科学的逻辑'，结果是面临越来越大的困境"①。

在逻辑经验主义"逻辑"的进路捉襟见肘、千疮百孔之际，历史主义及时地站了出来。从逻辑主义到历史主义的转向，暂时扭转了英美科学哲学的发展困境。但是，以库恩为代表的社会历史学派所从事的研究，本质上仍是一种知识论，没有进入广袤的历史、社会和文化中。因此，全球化科学哲学的未来之路应该是文化转向，实现科学哲学由知识论范式向文化论范式的转变。对此，孟建伟曾指出，"既然全球化科学哲学的最大问题在于，它切断了科学的文化之根，特别是科学同全球多元文化的深刻关联，那么，解决问题的方式就是要重新连接科学的文化之根，特别是揭示科学同全球多元文化的深刻关联。而要完成这一任务，全球化科学哲学的研究范式须做重大改变，即从知识论的研究范式向文化论的研究范式的转变"②。

（三）全球化弱化了民族科学哲学的意义价值

如前所述，全球化切断了文化之根。英美科学哲学的知识论范式虽然能够实现全球的对话，却难以跨越文化间的差异。英美科学哲学主导天下，以其为核心的范式成了一种合理性的评价标准。只有与之相一致的，才能够得到合理性的承认。"今天，遍及全球的科学哲学，至少在操英语的世界中，美国已经建立起巨大的研究优势。例如，世界各地的研究者都认为以美国为基础的科学哲

---

① 孟建伟. 2014. 全球化科学哲学：根源、问题与前景. 北京行政学院学报，(6)：109.
② 孟建伟. 2014. 全球化科学哲学：根源、问题与前景. 北京行政学院学报，(6)：111.

学学会（PSA）是这一学科最权威的论坛。"①不仅世界各国科学哲学卓越的（甚至是超越英美的）成就得不到承认，而且，其独特的发展道路也失去了合法性。要想在全球化的世界舞台上得到肯定，必须以比附的方式，寻找自己的研究与西方的类似之处，建立起与西方成果的关联并把它们"转译"成和西方成果相类似的东西。英美科学哲学的一统天下没有给其他国家的科学哲学留下可以独立且充分的生长空间。沃尔特斯提出了"全球化本位主义"（globalized parochialism）的概念。他指出，在以英语为母语的世界区域，尤其是美国，正日益蔓延着一种自我满足的倾向，他们认为英语世界中的一切都是有价值的，而且这种看法已经成为一种习惯。如果把这种习惯性的视野狭窄看作本位主义的话，当代的本位主义与以往有了较大的不同，就是这种本位主义几乎跨越了所有的边界，我们不妨将其称为"全球化本位主义"②。也许人们不会恶意、明确地想要排除非英语世界的作用，但实际上，这些区域的作用的确是被忽视了。但并不是说，将世界的通用语言换成芬兰语、德语或其他的什么语言就能解决问题。全球化本位主义和英语世界的中心地位和优越感往往与人们共性的习惯有关，人们习惯于从自己的文化出发来分析和判断事物。但我们客观上应该看到两点。其一，毫无疑问，英语世界尤其是美国，在科学哲学及其相关领域的研究已经形成了明显的优势。其二，除此之外，美国在经济、军事等领域的强大也强化了美国文化优越的认识，几乎不会有美国人认为他们在各个领域的积极发展不值得一提，相反，他们会骄傲于其中。对于以英语为母语的人们来说，通过非英语所学到的知识十分有限，这种情况在科学哲学领域尤其如此。

英语"统治"迫使非英语国家的作者不得不为自己的思想传播付出一定的代价。他们必须将自己的作品披上英语语言的外衣，亦即将自己的作品处置成英语的表达方式。要得到和英语国家一样的关注，他们要付出更多的劳动。更何况，他们要想尽快地获得本国的承认也得通过这一途径，毕竟一种思想获得认可，能否在世界的平台上获得交流和承认是一个重要的依据。这种情形，使得一些历史悠久、思想资源丰厚但却不具备语言优势的国家进一步失去了世界交流的话语权。这种情况在科学哲学的发源地——欧洲也未能幸免。

① McAllister J W. 2008. Contours of a European philosophy of science. International Studies in Philosophy of Science, 22（1）: 1.

② Galavotti M C, Nemeth E, Stadler F. 2014. European Philosophy of Science—Philosophy of Science in Europe and the Viennese Heritage. Dordrecht: Springer: 281.

　　科学哲学历史悠久的欧洲怎样摆脱全球化带来的不利影响，重塑昔日的辉煌呢？沃尔特斯从现实的操作层面提出了六个方面的建议。第一，应该尽可能早地学习英语，这不仅是个人的事情，也是全社会的大事。这样，接触到的英美科学哲学就会像配了音的电影那样，不仅易于理解，而且能够得到快速传播。[①]第二，欧洲的科学哲学工作者应该意识到，仅仅满足于生产思想是远远不够的，重要的是把这些思想销售出去。在这方面，欧洲绝不是一个好的供应商。与美国同行比起来，欧洲在这方面做得非常差。第三，欧洲的大学应该展开独立的教学和研究，这是欧洲未来崛起的前提。第四，与美国的顶尖大学相比，欧洲的大学资金方面存在严重不足，必须在这方面有所加强。[②]第五，拓宽欧洲科学哲学研究的视野，走进全球化的舞台，需要两个必要条件，一是用英语出版自己的学术专著，二是加强网络的建设。就目前而言，这两方面的工作都不令人满意。第六，以非英语为母语的地区的人应该远离科学哲学领域中运用全球化本位主义看问题的倾向。[③]

　　很显然，按照这六个方面的建议能够在一定程度上促进地区科学哲学研究的发展，增强欧洲科学哲学的影响力。但这只是进入全球化平台的外在条件。要想在全球化的科学哲学中获得应有的位置，问题的核心并不在这里。进入 21世纪以来，欧洲为发展科学哲学做出了很多这方面的努力。2006 年，欧洲科学哲学学会（European Philosophy of Science Association，EPSA）在维也纳首次建立了策划指导委员会，该委员会的宗旨是，"未来欧洲范围内的这一机构将在合作研究方面起到突出的作用，主持讨论，评价成果，分配科学哲学基金，从而为本学科提供一个平台和模式以取代美国和其他国家所建立的那些组织"[④]。该委员会还倡导组织了欧洲两年一届的科学哲学大会。截止到 2013 年，会议已成功举行了 4 届。第一届于 2007 年 11 月 15—17 日在马德里孔普卢顿大学召开，会议设 5 个主题：一般哲学和科学方法论，自然科学哲学，社会科学哲学，科学哲学的形式化方法以及科学哲学的历史、社会与文化研究。[⑤]会议收到 400 多

① Galavotti M C，Nemeth E，Stadler F. 2014. European Philosophy of Science—Philosophy of Science in Europe and the Viennese Heritage. Dordrecht：Springer：289.

② Galavotti M C，Nemeth E，Stadler F. 2014. European Philosophy of Science—Philosophy of Science in Europe and the Viennese Heritage. Dordrecht：Springer：290.

③ Galavotti M C，Nemeth E，Stadler F. 2014. European Philosophy of Science—Philosophy of Science in Europe and the Viennese Heritage. Dordrecht：Springer：291.

④ McAllister J W. 2008. Contours of a European philosophy of science. International Studies in Philosophy of Science，22（1）：1.

⑤ http://www.epsa.ac.at［2017-06-15］.

篇论文及摘要，来自欧洲和世界各地的 300 多名代表参加了会议，对 175 篇论文进行了大会交流。其中，一般哲学和科学方法论的论题包括因果性、实在论、确证、还原论、结构主义、实验和观察、预测、模型和表达等。自然科学哲学专题主要集中在物理学哲学和生命科学哲学两个领域，大多数物理学哲学的论文讨论了时空理论和量子力学的概念问题，如狭义相对论的解释、物质实体和几何空间的关系、贝尔不等式的意义等。在生命科学领域，论文主要讨论了进化论的概念和伦理问题。社会科学哲学部分涉及社会科学的众多领域，尤其是经济学和社会心理学以及一般的方法问题。科学哲学的形式化方法专题关注了数学和逻辑的哲学问题。科学哲学的历史、社会与文化研究专题，相关论文包括对维也纳学派、卡尔纳普、费耶阿本德（Feyerabend, P.）以及案例等的研究。①第二届会议于 2009 年 10 月在荷兰阿姆斯特丹召开，会议的主题有：一般科学哲学，物理学哲学，生命科学哲学，认知科学哲学，社会科学哲学，应用科学哲学，科学哲学的形式化研究，科学哲学的历史、社会与文化研究。从征集到的论文和专题讨论来看，论文主要集中在一般科学哲学领域，收到论文 41 篇，内容广泛，涉及方法论、预测和解释、多样性和客观性等；7 个专题讨论分别为经验科学的权力规范、科学实在论、因果性、定律及其种类、科学知识的结构、计算机仿真和测量、证据和理论。②第三届大会于 2011 年 10 月 5—8 日在希腊雅典举行。会议的主题仍为 8 个，保留了第二次会议的 7 个主题，对 1 个主题作了调整，将"应用科学哲学"改为"技术哲学和应用科学哲学"。③ 2013 年 8 月 28—31 日在芬兰赫尔辛基大学召开了第四次会议。会议延续了第三次会议的主题，未做改变。会议安排了 3 个主题讲座和 10 个大会报告。主题讲座分别是：华盛顿大学的艾莉森·怀利（Wylie, Alison）的《认知差异：协作实践的优势》（*Epistemic Diversity: The Advantages of Collaborative Practice*）、慕尼黑大学的汉内斯·莱特格布（Leitgeb, Hannes）的《信仰逻辑与推理稳定性》（*The Logic of Belief and the Stability of Reasoning*）、维也纳大学的马丁·库施（Kusch, Martin）的《科学的多元化与化学革命》（*Scientific Pluralism and the Chemical Revolution*）。大会报告的题目包括乌斯卡里·梅基（Mäki, Uskali）的《跨学科的哲学：一个宣言》

---

① Psillos S, Suárez M. 2008. First Conference of the European Philosophy of Science Association. Journal for General Philosophy of Science, 39（1）: 157-158.

② Regt H. 2009. EPSA09: Second Conference of the European Philosophy of Science Association. Journal for General Philosophy of Science,（40）: 380.

③ 3rd Conference of the European Philosophy of Science Association. http://epsa11. phs. uoa. gr/index. files/Page388. htm［2017-06-15］.

（*Philosophy of Interdisciplinarity：A Manifesto*）、蒂尔·格鲁内·雅诺夫（Yanoff，Till Grüne）的《模式转变与跨学科的成功》（*Model Exchanges and Their Interdisciplinary Success*）等，主要集中在认知和科学发展领域。①

对于这些活动，荷兰学者麦卡利斯特（McAllister，James W.）中肯地指出，"欧洲科学基金会的网站'欧洲科学哲学的历史和当代透视'于 2000 年到 2003 年所举行的关于自然科学和社会科学中的实验、归纳和演绎、规律和模式之类主题的研讨，显然没有表明任何欧洲独有的题材或进路。同样，欧洲科学哲学学会 2007 年的会议规划同科学哲学学会近来的会议也没有什么显著差别"②。这不得不促使人们思考这一问题："我们是否应当指望在欧洲的舞台上科学哲学的实践在内容上也会表明特殊的品格。这些欧洲组织所代表的仅仅是研究这一全球性学科在地域上的便利，还是可能存在某种特殊的欧洲的科学哲学？"③

对此，麦卡利斯特提出了他的设想，他认为，有特色的欧洲科学哲学可以采用如下形式，"首先，我们不妨假定，它应反映欧洲国家的哲学和科学传统"。例如，法兰西传统把科学描述为历史性的，承认概念和理性反思的重要性，重视科学理论的逻辑的和建构性的特点。德意志传统关注主体的关怀、生存驱动，以及体验的范畴在科学实在的建构中所起的作用等。"其次，有特色的欧洲科学哲学要依据欧洲思想史上的古典运动。这样的运动每一次都是欧洲的思想家从特殊的角度敏锐地认识自然、文化和科学。"例如，巴洛克运动提供了对人工性的鉴赏，启蒙运动把无私利的科学看作一种理智上的解放力量，浪漫主义使我们成为具有领悟自然真理的天赋的人，每一次这样的运动都把丰厚的思想资源遗赠给每一代与科学有关的思想家。"最后，每一种欧洲科学哲学作为处理科学问题的实验室都是以近数十年来欧洲大陆的研究记录为根据的。"这一点我们尤其不能忘记，如爱丁堡、巴斯、巴黎、彼勒费尔德等地的科学社会研究。④

总体上看，全球化对科学哲学发展的影响是多方面的。全球化搭建了世界科学哲学发展的最大舞台，这个舞台促进了交流互动，凸显出各国发展科学哲学的差异，为科学哲学的比较研究奠定了重要的基础。同时，全球化强化了英

---

① http://www.helsinki.fi/epsa13/index.htm［2017-06-15］.

② McAllister J W. 2008. Contours of a European philosophy of science. International Studies in Philosophy of Science，22（1）：1-2.

③ McAllister J W. 2008. Contours of a European philosophy of science. International Studies in Philosophy of Science，22（1）：1.

④ McAllister J W. 2008. Contours of a European philosophy of science. International Studies in Philosophy of Science，22（1）：2.

美科学哲学范式的统治地位，弱化了民族科学哲学，这也迫使并激发了他国科学哲学更加积极地寻求有特色的发展道路，从而在客观上也推动了科学哲学的比较研究。

第三节　科学哲学比较研究的现状

一、国外相关研究

时至今日，东西方科学哲学的比较研究只能说是刚刚开始。科学哲学的比较研究开始于西方，主要是在西方科学哲学内部进行的。第一是科学哲学主题的比较，第二是正统科学哲学与辩证唯物论的比较，第三是在互相的"否定性"评价中实现的比较。

（一）科学哲学主题的比较

科学哲学主题的比较基本上是在西方科学哲学体系内部进行的。主要有历史和逻辑两个维度。20世纪50年代是西方科学哲学的范式转换时期，科学哲学的公认观点受到尖锐挑战而走向衰落，以后相继出现了后逻辑实证主义的各流派，于是各个流派的比较研究广泛开展起来。其间引人瞩目的是三大比较研究：一是公认观点与后逻辑实证论的比较研究。对公认观点的批判始于1951年奎因的《经验论的两个教条》，而1969年3月26—29日在美国厄巴那举行的科学理论的结构科学哲学讨论会及会后出版的综述性文集——萨普（Suppe，F.）主编的《科学理论的结构》——可以说是该项比较研究的集大成者。二是批判理性主义与历史社会学派的比较研究，三是科学实在论与反实在论的比较研究。

1. 逻辑经验主义与后逻辑经验主义的比较

20世纪西方现代科学哲学的诞生是与逻辑经验主义的出现联系在一起的。作为20世纪科学哲学最早出现的学派，逻辑经验主义成了现代西方科学哲学的起点。从逻辑经验主义出发，展开了现代西方科学哲学发展的四条路径。"第一条线是逻辑经验主义自身演变的线索。第二条线联系着否证论。第三条线联系着社会历史学派。第四条线联系着科学实在论。"[①]逻辑经验主义对现代西方科

---

① 舒炜光，邱仁宗. 2007. 当代西方科学哲学述评. 2版. 北京：中国人民大学出版社：8.

学哲学发展的作用主要有两方面，一是引路，二是提供思想资源。逻辑经验主义提出的问题和对问题的解决对逻辑经验主义以后各学派的发展起到了引领作用，同时，它也为后期学派的发展提供了重要的思想资源。否证主义的波普尔和社会历史学派的库恩都是从逻辑经验主义的思想中引出问题的（当然，他们彼此之间也在相互启发和借鉴）。

逻辑经验主义被称为标准的科学哲学。这里的"标准"一词体现的正是比较的含义。"标准"不是"正确"，而是指逻辑经验主义为后来的发展提供了一个可供比较的"基准"或"参照系"。逻辑经验主义"它也可充作一个比较标准，使其他哲学派别从不同角度按特定方式与它对照。这样以逻辑经验主义为'标准'，可以看出，科学哲学的传统形象是怎样改变的"①。

与逻辑经验主义公认观点的比较开始于逻辑经验主义的衰落。自奎因发表《经验论的两个教条》起，对逻辑经验主义的清算成了西方科学哲学新的增长点。1969 年 3 月 26—29 日，在美国伊利诺伊州的厄巴那举行了题为"科学理论的结构"的科学哲学讨论会。会议主持人萨普将此次会议的论义和讨论编辑成书，于 1974 年以著作《科学理论的结构》的形式在伊利诺伊大学出版社出版。厄巴那会议集中对逻辑经验主义的公认观点进行了清算。主要集中在四方面：第一，对公认观点中自然科学的理性内容通过逻辑关系表达的观点给予批判，夏皮尔指出，科学不仅仅是理性的逻辑知识系统，更是一种理性的事业；第二，理解科学除了要分析科学合理的逻辑结构外，更应分析科学的动态发展；第三，如果研究科学的动态发展，在图尔敏（Toulmin，Stephen Edelston）看来，"不仅应当研究被逻辑经验主义摒弃的'发现的心理学'，而且也应当研究库恩所重视的'科学社会学'的内容"；第四，科学哲学的中心问题应当由逻辑经验主义主张的"科学系统的逻辑结构"转为"科学事业的合理发展"。②

1991 年，美国哲学学会（APS）召开会议，以后现代的视角对逻辑经验主义重新做了审视。同年，米切尔·弗里德曼（Friedman，Michael）在《哲学杂志》上发表文章《逻辑实证主义的再评价》（ *The Re-Evaluation of Logical Positivism* ），文章对逻辑实证主义的起源、动机、哲学目标等重新进行了审视。对逻辑实证主义过于关注逻辑的自身过程，而不是历史的真实进程予以了客观的分析。作者认为，逻辑经验主义作为一场哲学运动，鼎盛时期超过半个世

① 舒炜光，邱仁宗. 2007. 当代西方科学哲学述评. 2 版. 北京：中国人民大学出版社：8.
② 周寄中. 1984. 对范式论的再思考. 自然辩证法通讯，（1）：24.

纪，必须以新的视角对其进行全面的梳理和评价，因为，"如果不对我们当下的历史背景表现出一种自我意识的欣赏，我们就永远不会成功地超越现在的哲学状况"①。但总体来看，作者主要对逻辑经验主义中的基础主义进行了展开，也未形成对逻辑经验主义的全面审视。因此，厄巴那会议中指出的上述四个方面基本上代表了西方学者对逻辑经验主义和后逻辑经验主义差异的认识。

1982 年，澳大利亚悉尼大学的斯托夫（Stove, D. C.）在其著作《波普尔及其后来者：四位当代非理性主义者》（*Popper and After: Four Modern Irrationalists*）中将 20 世纪的科学哲学区分为两个主要流派：逻辑实证主义和非理性主义。在他看来，逻辑实证主义试图创立归纳逻辑的尝试证明，他们对待科学的态度是严肃的，这是科学哲学必须捍卫的观点。相反，以波普尔（作者将波普尔也划为非理性主义者）、拉卡托斯、库恩和费耶阿本德为代表的非理性主义派别则"是一种不严肃的、不真诚的和轻率的哲学"。因为"任何不能认真对待各种判断间的非演绎逻辑关系的科学哲学，都不会成为严肃的经验主义科学哲学"。②

1983 年，苏联学者 З. А. 索库列尔在《哲学问题》上发表文章《当代西方科学哲学的若干倾向和问题》，对后逻辑经验主义与逻辑经验主义进行了比较。在他看来，后逻辑经验主义否定了逻辑经验主义的下述基本原理：①理论的东西和经验的东西（可观察事物和不可观察的事物）的二分法。现在被肯定的是，经验陈述中渗透着理论。某些人，例如库恩和费耶阿本德甚至认为，竞争中的各种理论像誓不两立的世界观一样是没有共同之处的。②理论和理论概念解释中的还原论和工具论。在上述解释中开始确立实在论。③科学史中的积累观。研究的重点已经转向了科学革命，即转向概念的彻底改造。需要强调的是，上述改造经常伴随着推翻过去接受的观点和不可避免的理论损失。③

上述研究从不同的角度揭示出逻辑经验主义和后逻辑经验主义在整体、局部上的差异。这些研究对我们合理地认识各个时期的科学哲学理论有很大的帮助。但是共性的研究较少，更少见从科学哲学发展历史的视角分析不同理论之间历史关联的研究。的确，后逻辑经验主义的理论在很大程度上是在批判、反思逻辑经验主义的前提下发展起来的，但不可否认的是，逻辑经验主义还是为科学哲学未来的发展提供了全面的基础。比较研究的前提是比较双方的共性，

---

① Friedman M. 1991. The re-evaluation of logical positivism. The Journal of Philosophy, 88（10）: 506.

② 转引自 З. А. 索库列尔. 1984. 当代西方科学哲学的若干倾向和问题. 舒白摘译. 哲学译丛，（2）: 57.

③ З. А. 索库列尔. 1984. 当代西方科学哲学的若干倾向和问题. 舒白摘译. 哲学译丛，（2）: 54.

这种只看到差异而缺少共性分析的研究的确存在不小的局限性。

2. 后逻辑经验主义内部的比较

后逻辑经验主义时代，科学哲学的发展出现了分化。出现了批判理性主义、历史学派和后历史学派。1965 年 7 月，在伦敦召开了国际讨论会，会议成果集中在由拉卡托斯和艾兰·马斯格雷夫（Musgrave，Alan）主编的《批判与知识的增长》一书中。在后逻辑经验主义时代，比较研究围绕库恩的科学革命理论展开。比较形成了两个部分：一是库恩和波普尔的比较，并以波普尔为中介，间接形成了库恩与逻辑经验主义的比较；二是库恩与社会历史学派其他成员核心观点的比较。通过后者的比较，可以看到西方科学哲学发展的一些总体特征。

第一，逻辑经验主义之后的西方科学哲学不再只局限于对科学做静态的分析，由关注科学的逻辑结构转向科学的动态过程。用库恩的话说，"几乎每当我同卡尔爵士解决那些显然相同的问题时，我们二人的科学观就几近完全一致。我们都关心获得科学知识的那个动态过程，而不那么关注科学研究产品的那种逻辑结构"①。

第二，波普尔和社会历史学派的主要成员均主张，在分析科学发展的过程中，必须关注科学的实际活动方式，即立足于科学的历史分析。"我们都强调正是实际科学发展中的事实和精神才是真正的资料，我们也都经常到历史中找寻这些资料。从这个共有的资料库中，我们得出了许多共同的结论。"②

第三，科学知识的增长方式，均反对逻辑经验主义的片面积累观。"我们都反对科学通过积累而进步的观点，都强调旧理论被一个与之不相容的新理论所抛弃、所取代的那个革命过程。"③区别在于，波普尔确信，科学知识的增长主要不是靠积累，而是通过不断地革命，不断地推翻公认理论而实现。库恩则做出了常规科学和革命科学的阶段划分，将革命看作是科学发展必经的，但却是偶然的过程。

第四，重新审视理论和经验的关系。一是反归纳主义，二是经验对理论的作用。波普尔和库恩都不是归纳主义者，库恩明确声明道，"卡尔爵士和我都不是归纳主义者。我们都不相信存在从事实中归纳出正确理论的规则，甚至也不

① 伊姆雷·拉卡托斯，艾兰·马斯格雷夫. 1987. 批判与知识的增长. 周寄中译. 北京：华夏出版社：1.
② 伊姆雷·拉卡托斯，艾兰·马斯格雷夫. 1987. 批判与知识的增长. 周寄中译. 北京：华夏出版社：1-2.
③ 伊姆雷·拉卡托斯，艾兰·马斯格雷夫. 1987. 批判与知识的增长. 周寄中译. 北京：华夏出版社：2.

相信，理论，不论正确与否，都完全是归纳出来的。反之，我们都把理论看作是想象的见解，整块地发明出来以适用于自然界"[1]。

除此之外，他们"都特别关注由于旧理论往往应付不了逻辑、经验或观察的挑战而在这个过程中所产生的那种作用"[2]。在逻辑经验主义和波普尔那里，经验的主要作用是检验理论，波普尔虽然反对逻辑经验主义的证实标准，用证伪取代了证实，但基本上没改变对经验作用的理解。对此，库恩则强调"解决疑难"。当理论遭遇疑难问题且无法解决时，理论就会面对反常。在波普尔那里，理论只要遇到否定性的经验证据，就会导致理论的整体被放弃。在库恩那里，理论遇到反常，科学家不会立刻放弃理论，而是会在一定时期内"容忍"反常的存在。只有在反常累积到一定程度时，越来越多的反常导致科学家对原有的理论彻底失去了信心，转而接受新的理论，原有的理论才被放弃。库恩虽然不同意波普尔有关理论一遇反常即被整体放弃的观点，但在他的理论中，范式整体与经验发生关系。因此，库恩很难回答，为什么范式会对有些反常"无动于衷"，而对另一些反常却异常敏感。虽然库恩指出，反常累积到一定程度会导致科学共同体对原有范式信心的丧失，但库恩很难说清楚，危机的到来到底是因反常数量的增加，还是反常触及范式的核心，究竟是什么因素成为"压死骆驼的最后一根稻草"。

对此，拉卡托斯的研究纲领方法论实现了有限的推进。拉卡托斯将研究纲领做了结构学上的处理。他的研究纲领由硬核、保护带和启示法组成。其中，硬核是一个研究纲领的核心部分，硬核具有坚韧、不容反驳、不可改变的特征。直接与经验发生关联的是由各种辅助假设和初始条件组成的保护带。保护带保护着硬核，通过调整自身而使硬核免遭经验的反驳。拉卡托斯的研究纲领虽然比库恩的范式要精致，但两者有一个共性的问题，即他们都没有合理地解决范式（研究纲领）与组成他们的核心理论之间的关系，没有注意到理论危机和理论被放弃的真正原因。在这里，经验既不是主要的，也不是唯一的，而应该看到概念问题在理论中的存在。

可见，后逻辑经验主义之间的共性特征是：第一，都反对逻辑经验主义的所谓"公认观点"；第二，都注重科学的历史研究；第三，强调科学的动态过程。其差异性则表现在理论如何面对经验，是强调检验的严格性，还是强调科

---

① 伊姆雷·拉卡托斯，艾兰·马斯格雷夫. 1987. 批判与知识的增长. 周寄中译. 北京：华夏出版社：15.

② 伊姆雷·拉卡托斯，艾兰·马斯格雷夫. 1987. 批判与知识的增长. 周寄中译. 北京：华夏出版社：2.

学共同体的历史传统。

3. 实在论和反实在论的比较

逻辑经验主义和后逻辑经验主义之间、后逻辑经验主义内部之间的争论复杂、交错地进行着。在看似无序的争论之中，还是能够窥视出一种有序的方向，其中一个重要的方向是反实证主义。反实证主义的形成是两股力量的汇流，一是来自批判理性主义、科学历史主义对逻辑实证主义的直接批判，"实证主义的对立面之一是实在论。所以认为对逻辑实证主义的攻击导致了科学实在论的复兴，这不是没有道理的，而且实际情况就是这样"①。二是逻辑实证主义的自身演变也越来越偏离传统的实证主义。另外，在库恩与费耶阿本德的历史主义思想影响下，科学哲学领域中出现了严重的非理性和相对主义思潮。这也导致了一些科学哲学家举起了反对历史主义科学哲学的旗帜。当塞拉斯（Sellars，W.）和普特南（Putnam，Hilary）提出符合论的真理论时，得到了大批科学哲学家的拥护，他们坚持科学实在论的思想。科学实在论得到了多样化的发展，但随着强实在论的愈发强硬，也显现出其僵化的特点，成为反实在论质疑、否定的关键所在。

科学实在论是当代西方科学哲学的重要方向，反实在论也是对科学进行哲学解释和理论重构的重要思潮。科学实在论与反实在论的争论深刻表明了西方科学哲学发展的多样性和复杂性。

最初提出科学实在论观点的是塞拉斯和普特南。除此之外，科学实在论的代表人物还有波依德（Boyd，R.）、麦克马林（McMullin，Ernan）、哈金（Hacking，Ian）、萨普、列普林（Lep1in，Jarren）、夏皮尔、麦金农（Mackinnon，E.）、爱利斯（Ellis，B.）、米歇尔·达米特（Dummett，M.）等。有关科学实在论的内涵，许多哲学家都有精到的表述。例如，塞拉斯概括道，"如果要有正当理由来坚持一种理论，那么就要有正当理由认为理论所假设的实体是存在的"②。爱利斯指出，"我把科学实在论理解为这样的观点，即科学的理论观点是或力图成为对实在的真正普遍化了的描述"③。普特南转述的米歇尔·达米特的观点是，"对于给定的理论或描述，实在论者主张：（1）该理论的命题有真有假；（2）使命题为真或为假的东西都是外在的——也就是说，（总的来说）不是

---

① 舒炜光，邱仁宗. 2007. 当代西方科学哲学述评. 2 版. 北京：中国人民大学出版社：248.

② B. C. 范·弗拉森. 2002. 科学的形象. 郑祥福译. 上海：上海译文出版社：9-10.

③ B. C. 范·弗拉森. 2002. 科学的形象. 郑祥福译. 上海：上海译文出版社：10.

我们的潜在的或实际的感觉资料、精神结构、语言，等等"①。普特南还进一步阐述了理查德·波依德的观点，"成熟的科学理论的术语特指（这一见解应归之于波依德）一门成熟的科学所接受的理论是典型地近似为真的，相同的术语即使出现在不同的理论中也可指称同一事物——科学实在论者把这些论述作为对科学和它与对象之间的联系的部分恰当的和科学的描述"②。对此，范·弗拉森（van Fraassen）也认为，不折不扣的科学实在论就是"科学给予我们的世界图景是真实的，其细节是可信赖的，科学所假设的实体是真实存在的；科学是通过发现而不是发明而获得进步的"③。

普特南将科学实在论区分为：①唯物主义的科学实在论；②形而上学的科学实在论；③趋同的科学实在论。我国学者郭贵春从研究的方法论结构角度将科学实在论划分为六种类型：①本体实在论，"这种实在论形式主要强调大部分科学是研究独立于精神和观察的外在世界，即认为客观物质世界构成了科学研究的对象"。②认识实在论，认识实在论"一方面突出地强调了对理论陈述的真理性进行评判的真假'二价原则'；另一方面，在较强的意义上，把通过科学的成功而使人类知识获得积累的过程，看作是科学真理进步的唯一合理的途径"④。③目的实在论，这种科学实在论的特点在于，"他们往往根据直觉而不是经验的证实，来作出与某一理论所支配的、语法上相关的术语相一致的实体存在的断言"。④方法实在论，"这种实在论不是由纯粹的理论解释（理论的断言），而是由包含在（理论的或实验的）研究中的推理的解释所引导的。它所要解决的难题是：是否研究的结果可被看作一个理论；倘若是一个理论，那么是否这一理论已被系统地阐述过了"⑤。⑤参照实在论，"这种参照实在论的'战略'就在于由认识转向实践，即使得建立实体'存在或非存在'的假设基于物质实践"⑥。⑥语义实在论，"这种实在论从语义分析的角度，揭示了理论术语所具有的客观内容及其表征实体对象的功能"⑦。

列普林则在其主编的《科学实在论》（*Introduction of Scientific Realism*）一书的"引言"部分，把科学实在论的基本观点概括为 10 个方面：①最流行的科

① B. C. 范·弗拉森. 2002. 科学的形象. 郑祥福译. 上海：上海译文出版社：10.
② B. C. 范·弗拉森. 2002. 科学的形象. 郑祥福译. 上海：上海译文出版社：11.
③ B. C. 范·弗拉森. 2002. 科学的形象. 郑祥福译. 上海：上海译文出版社：9.
④ 郭贵春. 1991. 当代科学实在论. 北京：科学出版社：14.
⑤ 郭贵春. 1991. 当代科学实在论. 北京：科学出版社：15.
⑥ 郭贵春. 1991. 当代科学实在论. 北京：科学出版社：16.
⑦ 郭贵春. 1991. 当代科学实在论. 北京：科学出版社：17.

学理论至少近似为真；②最流行的理论之中心术语是真正有指称的；③科学理论的近似真理性是对其预见的成功之充分说明；④科学理论的（近似）真理性是对其成功之唯一可能的说明；⑤一种科学理论即使在指称上不成功也可能近似为真；⑥至少成熟科学的历史表明越来越近似于对物理世界的真实解释；⑦科学理论的理论观点在本义上是可理解的，这样的理解是明确为真或假的；⑧科学理论形成了真正的存在的观点；⑨理论预见的成功是其中心术语指称的成功之证据；⑩科学的目的是在本义上真实地解释物理世界，它的成功可以通过趋向于达到某个目的的进步来推测。[①]

郭贵春总结了科学实在论的四个重要特征，"第一，一个可被接受的理论必须经历足够长的'有意义'的时期；第二，这一理论解释的成功，虽然不是一个最终的保证，但毕竟给出了某种使人们信仰它的理由；第三，必须确信理论的结构在一定程度上与真正的世界结构的同晶性；第四，对于所假定的实体，不作任何特殊的、更基本的、有特权的存在形式的主张"[②]。

反实在论的主要代表人物有：劳丹、范·弗拉森、法因（Fine，Arthur）、赫斯（Hesse，Mary）、雷谢尔（Rescher，Nicholas）等人。反实在论主要表现为六种形式：①现象主义；②工具主义；③约定主义；④实用主义；⑤逻辑经验主义；⑥构造主义。

科学实在论与反实在论的争论广泛波及本体论、认识论、方法论和语义分析的各个方面，两者的争论凸显了西方科学哲学关于科学的成功与进步、理论的真理性、理论的解释和预测、理论的结构与实在等问题在认识方面的分歧和差异，成为比较研究的重要内容和案例。

（二）正统科学哲学与辩证唯物论的比较

西方学者在这方面的研究总体上来说尚不十分全面。比较而言，美国学者罗伯特·S.科恩（Cohen，Robert Sonné）于1963年出版的著作——《当代哲学思潮的比较研究——辩证唯物论与卡尔纳普的逻辑经验论》当属这方面工作的代表。

科恩以自然主义和人道主义的关系为切入点，分析了辩证唯物论与逻辑经验论两者比较的基础或前提。他引用了著名的逻辑经验主义者费格尔（Feigl，

---

① Leplin J. 1984. Introduction of Scientific Realism. Berkeley：University of California Press：41-42.
② 郭贵春. 1991. 当代科学实在论. 北京：科学出版社：18-19.

Herbert）的表述，"今天对于教育最迫切的事情莫过于一种适用于科学的时代并能起作用的社会哲学了"。他又补充说，"自然主义和人道主义应该是我们的箴言"。他还引述了马克思在《1844 年经济学哲学手稿》中的一句话，"共产主义，作为完成了的自然主义，等于人道主义，而作为完成了的人道主义，等于自然主义"①。

在科恩看来，马克思的主张和逻辑经验论在以下方面有着一致性。首先，出发点基本一致，"马克思和费格尔在两个基本方面却是一致的：他们都想要摒弃乌托邦的幻想，因为它对社会可能性的评价是非现实主义的；它们都想要排除超自然主义，因为它的认识主张是诱人地孤僻。他们两位都是科学的人道主义者"②。其次，他们都共同致力于用自然主义方法研究自然与人，"它们都拒绝超自然的说明，因为这种说明是逻辑上不接受反驳的"③。再次，对一些重要命题的认识基本一致，"它们都拒绝用下面这样一些先验的学说，诸如形而上学的唯物论、纯粹的约定论、完全的逻辑一致性理论、柏拉图式的实在论和直言的原子论，来取代实际的经验。它们两者都要求在感官上呈现的证据以作为证实经验命题的手段，要求把假说-演绎法和概率推理作为评价证据的方法，要求把实践的活动（如在自然科学和社会科学中的活动）作为证明的方式"④。"最后，它们一致主张个人和社会的解放都取决于科学世界观的自由发展和一些相关的物质条件。"⑤

科恩指出，辩证唯物论与逻辑经验论都应当及时地考虑另一方不同于自己的那些解答。这就指出了两者的区别和分歧。罗伯特·S. 科恩指出了以下 6 个方面。①主观事件的地位，"有一个认识论上独特的观察者，不管是这些主观事件的直接性的资料，或是对这些主观事件的反思和种种心理分析，这些推导出来的实体的存在都是这个观察者以前所不知道的"。"另一方是马克思主义的假说：人的主观性

① 罗伯特·S. 科恩. 1988. 当代哲学思潮的比较研究——辩证唯物论与卡尔纳普的逻辑经验论. 陈荷清，范岱年译. 北京：社会科学文献出版社：1. 中译文见马克思. 1985. 1844 年经济学哲学手稿. 中共中央马克思恩格斯列宁斯大林著作编译局译. 北京：人民出版社：77.

② 罗伯特·S. 科恩. 1988. 当代哲学思潮的比较研究——辩证唯物论与卡尔纳普的逻辑经验论. 陈荷清，范岱年译. 北京：社会科学文献出版社：2.

③ 罗伯特·S. 科恩. 1988. 当代哲学思潮的比较研究——辩证唯物论与卡尔纳普的逻辑经验论. 陈荷清，范岱年译. 北京：社会科学文献出版社：99.

④ 罗伯特·S. 科恩. 1988. 当代哲学思潮的比较研究——辩证唯物论与卡尔纳普的逻辑经验论. 陈荷清，范岱年译. 北京：社会科学文献出版社：99.

⑤ 罗伯特·S. 科恩. 1988. 当代哲学思潮的比较研究——辩证唯物论与卡尔纳普的逻辑经验论. 陈荷清，范岱年译. 北京：社会科学文献出版社：100.

（意识）是'社会关系的总和'，这两方可以在关于客观事件和内心生活特性的平行语言的说明中接合起来。"①②自然规律的地位。③持久实体的地位。④关于突现的概念。⑤历史与逻辑的关系，语境与内容的关系。⑥形而上学的地位和理性的意义，"关于形而上学的地位和理性的意义。对于经验论者来说，形而上学是无意义的，尽管具有历史的意义。对于辩证法家来说，形而上学因为具有历史的意义，所以在哲学上也是有意义的（尽管它的意义和它的社会作用可能远不同于形而上学者所设想的）。在将知识的逻辑与知识的心理学和社会学严格地区分开来的同时，卡尔纳普将思辨哲学的渊源和功能问题扫到一边。它们被贬黜为历史科学的一个分支，即哲学史，而不再打扰纯粹的哲学家"②。

　　造成上述差异的原因在于双方各自发展道路、发展动力和研究方法上的不同。虽然马克思和逻辑经验论有着基本一致的出发点，但"马克思主义和现代经验论却从不同的途径发展了。既然马克思的辩证的自然主义奠基于对社会中的人的研究，那就是奠基于社会理论，而逻辑经验论却主要依赖于对自然秩序的研究，即依赖于物理理论"③。就各自的发展动力和研究方法看，"辩证法已被发展一种新的科学观的需要所推动，这种科学观能够理解和克服典型工业社会秩序的固有缺陷。经验论已被它的怀疑封闭的和完整的思想体系的传统怀疑论所推动，这种怀疑论的目的是要澄清科学知识的方法与结构。因此，我们或许可以说，辩证法和经验论的动力并不对立，但它们被运用的方式却已导致方法上的基本歧异"④。

　　辩证法和逻辑经验论各有优长，应该互相学习，形成互补。科恩认为，辩证法的优势在于社会的、历史的分析，"尽管辩证法和经验论共同致力于用自然主义方法研究自然与人，但辩证法和经验论仍有区别。辩证法对经验论传统和经验论的社会功能提供一个历史的分析"⑤。"经验论在未从实证论解放出来

① 罗伯特·S.科恩.1988.当代哲学思潮的比较研究——辩证唯物论与卡尔纳普的逻辑经验论.陈荷清，范岱年译.北京：社会科学文献出版社：101.
② 罗伯特·S.科恩.1988.当代哲学思潮的比较研究——辩证唯物论与卡尔纳普的逻辑经验论.陈荷清，范岱年译.北京：社会科学文献出版社：104.
③ 罗伯特·S.科恩.1988.当代哲学思潮的比较研究——辩证唯物论与卡尔纳普的逻辑经验论.陈荷清，范岱年译.北京：社会科学文献出版社：2.
④ 罗伯特·S.科恩.1988.当代哲学思潮的比较研究——辩证唯物论与卡尔纳普的逻辑经验论.陈荷清，范岱年译.北京：社会科学文献出版社：8.
⑤ 罗伯特·S.科恩.1988.当代哲学思潮的比较研究——辩证唯物论与卡尔纳普的逻辑经验论.陈荷清，范岱年译.北京：社会科学文献出版社：13.

时，它的认识论缺乏一种从无知到认识的质的转变的说明，因为它的证实概念表明很少注意到人与他的环境的认知遭遇实际的感觉上的创造性方面。"[1]但同时，他又指出，"辩证法也有许多未完成的任务，这些任务对辩证法的认识的澄清是极为重要的……我希望考察补充辩证思想的全部提议、假说、科学成就、摘要、学说和道德说教"[2]。

科恩对两者在解决这些问题的一致与差异时进行了简要的分析。但这项研究的后续工作没有完全展开。

（三）在互相的"否定性"评价中实现的比较

西方的俄苏科学哲学研究经历了三个时期：20 世纪 30 年代到 50 年代末的意识形态时期，20 世纪 60 年代初到 90 年代初的专题研究时期，20 世纪 90 年代初至今的学术探讨时期。苏联的西方科学哲学研究也有三个阶段：20 世纪 40 年代到 20 世纪 50 年代中期的简单批判阶段，20 世纪 50 年代中期到 20 世纪 80 年代末的批判分析阶段，20 世纪 80 年代末至今的建设性批判阶段。西方研究者大多对俄苏科学哲学持否定态度，更多强调其负面影响。美国著名科学史家、科学哲学家格雷厄姆在《苏联自然科学、哲学和人的行为》（*Science，Philosophy and Human Behavior in the Soviet Union*）中总结道，西方的科学史家和科学哲学家关心的是，"这些问题是真问题，还是人为的、政治的产物。马克思主义当真影响了苏联科学家的思考，还是仅仅就是个装饰"[3]。同样，长期以来，俄苏也一直把西方科学哲学仅仅作为西方资产阶级的哲学流派，一直用马克思主义观点进行批判。但客观上，彼此的批判起到了比较研究的作用。在俄苏的科学哲学研究中，西方科学哲学扮演着双重角色：一是分析、批判并加以改造的对象；二是作为研究的外部思想资源。这两方面都要在比较中完成。但总体上讲，大多的研究不以比较为目的，因此，这方面的成果十分有限。

---

① 罗伯特·S. 科恩. 1988. 当代哲学思潮的比较研究——辩证唯物论与卡尔纳普的逻辑经验论. 陈荷清，范岱年译. 北京：社会科学文献出版社：13.

② 罗伯特·S. 科恩. 1988. 当代哲学思潮的比较研究——辩证唯物论与卡尔纳普的逻辑经验论. 陈荷清，范岱年译. 北京：社会科学文献出版社：9.

③ Graham L R. 1987. Science，Philosophy and Human Behavior in the Soviet Union. New York：Columbia University Press：1.

二、国内相关研究

国内有关科学哲学的比较研究，主要在三个方面展开，一是西方科学哲学内部的比较，二是中国与其他国家科学哲学的比较，三是俄苏与西方科学哲学的比较。

（一）西方科学哲学内部的比较

西方科学哲学内部的比较主要集中在人物和主题的比较上。在人物的比较中，多以波普尔和历史主义学派或后历史主义学派代表人物的比较为主，但也有社会历史主义学派成员内部的比较。

大量的论文围绕波普尔与历史主义学派代表人物的比较展开。万丹在论文《波普尔与库恩思想比较研究》中，对波普尔和库恩的科学发展观以及两人所使用的概念"理论框架"与"常规科学"、"背景知识"和"范式"进行了比较。作者分析指出，波普尔和库恩的科学发展模式，其共性是都强调了科学的变化和过程，都承认科学革命。区别在于，波普尔的可证伪性为理论之间的选择提供了一个共有的标准，可以用这一标准来衡量理论与真理的逼近程度。理论之间关系的这种状态，保证了理论之间所使用的语言具有共通性。但是在库恩那里，科学从一个范式向另一个范式的过渡，并不意味着是向真理的逼近，而且范式之间是不可通约的，即使不同范式间大部分概念相同，但在一个理论到另一个理论的转换中，词的意义和应用条件都会发生微妙的变化。由于范式不可通约，很难像波普尔那样为理论的选择找到一个共同的标准。波普尔提出的"理论框架"与库恩的"常规科学"都被用来说明科学的发展，它们之间的区别在于，"理论框架直接与经验相连，知识内容在不同的理论框架中并没有根本的不同"，而库恩的常规科学与范式相连，"范式的转换造成的是知识的根本不同"。"背景知识"和"范式"的区别则在于，"背景知识出于实用的目的而保持不受怀疑，成为科学可以在此基础上进步的台阶"[①]，因此，在波普尔那里，鸭子一直是鸭子。而在库恩那里，革命前的鸭子在革命后则变成了兔子。

宋芝业在其文章《波普尔与库恩的科学发展模式比较》中分析道，波普尔与库恩的科学发展模式的共同点表现在三方面：他们都反对传统的科学发展的

---

① 万丹. 2002. 波普尔与库恩思想比较研究. 开放时代，（6）: 28.

线性累积的观点，都强调非理性因素在科学发展中的重要作用，都强调科学发展中的革命性特征。他们的差异点表现在五个方面：第一是关于科学发展中的革命，波普尔的科学发展模式只有革命，没有渐进和量变，而库恩的模式则通过肯定常规科学和科学革命的存在，实现了渐进和突破的统一；第二是关于科学发展中的心理问题，波普尔反对心理主义倾向，而库恩则认为科学研究离不开社会心理的参与；第三是他们的真理观的不同，波普尔认为科学研究虽然不发现和占有真理，却可以无限地向真理逼近，而库恩不仅不提真理，在他的科学发展模式中也不承认真理与科学事业的关联；第四是科学发展的内、外史因素，波普尔的研究总体上还局限于内史范围，而库恩则更加强调外史因素在科学发展中的作用；第五，从历史作用方面来说，波普尔的科学哲学本质上还属于逻辑主义，可以说是上承逻辑经验主义，下启社会历史主义，而库恩则作为社会历史主义的代表人物"开启了科学哲学中历史主义的新纪元"。[①]

张涛在其文章《介于科学和哲学之间的科学哲学——基于对波普尔和费耶阿本德的思想比较》中尝试通过对波普尔和费耶阿本德的科学哲学思想的比较来分析科学哲学中所存在的科学倾向和哲学倾向。作者对波普尔和费耶阿本德的科学划界思想、科学进步理论、真理观以及对形而上学的看法进行了比较。[②]

除此之外，还有一些文章涉及相关主题，如朱煜、全锐在论文《波普、库恩、拉卡托斯科学哲学思想之比较》中，从科学划界、科学方法论和科学发展模式三个方面分析了波普尔、库恩和拉卡托斯三位代表人物在理论观点上的批判继承关系。[③]杨颖春在文章《波普尔与拉卡托斯的科学发展模式比较》中认为波普尔与拉卡托斯的科学发展模式的共同点在于，他们都坚持可证伪性，都对归纳持怀疑批判的态度；不同在于"证伪的观点不同"以及提出了不同的科学发展模式。[④]袁海军的论文《在比较中划界和进步——论西方科学哲学中三种典型的划界标准》分析了波普尔与库恩科学划界标准的分歧和对立，指出在批判综合波普尔与库恩划界标准的基础上，拉卡托斯给出了一个更加符合科学史的科学划界标准。但是，拉卡托斯的划界标准因带有相对主义与无政府主义的倾

① 宋芝业. 2005. 波普尔与库恩的科学发展模式比较. 理论学习，（8）：62.
② 张涛. 2015. 介于科学和哲学之间的科学哲学——基于对波普尔和费耶阿本德的思想比较. 廊坊师范学院学报（社会科学版），（2）：78.
③ 朱煜，全锐. 2006. 波普、库恩、拉卡托斯科学哲学思想之比较. 西安建筑科技大学学报（社会科学版），（4）：8.
④ 杨颖春. 2014. 波普尔与拉卡托斯的科学发展模式比较. 山西大同大学学报（自然科学版），（1）：95.

向也同样具有局限性。①

　　还有一些研究围绕社会历史主义学派成员内部的比较进行。刘大椿、吴展昭在其文章《从历史转向的视角看科学理论选择的合理性——评库恩与拉卡托斯的理论选择标准》中对库恩与拉卡托斯关于理论选择的合理性思想进行了分析比较。作者指出，库恩与拉卡托斯的科学发展模式都需要在理论之间进行选择，而要在理论之间进行选择，就必须进行理论评价；要对理论进行评价，又必须确立评价的标准。所确立的评价标准就是方法论。在这方面，"库恩与拉卡托斯是达成共识的。而他们的分歧表现在更深层次的两个方面，即方法论的不同与评价方法论的标准"。总体上，拉卡托斯的科学研究纲领方法论"容纳了库恩的范式理论所提出的关于科学变化的主要特征，即科学变化的非积累性、范式对反常的免疫性、范式间的替代以及理论选择的暂缓判断"。②但比较而言，拉卡托斯的方法论比库恩的方法论要更加优越，因为其在一定程度上避免了"库恩损失"。库恩方法论所存在的问题是，他对科学的目标没有一个比较清晰的认识，从而导致了他的科学评价方法论标准的困难。相比之下，拉卡托斯用科学史来评价科学方法论，他提出的科学评价方法论的元标准虽备受指责，但和库恩比起来，还是更有可取之处的。

　　石丽琴在其文章《库恩和拉卡托斯科学发展模式比较研究》中侧重于从库恩和拉卡托斯科学发展模式在各自的发展动力、各自的模式所蕴含的整体观、模式所包含的理论进步评价标准和模式所蕴含的目标四个方面揭示出其差别。关于模式中科学发展的动力来源，两者的共同之处在于他们都用自己提出的核心概念对科学知识增长问题给予动态的分析，也都以各自的方式对科学发展的动力问题给出了回答；不同在于说明所采用的概念不同，库恩用范式，拉卡托斯用的是启发法。在库恩的科学发展模式中，范式之间的相互竞争是科学发展的主要动力；在拉卡托斯那里，科学发展的动力被归为启发法，正面启发法起积极的内在推动作用，反面启发法的作用表现在应付反常的出现，具有消极性。③就各自模式所蕴含的科学观而言，库恩和拉卡托斯都对逻辑经验主义的知识的静态、逻辑的考察提出了批评，都将自己的科学哲学研究和科学发展的历史进程相结合，从科学静

① 袁海军. 1999. 在比较中划界和进步——论西方科学哲学中三种典型的划界标准. 内蒙古大学学报（哲学社会科学版），（3）：116.
② 刘大椿，吴展昭. 2014. 从历史转向的视角看科学理论选择的合理性——评库恩与拉卡托斯的理论选择标准. 北京科技大学学报（社会科学版），（3）：91.
③ 石丽琴. 2006. 库恩和拉卡托斯科学发展模式比较研究. 广西社会科学，（12）：46-47.

态的研究走向了动态的、历史的研究。不同在于,库恩在其核心概念——范式的基础上,对科学发展的分析走向了非理性;而拉卡托斯提出的核心概念——研究纲领,则因其合理的结构组成——硬核和保护带的存在,在对科学发展的分析中,既能够说明理论在面对反常时的坚持,也能够说明理论在面对新经验现象时所作出的调整和改变,因此具有"辩证性"。[1]由于在两人的科学发展模式中均涉及理论的选择与转换,因此他们的模式中必然包含理论进步的评价标准。库恩虽然提出了精确性、一致性、广泛性、简单性和富有成果性 5 个方面的特征并将其作为一个"好"的理论的标准,但这只适用于常规科学,在彼此竞争的范式中作出选择,不是一个证明的过程,而是一个充满了主观色彩的非理性过程;拉卡托斯则既从理论内部寻找评价的标准,比如他提出的理论是否包含超量经验内容的标准,也从理论的外部,即从科学史的视角来进行理论的评价,因此,"拉卡托斯的理论进步评价标准是多元性的"。[2]两人的科学发展模式所蕴含的目标有所不同,由于库恩否认真理是科学的目标,则"科学知识的进化是一种后达尔文式的进化——无目标的进化"[3];拉卡托斯则把科学的发展和进步看作是一种有目标的进步,一种不断向真理接近的进步。

总体上讲,国内这部分的研究有如下特点。一是在西方科学哲学的语境中讨论由西方学者所提出的问题并进行比较,这种比较能够使问题的分析更加深入、更加详细,有利于深化我们对相关问题的理解。二是比较注重揭示差异,对彼此的共性分析不足;对于人物和主题的比较,差异是具体的,也是明显的,分析并找出其共性是问题深入的关键。三是运用马克思主义立场观点的分析不多,应该有所加强。

(二)中国与其他国家科学哲学的比较

这部分的内容包括科学哲学比较研究的整体性分析以及中国与俄苏科学哲学的比较两个方面。

1. 科学哲学比较研究的整体性分析

孙慕天在其文章《比较文化、比较哲学和比较科学哲学》中分析了比较文化的意义,指出了比较哲学的研究方向,阐释了比较科学哲学的研究领域。比

---

① 石丽琴. 2006. 库恩和拉卡托斯科学发展模式比较研究. 广西社会科学,(12):47.
② 石丽琴. 2006. 库恩和拉卡托斯科学发展模式比较研究. 广西社会科学,(12):48.
③ 石丽琴. 2006. 库恩和拉卡托斯科学发展模式比较研究. 广西社会科学,(12):49.

较哲学研究的第一个方向是哲学主题的比较，第二个方向是哲学思想发生和演变的语境比较，第三个方向是哲学的民族性比较，第四个方向是通过比较揭示思想活动的规律以启示未来。①在比较科学哲学部分，作者分析了两个方面，一是西方科学哲学内部的比较，二是俄苏的马克思主义科学哲学和西方非马克思主义科学哲学互为参照系的比较意义。吴彤在论文《科学哲学与自然知识的民族性》中从科学实践哲学角度探讨了科学哲学与民族科学之间的关系。文章首先肯定了民族性科学、地方性知识的价值，"承认民族性、地方性知识，并不意味着，我们要把地方性、民族性的自然知识与西方近代以来的科学进行优劣比较，这些不同的自然知识都是不同地域的人类与自然打交道的方式，都有不同的用途，都各有各的价值，各有各的存在必然性"②。哲学关注地方性、民族性知识的重要意义在于，"第一，要使得在今天西方观点占据主流的知识界关注地方性知识，改变以往对地方性、民族性自然知识的偏见；第二，更为重要的是，我们关注地方性知识，其目的在于改造我们的理论优位（theory-dominated）的科学哲学"③。应该建构起科学哲学与民族性自然知识相互支持的桥梁。具体做法是，"科学哲学家们应该更为关注本土知识的挖掘、整理和阐释；而从事地方性知识研究工作的学者，也应该寻找可利用的哲学资源，这样才能在科学哲学与民族性研究之间架桥"④。沈泽如在文章《浅析东西方科学哲学的民族性范式比较》中指出，东西方科学哲学在研究目的、研究对象、研究习惯、价值观和发展动因 5 个方面存在着重大差异。⑤宋浩在其硕士学位论文《民族性与比较科学哲学》中指出，民族性对于科学哲学的影响主要表现在假设前提、问题域、研究传统、评价标准和进步的动力几个方面。科学哲学的民族性特征表现在，科学哲学首先是民族性的而不是普适性的，各民族科学哲学的研究范式存在差异，各民族的科学哲学的评价标准存在差异，各民族的科学哲学发展的动力存在差异。作者还尝试对东西方科学哲学的民族性范式、西方内部（英国、德国和美国）的科学哲学、中国和苏联不同的科学哲学进行比较。⑥论文构建了科学哲学比较研究的设想，但限于硕士学位论文的篇幅，在提出的

① 孙慕天. 2009. 边缘上的求索. 哈尔滨：黑龙江人民出版社：474-478.
② 吴彤. 2006. 科学哲学与自然知识的民族性. 内蒙古大学学报（哲学社会科学版），（5）：48-49.
③ 吴彤. 2006. 科学哲学与自然知识的民族性. 内蒙古大学学报（哲学社会科学版），（5）：49.
④ 吴彤. 2006. 科学哲学与自然知识的民族性. 内蒙古大学学报（哲学社会科学版），（5）：50.
⑤ 沈泽如. 2012. 浅析东西方科学哲学的民族性范式比较. 科技创新导报，（10）：240.
⑥ 宋浩. 2010. 民族性与比较科学哲学. 哈尔滨：哈尔滨师范大学硕士学位论文：34-37.

问题框架下，进行的研究尚待深入。

2. 中国与俄苏科学哲学的比较

2010 年，"中俄科学哲学比较研究"通过黑龙江省哲学社会科学规划办公室审批，成为该年度黑龙江省社会科学基金项目。[①]该项目推出的系列研究成果从发生学、结构学等方面对中国与俄苏科学哲学进行了比较研究。

发生学角度。从发生学的视角探求俄苏和中国科学哲学形成和发展的历史语境，代表性成果是论文《马克思主义科学哲学的两个研究传统——中俄科学哲学的发生学比较》。中俄科学哲学虽同属马克思主义思想传统，但由于两个国家的历史文化、民族个性，进入 20 世纪以来各国建立和发展社会主义道路的时期与发展方式的不同，还是呈现出各自的特点。俄苏科学哲学建立在近半个世纪之久的自然科学哲学问题研究的基础上，这种科学哲学的研究重心是通过对各门自然科学的哲学问题思考，实现对广泛意义上的科学世界图景的建构。中国的科学哲学则是自然辩证法的思想传统，"中国科学哲学的产生根源于自然辩证法研究范式的转换"[②]。这种差异也直接在各自的研究领域中显现出来。

结构学角度。项目的研究汲取了西方科学哲学有价值的成果，在研究域和研究主题方面展开了结构学方面的比较研究，代表性成果是论文《中俄科学哲学问题域比较研究》。科学哲学的问题域决定了科学哲学研究的理论范围。苏联（俄罗斯）科学哲学的问题域包括自然科学哲学问题，即科学结构、科学基础和科学动力学。我国科学哲学的研究域主要涉及四个方面，即西方科学哲学主要流派的观点评述，科学哲学的基础理论，科学哲学的前沿理论问题和对新兴科技的发展所给予的哲学思考。[③]两国的科学哲学都坚持马克思主义传统，均突出地表现为对于问题的把握。俄苏和中国的科学哲学的研究域反映了各自国家的理论研究范围和研究特色。在不同的历史时期，两国的研究领域和核心问题屡有变化，各有不同。由于两国的哲学基础、文化渊源和各自的经济建设的模式的不同，两国之间在发展科学哲学的道路上形成了一定的差别，这种差别自然会反映在各自的研究域中。但尽管如此，差异中存在共性。对这种共性进行分析，能够使我们把握到某种必然性。

上述工作主要是对同一思想传统，即马克思主义思想传统内部的比较。这

---

① 项目主持人为孙玉忠，2014 年完成结题。

② 裴杰. 2011. 马克思主义科学哲学的两个研究传统——中俄科学哲学的发生学比较. 求是学刊，（3）：33.

③ 裴杰. 2011. 中俄科学哲学问题域比较研究. 北方论丛，（3）：120.

种比较研究如果进一步深入的话，还应在不同思想传统之间进行。因此，马克思主义思想传统的俄苏科学哲学与西方非马克思主义科学哲学的比较成为本书的主要任务。

（三）俄苏与西方科学哲学的比较

俄苏与西方科学哲学的比较研究在我国尚没有全面展开，目前已知的文章不多，主要集中在合理性研究、发生学研究和主题研究三个方面。

1. 合理性研究

孙慕天在文章《比较文化、比较哲学和比较科学哲学》中指出，西方科学哲学和马克思主义科学哲学的比较研究是一个亟待拓展的领域，开展科学哲学的比较研究具有特殊的意义。他认为，科学哲学的比较研究至少包括三大主题的比较。其一，不同的指导思想，即马克思主义和非马克思主义两种思想路线；其二，不同的历史语境，即西方和俄苏科学哲学在 20 世纪后半叶经历的不同发展道路；其三，不同的结论，即西方与俄苏科学哲学对一系列科学哲学问题的不同解答。[①]

2. 发生学研究

2002 年，王彦君在《苏联与西方科学哲学缘起比较》一文中，对苏联与西方科学哲学兴起的社会文化背景进行了分析。他总结道，苏联科学哲学和西方科学哲学先后在 20 世纪出现，反映了世界哲学发展的总体趋势。20 世纪以来科学技术迅猛发展，科学成为社会发展的重要推动力量，作为一种重要的社会和文化力量，吸引了哲学的关注。苏联科学哲学的兴起与西方在原因和目的上是不同的，虽然都是致力于回答科学和哲学的关系，但西方是从对"科学发展"的"哲学反思"这一角度，而苏联却是从对"发展科学"的"哲学指导"的视角展开的。西方有条件对它丰厚的科学成果作出分析和总结，而苏联的首要任务却是要积累这些科学成果。在科学的征途上，苏联的哲学头脑使它成了"早熟的儿童"。[②] 王大为、刘彬在《前苏联与西方科学哲学兴起的比较》一文中，对苏联科学哲学与西方科学哲学的形成机制进行了分析，认为，苏联科学哲学的兴起是外力-推动型，表现为对科学与哲学矛盾冲突的解决，这种解决主要由外在的政治力量干预和调节；而西方科学哲学的兴起则不然，它是自然-慢进

---

① 孙慕天. 2009. 边缘上的求索. 哈尔滨：黑龙江人民出版社：474-476.
② 王彦君. 2002. 苏联与西方科学哲学缘起比较. 中山大学研究生学刊（社会科学版），（3）：2.

型，是科学与哲学共同发展的结果，也是二者矛盾自身形成和消灭的结果。

3. 主题研究

20 世纪 80 年代，我国学者顾芳福曾发表论文《凯德洛夫和库恩科学革命观比较》，就科学革命的理论进行过主题研究。孙慕天在《论科学动力学的两种趋同——西方和俄（苏）科学哲学的一个比较》一文中，尝试展开科学哲学的主题比较研究。他认为，在科学动力学研究中，有两种趋同：一个是在 20 世纪中叶，西方科学哲学界对科学哲学的本性是科学动力学这一点有了普遍的认同，而俄苏自然科学哲学研究也几乎同步地发生了向科学动力学的重心转移，这可以称为"趋同 1"；另一个是在科学动力学中，新旧理论的一致性或会聚问题，不约而同地成为西方和俄苏科学哲学共同的理论热点，这可以称为"趋同 2"。这项工作称得上是比较科学哲学主题研究的一个典型案例。[①]王彦君在论文《科学革命："结构学"与"动力学"的比较》中，比较了库恩、凯德洛夫和斯焦宾的科学革命观点。库恩和凯德洛夫的不同之处是，库恩从科学的历史结构中解释科学革命，而凯德洛夫则从方法论的角度，从人类认识自然界能力的不断提高的角度对科学革命给出说明。斯焦宾解释科学史和科学革命的核心概念是"科学世界图景"，科学革命表现为科学世界图景发生改变。科学世界图景的改变有两种情形，一种是具体学科领域中世界图景的改变，如经典物理学中从牛顿机械论世界图景到麦克斯韦等创立的电动力学世界图景的变化，另一种是科学世界图景整体上发生重大改变。前一种改变了科学研究的现实图景，后一种则改变了先前形成的科学基准和哲学基础。[②]

总体来看，学界对俄苏与西方科学哲学的比较研究已经开始，对研究的意义与价值给予了论证，问题的研究域基本形成，主题研究有所推进，是本书的重要基础。但总体来看，视域有待延展，应从主要集中于各流派哲学观点的比较，拓展到对哲学思想的语境关联、不同民族性及其历史启示等方向的比较研究，这成为本书的主要任务。

---

① 孙慕天. 2009. 边缘上的求索. 哈尔滨：黑龙江人民出版社：459.
② 王彦君. 2009. 科学革命："结构学"与"动力学"的比较. 燕山大学学报（哲学社会科学版），（2）：15.

第一章 西方与俄苏科学哲学比较研究的意义与价值

从某种意义上讲，认识即比较，比较是认识的重要途径之一。黑格尔在《小逻辑》中指出"我们今日所常说的科学研究，往往主要是指对于所考察的对象加以相互比较的方法而言。不容否认，这种比较的方法曾经获得许多重大的成果，在这方面特别值得提到的，是近年来在比较解剖学和比较语言学领域内所取得的重大成就"①。

马克思、恩格斯在《共产党宣言》中写道："各民族的精神产品成了公共的财产。民族的片面性和局限性日益成为不可能，于是由许多民族的和地方的文学形成了一种世界的文学。"②马克思、恩格斯这里所说的"文学"（literatur），是广义的文学，泛指各类书面文献，包括科学、艺术、哲学等方面的书面著作。加深各民族之间的相互了解，比较研究正是促进这种了解的最好方法之一。

著名哲学家巴姆（Bahm，Archie J.）分析了哲学比较在哲学研究中的重要作用。在他看来，作用有以下几个方面。第一，为哲学的研究提供更加丰富的思想资源，一是问题资源，二是方法资源，"作为资源它继承的多种问题和解决方案的财富大于它所比较的任何文明。包括和超越这些文明，赋予比较哲学以更宽广的视野，更丰富的细节，因此还有其他的研究机会"。第二，为哲学研究提供新的见解。如果是历时的比较，会提供研究的新视角，"对旧哲学的新见解可来自从新视角对之作考察，以新的问题提出挑战，以及对之作新的批评"。如果对不同地域进行比较，则拓展了研究的视角，"各文明的哲学经过这样的挑战

① 黑格尔. 2004. 小逻辑. 贺麟译. 北京：商务印书馆：252.
② 马克思，恩格斯. 2012. 共产党宣言//马克思，恩格斯. 马克思恩格斯选集. 第1卷. 中共中央马克思恩格斯列宁斯大林著作编译局译. 北京：人民出版社：404.

也许会得到改进。这些不仅对于特定的哲学和许多不同的特殊问题，而且关于如何取得综合，都会是挑战：因为综合的任务不得不扩展为包括其他文明的发展的可能性，每个人以及每个谈论文明的人似乎都被要求提供比以前更为宽广的视角"。第三，拓展哲学研究的领域，提高哲学研究的水平，"当比较哲学策划、探索、统一和发展其领地时，一个新的高水平的研究领域出现了。比较哲学的历史及其成果增加了哲学的内容。它也有自己的开放的未来和不断的发展要作解释，这种更高水平可认为是人类以及特定个人的更高成就"。第四，会引起哲学的新变化。"新的见解有时产生于两个哲学的第一次碰撞。当它们的结合产生一种奠立于两者之上的第三种哲学时，一种真正独特的变化出现了。"第五，使哲学的结论更加合理。"当我们在得出结论时能够把越来越多的因素考虑进去我们观点的正确性就会增加。"[1]

哲学比较研究这种优势在科学哲学的比较研究中均会有一定程度的显现。具体来讲，科学哲学的比较研究具有三方面的意义和价值。第一是有利于摆脱当下西方科学哲学发展的困境。西方科学哲学的发展存在着本体论和认识论的割裂、逻辑方法和历史方法的分离等固有缺陷，又在后现代发展中出现迷失。第二是彰显马克思主义科学哲学的思想优势。俄苏近百年来的科学哲学在马克思主义的思想导向下不仅使本国的马克思主义哲学研究得到发展，对本国自然科学的研究也产生积极影响，更使本国的科学哲学研究取得原创性成就。他们的研究证明了，唯物辩证法和历史唯物论不仅能够提供分析重要科学问题雄厚的理论资源，同样具备研究科学哲学重大理论问题的优势。第三是推进中国科学哲学的本土化研究。俄苏科学哲学的发展给予了我们极大的思想启示，在为我们提供巨大的思想资源的同时，其独特的发展道路更值得我们深思。当代中国科学哲学的发展与重构，必须在全方位开放（不仅仅是西方）的前提下，全面吸收世界各国的思想资源，才能走出一条科学哲学发展的中国化道路。

第一节   摆脱当下西方科学哲学发展的困境

现代西方科学哲学体系中，逻辑经验主义和社会历史学派是两个核心的理论，这两大理论彼此之间不仅不一致，而且在一些重要的问题上直接对立。现

---

[1] 巴姆. 1996. 比较哲学与比较宗教. 巴姆比较哲学研究室编译. 成都：四川人民出版社：14.

代西方科学哲学的走向及命运是由这两个理论的逻辑前提决定的。在当代，西方科学哲学陷入无法摆脱的理论困境，直接与其在逻辑前提下的理论偏失以及体系中理论内部的不一致相关。

一、西方科学哲学发展的固有缺陷

西方科学哲学发展的固有缺陷表现在两方面，一是本体论和认识论的分野，二是逻辑方法和历史方法的分离。

（一）本体论和认识论的分野

西方科学哲学有一个很大的弱点，就是本体论和认识论的分野。这一传统在逻辑经验主义运动中逐渐形成。逻辑经验主义运动开始于 1918 年，参加这个运动的成员有哲学家和科学家，他们的共同目标是反对传统哲学，从经验主义的观点去考察科学的认识论问题。维也纳学派的理论渊源共来自 4 个方面。①实证主义和经验主义：休谟（Hume，D.）、启蒙时期哲学家——孔德、穆勒、阿芬那留斯（Avenarius，Richard）、马赫等。②科学方法：马赫、庞加莱（Poincaré，H.）、迪昂（Duhem，P. M. M.）、玻尔兹曼、爱因斯坦（Einstein，A.）等。③符号逻辑及其应用：莱布尼茨（Leibniz，G. W.）、皮阿诺（Peano，Giuseppe）、弗雷格、施罗德（Schrödes，E.）、罗素、怀特海（Whitehead，A.）、维特根斯坦等。④快乐论的伦理学和实证主义的社会学：伊壁鸠鲁（Epicurus）、休谟、边沁（Bentham，G.）、穆勒、孔德、费尔巴哈、马克思、斯宾塞等。[①]

大体上，逻辑经验主义运动可以分为两个阶段：逻辑实证主义和物理主义。直到 20 世纪 50 年代，以逻辑经验主义为核心的西方科学哲学以寻求普遍的逻辑标准为目的。逻辑经验主义自身的演变以及在发展中遭遇到的困境，主要是由意义问题所引发的。逻辑经验主义主张，一个陈述，只有在其被观察语句直接或间接加以检验时，才作出一个有关世界的论断，这就是意义标准。意义标准是逻辑经验主义的基石，这一标准派生出三个与其基本理论主张直接相关的三个具体标准：①判定标准，逻辑经验主义用这一标准判定了形而上学的命题是毫无意义的；②衡量标准，用来衡量科学的判断或学说是否是科学理

---

① 江天骥. 2012. 逻辑经验主义的认识论·当代西方科学哲学·归纳逻辑导论. 武汉：武汉大学出版社：6-7.

论；③划界标准，即科学与非科学、科学与伪科学的划界。但是，也正如我们所看到的，逻辑经验主义的意义标准自提出以来就遇到困难。石里克为此不遗余力，维也纳学派的其他成员，如卡尔纳普、艾耶尔（Ayer，A. J.）、亨普尔（Hempel，C. G.）等人同样坚持不懈。这些成员大多把意义标准产生的有关哲学问题归结为逻辑学、语义学等方面。

以意义问题为起点，西方科学哲学的发展出现了两条道路。一条是逻辑经验主义自身的发展。逻辑经验主义力图在逻辑分析的基础上使论证程序的逻辑结构观念更加明晰。这方面的努力使得他们得到了一些方法来解决局部的困境。另一条是经批判理性主义后社会历史主义学派的兴起和发展。客观地讲，社会历史主义学派的出现，有逻辑经验主义发展走入困境的重要原因，但并不是唯一的原因，更深层次的原因是科学的迅速发展。一方面，学科的发展呈现出日益综合化的趋势；另一方面，科学的社会作用愈益强大。科学的综合发展以解决综合的问题为目标，传统科学哲学在"孤立的"学科范围内形成的科学性标准，开始难以适应科学的新变化。同时，科学与社会的关系日益紧密，科学发展中价值与实践的因素对科学研究的主题、性质和方向等的影响也在急剧地增长。对这些影响科学发展的综合社会因素的注意必然成为科学史家和科学哲学工作者的新内容。用图尔敏的话说，"科学哲学家们现在不再把数理逻辑看作是对科学进行哲学分析的合适的根据，他们从寻求认识'形式'的超时间的特征转向研究科学的历史具体性，转向科学的'功能'"[①]。

西方科学哲学研究与科学认识论的关系出现了三种情形，一是等同说，二是核心说，三是包含说。等同说的代表是逻辑经验主义。在逻辑经验主义者看来，科学哲学的本质就是对哲学的逻辑分析，或者说，逻辑经验主义只是把科学哲学看作是对科学的认识论研究。波普尔也是等同说的代表，他在《科学发现的逻辑》一书中指出，认识论或科学发现的逻辑应当等同于科学方法论。瓦托夫斯基（Wartofsky，W.）的观点是典型的核心说，认为科学哲学的核心是认识论，"认识论对科学哲学的特殊关系涉及各种获得和证实科学知识的工具手段，即科学家达到认识的方法的特殊方面。例如，观察和实验的作用，描述和分类的作用，科学中推理或推论的作用，假说的本性，以及模型、定律和理论的作用，科学发现的条件和特性全都与获取和建立科学知识的方法有关，因此

---

① 转引自中国社会科学院情报研究所三室哲学研究所自然辩证法室. 1980. 当代苏联哲学论文选. 天津：天津人民出版社：297.

也与某种使科学主张可以被批判地检验、反驳和摒弃的方法有关"①。图尔敏是包含说的代表，他区别了科学方法论和科学认识论，但又把它们都包含在科学哲学之中。他写道，"科学哲学所要论述的，是方法论和认识论问题，也即研究者对待自然界的方式方法问题"。进一步讲，"科学哲学作为一门学科，首先要阐明科学探索过程中的各种要素：观察程序、论证模式、表达和演算的方法，形而上学假定等等，然后从形式逻辑、实用方法论以及形而上学等各个角度估价它们之所以有效的根据"②。

总体上看，"西方科学哲学的根本错误是脱离世界观研究认识论，不深入认识背后的客观基础，把唯物主义基本观点当作形而上学对待。在这一点上它是自然哲学的对立面。后者不要通过科学概括，不通过科学就断言自然界，用思辨方法直接面对自然界。西方科学哲学和自然哲学是两个极端，两个片面。正由于西方科学哲学有这个缺点，我们进一步加强马克思主义科学哲学的研究尤为重要"③。

事实上，科学哲学的许多范畴，如"因果""科学定律""理论实体""理论还原"等，都有客观辩证法的基础。以因果性问题为例，早在 20 世纪 80 年代，苏联学者就曾对因果性与物理学定律的关系进行过讨论。明确指出，"因果性与体现客观联系各种特点集合的物理定律有直接的关系。它可以看作是普遍的相互联系的一个环节"④。他们把因果性理解为"由基本物理定律所描述的状态关系"，区别了动力学的因果性和统计学的因果性。牛顿定律、麦克斯韦的经典电磁场理论都是动力学的因果性的代表，后者的代表是统计物理学中的或然因果性。俄苏马克思主义科学哲学的研究坚持用本体论与认识论相统一的观点，辩证法、认识论、逻辑相统一的观点来研究科学哲学，取得了有别于西方科学哲学的重要成就。

（二）逻辑方法和历史方法的分离

西方科学哲学的另一个弱点就是逻辑方法和历史方法的分离。以科学进步问题的研究为例，西方科学哲学对科学进步问题的研究主要是逻辑路径，其研

① 瓦托夫斯基. 1982. 科学思想的概念基础——科学哲学导论. 范岱年，吴忠，林夏水，等译. 北京：求实出版社：18.
② 转引自舒炜光. 1990. 科学认识论. 第一卷. 长春：吉林人民出版社：6.
③ 舒炜光. 1983. 科学哲学辨析. 自然辩证法通讯，(6)：4.
④ C. T. 麦柳欣. 1989. 苏联自然科学哲学教程. 孙慕天，张景环，董驹翔译. 哈尔滨：黑龙江人民出版社：227.

究经历了三个时期：逻辑经验主义，无历史存在的逻辑分析；批判理性主义，
远离历史的逻辑分析；社会历史主义，以重建科学史为目的的逻辑分析。逻辑
经验主义主要集中于对科学活动"已完成的产品"的静态分析，他们对科学进
步问题的考察是静态的，其出发点是逻辑的。逻辑经验主义科学进步观的核心
是知识增长，而知识的增长是按照石里克所表述的方式——"简单命题归属于
越来越普遍的命题"——实现的。波普尔科学进步思想的核心是试图对促进知
识增长所需的各种结构作出回答，在他看来，科学进步需要一种开放式的批评
性结构，这种结构既能够抛弃错误的理论，又能够保证将最好的理论留下，这
种开放式结构就构成了科学进步的动力。波普尔之后，图尔敏的进化模型、拉
卡托斯的各种研究纲领竞争的模型等，都致力于科学史的合理重建。

从辩证唯物主义的角度来看，科学不仅是人的一种认知活动，更是一种重
要的社会活动。因此，离开科学的社会文化方面是不可能恰当描述或完整理解
科学的。应该说，社会历史主义学派的学者有条件地意识到了这一问题。但
是，他们不可能从科学的社会文化这一宽阔的视野出发来关注科学，只是在原
有的思考框架内有条件地作为要素"引入"。他们采取了两个策略来解决这一问
题。策略之一是将社会文化要素"浓缩"到心理学中，将社会文化对科学的影
响转换为对科学家的心理影响。通过科学家心理的变化，实现社会文化对科学
的作用。这种策略并未跳出逻辑经验主义的框架。科学的总体特征仍然是"逻
辑的"，只是在革命时期，科学家在范式选择时才偶尔不那么"逻辑"。策略之
二则超越了逻辑经验主义。从总体看，社会历史主义学派保持着逻辑分析手
段，但同时也把社会文化作为一个必要条件。和上一个策略一样，这个必要条
件在常规科学阶段的作用并不明显，基本上是在革命阶段、在分析新范式取代
旧范式时，作为逻辑分析的补充。

二、西方科学哲学后现代转向的迷失

20 世纪，西方科学哲学经历了发展和繁荣。从 20 年代后期维也纳学派发表
《科学的世界观：维也纳学派》起，以研究科学的本质和科学方法为任务的科学
哲学开始兴起。在经历逻辑经验主义、批判理性主义、社会历史主义阶段的发
展中，新观点、新派别、新人物不断出现，呈现出此起彼伏的繁荣景象。进入
80 年代以后，西方科学哲学的发展开始趋缓，直至今日也没有出现能够作为这
一时期代表的标志性人物和著作。但这并不意味着科学哲学的发展陷入停滞，

科学哲学的相关成果也在不断地出现，只是没有形成集中的关注。

进入 21 世纪，我们自然会关心西方科学哲学向何处发展。对此，有学者对西方科学哲学的现状和趋势做出了这样的判断，"从总体情况看，当代英美科学哲学的基本趋势主要表现在这样三个方面：第一，科学实在论与反实在论之间的争论趋于缓和，特别是出现了一些试图调和这两种科学哲学的观点；第二，对各门具体自然科学中的哲学问题的研究开始逐渐取代传统的方法论研究，特别是一些具体自然科学领域带来的重要哲学问题引起哲学家们的思考，如医学、计算机科学、思维科学以及人工智能等领域的问题；第三，后现代主义思潮对科学哲学研究产生了直接的影响，导致了后现代科学哲学的出现，并有可能成为不久的将来西方科学哲学的重要组成部分"[①]。这三个趋势的持续，有各自不同的来源。一是科学哲学的自身发展，这是来自科学哲学内部的原因。从内部来看，20 世纪 80 年代后期出现了实在论和反实在论的争论。二是科学哲学研究对象的变化，即现代科学技术的快速发展。20 世纪 80 年代以来，科学和技术在各个领域中均实现了快速的发展。其中引人注目的变化来自生物学、医学、心理学、电子计算机等领域。生物学对基因和进化生物学的研究，使这一领域备受关注而成为研究的热点；医学领域则因人们对健康和生命日益增强的关注而成为新兴领域；心理学领域"最大的变化是心理学哲学的复兴，这个学科以往是与哲学心理学、心灵哲学、行为主义、认知科学以及关于精神的性质问题等联系在一起的"[②]；计算机技术的出现和发展给人类社会带来了前所未有的改变，彻底改变了人类的生存方式，也深深地影响着人们的思维方式。这些发展和变化推进了自然科学和技术领域中各门自然科学哲学问题和技术哲学的研究。三是后现代主义的兴起，后现代主义构成了影响科学哲学发展的一种"外部力量"。这种来自外部的力量和科学哲学自身的"内部根据"相结合，导致科学哲学走向后现代。

社会历史学派之后，"另一种根本不同的倾向开始引人注目，即对正统科学哲学乃至科学本身进行全面质疑和批判的一种新潮流，它们已经不仅仅是某些观点和部分诉求与正统科学哲学相左，而是基本立场和目标完全相反了。由于它们与传统科学哲学的追求是如此格格不入，却也是对科学的

---

① 江怡. 2005. 当代西方科学哲学的走向分析. 自然辩证法研究,（7）: 15.

② 江怡. 2005. 当代西方科学哲学的走向分析. 自然辩证法研究,（7）: 17.

某种哲学反思，故可称之为另类科学哲学"①。西方科学哲学发展到后现代，加剧了对理性的反叛、对本体的否定。另类科学哲学的代表有费耶阿本德、海德格尔（Heidegger，Martin）、福柯（Foucault，Michel）、马尔库塞（Marcuse，Herbert）、哈贝马斯（Habermas，Jürgen）等。如果说另类科学哲学有积极的方面的话，是由于"另类科学哲学向极端科学主义、正统科学哲学发起的冲击，一方面让科学哲学从正统的极端中猛醒，另一方面更重要的是对整个社会的科学观产生了深刻影响"②。但总体来看，另类科学哲学和正统科学哲学的共同之处是对正统科学哲学之解构，"另类科学哲学是怀疑主义、历史主义中的另类倾向走向极端的产物。它们以极端化的形式影响着科学哲学"③。

第二节　彰显马克思主义科学哲学的思想优势

与西方科学哲学相比，俄苏科学哲学的发展有独特的历史语境和文化背景，在不同的哲学体系下走着有个性特征的发展道路。俄苏科学哲学的最明显特征是马克思主义思想传统下的理论研究。关于马克思主义思想传统下的科学哲学发展的分析，首先要区分一个事实，俄苏在不同时期对待马克思主义的态度和马克思主义指导下的科学哲学研究并不能等同。对马克思主义的过度抬高和不合理的贬斥都不能代表严肃的历史分析。

一、解决科学哲学重大理论问题

逻辑经验主义科学哲学的认识论基础是经验主义。经验主义有其丰富的思想资源，在科学领域中的充分表现是牛顿所创立的经典力学理论体系。牛顿在他所创立的理论中试图将所有的概念都建立在经验的基础上。牛顿本人也不允许在自己的理论体系中存在有任何先验的概念。作为人类历史上首个完备的自然科学理论，牛顿的经典力学被视为在经验主义基础上确立科学理论成功的典

---

① 刘大椿，等.2016. 一般科学哲学史. 北京：中央编译出版社：4.
② 刘大椿.2013.另类、审度、文化科学及其他——对质疑的回应. 哲学分析，(6)：45.
③ 刘大椿.2013.另类、审度、文化科学及其他——对质疑的回应. 哲学分析，(6)：44-45.

范。但是，经验主义是存在先天缺陷的，它无力解决科学原理的必然性和普遍性问题。尽管牛顿付出了百般努力，仍无法避免在自己的理论中保留如"绝对空间""绝对时间"等无法建立起经验联系的概念。接下来，休谟提出的归纳问题使归纳经验主义的方法遭到了严重的破坏，更加凸显了传统经验主义的缺陷。19世纪末期，经验主义在马赫对力学的批判中得到了一定的强化，但马赫却沿着孔德的实证主义路线走向了感觉经验主义。进入20世纪中期，奎因对逻辑经验主义的批判和汉森（Hanson，N. R.）"观察渗透理论"观点的提出，进一步揭示出经验主义最本质的困难。

与逻辑经验主义相反，辩证唯物主义十分清楚地认识到狭隘经验主义的局限，对科学的考察没有走经验主义的老路，而是强调辩证法和理论思维。辩证唯物主义科学哲学传统同分析经验主义科学哲学传统各有其特点，它在一个更广阔的视野对科学作全面考察：把科学作为社会过程，研究它的产生和发展；把科学作为社会产品，研究它的理论和方法；把科学作为社会生产力和指导社会发展的基础，研究它的社会功能。

苏联学者对他们自己所从事的研究充满着合理的自信，他们坚定地认为以唯物辩证法为核心的马克思列宁主义哲学是时代最先进的哲学。唯物辩证法的创立是哲学领域中的一场深刻变革。唯物辩证法指导科学研究有着巨大的优势，因为唯物辩证法和科学的发展相一致。西方科学哲学领域中争论的一些重大问题，如归纳法的合理性、理论与经验的关系、科学真理、科学进步等，都是唯物辩证法的题中之意。他们之所以争论不休，导致问题"困惑"或"无解"，是因为他们的哲学在总的方面、在原则上落后于马克思主义哲学。因此，苏联学者一直持有这样的观点，不能因为他们提出了一些重要问题就认为他们的研究有多么高明。

美国学者格雷厄姆也有过肯定的评价："还有一点是显而易见的，无论是在苏联，还是在其他国家，人类无法不去追究普遍的哲学体系试图给予解答的种种终极问题。辩证唯物主义就是这些哲学体系之一。如果我们承认追究关于事物本性的基本问题是合理的，那么和同类的普遍思想体系相比，就其有效性而言，辩证唯物主义所代表的研究方式——科学导向的、理性的、唯物主义的——就有某种权利宣称自己更为优越，而这种主张是应予重视的。如果在苏联辩证唯物主义被允许自由发展，那么它无疑会沿着与国外流行的非机械论的反还原论唯物主义假定一致的方向演进。这样的结果将是富于成果的和引人入胜的。"①

　　从苏联学者的研究看，唯物辩证法指导下的科学哲学研究有着极大的思想优势，这首先表现在，一些重大问题在西方研究中仍争论不休，但唯物辩证法已经解决并且解决得很好，如经验与理论的关系、科学革命问题的研究、科学进步的本质等。在经验与理论关系的研究中，苏联学者的观点有两方面。一是赞同经验的理论荷载，反对逻辑经验主义；二是赞同经验的基础地位，反对后逻辑实证论。在他们看来，不存在也不可能存在"纯粹的经验命题"，因为所有的经验表达，亦即人同现实的直接接触，都在语言中找到了概念——语义中介。但可能也应该区分科学知识的经验层次，这是对作为经验研究结果而得出的信息的思考和说明。因为有马克思主义的思想资源，所以，"对于科学革命的概念和科学革命结构的分析，马克思主义并不感到陌生"②。对科学革命的分析，新理论从旧理论中产生，首先是理论基本概念的变化。在分析相对论和量子力学替代经典力学成为科学新的基础的过程中，奥米里扬诺夫斯基总结道，"当新理论从旧理论中产生时，基本概念的变化意味着旧基本概念不适应于新的数学形式，意味着旧基本概念不再受确定的应用范围的限制，意味着新的（与旧的有质的区别）基础概念的产生以及新的基础物理理论的建立"③。令人遗憾的是，像波普尔、拉卡托斯、库恩这些从事"科学革命"研究工作的学者，看起来虽然似乎不应该也不可能避开物理概念的"辩证法"，但是他们实际上却回避了这一问题：在他们那里甚至缺乏"经典概念变化"的术语。④

　　马克思主义哲学指导下的苏联科学哲学取得了独特的发展成就，对于自然科学的研究来说具有重要的意义。自然科学和哲学都面向自然界，都面对自然界展开思考，仅就这一点而言，在自然领域的研究中就不应该将自然科学和哲学分离。自然科学从自然界的具体事实着手进行研究，哲学则从自然观的角度

---

① Graham L R. 1987. Science, Philosophy and Human Behavior in the Soviet Union. New York：Columbia University Press：7.

② П. Н. 费多谢耶夫. 1987. 在同现代自然科学反唯物主义观点的斗争中列宁的思想//奥米里扬诺夫斯基. 现代自然科学中的哲学思想斗争. 余谋昌，邱仁宗，等译. 北京：商务印书馆：9. 此处译文转引自黑龙江省自然辩证法研究会编译. 1983. 苏联科学、哲学与社会研究资料（内部资料）.9.

③ М. Э. 奥米里扬诺夫斯基. 1987. 现代物理学中围绕主观和客观问题的哲学思想斗争//奥米里扬诺夫斯基. 现代自然科学中的哲学思想斗争. 余谋昌，邱仁宗，等译. 北京：商务印书馆：9. 此处译文转引自黑龙江省自然辩证法研究会编译. 1983. 苏联科学、哲学与社会研究资料（内部资料）.30-30.

④ М. Э. 奥米里扬诺夫斯基. 1987. 现代物理学中围绕主观和客观问题的哲学思想斗争//奥米里扬诺夫斯基. 现代自然科学中的哲学思想斗争. 余谋昌，邱仁宗，等译. 北京：商务印书馆：31. 此处译文转引自黑龙江省自然辩证法研究会编译. 1983. 苏联科学、哲学与社会研究资料（内部资料）.31.

总结自然科学的认识，因此两者不能截然分开。因为自然科学对自然界的认识虽然是从具体事实开始的，针对具体事实建立起相关的定律、理论，但在具体事实基础上建立的理论本身也包含着对自然界存在性质等的整体理解。例如，牛顿的运动定律蕴含着绝对时空、相对时空等观念，包含着物体在绝对时空中运动、在相对时空中度量的前提。同时，牛顿的理论统一了天上物体和地面物体的运动，使之符合同一个规律。为什么宇宙间的所有物体的运动遵循相同的规律？各行星天体的运动何以能够按照统一的规律和谐、有序地运动？其中包含着哪些自然界的原因、蕴含着自然界怎样的本质？这些问题已经进入哲学领域。再如，20 世纪 30 年代完成了量子力学理论，哥本哈根学派对量子力学结论提供的解释引起了争论。由测不准原理和概率解释揭示出微观领域中决定论的失效，引发了所谓"上帝"在创造宇宙时是否"掷骰子"的争论。自然科学和哲学其实形成了相互支撑的关系。具体理论中所蕴含的对自然界的整体认识需要在哲学层面上进行分析和总结，同时，这种有关自然界的整体性认识又会作为一般性的认识指导科学的具体研究。

在哲学层面我们形成的对自然界的总体认识，对实际的自然科学研究是有帮助的。不难看出，爱因斯坦在完成相对论的创立、量子论的奠基后转向大统一理论的研究，与他相信自然界是和谐、统一的哲学观念之间相关联。哲学层面关于自然界的总体认识指导科学研究的具体实践，不仅是可行的，而且是必要的。

苏联自然科学哲学问题的研究在自然科学的各个领域全面展开。格雷厄姆曾经总结道："除了遗传学这个领域（在这个领域里，直到李森科最后被打倒时为止，争论问题一直停留在一种非常原始的水平上）之外，苏联国内的许多讨论都包含了种种真正有关哲学解释的问题。在物理科学方面，这种问题包括了因果关系问题、观察者在测量时的作用、互补性概念、空间和时间的性质、宇宙的起源和结构、模型在科学解释中的作用。在生物科学方面，有关的问题包括了生命起源的问题、进化的性质以及关于还原论的问题。在生理学和心理学方面，关于意识的性质、决定论和自由意志的问题、心-身问题以及把唯物主义作为研究心理学的方法是否合适的问题，曾经进行过讨论。在控制论方面，问题涉及了信息的性质、控制论方法的普遍性，以及电子计算机的潜力。以上列举的问题并不是在苏联关于科学哲学的讨论中出现的全部问题，虽然在本书的以下各章节里注意力集中在这些问题上。"[1]

---

① L. R. 格雷厄姆. 1978. 苏联国内的科学和哲学（下）. 丘成，朱狄译. 世界哲学，（3）：69.

二、提供分析重要科学问题雄厚的理论资源

马克思主义指导下的苏联自然科学哲学问题研究力图概括总结自然科学的最新成就，这既是对马克思主义哲学的丰富发展，也对本国的自然科学研究产生了积极的影响。美国学者格雷厄姆曾经总结过："我的结论是，即使成就卓著的苏联科学，包括像物理学这样的'硬'科学，都打上了马克思主义哲学的印记，这是一个很难让西方科学家接受的结论。"① 对于苏联自然科学哲学对苏联自然科学的影响，格雷厄姆也是西方少有的持肯定态度的学者之一，他指出："显而易见，人（不管是在苏联还是在别的地方）如果不提出哲学的各种普遍性体系都试图回答的那种种根本问题，是永远也不会感到心满意足的。辩证唯物主义就是这些哲学体系之一。假如我们承认就事物（人是事物的一部分）的本性提出一些根本问题来是有道理的，那么，辩证唯物主义所代表的（着重科学的、合理的、唯物主义的）方法，就有一些自以为优越于那些有采用价值的、与它相抗衡的各种普遍性思想体系的权利，对于这些权利，人们怀着敬意予以承认是合适的。"②

当然，先进的哲学对自然科学的指导主要表现在其启发的意义上。格雷厄姆公允地指出，苏联科学家宣称辩证唯物主义对他们的科学工作有积极的影响并非都是出于政治宣传的需要，现在有许多事实证明，真正有才能并且取得了成就的苏联知识分子，当时就发现对自然界作历史的辩证的唯物主义解释从思想根据方面看是有说服力的。施密特、阿戈尔、谢姆科夫斯基、谢列勃罗夫斯基、奥巴林、维果茨基和鲁宾施坦都是杰出的苏联学者的例子，他们在他们被要求发表声明说马克思主义同他们的研究工作有关联以前，就以不同的方式清楚地说明了他们认为马克思主义和他们的工作是有关联的。这些人所关心的首先是科学，政治是其次③。

当然，苏联的科学发展不能回避其历史教训。表现在三方面：第一，只承认马克思主义哲学对自然科学的指导是有意义的，如果受到其他非马克思主义哲学的影响，大多会被冠以资产阶级科学的头衔而受到批判。如物理学领域对

---

① Graham L R. 1987. Science, Philosophy and Human Behavior in the Soviet Union. New York：Columbia University Press：xi.

② L. R. 格雷厄姆. 1978. 苏联国内的科学和哲学（上）. 丘成，朱狄译. 世界哲学，（2）：50.

③ L. R. 格雷厄姆. 1978. 苏联国内的科学和哲学（下）. 丘成，朱狄译. 世界哲学，（3）：67.

相对论的批判、化学领域对共振论的批判等。第二，将马克思主义哲学对科学的指导意义变成实际的"领导"，更有甚者打着马克思主义的旗号粗暴地干涉科学。第三，将马克思主义与集中的政治权力结合，以政治手段来决定科学（也包括科学家）的命运。对于这一问题，我们的分析不能流于简单化。一方面，苏联科学家常常对他们的哲学家提出批评，对哲学家在科学领域里的"指手画脚"表现出不满和抵制。但另一方面，我们应该看到，苏联科学在某一领域、某一方面的"悲剧"并不是哲学指导科学导致的。用格雷厄姆的话来说，尽管苏联的科学家常常向苏联的哲学家提出他们应得的批评，但是那些苏联哲学家有时也对那些讨论做出了真正的贡献。值得注意的是：在 20 世纪 40 年代后期和 50 年代初期对苏联的科学构成最严重威胁的，倒并不是像人们所经常认为的那样来自专业的哲学家，而是来自那些企图博得斯大林宠爱的蹩脚科学家。这些人包括遗传学方面的李森科、化学方面的切林采夫、物理学方面的马克西莫夫和施泰因曼，以及细胞学方面的勃柏辛斯卡娅。每当政治情况许可的时候，科学家和哲学家双方总是批判这些人。在意识形态侵犯科学的最糟糕时期里所进行的斗争，根本就不是哲学家和科学家之间的斗争。那是一场双方都横越各自学术界线的、以真正的学者为一方而以愚昧无知的野心家和那些在思想问题上狂热的人为另一方展开的斗争 ①。尽管这方面的教训不可谓不深刻，但马克思主义对苏联国家、苏联科学的积极作用不能因此而被否定。

　　唯物辩证法在指导科学研究方面具有积极作用。唯物辩证法在指导科学研究方面的作用不是直接的，更多的是作为一种方法论和思维方式对科学家的科学研究产生影响。唯物辩证法的功能不是发现，而是助发现。我们不能强求找出事实方面的论证，指出科学的某项重大发现是直接来源于唯物辩证法。实际上，科学家作出某种发现的原因十分复杂，科学研究的成功往往是多种因素共同作用而成的。如果要单独厘清唯物辩证法在科学家科学研究中的作用将是一项十分复杂的工作。这种分析可以通过三个途径来完成，一是分析唯物辩证法和科学的关系，二是分析唯物辩证法对苏联的科学研究和科学家提供过什么样的帮助，三是苏联科学家自己的态度。苏联学者对唯物辩证法和科学的关系有过相当充分的论述，除此之外，美国学者格雷厄姆也对此作出过肯定的说明，他指出，"辩证唯物主义在苏联发挥的最重大的作用，来源于这种主义的概念的丰富内容以及这种主义与当前科学理论的密切联系。虽然作为一个思想体系，

① L. R. 格雷厄姆. 1978. 苏联国内的科学和哲学（下）. 丘成，朱狄译. 世界哲学，（3）：69.

这种主义对于科学家的工作并没有立竿见影的实用价值（实际上，把这种主义变成了教条，它在某几种情况下一直是一种严重的障碍；虽然它在另外一些情况下可能有过间接的帮助），但是，它确实具有重要的教育价值和启发价值"①。对于第二种途径，即唯物辩证法对科学研究的帮助作用，格雷厄姆指出，"一种可以批评并且讨论的、精致的唯物主义（辩证唯物主义将来可能有一天会变成这种主义的一个准确形式），是对科学家可能有用的一种哲学观点。当科学家的研究接近知识的最远界限，即思辨必然发挥最大作用的领域的时候，接近广大无边的东西、无限的东西或者存在形态的起源或本质的时候，这种主义对他就最有用"②。

　　当然，唯物辩证法对于苏联的科学研究是否有用，苏联科学家自己的看法和态度是最为主要的。苏联时期，有关这方面的文献汗牛充栋，苏联科学家十分肯定唯物辩证法对他们科学工作的积极作用和影响。但我们需要对这些文献做历史的分析，在苏联特定的历史条件下，所发表的文章不可避免地有迎合政治需要的牵强之举。对此，格雷厄姆以旁观者的视角给出了自己的判断，他指出，"我深信，有相当多杰出的苏联科学家是认为辩证唯物主义是研究自然界的一种有用的方法的。他们曾经考察了其他国家和时期的哲学家和科学家也考察过的、关于对自然界解释的许多同样的问题，而且，他们已经慢慢地发展了一种自然哲学并且使其趋于完善，这种哲学，即使将来得不到苏联共产党的支持，也很可能继续存在下去并且向前发展。它是一种同科学本身有非常密切联系的自然哲学，而且，它现在主要靠科学而不是靠苏联共产党的意识形态来供给养料"③。

　　之所以一再引用格雷厄姆的评价，是因为从总体上看，西方学者对这一问题缺乏完整、公允且合理的评价。主要表现在一是片面，二是混淆。由于多方面的原因，西方学者对苏联科学缺乏全面的了解，他们的视野是局部的，把观察的目光仅仅盯在李森科等事件上，并将其视为苏联科学最有代表性的事件，使他们的分析出现极大的片面性。同时，他们还将唯物辩证法指导科学的研究与政治"干涉"科学混为一谈。苏联的科学发展要保证三个方面的要求：科学的正确性、哲学的正统性和意识形态的纯洁性。如果这三方面的要求不能同时达到，就有个谁让步的问题。的确，我们可以在苏联的科学史中找出大量的案例，足以说明在苏联的特定时期，为了保证哲学的正统性和意识形态的纯洁性

① L. R. 格雷厄姆. 1978. 苏联国内的科学和哲学（下）. 丘成，朱狄译. 世界哲学，（3）: 70.
② L. R. 格雷厄姆. 1978. 苏联国内的科学和哲学（下）. 丘成，朱狄译. 世界哲学，（3）: 71.
③ L. R. 格雷厄姆. 1978. 苏联国内的科学和哲学（下）. 丘成，朱狄译. 世界哲学，（3）: 71.

而迫使科学"让步"。在保证哲学正统性的名义下的科学"让步",看到的不是哲学"指导"科学,而是"指挥"科学;在保证意识形态纯洁性的目的下的科学"让步",看到的不是政治对科学的保障而是干涉。为了保证哲学的正统性,苏联科学界开展了反对唯心主义运动;为了保证意识形态的纯洁性,苏联科学界开展了反对世界主义运动。那场使苏联的生物学,尤其是遗传学惨遭灭顶之灾的李森科事件,能够在反科学的前提之下大行其道,则是因为李森科"被当局认定为是反对唯心主义和世界主义的样板"①。在苏联科学界,保证哲学的正统性往往是实现意识形态纯洁性的必要手段,因此,科学发展中哲学正统性的保证也体现出某种政治需求。科学和哲学的关系在某种程度上就是科学和政治的关系。理解了这一点,也就理解了苏联科学,也能够在更深层次上理解苏联科学界反对唯心主义和世界主义的根源。

苏联科学与哲学、与政治的关系要做具体的分析,要深刻地分析其根源,不能简单化、表面化。以苏联物理学的发展为例。20世纪以来,在理论自然科学领域发展最快的当属物理学,物理学是20世纪当之无愧的带头学科。20世纪初期建立的相对论和量子论不仅是理论物理学的基础,也是整个自然科学的基础。相对论通过建立起时间与运动、空间与运动、时间与空间的关系,为哲学领域对时空、运动等的思考提供了新的认识基础。量子论则触及微观领域中必然性、因果关系等哲学话题。可以说,这些成果的哲学思考在自然科学哲学问题中居于基础和核心的地位。对于物理学领域中提供的这些最新成就,苏联哲学界都积极地予以回应。一些理论受到批判,也与当时苏联国内的实用主义倾向有一定的关系。相对论和量子力学在哲学上成为攻击的目标,与"太抽象,根本不具备实用价值"有很大的关系。而当这些理论成为原子核物理学及其实践应用的理论基础和研究手段时,就"能够顶住来自意识形态方面的压力,成功地捍卫相对论、量子力学和物理学"②。

三、推动马克思主义哲学的研究发展

苏联时期,马克思主义哲学作为国家的社会意识形态,成为唯一合法的哲

① 弗拉基米尔·柯萨诺夫,弗拉基米尔·维希金. 2004. 意识形态与核武器——苏联理论物理学的艰难岁月. 科学文化评论,(1): 79.

② 弗拉基米尔·柯萨诺夫,弗拉基米尔·维希金. 2004. 意识形态与核武器——苏联理论物理学的艰难岁月. 科学文化评论,(1): 83.

学。从积极的意义上讲，这种唯一性使马克思主义哲学的研究得到极大的发展。首先，从来源看，马克思主义哲学并不脱离世界哲学。马克思主义哲学辩证地汲取了世界哲学的优秀成果，如康德知识范畴的综合的观点、黑格尔先验的认识论形式的具体-历史特点的学说、认识论的社会本质和行为特点的观点等。这些合理的认识均被马克思主义哲学所吸收、同化到自身的理论中。其次，从发展道路上来说，马克思主义哲学的发展也未脱离世界哲学发展的轨道，汲取了德国古典哲学精华的马克思主义哲学为科学哲学的研究提供了重要前提。因此，"对于国内的方法论专家而言，作为原初的元方法论前提表现为一种确信，确信它起源于康德的认识论，任何希望成为具有普遍意义的知识都能事先进行合理的处理，也就是在这一过程中要使用思维的范畴工具"[1]。尽管将马克思主义哲学作为唯一合法的哲学也带来了消极的方面，即忽视对非马克思主义哲学的研究和将马克思主义哲学教条化，苏联的研究者"只是对那些有利于马克思主义哲学发展、对马克思主义哲学有贡献的课题进行研究，对非马克思主义哲学研究不够"[2]。但"过去的哲学还是真正的哲学，在自然辩证法、科学哲学方面，我们的学者超过了西方学者"[3]。

20 世纪 60 年代，苏联科学院哲学研究所出版了一套丛书"辩证唯物主义与现代自然科学"，70 年代又出版丛书"唯物辩证法——现代自然科学的逻辑与方法论"。这两套丛书虽然不能代表苏联科学哲学的全部，却能够反映出苏联的研究与唯物辩证法的关联。

在马姆丘尔看来，苏联科学哲学的理论优势来源于他们是在辩证唯物主义的理论框架内从事研究的。辩证唯物主义的理论优势表现在两方面，一是辩证唯物主义本身所包含的发展的思想，二是辩证唯物主义辩证地吸取了德国古典哲学的合理理论，使之成为分析科学问题的雄厚且不可或缺的重要理论资源。有了这种理论资源，苏联的学者就不用去寻找或重新建立研究的理论基础。反倒是西方的研究者，因为没有主动意识到这一点，所以他们解决问题的方法和策略总是苍白无力。"辩证唯物主义传统是国内研究的基本点，苏联的方法论专家正是在这样的框架内工作的。这里有正确的一面：辩证唯物主义传统本身带有发展的思想，认为该观点适合于作为发展过程的任何现象，其中包括认识现

---

① Мамчур Е А, Овчинников Н Ф, Огурцов А П. 1997. Отечественная философия науки：Предварительные итоги. Москва：РОССПЭН：255-256.

② В. 斯杰宾. 1994. 转向时期的俄罗斯哲学. 李尚德译. 哲学译丛，（1）：76.

③ В. 斯杰宾. 1994. 转向时期的俄罗斯哲学. 李尚德译. 哲学译丛，（1）：76.

象。此外，不能忘记在辩证唯物主义认识论中包含的不只是这一哲学学说所特有的一系列观点，因为它们是被马克思主义所同化的——来自先前的，主要是德国古典哲学的马克思主义。属于德国古典哲学的有康德知识范畴的综合的观点、黑格尔先验的认识论形式的具体-历史特点的学说、认识论的社会本质和行为特点的观点等。这种认识论前提保证了我国的方法论专家不用去寻找，比如说，那种所谓的'如实照录的句子'——知识要素，理论的带入被剥夺的同时，知识要素成为科学知识的建构和论证方面的可靠基础。"①

第三节　推进中国科学哲学的本土化研究

科学哲学比较研究意义的第三方面是推进中国科学哲学的本土化研究。科学哲学的比较研究对于我国来说，一方面，充分了解世界各国科学哲学的发展，能够为我们提供更加丰富的理论资源。另一方面，从俄苏科学哲学的发展中获取重要的思想启示，能够加强我们对马克思主义科学哲学的理论自信，进而推进中国科学哲学的整体发展。

一、寻找更加丰富的理论资源：欧洲发展科学哲学的启示

麦卡利斯特指出，世界范围内各国科学哲学的研究并没有在科学哲学的研究中占据应有的地位和份额。从目前所能搜集到的反映世界各国科学哲学发展状况的文章数量上也能印证这一判断。这些文章主要来自《一般科学哲学杂志》（*Journal for General Philosophy of Science*）期刊组织连载的 "二十年以后" 系列报告。尼尼鲁托（Niniluoto，Ilkka）撰写《芬兰科学哲学：1970—1990》（*Philosophy of Science in Finland：1970—1990*），文章对 1970—1990 年二十年芬兰的科学哲学发展进行了回顾。主要内容包括：芬兰科学哲学研究的背景；研究的主要领域——归纳逻辑、概率、似真性、科学理论的结构和科学动力学、科学实在论、解释和行为、特殊学科的基础；以及科学研究的文化影响；等

---

① Мамчур Е А, Овчинников Н Ф, Огурцов А П. 1997. Отечественная философия науки: Предварительные итоги. Москьа: РОССПЭН: 255.

等。[①]乌伊拉基（Ujlaki，Gabriella）发表文章《匈牙利的科学哲学》（*Philosophy of Science in Hungary*），对 1973 年以来匈牙利科学哲学的发展给予了总结。分析了 20 世纪 60 年代后期和 70 年代政治环境下匈牙利哲学的发展历程。从 1973 年少为人知的"哲学家的迫害"谈起，并将其视为科学哲学出现的最典型的标志。由于匈牙利科学哲学基本上来自翻译和接受西方科学哲学的重要成就（如维特根斯坦、波普尔、库恩或波兰尼），因此，文章对哲学成就仅给出了相应的评价。文章的最后一部分对年轻一代的科学哲学工作者的工作给予了总结。[②]巴罗塔（Barrotta，Pierluigi）在其所写的《当代意大利科学哲学：概况》（*Contemporary Philosophy of Science in Italy：An Overview*）中分析了当代意大利科学哲学中一些研究主题的发展。文章讨论了 5 个方面的问题：一是新实证主义的遗产及其争论；二是波普尔哲学的传播，重点在归纳问题的辩护；三是讨论围绕不可通约性的争论；四是科学的历史学研究和认识论研究之间的关系；最后一部分则关注意大利科学哲学的最近趋势——恢复亚里士多德的辩证法。[③]戈切特（Gochet，Paul）在《比利时科学哲学的最近趋势》（*Recent Trends in Philosophy of Science in Belgium*）中介绍总结了比利时哲学家在数学哲学和物理学哲学领域中的最重要贡献。结果表明，大多数比利时科学哲学家对实际的科学和科学活动的合理性说明的兴趣，远大于对科学的理想图景进行描述。比利时科学哲学的思想框架受到在比利时的实证主义的广大忠诚者的影响，包括皮亚杰的发生认识论。论文还讨论了佩雷尔曼（Perelman）教授在新修辞学方面的杰出思想。[④]麦考利斯特在名为《荷兰科学哲学》（*Philosophy of Science in the Netherlands*）的文章中介绍道，在荷兰，科学哲学的发展条件不是最优的。荷兰的哲学"气候"对于科学来说并不有利，这部分是因为神学的影响。荷兰大学的研究生课程中也没有科学哲学。荷兰科学哲学的研究主要是外来的影响，翻译其他国家的研究成果和评价多于发展自己的理论。尽管如此，荷兰还是在一定程度上开展了科学哲学的研究，他们致力于各门自然科学的基础研究，在科学逻辑、科学史和科学社会学等方面也有杰出的工作。他们总结了荷兰大学

① Niniluoto I. 1993. Philosophy of science in Finland：1970—1990. Journal for General Philosophy of Science，（24）：147.

② Ujlaki G. 1994. Philosophy of science in Hungary. Journal for General Philosophy of Science，（25）：157.

③ Barrotta P. 1998. Contemporary philosophy of science in italy：an overview. Journal for General Philosophy of Science，（29）：327.

④ Gochet P. 1975. Recent trends in philosophy of science in Belgium. Journal for General Philosophy of Science，（6）：145.

的科学哲学研究、荷兰科学哲学研究领域、荷兰科学哲学对科学基础研究、主要研究著作以及科学哲学的相邻研究领域。[①]文森特（Vincent，Bernadette Bensaude）在《法国科学哲学中的化学：迪昂、梅耶森、梅茨格和巴什拉》(*Chemistry in the French Tradition of Philosophy of Science*：*Duhem*、*Meyerson*、*Metzger and Bachelard*）一文中提到，20 世纪的科学哲学几乎完全忽略了化学。作者在文中指出，对化学的关注帮助了法国学者对有关科学方法的目标和基础的哲学思考。尽管在迪昂、梅耶森（Meyerson）、梅茨格（Metzger）和巴什拉（Bachelard）之间存在哲学分歧，但他们对化学的共同兴趣决定了科学哲学传统的一致性。法国的科学哲学家与传统的分析哲学家形成鲜明的对比，认为科学史是理解人的智力或科学精神的必要基础。这种对历史事实的不断发问引发了一场关于化学革命的激烈争论，它带来了对科学革命本质问题的关注。法国传统的突出特征是，物质理论是科学的表征方式中最受欢迎的主题。基于物质理论的讨论，迪昂、梅耶森、梅茨格和巴什拉发展了他们对科学方法和目标的大多数观点。同样，对历史的关注也是由 19 世纪后期的原子理论所引发的。[②]

20 世纪以来，受全球化进程和科学技术进步的影响，欧洲科学哲学发展的历史语境发生了重大的转换，欧洲科学哲学的研究也呈现出新的特点。目前的欧洲科学哲学仍保持着基础雄厚、传统延续、主题鲜明的研究优势，同时也面临着自身的发展困境。摆脱这种困境的路径在于重新定位欧洲科学哲学的发展目标并积极结合自身的历史与文化优势开展有个性的科学哲学研究。

（一）欧洲科学哲学发展的语境转换

欧洲科学哲学发展的语境转换，其外在原因是全球化的历史进程和科学技术的进步。其内在原因在于英美科学哲学范式的形成以及科学哲学在传统分析哲学框架内所遭遇的发展困境。

全球化时代各种思想成果、思潮交叉涌动，相互影响，形成的总体趋势席卷世界的每一个角落。裹挟而来的各种思潮打乱了传统与现实的历史逻辑，瓦解着非主流文化。当今的欧洲科学哲学从地域上讲，已不再是世界的研究中心。从理论自身的发展来看，原有的发展脉络不断被新的思想所打乱，发展的

---

① Mcallister J W. 1997. Philosophy of science in the Netherlands. International Studies in the Philosophy of Science, 11（2）：191.

② Vincent B B. 2005. Chemistry in the French tradition of philosophy of science：Duhem, Meyerson, Metzger and Bachelard. Studies in History and Philosophy of Science,（36）：627.

主线不再清晰，呈现出多路径并行发展的趋势。20 世纪以来的科学进步，更使得作为科学哲学研究对象的科学由"单纯"走向"复杂"。今天对科学的研究必须有整体论的视角。科学的发展不再是认识论领域的"清纯"问题，而是走出分析哲学的视域之外，广泛地进行社会与文化的分析，使传统认识论基础上的研究由核心走向边缘。对科学基础的逻辑分析被更多的"实用性"研究所替代。对此，夏皮尔曾有很好的概括，他明确指出，科学不仅仅是理性的逻辑知识系统，更是一种事业。科学既是知识成果，也是探求知识的活动。而且，科学知识的获得正是通过探索求知的活动实现的。

20 世纪中期以来，美国作为世界霸主，带来了英语文化的强势。第二次世界大战以后，科学哲学的中心转移到美国，获得了长足的发展。全球化更是带来了如人类学、逻辑学，也包括科学哲学在内的这些领域的一致性认知。以致在科学哲学领域中，"世界各地的众多研究者都认为以美国为基础的科学哲学学会（PSA）是这一学科最权威的论坛"①。

传统分析哲学框架内的科学哲学发展遭遇困境。20 世纪科学技术的快速发展，带来了很多新的变化。科学已不再是仅仅从逻辑的角度就能给予说明的对象。科学技术与社会的一体化发展，使得我们在关注科学时，难以将科学从技术与社会及其社会文化中完全剥离出来，科学已不再仅仅是认知行为。在科学、技术与社会的发展中对文化的依赖日益加深，导致传统科学哲学的领域无法容纳这些相关的研究，走向发展的困境。

欧洲科学哲学发展的语境变化，自然给欧洲科学哲学的研究带来艰难而深刻的改变，这种改变包括三方面：研究平台、研究内容和研究目标。

首先是研究平台的改变。进入 21 世纪，欧洲科学哲学发展中值得一提的是欧洲科学哲学学会的建立。欧洲科学哲学学会成立于 2006 年，目的是汇聚来自整个欧洲和世界其他区域的科学哲学研究，促进专业团体和研究者的合作与交流。其目标是推进欧洲科学哲学的发展。②欧洲科学哲学学会在维也纳首次建立了策划指导委员会，提出的倡议是："未来欧洲范围内的这一机构将在合作研究方面起到突出的作用，主持讨论，评价成果，分配科学哲学基金，从而为本学科提供一个平台和模式以取代美国和其他国家所建立的那些组织。"③该机构组

---

① McAllister J W. 2008. Contours of a European philosophy of science. International Studies in Philosophy of Science, 22（1）: 1.

② http://www. epsa. ac. at［2017-06-15］.

③ McAllister J W. 2008. Contours of a European philosophy of science. International Studies in Philosophy of Science, 22（1）: 1.

织的五次会议对欧洲科学哲学的发展具有重大的意义，推进和加强了科学共同
体的合作，为欧洲的科学哲学研究提供了重要的平台。欧洲科学哲学学会瞩目
的工作是举行两年一度的欧洲科学哲学大会，截至 2017 年，会议已成功举行了
6 届。第一届于 2007 年 11 月在马德里召开，第二届于 2009 年 10 月在荷兰的阿
姆斯特丹召开，第三届于 2011 年 10 月在雅典召开，第四届、第五届会议分别
在赫尔辛基（2013 年）和德国的杜塞尔多夫（2015 年）召开，第六届会议于
2017 年 9 月 6 日到 9 月 9 日在英国的埃克塞特举行。鉴于此，有学者评价"以
欧洲科学哲学学会为标志，科学哲学的欧洲时代已经来临"[1]。欧洲科学哲学学
会还定期出版杂志《欧洲科学哲学》。

第一届欧洲科学哲学大会于 2007 年 11 月 15—17 日在马德里孔普卢顿大学
召开。会议设 5 个主题：一般哲学和科学方法论，自然科学哲学，社会科学哲
学，科学哲学的形式化方法以及科学哲学的历史、社会与文化研究。[2]

大会安排了三个报告，来自法国的安娜·法格特·洛格特（Largeault，
Anne Fagot）做了题为《科学哲学的风格》（*Styles in the Philosophy of Science*）
的报告，她指出当前科学哲学实践中有三种不同风格的研究：分析科学哲学、
形式化方法和历史认识论。她认为有必要加强这三种研究的互动。来自赫尔辛
基大学的尼尼鲁托在题为《理论改变，似真性和信念转换》（*Theory-Change，
Truthlikeness and Belief-Revision*）的报告中，通过似真性概念对科学知识的演变
进行说明。来自斯坦福大学的米切尔·弗里德曼（Friedman，Michael）在闭
幕式大会上的发言题目为《爱因斯坦、康德和先验性》（*Einstein，Kant and A
Priori*），讨论了物理学史，尤其是时空理论中先验原则的作用。[3]

对于此次大会的意义，主要还是建制上的。进入 21 世纪以来科学哲学的发
展进入了一个新的时期。社会的发展、全球化浪潮的波及，使科学、社会、文
化的已有状态发生深刻的改变。科学哲学开始回应这种社会的变化，从狭窄的
认识论领域向广阔的社会和文化空间渗透。科学哲学的发展理应在此方向有所
推进。因此，欧洲科学哲学学会以及召开的这次会议起到了 3 个方面的历史作
用。第一，集合队伍，聚焦主题。此次会议对欧洲地域的科学哲学研究是一次

① Regt H . 2009. EPSA09: Second Conference of the European Philosophy of Science Association. Journal for
General Philosophy of Science，（2）: 379.

② http://www. epsa. ac. at［2017-06-15］.

③ Psillos S，Suárez M. 2008. First Conference of the European Philosophy of Science Association. Journal for General
Philosophy of Science, 39（1）: 158.

有力的召集，3 天的会议围绕相关主题进行了较为集中的讨论，会议的重要议题也影响了欧洲科学哲学的未来研究。第二，提供研究和交流的平台。每 2 年一次的会议成为欧洲科学哲学工作者进行讨论和交流的重要阵地，是了解欧洲科学哲学的主要窗口。第三，提供组织、建制上的保证。

第二届欧洲科学哲学大会在 8 个方面征集论文和专题讨论会：一般科学哲学，物理学哲学，生命科学哲学，认知科学哲学，社会科学哲学，应用科学哲学，科学哲学的形式化研究，科学哲学的历史、社会与文化研究。

第二届大会的意义在于两方面：继续完善建制，谋划未来方向。会议期间，欧洲科学哲学学会选举了新的指导委员会，来自维也纳的弗里德里希·斯塔德勒（Stadler，Friedrich）当选主席，增设来自马德里的毛里西奥·苏亚雷斯（Suarez，Mauricio）为副主席。此外，这次会议的最大亮点是设立了一个圆桌会议讨论"欧洲科学哲学：过去、现在和未来"（Philosophy of Science in Europe：Past，Present and Future），重点讨论了欧洲科学哲学未来发展的理念和目标。①

第三届大会于 2011 年 10 月 5—8 日在希腊雅典举行。会议的主题仍为 8 个，保留了第二届会议的 7 个主题，对 1 个主题作了调整，将"应用科学哲学"改为"技术哲学和应用科学哲学"。这一变化突出了对技术哲学这一新的领域的重视和强调。特邀来自伦敦政治经济学院的南希·卡特赖特（Cartwright，Nancy）教授、斯坦福大学的海伦·朗基诺（Longino，Helen）教授和巴黎中欧大学的丹·斯波伯（Sperber，Dan）教授做会议报告。②2013 年 8 月 28—31 日在芬兰赫尔辛基大学召开了第四届会议。会议延续了第三届会议的主题，未做改变。欧洲科学哲学的第五届大会于 2015 年 9 月 23—26 日在德国杜塞尔多夫的海涅大学举行。会议主题有 7 个：一般科学哲学，自然科学哲学，生命科学哲学，认知科学哲学，社会科学哲学，科学哲学的形式化研究，科学哲学的历史、社会与文化研究。技术哲学和应用科学哲学未被列入，在某种程度上更加强调了科学哲学分析的特色。③

其次是研究内容的改变。我们可以从 21 世纪欧洲召开的历届科学哲学大

---

① Regt H. 2009. EPSA09：Second Conference of the European Philosophy of Science Association. Journal for General Philosophy of Science，（2）：382.

② 3rd Conference of the European Philosophy of Science Association. http://epsa11. phs. uoa. gr/index. files/Page388. htm［2017-06-15］.

③ http://philsci. eu/epsa15_cfp［2017-06-15］.

会来分析这种变化。第一届欧洲科学哲学大会设有 5 个主题：一般哲学和科学方法论，自然科学哲学，社会科学哲学，科学哲学的形式化方法以及科学哲学的历史、社会与文化研究，覆盖的是科学哲学的主要领域。[①]第二届欧洲科学哲学大会增加了应用科学哲学的主题，虽未收到相关论文，但已经拓展了相关研究，关注到应用科学的领域。[②]第三届大会将"应用科学哲学"改为"技术哲学和应用科学哲学"。这一变化突出了对技术哲学这一新的领域的重视和强调。[③]从第四届、第五届会议的主题看，欧洲的科学哲学已经接受并正在积极回应美国引领下的科学哲学的新"范式"。从研究内容上已经承认这种变化，虽然从论文数量的集中程度看，大多还处于"留守"与"挣脱"的张力矛盾中，传统分析哲学基础上的研究惯性仍在持续。但也能够从中看到，他们正在力图将自己的研究融入新的"范式"框架中。

最后是研究目标的改变。研究"范式"的转换必然带来研究目标的改变。21 世纪欧洲科学哲学发展的目标是，发挥传统优势，融入新"范式"并建立有个性特点的"欧洲的"科学哲学。目标决定着欧洲科学哲学的未来走向，对此，本书将在下面予以重点讨论。

（二）欧洲科学哲学发展的优势与困境

第一，研究主题相对稳定但少有特色。从 21 世纪已经举行的六届会议来看，会议主题大多保持了相对的稳定，主要集中在一般科学哲学，自然科学哲学（物理学哲学、生命科学哲学），社会科学哲学，科学哲学的形式化研究以及科学哲学的历史、社会与文化研究。从其集中的领域看，一方面承继了欧洲传统科学哲学的研究，坚持了分析哲学的传统；另一方面，也体现了 21 世纪以来科学哲学研究的新变化，如社会科学哲学和科学哲学的历史、社会与文化研究。相比之下，技术哲学和应用科学哲学所占比重较小，第一届、第五届会议未做主题列入，第二届会议虽列入主题，但未收到 1 篇相关研究论文。在这届会议上，来自德国比勒费尔德大学的马丁·凯瑞尔（Carrier, Martin）的一个题为《知识、政治和商业化：实践压力下的科学》（*Knowledge, Politics, and*

---

① http://www.epsa.ac.at［2017-06-15］.

② Regt H . 2009. EPSA09: Second Conference of the European Philosophy of Science Association. Journal for General Philosophy of Science, (2): 382.

③ 3rd Conference of the European Philosophy of Science Association. http://epsa11. phs. uoa. gr/index. files/Page388. htm［2017-06-15］.

Commercialization：*Science Under the Pressure of Practice*）的特邀报告似乎能够解释其原因。在他看来，欧洲的科学哲学工作者对实践领域中的两个导向深感忧虑，一是应用目标，二是商业化研究，认为这会给研究带来过于宽松的方法论标准。对此，马丁·凯瑞尔也承认，以应用为导向的科学，其目标是外在决定的。但他同时也指出，这种担心是没有根据的，"没有迹象表明，以应用为驱动的科学，其方法论标准劣于所谓的'认知研究'"①。

从相关研究看，欧洲科学哲学保持着较为浓厚的分析传统，其兴趣领域也主要植根于其历史资源。2000—2003 年，欧洲科学基金会网站"欧洲科学哲学的历史和当代透视"（Historical and Contemporary Perspectives of Philosophy of Science in Europe）所举行的"关于自然科学和社会科学中的实验、归纳和演绎、规律和模式之类的主题的研讨，显然没有表明任何欧洲独有的题材或进路"②。对于欧洲科学哲学这种历史资源要从两方面看。一方面，欧洲科学哲学要想有真正意义上的进步，必须在理论研究上有自己独特的贡献。从这个意义上，欧洲科学哲学的传统资源是其主要的思想基础。另一方面，欧洲科学哲学又不能固守于此而不思变化。欧洲科学哲学的未来发展一定会从自身传统起始。从内部看会经历必要的结构重组和主题转换，为理论创新寻求突破点。从外部看，必须能够适应当代科学与社会的变化。

第二，研究传统相对稳定，少有变化。2014 年，维也纳学派研究所年鉴第 17 卷的主题为欧洲科学哲学，题目为《欧洲科学哲学与维也纳传统》（*Philosophy of Science in Europe and the Viennese Heritage*）。年鉴收集了反映当代欧洲科学哲学研究的有代表性的 23 篇文章，较为完整地体现了研究全貌。主要文章的题目如下：《从维也纳学派到维也纳学派研究所：当代科学哲学的维也纳传统》（*From the Vienna Circle to the Institute Vienna Circle*：*On the Viennese Legacy in Contemporary Philosophy of Science*），《实质性的问题？加斯顿·巴彻拉德关于化学哲学经验》（*A Matter of Substance? Gaston Bachelard on Chemistry's Philosophical Lessons*），《卡尔纳普的建构和物理主义：心理和身体的"相互还原性"意味着什么？》（*Carnap's Aufbau and Physicalism*：*What Does the "Mutual Reducibility" of Psychological and Physical Objects Amount to?*），《论神经科学与哲

① Regt H. 2009. EPSA09：Second Conference of the European Philosophy of Science Association. Journal for General Philosophy of Science，（2）：382.

② McAllister J W. 2008. Contours of a European Philosophy of Science. International Studies in Philosophy of Science，22（1）：1.

学的联系：睡眠与做梦的案例》(*On the Relationship Between Neuroscience and Philosophy：The Case of Sleep and Dreaming*),《三十年代的（反）形而上学：为什么现在还有人关心？》[(*Anti-*) *Metaphysics in the Thirties：And Why Should Anyone Care Now?*],《概率论认识论：欧洲传统》(*Probabilistic Epistemology：A European Tradition*),《数学和经验》(*Mathematics and Experience*),《哥德尔和卡尔纳普：柏拉图主义与传统主义的对立？》(*Gödel and Carnap. Platonism Versus Conventionalism?*),《维也纳学派论决定论》(*Vienna Circle on Determinism*),《逻辑经验主义和科学实在论相容吗？》(*Is Logical Empiricism Compatible with Scientific Realism?*),《科学统一有前途吗？》(*Does the Unity of Science have a Future?*) 等。[①]从这些文章所关注的主题看，能够看出这些研究仍在力图保留维也纳学派研究的传统风格。除了仍然较少地介入社会历史维度的研究外，对当代科学哲学的新变化回应不多，技术哲学等相关研究更是极少涉猎。

第三，独立风格渐失、有待重建。从总体上看，欧洲科学哲学未超出当今英美科学哲学的研究框架，同时缺少对应用科学哲学，尤其是技术哲学方面的研究，在有关科学社会学和人文科学的主题方面，也大大低于我们的期待。欧洲科学哲学还摇摆在已有的道路上，曾经的鲜明风格已悄然失去。无论从哪个意义上讲，是 20 世纪 30 年代的维也纳，还是广义地追溯到古希腊，科学哲学都诞生于欧洲，而且在欧洲经历过辉煌的发展，有着资深的传统。但是，从五届有影响的科学哲学大会来看，会议的主题整体上没有超出英美科学哲学的研究框架。而且，除会议之外，反映欧洲科学哲学研究成果的著作或论文，其主题对应用科学哲学的相关研究回应明显不足。

科学哲学的发展从总体上可以大致分成三个阶段。第一阶段，从维也纳学派到 20 世纪 60 年代中期，这一时期逻辑经验主义占据主要地位，并形成了科学哲学研究的分析传统。第二阶段始于 20 世纪 60 年代末，一直持续到 20 世纪 80 年代后半期。它带来了自然主义转向，针对逻辑经验主义科学图景过于远离科学的实践进行批判，研究重点由对理论的静态、逻辑的分析转向对科学的历史和社会结构的分析，引入了大量具体的案例研究。第三阶段开始于 20 世纪 80 年代后期，传统科学哲学的争论依然延续，但讨论更加复杂化。例如，被逻辑

① Galavotti M C, Nemeth E, Stadler F. 2014. European philosophy of science—Philosophy of Science in Europe and the Viennese Heritage. Dordrecht：Springer：v.

经验主义竭力剔除的形而上学问题重新回到了人们的视野。作为科学分支学科如物理学、生命科学等的哲学研究迅速发展。最明显的趋势是，分析哲学传统的科学哲学已经拓展到社会和文化的领域中，在社会和文化的视域中从事科学哲学的研究已是这一领域研究最瞩目的变化。遗憾的是，欧洲科学哲学的研究对此缺少应有的回应。

进入 21 世纪，欧洲科学哲学的进一步发展，将会期待欧洲科学哲学学会发挥更大的作用。其所组织的五届科学哲学会议基本上反映并代表着 21 世纪以来欧洲科学哲学的发展及其成就。"欧洲科学哲学真正成熟的标志，即自 2006 年起欧洲科学哲学工作者汇聚于欧洲科学哲学协会。"①

（三）面向21世纪的欧洲科学哲学

21 世纪欧洲科学哲学发展的目标是，发挥传统优势，融入新"范式"并建立有个性特点的"欧洲的"科学哲学。前两个是基础，有个性特点的欧洲的科学哲学是目的。德国康斯坦茨大学的沃尔特斯在《欧洲有哲学科学吗？唤醒和召唤》（*Is There a European Philosophy Science? A Wake-up Call*）一文中不无忧虑地指出，"当今欧洲科学哲学研究的一个不容乐观的问题是，是否还有欧洲的科学哲学"。在他看来，从建制上讲，欧洲终于有了自己的科学哲学学会，也定期出版研究期刊。但从研究的内容和形式来看，"尽管我们有些资质，回答依然是'不'"②。为此，第二届欧洲科学哲学大会专门设立了一个题为"欧洲科学哲学：过去、现在和未来"的圆桌会议，重点讨论欧洲科学哲学未来发展的理念和目标。③

一个多世纪以来，人类社会处在前所未有的大变化之中。21 世纪，这场由科技革命所导致的社会变革仍在持续之中，其规模之大、影响之广，实为罕见。进入 21 世纪，欧洲科学哲学提出的重归欧洲科学哲学传统的主张，既是向欧洲哲学、文化精神深处的回归，也是对当代科学哲学普遍性问题的现实回应。通过 21 世纪以来的几次国际性会议所展现的努力，可以看到，欧洲科学哲

---

① Galavotti M C，Nemeth E，Stadler F. 2014. European Philosophy of Science—Philosophy of Science in Europe and the Viennese Heritage. Dordrecht：Springer：379.

② Galavotti M C，Nemeth E，Stadler F. European Philosophy of Science—Philosophy of Science in Europe and the Viennese Heritage. Dordrecht：Springer：408.

③ Galavotti M C，Nemeth E，Stadler F. 2014. European Philosophy of Science—Philosophy of Science in Europe and the Viennese Heritage. Dordrecht：Springer：380.

学界正在寻找这种契机，对此我们应当给予应有的关注。石里克以降，百年之间，欧洲科学哲学有一个挥之不去的主题——科学基础的逻辑分析。从赖欣巴哈的《科学哲学的兴起》力图在逻辑分析的基础上建立科学的哲学的理论目标，到卡尔纳普、科恩（Cohen，L. J.）的归纳逻辑，甚至波普尔，均对此不遗余力。对科学的基础给予逻辑分析，这一主题成为传统欧洲科学哲学的核心。这是欧洲特殊的哲学语境和历史语境的产物，远非某一学派和某个人物的倡导所使然。

传统欧洲科学哲学最大的瓶颈在于脱离了科学发展的历史语境，因此，必须寻求认识论框架之外的路径。科学哲学研究主题的转换导致了科学哲学研究方式的变化。从社会历史学派开始有条件地把科学引入传统的领域之外，从哲学、社会、历史和文化等角度来观照科学。由此形成了两个新的维度，一是引入社会历史等因素来解释科学的发展，从社会历史学派走向后社会历史学派；二是由科学基础的逻辑分析转向科学合理性的研究。应该说，这两个维度不仅偏离了传统欧洲科学哲学的一贯研究，而且渐行渐远。

值得注意的是，21 世纪欧洲科学哲学的几届会议所释放出的信息表明，欧洲科学哲学界已经注意到发展自己独特的科学哲学的第三个维度——历史文化。在第一届欧洲科学哲学大会上，来自法国的安娜·法格特·洛格特做了题为《科学哲学的风格》的报告，她指出当前科学哲学实践中有三种不同风格的研究：分析科学哲学、形式化方法和历史认识论。她认为有必要加强这三种研究的互动，以发挥各自的研究优势。[1]从世界范围看，科学哲学发轫于欧洲。欧洲不仅建立了体系完整的标准科学哲学，而且奠定了科学哲学全部未来发展的基础。曾几何时，世界科学哲学就是欧洲的科学哲学。科学哲学的目标、理论、思想主张和发展基础都源自欧洲。20 世纪 50 年代以后，科学哲学的重心渐渐移出欧洲转向美国。在讨论 21 世纪"欧洲的"科学哲学回归的可能性时，有一点值得注意，"欧洲的"科学哲学一定是立足于欧洲传统哲学和文化的科学哲学。在传统的欧洲科学哲学中，始终贯穿着对科学的逻辑分析。这种研究其实更加接近于科学自身的本质规定。这种传统的分析如能够成功地结合欧洲自有的浓厚的哲学氛围和有特色的地域文化，"欧洲的"科学哲学将值得期待。

欧洲科学哲学的现状也在一定程度上折射出世界范围内非英语国家科学哲

---

① Psillos S，Suárez M. 2008. First Conference of the European Philosophy of Science Association. Journal for General Philosophy of Science，39（1）：158.

学的发展命运。科学哲学不应仅仅是英美的科学哲学，英美科学哲学的研究也不应成为科学哲学研究的唯一范式。毫无疑问，科学哲学应该反映所在国家的哲学和科学传统。每一种哲学固然会反映人类的共同认知，但更能够彰显民族传统。发展独特的科学哲学，欧洲，也包括我们自己，似应遵循三条原则，即科学哲学不仅是世界的，也是民族的；科学哲学不仅是逻辑的，也是文化的；科学哲学不仅是历史的，更是当代的。

二、加强对马克思主义科学哲学的理论自信：俄苏科学哲学发展的启示

（一）巨大的思想资源

俄苏科学哲学的研究与西方相比，有其显著的区别。首先，俄苏科学哲学的发展处在一个由众多影响要素组成的关系系统中，而俄苏科学哲学的个性特征可以从这个关系系统中各要素之间的关系状态加以认识。其次，对关系系统中的关系状态的认识角度和层次的不同，导致我们对俄苏科学哲学的研究常常要在不同的语言体系中转换。就目前研究看，对俄苏科学哲学关系系统中的各种关系状态的研究有以下几个方面。

科学与哲学的关系。科学与哲学的关系是俄苏科学哲学研究一直的主题，是其研究的重要特色。2007 年，在讨论斯焦宾的新著《科学哲学：一般问题》（*философия наукн. Общне вонросы*）的圆桌会议上，斯焦宾非常自信地说，"我有这样坚定的信念，那就是在国内科学哲学界取得成就，不仅不能亚于西方成绩，还要在一些方面超过他们"。斯焦宾在他的著作中选取了他认为达到这样要求的六个方面，第一条就是对科学和哲学关系的研究，"在过去，我们很明显地比我们西方同僚更多地善于分析和研究科学与哲学的相互关系。西方哲学的实证主义传统长时间将这个问题从科学的历史和逻辑方法论的分析中剔除。在苏联时期的马克思主义传统占主导地位的哲学中，则更加强调这个问题"[①]。

辩证唯物主义与科学的关系。从问题域看，这个问题与上一个问题有交叉，苏联的马克思主义哲学被概括为两大内容：辩证唯物主义和历史唯物主义。但研究的主题差异很大。俄苏科学哲学在科学与哲学关系的研究中，发展

---

① Обсуждение книги В С. Стёпина 2007. "философия науки. Общие вопросы"（материалы "круглого стола"）. Вопросы Философии，（10）：66.

起了关于科学的基础、科学知识的结构、前提性知识等主题研究。而在辩证唯物主义与科学关系的研究中，重点更多的是落在辩证唯物主义对科学研究的指导作用上。比较而言，西方学者对这一方面兴趣更大。像格雷厄姆这样严肃的学者，更是深入探寻下列问题的答案：辩证唯物主义是否得到科学家的真诚拥护？辩证唯物主义是否真正促进了苏联科学的研究？辩证唯物主义是否像所宣称的那样，成为苏联科学研究的一般方法论？

除此之外，西方的俄苏科学哲学研究还关注辩证唯物主义与官方意识形态的关系、苏联科学哲学（哲学）与政治和权力的关系。对我们而言，如果要对俄苏科学哲学作深入具体研究的话，还必须关注后期俄苏科学哲学与早期的苏联自然科学哲学问题研究的继承关系、俄苏科学哲学与马克思主义哲学的关系。众所周知，苏联解体后俄苏科学哲学与马克思主义哲学的关系状态发生了较大的变化。

如此复杂的关系展开，为我们提供了可以多角度解读的范本。这样的研究将多方面展现出俄苏科学哲学的发展语境和发展状况，为马克思主义科学哲学的研究提供一笔巨大的思想财富。

（二）独特的发展道路

俄罗斯哲学有着独立的思想领域，在自己的道路上行进，呈现出独特的历史发展轨迹。俄苏科学哲学不仅与西方科学哲学并进发展，而且还获得了世界性的意义和国际影响。在 20 世纪的科学哲学领域，俄苏从一开始就不是以"学徒"身份与西方对话，而是形成了与西方有鲜明对比的独立研究。他们有着独立的研究领域——自然科学哲学问题研究，并以此为基础在 60 年代拓展至科学认识论领域。

俄苏科学哲学的研究是一个很好的范本，以其合理的发展破除了科学哲学研究必须依附于西方范式、遵守西方准则的当代神话。俄苏科学哲学以马克思主义为指导，走自己的道路，在自己的哲学背景和文化语境下发展，取得了完全可与西方媲美的卓越成果，这本身就对我们有深刻的思想启示。从我国科学哲学的研究看，西方的范式占据核心地位，对此，我国学者方松华用"依傍"一词来形容这种状况。①从我国改革开放以来思想领域的发展看，对西方的"依

---

① 马迅. 2004. 新一轮比较哲学研究的任务和问题——上海社会科学院中西哲学比较研究讨论会述要. 社会科学，
（1）: 125.

傍"实际上已经形成了。长期以来，我们忽视了在西方之外有着独立研究传统（尤其是马克思主义传统下）的俄苏科学哲学研究。就俄苏科学哲学而言，以下三个方面足以值得我们关注。一是马克思主义传统下的科学哲学研究；二是其独有的理论贡献；三是其独特的发展道路。对此，西方学者也是有评价的，"当代的苏联的辩证唯物主义，是一种令人产生深刻印象的、知识方面的成就。发挥恩格斯、普列汉诺夫和列宁的早期的见解并且使之趋于完善而成为一种有系统的对自然界的解释，这是苏联的马克思主义最独特的创造"。"毫无疑问，在辩证唯物主义的最有才能的倡导人手中，这种主义是理解并且说明自然界的一种真诚而合理的尝试。从普遍性和发展程度方面看来，辩证唯物主义对自然界的解释，在现代的各种思想体系中是无与伦比的。"[①]

三、推进中国科学哲学的发展

全球化时代，中国科学哲学的发展必然会融入世界的进程中。在这一过程中，既要保持自己文化传统的个性，又要合理应对西方的主流文化，同时又要获得相应的发展，就必须进行比较。中国科学哲学的发展面临三种情况，一是我们悠久丰富的文化传统和独特的哲学精神，二是作为指导思想的马克思主义哲学，三是当代中国科学哲学的发展处于西方科学哲学为主导范式的"全球化"浪潮之中。"有鉴于此，当代中国人要想保持自我，真正地理解马克思主义哲学，在'全球化'的浪潮中掌握自己的命运，就不能不去比较研究中国与西方的文化、文明，特别是彼此的哲学。"[②]在比较中，合理可行的借鉴必不可少。曾经同为社会主义国家、以马克思主义理论为指导的苏联，其科学哲学发展的独特道路为我们提供了极其丰富的思想启示。

（一）全方位开放

新中国成立以来，我国科学哲学与俄苏和西方的关系，经历了三个阶段：先是以苏为师，与西方为敌；中期是闭关自守，全面为敌；最后是以西方为师，俄苏虚无化。初期是以苏为师并与西方为敌，这种情况固然有意识形态等方面的原因，但主要是西方国家当时对我们实施的全面封锁，使得我们只能

---

① L. R. 格雷厄姆. 1978. 苏联国内的科学和哲学（下）. 丘成，朱狄译. 世界哲学，（3）：70.

② 胡海波，孙璟涛. 2002. 反思"中西哲学"比较研究的前提性问题. 吉林大学社会科学学报，（5）：24.

"一边倒",束缚了我们全面看世界。到了中期,我们进入了实际的闭关自守的状态。这种状态的持续拉大了我们与世界发达国家之间的差距,也割断了我们与俄苏的交流。1978 年起,我们改革开放,打开国门。西方发达国家雄厚的国力、先进的科学技术使我们充分认识到自己的差距。出于快速发展、缩小差距的现实需求,我们又倒向了西方。我们曾经全面学习的俄苏被逐渐边缘化,其成果被虚无化,导致"今天年轻的业内同行对这项研究已经相当隔膜"。[①]

能否合理评价俄苏科学哲学更关乎我们能否以历史主义的态度评价自新中国成立以来到改革开放时期的中国科学哲学。今天,我们不可避免地要在西方科学哲学的范式框架下从事科学哲学的研究,如何在今天的西方范式下评价"以苏为师"时期的研究成果,是我们无法回避的问题。全方位开放,既是总结科学哲学研究历史的需要,更是科学哲学未来发展的需要。

(二)全面吸收

对我们而言,俄苏与西方科学哲学的比较,除了要涉及对象双方外,我国科学哲学的特殊视角同样不能忽视。因此,比较研究中会呈现出三对关系:中国视角下的俄苏科学哲学,中国视角下的西方科学哲学以及中国视角下的俄苏与西方的比较。也就是说,我们所进行的比较研究,始终是在中国视角下进行的。因此,比较研究的最大价值体现在如何为我所用。能为我所用的既包括马克思主义的思想资源,也包括非马克思主义的思想资源。

科学哲学的比较研究,核心任务之一是全方位地面向世界,在与他国的对比中,取他人之长,补己所用。取他人之长首先要合理认识和正确评价世界上科学哲学发展的全部成果。俄苏科学哲学的发展为我们提供了大量有重要价值的理论成果。苏联时期,他们在马克思主义思想指导下,对马克思、恩格斯的经典著作思想进行了系统、深刻的研究,为自然科学哲学问题领域中的研究积累了丰厚的思想成果。苏联解体后,俄罗斯科学哲学工作者对马克思、恩格斯的经典命题进行重新审视,对苏联学术界对待马克思、恩格斯的教条主义做法进行了深刻的自我反思,对包括像哲学基本问题等诸多基础哲学问题的简单化理解作出了自我批评。应该说,无论是苏联时期的自然科学哲学问题研究,还是解体后的自我反思,都为科学哲学的研究提供了理论方面的贡献。由于特殊

---

① 孙慕天,刘孝廷,万长松,等. 2015. 科学技术哲学研究的另一个维度——中国俄(苏)科学技术哲学研究的回顾与前瞻. 自然辩证法通讯,(5):150.

的历史语境，这样的成果在西方不会出现。因此，俄苏的科学哲学是西方不可能替代的，我们必须以同等的态度来看待他们的成就。改革开放以来，我国西方科学哲学的研究形成主流，只有少数人仍在坚守俄苏的科学哲学这一领域，这种状况理应有所改变。合理地取他人之长，就必须建立在全面研究的基础上。

对不同理论导向的科学哲学进行比较，为我国的科学哲学发展提供了可以深入下去的路径。对俄苏与西方进行全面的比较，互为参照，有利于把我们的认识向更深、更广推进。

（三）科学哲学的中国化发展

科学哲学的中国化发展，需要思考三个问题：一是西方科学哲学的发展道路是否是唯一的；二是坚持马克思主义传统，我们能否走出一条与西方不同的发展道路；三是科学哲学能否立足于本土文化，形成我们自己的民族特色。科学哲学的发展并非只有西方一条道路、一个模式。俄苏科学哲学的发展为我们提供的极大的思想启示是，坚持马克思主义传统，科学哲学完全能够走出一条与西方不同的发展道路。这使我们对于发展我国本土的科学哲学树立起极大的信心。

首先，俄苏科学哲学坚持本土文化传统，立足于本土文化发掘、阐释自己的科学哲学思想源流和独特性，这一点给了我们很大的思想启示。就我们目前科学哲学研究所呈现的内容来看，科学哲学似乎是地地道道的舶来品。因为我们尚未有意识地发掘科学哲学和我国本土文化之间的关系，在这一点上，俄苏的研究给我们提供了很好的借鉴。如果从 1928 年恩格斯的《自然辩证法》首次译成中文起始，我国的科学哲学研究已 90 多年了。在此之前，我国文化意义上的本土哲学是否存在，如果存在是什么形式，能否在我们本土的文化中通过有效的努力寻找到并确立这种存在，是摆在我们面前不能回避的重要问题。

其次，科学哲学的研究应该体现学术个性。俄苏科学哲学在研究传统、研究路径、研究主题、研究方法以及研究结论方面均显示出值得称道的学术个性。格雷厄姆曾经总结道："近代的一些伟大的政治革命，如美国、法国和中国的革命，都曾注意到科学，但这些革命中没有一个像俄国革命那样，产生出一个关于物理和生物自然界的系统而长盛不衰的思想体系。在逾七十年的时间岁月里，对自然哲学的密切关注一直是俄国和苏联马克思主义始终不渝的主题。苏联早期的所有主要领导人——列宁、托洛茨基、布哈林、斯大林——都研究科学，就诸如物理学和心理学等各种各样的主题进行写作，并把这些问题视为一个贯穿政治意识形态的本质部分。"①

在这方面，我们其实有着良好的基础。无论是在苏联的传统下，还是在西方的范式下，都保留着有特点的研究。我国学者孙慕天曾经对 20 世纪 50 年代老一辈学者的研究给出过这样的评价："到上世纪五十年代，国内重点学习列宁的《唯物主义和经验批判主义》，评述苏联反世界主义的大批判，以及介绍苏联学者关于李森科主义、共振论、哥本哈根学派、爱丁顿和金斯的'物理学唯心主义'等等的讨论，更是从总体上服膺苏联的正统思想。但是，即使在中国自然辩证法研究的发轫时期，仍然显示出中国学者的独立性，龚育之等学者已经对苏联的教条主义哲学观点提出质疑，最有标志性的事件就是 1956 年中国科学院和教育部主办的青岛遗传学座谈会，会议坚持科学真理的价值中立性，正确评价了摩尔根学派。"②

中国科学哲学面临的问题是："国内科学哲学一方面要继续弥补历史造成的传统步子和基础的欠缺，一方面要追踪国际科学哲学最新发展的前沿，更重要的是，它要在自身的基底上探索可被接受的形式和特点。"③这种状况决定了我们既要兼收并蓄，向世界上一切合理的成果学习，又要坚定地走出一条自己的道路。西方科学哲学的发展与西方哲学整体上是同步的，既有自身的发展逻辑，也在整体上跟随西方哲学发展的大势。中国哲学与西方哲学差异巨大，"西方哲学以他所谓'假设的概念'为出发点，中国哲学以他所谓'直觉的概念'为出发点。其结果，正的方法很自然地在西方哲学占统治地位，负的方法很自然地在中国哲学中占统治地位"④。冯友兰先生在《新知言》中进一步指出："真正形上学的方法有两种：一种是正底方法；一种是负底方法。正底方法是以逻辑分析法讲形上学。负底方法是讲形上学不能讲。讲形上学不能讲，亦是一种讲形上学的方法。"⑤西方哲学是长于正的方法的，使理智思辨与逻辑分析法得到了充分的发展。"正底方法，以逻辑分析法讲形上学，就是对于经验作逻辑底释义。其方法就是以理智对于经验作分析、综合及解释。这就是说以理智义释经验。这就是形上学与科学的不同。科学的目的，是对于经验，作积极底释

① Graham L R. 1987. Science, Philosophy and Human Behavior in the Soviet Union. New York: Columbia University Press: 序 1.
② 孙慕天，刘孝廷，万长松，等. 2015. 科学技术哲学研究的另一个维度——中国俄（苏）科学技术哲学研究的回顾与前瞻. 自然辩证法通讯，(5): 150.
③ 郭贵春，程瑞. 2007. 科学哲学在中国的现状与发展. 中国科学基金，(4): 203-204.
④ 冯友兰. 1996. 中国哲学简史. 北京：北京大学出版社：293-294.
⑤ 冯友兰. 2007. 新知言. 北京：生活·读书·新知三联书店：6.

义。形上学的目的，是对于经验作逻辑底释义。"[1]而中国哲学则长于负的方法，着重关注直觉、顿悟和体认，"用负底方法讲形上学者，可以说是讲其所不讲。讲其所不讲亦是讲。此讲是其形上学。犹之乎以'烘云托月'的方法画月者，可以说是画其所不画。画其所不画亦是画"[2]。逻辑经验主义传承了西方哲学的"正底方法"，以这样的认识论前提对科学的性质、结构和合理性等展开分析。中国哲学的"负底方法"更加注重非理性要素，能否寻找到西方科学哲学与传统中国哲学的结合点，是发展本土化科学哲学的关键。

发展我国本土化科学哲学具有理论上和实践上的可能性。从理论上讲，中西哲学的会通和深度融合不仅是必要的，而且是可能的。按照冯友兰先生的分析，从结构学方面，中西哲学各自抓住了形上学两种互补方法的一种。从知识和理智的观点看，负的方法表达的是否定的观念，由否定理性，得到道家所说的"浑沌之地"，"在这里我们得到真正的神秘主义。从道家和禅宗的观点看，西方哲学中虽有神秘主义，还是不够神秘"[3]。另外，被冯友兰称为形上学的正的方法——逻辑分析的方法——在中国哲学中从未充分发展，"在这一方面，中国哲学家有许多东西要向西方学习"[4]。从过程学方面，中西哲学分别强调了形上学的起点和目标。"正的方法与负的方法并不是矛盾的，倒是相辅相成的。一个完全的形上学系统，应当始于正的方法，而终于负的方法。如果它不终于负的方法，它就不能达到哲学的最后顶点。但是如果它不始于正的方法，它就缺少作为哲学的实质的清晰思想。神秘主义不是清晰思想的对立面，更不在清晰思想之下。毋宁说它在清晰思想之外。它不是反理性的；它是超越理性的。"[5]从哲学的未来发展看，中西哲学的会通和互补是哲学未来发展的趋势，"在我看来，未来世界哲学一定比中国传统哲学更理性主义一些，比西方传统哲学更神秘主义一些。只有理性主义和神秘主义的统一才能造成与整个未来世界相称的哲学"[6]。

从实践上讲，中国改革开放的伟大实践，为中国发展自己的科学技术哲学奠定了重要的基础。我国学者刘大椿曾经总结道，"中国的自然辩证法研究，从

① 冯友兰. 2007. 新知言. 北京：生活·读书·新知三联书店：6-7.
② 冯友兰. 2007. 新知言. 北京：生活·读书·新知三联书店：6.
③ 冯友兰. 2004. 冯友兰经典文存. 上海：上海大学出版社：6.
④ 冯友兰. 2004. 冯友兰经典文存. 上海：上海大学出版社：7.
⑤ 冯友兰. 1996. 中国哲学简史. 北京：北京大学出版社：295.
⑥ 冯友兰. 2004. 冯友兰经典文存. 上海：上海大学出版社：7.

历史传统和现实发展中形成了自己的鲜明特色，这就是理论与实践、科技与社会、中国与世界的紧密结合，即自然辩证法的理论研究与中国现代化建设实际相结合、与世界科技革命潮流相联系"。基本脉络即"把握时代发展要求，解答重大时代课题"。[①]新中国成立初期，我国的自然辩证法事业一方面与马克思主义理论研究密切联系在一起，另一方面又紧紧瞄准世界科技的前沿，体现出时代性。20世纪70年代末，随着全国科学大会的召开，自然辩证法领域在改革开放伟大实践中起到了解放思想的积极作用，"在真理标准问题大讨论中，由于科学理性是理性家族的宠儿，科学的实证方法最显著地体现着实践标准的有效性、权威性乃至唯一性，这就使来自科学方面的证据在这场论战中扮演了重要角色。正是凭借科学自身的普遍性、客观性和超国界性等特质，自然辩证法在中国成了改革开放的窗口和思想解放的带头羊"[②]。20世纪80年代中期到90年代末，世界范围内科学技术革命迅猛发展、国内经济体制改革，在这样的形势下，科学技术哲学（自然辩证法）加强了对科学技术、经济与社会关系的研究，并在理论上取得了重要成果。进入21世纪，我国提出了可持续发展战略和科学发展观，"自然辩证法研究迅速把科学发展作为重要内容，把为国服务作为自觉追求，会通科学与人文成为这个时期自然辩证法重要的学术使命"[③]。随着我国的发展进入新时代，自然辩证法的事业会在中国社会的伟大实践中不断发展壮大，形成自己的特色。

① 刘大椿. 2011. 自然辩证法研究在实践中不断开拓. 自然辩证法研究，(12): 10.
② 刘大椿. 2011. 自然辩证法研究在实践中不断开拓. 自然辩证法研究，(12): 10.
③ 刘大椿. 2011. 自然辩证法研究在实践中不断开拓. 自然辩证法研究，(12): 11.

第二章 西方与俄苏科学哲学比较研究的基础和路径

西方与俄苏科学哲学比较研究的基础从理论角度是基于科学的自在本性和科学哲学的形而上学性；从现实角度则是基于西方与俄苏科学哲学研究的相互对望，具体说就是从 20 世纪 30 年代起西方的苏联自然科学哲学研究和俄苏的西方科学哲学研究。西方与俄苏科学哲学比较研究的路径分析从发生学路径、结构学路径和过程学路径三个方向展开。

第一节 西方与俄苏科学哲学比较研究的基础

西方与俄苏科学哲学是两种相对"异质"的科学哲学，二者在指导思想、研究领域、研究重心和研究结论等方面均有较大的差异。讨论二者比较的前提，其核心问题是解决二者之间的"可比性"问题，其实就是黑格尔所说的"同中之异"和"异中之同"。 同中无异，则意味着无视西方与俄苏科学哲学不同的文化背景和问题境遇，使比较失去意义和前提。异中无同，则意味着西方与俄苏科学哲学是两种根本不同的科学哲学，二者之间将全然没有可比性。因此，分析二者的可比性必须合理地处理好"同一性"和"差异性"的辩证关系。同一性是基础，差异性是前提。

一、西方与俄苏科学哲学比较研究的前提

西方与俄苏科学哲学的可比性是由科学的自在本性和科学哲学的形而上学

性决定的。科学哲学是对科学的哲学反思，西方与俄苏科学哲学都以科学为研究对象，从静态角度研究科学的基础、科学划界、科学知识结构、科学语言分析等；从动态角度研究科学发展的过程和规律。

（一）科学的自在本性

科学的自在本性是指科学在人类知识中显现出独有的特征，相对于哲学而言独立发展。自在性多指相对于主体之外的客体所具有的一种性质，一般来说，客体本身的存在状态、结构特征和规律性对于主体而言具有外在的、独立的性质，这就是对象客体的自在性。当我们把科学作为研究对象时，由于认识者的主体活动，科学成了这一特定关系中的对象。虽然科学本身是人类的认识成果，但当科学成了认识的对象后，就被赋予了某种客体的地位，向其认知者呈现出自在的本性。这与列宁在《哲学笔记》中对辩证法的自在性的说明十分类似。列宁从四个方面说明辩证法的自在性。第一，"辩证法是物质世界所固有的"。第二，"辩证法又是物质世界长期发展的产物——人类思维——所固有的"。第三，"辩证法又是思维和存在的关系所固有的"。第四，"辩证法同样是人类的实践活动所固有的"。①比照这个分析，我们对科学的自在性给出如下分析。首先，从内容上看，自然科学所揭示出的自然规律为自然界所固有，自然科学所展现出的是无限多样的物质形态和无限多样的运动形态以及对此所作的理论说明。在这个意义上，自然科学的内容反映的正是"自在之物本身"的"自己运动"和"自生发展"。其次，从方法上看，自然科学的研究方法体现了人类思维共有的本质特征。思维的逻辑如同人的消化，它的运动首先是具有自在性的。②再次，从过程上看，自然科学的发展过程以客观自然界的历史过程为前提，从某种程度上看，自然科学的发展过程由自然界的历史过程来决定。最后，从存在意义上看，当今科学与人类活动和社会组织行为密切联系，科学已经成了社会中一个有机的重要存在，并以自己的方式对社会产生重大影响。当然，自然科学作为人类的认识成果自然会受到所处时代的社会、经济、政治、文化等的综合影响。哲学作为时代的精华，对科学的影响尤为重要，但尽管如此，对科学的研究不能离开人的维度，社会通过从事科学研究的科学家，赋予

---

① 孙正聿. 1990. 辩证法的自在性与自为性——关于列宁《哲学笔记》中的一个重要思想. 哲学动态，(6)：9-10.

② 孙正聿. 1990. 辩证法的自在性与自为性——关于列宁《哲学笔记》中的一个重要思想. 哲学动态，(6)：9-10.

了科学"为人""为我"的性质。在科学认识活动中，人是主体，在科学认识活动中建立起来的主客体关系往往以主体的"我"为中心，使自然科学具有侧重于主体的"自为性"。然而，自然科学的实证性牢牢捍卫着科学的"自在性"，并且能够为科学的"自在性"和"自为性"的统一提供保证。

作为科学哲学研究对象的自然科学的"自在性"保证了各种哲学所面对的是同样的科学，而不是某个特定哲学派别视域下，带有某种哲学烙印的科学。因此，不同哲学对科学的认识和反思，可以有认识的出发点、认识的角度等的差别，但作为对象的科学是共同的。这就为反思科学的哲学——科学哲学之间的交流和比较提供了基础保证。

（二）科学哲学的形而上学性

科学哲学中的形而上学概念源自西方哲学史。在西方哲学史中，形而上学概念在不同的语境中呈现出三种特定的含义。一是来自亚里士多德的著作，这里的形而上学指的是亚里士多德自然哲学思想的重要代表性著作，二是指和辩证法相对立的世界观和方法论，三是指超经验的本体论，"即超越以经验为基础的实证科学范围，研究关于世界的本质及其规律的知识和学说"①。科学哲学中的形而上学则因袭了第三种含义。具体说来，科学哲学中的形而上学是指"由深层次的预设所构成的理论的观念，这些预设决定并制约着理论"。②

科学哲学中的形而上学性来自哲学和科学两个方面，只要是哲学面向科学并对之进行哲学反思，就无法避免地会形成超越经验基础的思考和认识。同时，科学认识的特点也决定了科学认识虽以经验为基础，但要获得完整的认识既离不开经验的基础，也无法摆脱超越经验的有关世界本质和规律的认知。因此，来自不同哲学派别的对科学的哲学反思之所以能行，均是以此作为基本的前提的。

有学者总结道，20世纪西方科学哲学的发展就形而上学问题来说，经历了拒斥—肯定—内化—回归的过程，具体说就是，逻辑经验主义拒斥形而上学；证伪主义肯定形而上学；历史主义内化形而上学；科学实在论回归形而上学。③这种概括较为清晰地梳理了西方科学哲学就这一问题的发展脉络，从形式上揭

---

① 魏屹东.2003.西方科学哲学中的形而上学与反形而上学.文史哲,（4）：86.
② 约翰·A.舒斯特.2013.科学史与科学哲学导论.安维复译.上海：上海科技教育出版社：193.
③ 魏屹东.2003.西方科学哲学中的形而上学与反形而上学.文史哲,（4）：86-91.

示出西方科学哲学不同派别的态度和处理方式。就总体而言，无论是何种态度，给出了什么样的回答，他们都对这一问题给予了充分的关注和应有的回应。他们都承认并肯定了可由经验直接感知的"现象世界"以及超越经验的"超越的实在"的存在。逻辑经验主义者认为，以往哲学的最大错误不是肯定"超越的实在"的存在，相反，"哲学的授义活动是一切科学知识的开端和归宿。有人说哲学给科学大厦提供基础和屋顶，这样的想法完全是正确的；错误只在于以为这基础是由'哲学'命题（认识论的命题）构成的，而且这座大厦还加上了哲学命题（称为形而上学）的屋顶"。过去时代最严重的错误之一，是认为哲学命题的真正意义和最后内容可以用陈述来表达，即可以用知识来阐明，这就是"形而上学"的错误。[①]逻辑经验主义通过划界意在说明哲学和科学的不同意义，如果不考虑接下来的其他主张，单就这一工作本身而言，是有着十分积极和重要的作用的。证伪主义则是从知识增长的角度分析形而上学对科学的作用。波普尔认为，所有知识的增长都在于修改以前的知识——或者是改造它，或者是大规模地抛弃它。知识绝不能始于虚无，它总是起源于某些背景知识——即在当时被认为是理所应当的知识——和某些困难以及某些问题。这些困难和问题通常由两方面的冲突产生，一方面是我们背景知识中的内在期望；另一方面则是某些新的发现，诸如我们的观察，或由观察提示的某些假设。[②]在波普尔这里，作为科学研究出发点的问题不单单来自观察，还有除观察、事实之外的来自背景知识或"理所应当的知识"的一种期望，这种"理所应当的知识"就是"全部科学和全部哲学"。[③] 历史主义从前提性知识的角度给形而上学留下了充分的空间。在科学发展中，前提性知识不仅有结构学上的意义，更有动力学上的意义。科学实在论本身就是一种形而上学。

与西方学者的工作相比，俄苏学者尤为重视科学和哲学的关系，并从科学基础、科学知识的结构学和科学发展的动力学三个方面予以阐释。科学基础的研究是俄苏科学哲学非常有特色的研究，斯焦宾在其著作《理论知识（结构、历史演变）》（*Теоретическое Знание*）中概括了科学基础的三个组成部分，即科学世界观、科学的理想和科学知识的规范、科学的哲学基础，"这些方面反映了

---

① 洪谦. 1982. 逻辑经验主义（上卷）. 北京：商务印书馆：9-10.
② 卡尔·波普尔. 2003. 客观的知识——一个进化论的研究. 舒炜光，卓如飞，梁咏新，等译. 杭州：中国美术学院出版社：73.
③ 卡尔·波普尔. 2003. 客观的知识——一个进化论的研究. 舒炜光，卓如飞，梁咏新，等译. 杭州：中国美术学院出版社：35.

对科学研究对象和科学认知活动特点的一般理解"，它们构成了科学的重要基础。①俄苏学者提出了解释科学的核心概念——科学世界图景。科学世界图景是各门具体科学成果的综合，处在"哲学、自然科学和其他具体学科最有效地发生相互作用的某边沿地带"，②而且"科学的世界图景通常应以确定的哲学原则为支柱，但就这些原则本身而言，它们不能提供科学世界图景，更不能代替她。这个图景形成于科学的内部，以总结和综合重要的科学成果为基础"③。

从结构学意义上看，科学世界图景"一个重要的工作是发现了作为哲学和科学认识具体理论模型之间的过渡环节……科学世界图景就是被固定下来的这个环节"。科学世界图景引出了科学知识结构研究中的如下问题，"它和理论的相互关系怎样，和经验事实的关系怎样，如何辨别科学世界图景和理论，科学世界图景如何分类，在科学中的功能，形成的社会文化条件以及随历史而发生的变化"。④从动力学角度来看，科学世界图景被用来作为对科学发展尤其是科学革命的分析。斯焦宾将科学革命分为三个层次：学科内的革命、跨学科间的革命和全球性科学革命。科学世界图景被用来解释前两个层次的科学革命。学科内的革命是一种与"科学世界图景在个别领域发生转变，科学研究理念和科学规范没有发生显著改变相对应的革命"。跨学科间的革命则"是从根本上改变科学世界图景，连同科学理想和科学规范发生根本性改变的革命"⑤。斯焦宾把科学革命视为科学世界图景的变换，这种变换启迪着新的理论和一般方法论、知识的解释和我们对客体的认知。

科学哲学的形而上学特质是由科学哲学自身的研究对象和研究特点决定的，这种特质会在其研究前提、基础、方法直至研究的具体内容中有所呈现，尽管也会在不同的科学哲学体系中表现出差异。这种特质是我们从事科学哲学比较研究的重要基础。

---

① Стёпин В С. 2000. Теоретическое Знание（Структура，Историческая Эволюция）. Москва：Прогресс-Традиция，http://ru. philosophy. kiev. ua/pers/stepin/index. htm[2014-05-16].

② И. Т. 弗罗洛夫. 1990. 辩证世界观和现代自然科学方法论. 孙慕天，李成果，申振玉，等译. 哈尔滨：黑龙江人民出版社：133.

③ Мамчур Е А，Овчинников Н Ф，Огурцов А П. 1997. Отечественная философия науки：Предварительные итоги. Москва：РОССПЭН：297.

④ Обсуждение книги В С. 2007. Стёпина "философия науки. Общие вопросы"（материалы "круглого стола"）. Вопросы Философии，（10）：67.

⑤ Стёпин В С. Философия науки. Общие проблемы//Электронная публикация：Центр гуманитарных технологий. http:// gtmarket. ru/laboratory/basis/5321［2012-03-18］.

二、西方与俄苏科学哲学研究的相互对望

由于特殊的历史和社会原因，西方与俄苏均对对方的科学哲学缺少整体的了解和应有的评价。但从局部来看，他们相互的对望和一定程度上的交流还是存在的。这使得他们中的任何一方对对方的了解都不是处于"无知"的状态。到了 20 世纪末，虽然意识形态上的分歧仍然存在，但表现已不似先前那样激烈，双方对对方的研究更加趋于整体化和学术化。

（一）西方的俄苏自然科学哲学研究

西方的俄苏科学哲学研究从 20 世纪 30 年代至 20 世纪 50 年代末的意识形态时期开始，经历了 20 世纪 60 年代初至 20 世纪 90 年代初的专题研究时期和20 世纪 90 年代初至今的学术探讨时期。

1. 意识形态时期（20 世纪 30 年代至 20 世纪 50 年代末）

西方对苏联的研究一直比较重视，从研究内容来看，这一时期的研究重心集中在苏联的政治、军事和经济等方面。比较而言，对苏联哲学的研究并不十分充分。一些出版物代表着这一时期的研究。例如，1950 年埃杰顿（Edgerton，W.）的《苏联哲学史》（*A Soviet History of Philosophy*，马萨诸塞州剑桥）；克莱恩（Kline，G. L.）的 2 篇论文和著作，如《苏联哲学中的斯宾诺莎》（*Spinoza in Soviet Philosophy*，纽约、伦敦，1952 年）、《苏联马克思主义的哲学批判》（*A Philosophical Critique of Soviet Marxism*，《形而上学评论》，1955年第 9 期）；马尔库塞的《苏联的马克思主义，批判分析》（*Soviet Marxism. A Critical Analysis*，纽约，1958 年）；奥尔金（Olgin，C.）的《列宁的哲学遗产：辩证唯物主义重建》（*Lenin's Philosophical Legacy: The Reconstruction of Dialectical Materialism*，《苏联研究所公报》，1959 年第 1 期）。[①]

他们对苏联哲学的研究，往往在意识形态的框架内进行。例如，博耶（Boyer，D.）的《共产主义哲学》（*The Philosophy of Communism*，纽约，1952年）；莉罗兹科娃（Pirozhkova，V.）的《历史唯物主义问题》（*Problems of Historical Materialism*，《苏联研究所公报》，1958 年第 10 期）、《自由和历史唯物主义决定论》（*Freedom and Determinasm in Historical Materialism*，《苏联研究

---

① Ballestrem K. G. 1962. Bibliography of recent western works on Soviet philosophy. Studies in East European Thought, （2）: 168-173.

所公报》, 1959 年第 7 期)、《共产主义意识形态》(*The Communist Ideology*, 华盛顿, 1959 年); 胡克 (Hook, S.) 的《理性, 社会神话与民主》(*Reason, Social Myths and Democracy*, 纽约, 1950 年); 亨特 (Hunt, R. N. C.) 的《共产主义的理论和实践》(*The Theory and Practice of Communism*, 伦敦, 1951 年) 和《马克思主义过去与现在》(*Marxism Past and Present*, 纽约, 1954 年); 普莱蒙纳茨 (Plamenatz, J.) 的《德国的马克思主义与俄国的共产主义》(*German Marxism and Russian Communism*, 伦敦、纽约、多伦多, 1954 年)。[①]

西方对苏联自然科学哲学研究的关注始于 1931 年的伦敦第二届国际科学哲学和科学史大会。在此次会议上, 苏联学者格森 (Гессен, Б.) 所做的《牛顿〈原理〉的社会经济和政治根源》(*The Social and Economic Roots of Newton's 'Principia'*) 的学术报告, 引起了巨大反响, 也在一定程度上促进了西方的苏联自然科学哲学研究。对此, 贝尔纳 (Bernal, J. D.) 曾经评价道, 英国科学家"对辩证唯物主义的兴趣真正开始于 1931 年举行的伦敦国际科学哲学和科学史大会", 格森的论文使西方科学家"第一次真正地发现了在西欧存在了半个世纪却无人加以赏识的马克思的辩证唯物主义的理论基础"。[②]总体来看, 这一时期的研究成果较少, 研究也不集中。1939 年, 霍尔丹 (Haldane, J. B. S.) 出版了《马克思主义哲学与科学》(*Marxist Philosophy and the Sciences*)。第二次世界大战以后, 苏联和西方国家, 主要是美国进入冷战时期,"在这些年代里, 对思想问题的敏感, 在美国和苏联都狂热地蔓延着; 这两个大国互相加深了对于对方的恐惧和偏见"[③]。在这样的背景下, 彼此的研究从总体上看没有较大的改观, 但在某些专题的研究上有一定的进展。例如, 1949 年哈佛大学出版社出版的约拉夫斯基 (Joravsky, David) 的《李森科事件》(*The Lysenko Affair*), 宾夕法尼亚大学出版的泽克尔 (Zirkle, C.) 的《俄国科学的毁灭: 真理报等报刊描述的遗传学的命运》(*Death of a Science in Russia: The Fate of Genetics as Described in Pravda and Elsewhere*); 1955 年, 约拉夫斯基在 *ISIS* 撰文《苏联的科学历史观》(*Soviet Views on the History of Science*); 1957 年, F. 乔治 (George, F.) 出版《苏联社会的科学和意识形态》(*Science and Ideology in Soviet Society*); 等等。20 世纪 60 年代初, 出版了波亨斯基 (Bochenski, Jozef Maria) 的《苏俄辩

---

① Ballestrem K G. 1962. Bibliography of recent western works on Soviet philosophy. Studies in East European Thought, (2): 168-173.

② 龚育之, 柳树滋. 1990. 历史的足迹——苏联自然科学领域哲学争论的历史资料. 哈尔滨: 黑龙江人民出版社: 167-168.

③ L. R. 格雷厄姆. 1978. 苏联国内的科学和哲学 (下). 丘成, 朱狄译. 世界哲学, (3): 68.

证唯物主义》(*Soviet Russian Dialectical Materialism*)和《苏联哲学的教条主义原理》(*The Dogmatic Principles of Soviet Philosophy*),维特尔(Wetter,Gustav)的《辩证唯物主义:苏联哲学的历史和系统性调查》(*Dialectical Materialism: A Historical and Systematic Survey of Philosophy in the Soviet Union*);1966 年,G. 维特尔出版了《今天的苏联意识形态》(*Soviet Ideology Today*)。这些著作,主要围绕辩证唯物主义展开讨论,对科学的研究主要是关注科学的意识形态特征。对苏联自然科学哲学问题的专题研究尚未充分展开。

这一时期引人注目的研究当属美国物理学家汉斯·弗莱施塔特(Freistadt,Hans)于 1956 年和 1957 年在美国《科学的哲学》(*Philosophy of Science*)杂志上发表的两篇文章,一篇题为《辩证唯物主义:一种赞同的解释》(*Dialectical Materialism: A Friendly Interpretation*,第 23 卷第 2 期),另一篇题为《辩证唯物主义:进一步的讨论》(*Dialetical Materialism: A Further Discussion*,第 24 卷第 1 期)。这两篇文章的发表,引起了西方和苏联的关注。1958 年,美国《科学和社会》(*Science and Society*)杂志曾发表阿尔伯特·布鲁姆堡(Blumberg,Albert E.)的《科学与辩证法:再考察的引言》(*Science and Dialectics: A Preface to a Re-examination*,第 22 卷第 4 期)等评论文章。

在弗莱施塔特看来,辩证唯物主义的合理性表现在两方面,一是在世界观层面对"宇宙的本性"的探讨;二是强调辩证唯物主义的自然科学中的方法论功能。前者暴露出实证主义的缺陷,后者凸显出不可知论的不足,一种哲学立场(世界观)的意思就是对如下的广泛的问题的一种回答,即"宇宙的本性是什么?"在比较对这个问题的各种不同的回答(辩证唯物主义是其中之一)之前,必须克服如下两个直接的异议:(a)必须指出这个问题是一种合理的科学疑问,这是包括操作主义者在内的实证主义者所否认的;(b)必须指出科学方法论能够推导出一种回答,这是不可知论者所否认的。[①]

弗莱施塔特将辩证唯物主义与实证主义进行了对比,他认为,与辩证唯物主义相比,实证主义显现出如下不足:第一,不能对思维经济原则提供合理的说明,"没有为思维经济原则的正确性提出证明,除非是纯粹主观的证明"。而且"依据少数几个假说去说明,甚至去预见许多现象的可能性,看来纯粹是偶然的,事实上是非常令人不解的,而且,也没有任何理由来说明,为什么总的

① 汉斯·弗莱施塔特. 1965. 辩证唯物主义:一种赞同的解释//《哲学研究》编辑部. 外国自然科学哲学资料选辑(第7辑). 上海:上海人民出版社:2.

说来只有一个假说而不是几个假说将留下来变成一种理论"①。第二，由于实证主义者担心关于宇宙的本性的论断会成为形而上学的范畴，因此在他们那里，知识体系中不会包括宇宙整体的认识，"没有提出理由来说明为什么科学将容许形成关于个别知识领域（植物学、物理学）的假说，而不容许形成关于整个宇宙的本性的假说"②。第三，割裂知识的完整性，以伦理学为例，如果没有一种基本的哲学立场，就难于首尾一贯地来讨论伦理学。当然，人们为了讨论伦理学，可以采取一种哲学立场，并指出它与科学没有关系。但是，这与科学的通常趋势是相反的，科学的通常趋势是把人类所探究的完全不同的各个领域之间的联系描绘出来，而不是把它们分离开来。③ 第四，是一种非自然的哲学，"实证主义是一种非自然的哲学，事实上许多实证主义者本人（如杜恒）就承认了这一点。由于不具有某种关于宇宙的本性的观点，它在理性方面是不能令人满意的，大多数科学家就他们的日常工作而言，事实上具有一种明确的唯物主义世界观，因为他们从来没有真正怀疑他们所研究的材料的实在性。实证主义的目标——把感知到的和超科学的概念（如绝对静止、绝对时间）对于科学思维和推测的影响缩小到最低限度——是值得赞许的，但是在严肃的科学家中这种影响通常很难捉摸，因为它们反映于所提出的假说的型式中。既然实证主义丝毫没有说出假说的源泉，因此一个假说与另一个假说一样适于试用"④。

弗莱施塔特对在逻辑实证主义基础上发展起来的以布里奇曼（Bridgeman, P. W.）为代表的操作主义进行了评价，比较准确地指出了操作主义的不足。首先，在操作主义看来，科学应当清除一切现时不能以某种实验程序来肯定的概念，对于这一点，弗莱施塔特认为，"操作主义与一种更为陈旧的观点经验主义密切相关，经验主义否认人心能够创造概念，认为它只能记录和推论（人们甚至不能由太阳通常每天早晨升起这个事实推出它明天还会升起）"⑤。其次，对于操作主义将爱因

① 汉斯·弗莱施塔特. 1965. 辩证唯物主义：一种赞同的解释 //《哲学研究》编辑部. 外国自然科学哲学资料选辑（第 7 辑）. 上海：上海人民出版社：3.
② 汉斯·弗莱施塔特. 1965. 辩证唯物主义：一种赞同的解释 //《哲学研究》编辑部. 外国自然科学哲学资料选辑（第 7 辑）. 上海：上海人民出版社：3.
③ 汉斯·弗莱施塔特. 1965. 辩证唯物主义：一种赞同的解释 //《哲学研究》编辑部. 外国自然科学哲学资料选辑（第 7 辑）. 上海：上海人民出版社：3.
④ 汉斯·弗莱施塔特. 1965. 辩证唯物主义：一种赞同的解释 //《哲学研究》编辑部. 外国自然科学哲学资料选辑（第 7 辑）. 上海：上海人民出版社：3-4.
⑤ 汉斯·弗莱施塔特. 1965. 辩证唯物主义：一种赞同的解释 //《哲学研究》编辑部. 外国自然科学哲学资料选辑（第 7 辑）. 上海：上海人民出版社：4.

斯坦狭义相对论理论的发展作为自己的支持，弗莱施塔特表示出异议。一方面，爱因斯坦对牛顿力学的模型给予了批判，但是批判模型的同时爱因斯坦义无法避免地推导出了另一种新的宇宙模型。这种新的宇宙模型在明科夫斯基（Minkowski，Hermann）的几何学中得到了完整的呈现。另一方面，爱因斯坦相对论理论的进一步发展——广义相对论的表述中至少包含了一个不可以由操作程序推导出来的大胆推测，即质能关系式。因此，"操作主义者严重地损害了爱因斯坦，因为他们把他的作用归结为肮脏马厩的清扫工的作用。然而他有幸获得声望的基础却明明白白在于他作为新的模型的创造者的作用"①。

在有条件地肯定辩证唯物主义合理性的同时，弗莱施塔特指出辩证唯物主义在自然领域研究中的"缺陷"，"辩证唯物主义之运用于自然科学往往有如下的特点（例如在李森科的争论中）：定义模糊、立场僵硬，或老是以根本不适合于科学讨论的方式来争论。在这种争论中，假定的是什么和待证明的是什么、纯粹思考以及人身攻击，老是没有分辨清楚"②。

《辩证唯物主义：进一步的讨论》是《辩证唯物主义：一种赞同的解释》的姊妹篇，作者在这两篇文章写作时彼此是相互照应的。在《辩证唯物主义：一种赞同的解释》中，作者把讨论的重点放在正面的和系统的阐述上，意在从正面的角度阐释辩证唯物主义作为一种科学哲学的合理性。在《辩证唯物主义：进一步的讨论》中，作者的重点放在对辩证唯物主义观点和学说的内容讨论上。文章讨论的主要内容，一是批判了罗森菲尔德（Rosenfeld）对辩证唯物主义所作的解释。罗森菲尔德在《关于并协性的争论》的论文中，试图将辩证唯物主义与实证主义对量子力学互补性原理的解释调和起来。在罗森菲尔德看来，量子力学的非因果性解释与辩证唯物主义是一致的，甚至是辩证唯物主义的有益的例证。对此，弗莱施塔特指出，罗森菲尔德教授所企图进行的调和，是以重新下定义为基础的，即给辩证唯物主义加上一种与通常认为属于它所有的意义完全不同的意义。罗森菲尔德教授所作的并不限于对经典辩证唯物主义略加概括或使之现代化，或者以不同的重点或从不同的出发点来解释。罗森菲尔德教授毋宁说是提出了一种完全不同的哲学，他是从迥然相异的假定出发

---

① 汉斯·弗莱施塔特. 1965. 辩证唯物主义：一种赞同的解释//《哲学研究》编辑部. 外国自然科学哲学资料选辑（第7辑）. 上海：上海人民出版社：5.

② 汉斯·弗莱施塔特. 1965. 辩证唯物主义：一种赞同的解释//《哲学研究》编辑部. 外国自然科学哲学资料选辑（第7辑）. 上海：上海人民出版社：18.

的，只不过保留了某些旧的名词，而这些名词的意义则完全改变了。①二是指出实证主义和奥尔维尔（Orwell，George）"二元思想"的联系。对奥尔维尔离开人的意识就没有客观真理的"二元思想"进行分析，作者意在揭示彻底的实证主义所引起的某些困难。

弗莱施塔特对辩证唯物主义有条件的正面肯定和中肯的分析在当时是极为罕见的。不能不说，在 20 世纪 50 年代，苏联和西方各自对对方的研究都具有浓厚的意识形态色彩，总体上持相互否定的态度。因此，弗莱施塔特的文章很快引起了西方和苏联的注意与回应。美国学者阿尔伯特·布鲁姆堡在他的《科学与辩证法：再考察的引言》的评论文章中对弗莱施塔特给予了积极的肯定。他指出，对弗莱施塔特的研究，"应当作比一般的评价更高的评价"。首先，"他依据对于辩证法的科学态度，提出了他对于科学的辩证法的态度的要求"。而且，文章中所提及的科学家均是在他们自己的研究中以其成果验证了辩证法价值的人。②其次，弗莱施塔特为辩证法辩护，"他的辩护的热情没有受到教条主义、地方主义以及以权威代替论证的做法的损害"③。最后，弗莱施塔特的语言既摆脱了物理学生硬的公式，也避免了哲学语言的晦涩，使得科学家和哲学家之间能够进行有效合理的沟通。对于研究的不足，布鲁姆堡认为有三方面。首先是研究有待进一步加强。对于弗莱施塔特唯物主义要成为一种恰当的科学哲学必须用"辩证法的假说"来补充的观点，布鲁姆堡指出，不要孤立地来谈论辩证法，而要从彻底的唯物主义立场出发，这种立场不仅是正确的理论，它还使辩证法能为科学家所了解，这些科学家中大多数在他们的日常工作中具有"一种明确的唯物主义世界观"。但是，为了这样的目的，弗莱施塔特应当更加强调马克思所提出的唯物主义的辩证法与黑格尔的"神秘的"唯心主义辩证法之间的决然对立，"更加细致地研究这种对立，有助于进一步消除由现在流行的反黑格尔主义所引起的误解"④。其次是一些结论有待商榷。尽管弗莱施塔特努力地想对唯物主义本身作辩证法的解释，但是他在这里所作的正当的努力却使

① 汉斯·弗莱施塔特. 1965. 辩证唯物主义：一种赞同的解释//《哲学研究》编辑部. 外国自然科学哲学资料选辑（第7辑）. 上海：上海人民出版社：22.

② 阿尔伯特·伊·布鲁姆堡. 1965. 评《辩证唯物主义：一种赞同的解释》//《哲学研究》编辑部. 外国自然科学哲学资料选辑（第7辑）. 上海：上海人民出版社：43.

③ 阿尔伯特·伊·布鲁姆堡. 1965. 评《辩证唯物主义：一种赞同的解释》//《哲学研究》编辑部. 外国自然科学哲学资料选辑（第7辑）. 上海：上海人民出版社：43-44.

④ 阿尔伯特·伊·布鲁姆堡. 1965. 评《辩证唯物主义：一种赞同的解释》//《哲学研究》编辑部. 外国自然科学哲学资料选辑（第7辑）. 上海：上海人民出版社：46.

他得出了可疑的结论，如物质概念。弗莱施塔特的结论混淆了两种意义：一种是特殊的物质理论意义上的物质，一种是唯物主义假说意义上的"物质"。在前一种意义上，"物质"当然不是最后的东西，因为在辩证法看来，没有一种特殊的物质理论是最后的。但是，在后一种意义上，情况就不是这样了。因为唯物主义绝对肯定，自然界（不管当时科学是如何描述它的）之所以是物质的，在于它不以思维为转移而存在。如果是这样，除非是唯心主义的假说，有什么能代替这后一种意义上的物质概念呢？[①]最后是概念有待澄清。布鲁姆堡认为，弗莱施塔特在讨论辩证法时，主要强调了辩证法与形而上学的对立，忽视了辩证法与机械论的关联，在谈到力学时会产生一些混淆。

　　由此可见，布鲁姆堡的评论其实是研究的一种深入。这在当时的西方来说是一种很难听到的声音，因此显得尤为与众不同。他的文章也引起了苏联学者的注意，马里宁（Малинин，В. А.）在他的文章中对弗莱施塔特的工作表示了谨慎的欢迎。马里宁首先对弗莱施塔特关于实证主义和操作主义的批判表示了欢迎，但却仅仅是出于评论的目的而做了常规的介绍，认为这种批评"特别有意思"。这反映了当时研究的实际状况，对 20 世纪逻辑实证主义的批评，西方学者远远赶不上苏联的深刻。因此，尽管这种批评是出自他们"自己人"之口，就其理论分析的内容本身而言，苏联学者既不感到新鲜，也不会感到有多大的理论价值。对于苏联学者来说，最感兴趣的莫过于弗莱施塔特对辩证唯物主义的肯定。马里宁认为，西方学者对辩证唯物主义的积极评价主要是源于辩证唯物主义思想指导下苏联科学的巨大成功，"资本主义世界中现代科学的矛盾和奠定在牢固的辩证唯物主义基础上的苏联科学的成就，极其有力地引起资本主义国家的先进学者对辩证唯物主义的关注"[②]。而且，也表明西方的学者正在转向辩证唯物主义，"弗莱施塔特反对这样忽视唯物辩证法的成就以及依据唯物辩证法所获得的自然科学和社会科学的成就。但是其意义不仅在于一个大学者承认唯物辩证法，而见在于这种承认是资本主义世界许多诚实的学者转向辩证唯物主义，转向科学的世界观的普遍趋势的征兆"[③]。尽管如此，对身为西方学

---

① 阿尔伯特·伊·布鲁姆堡. 1965. 评《辩证唯物主义：一种赞同的解释》//《哲学研究》编辑部. 外国自然科学哲学资料选辑（第 7 辑）. 上海：上海人民出版社：46.

② В. А. 马里宁. 1965. 从伪哲学到科学的世界观 //《哲学研究》编辑部. 外国自然科学哲学资料选辑（第 7 辑）. 上海：上海人民出版社：51.

③ В. А. 马里宁. 1965. 从伪哲学到科学的世界观 //《哲学研究》编辑部. 外国自然科学哲学资料选辑（第 7 辑）. 上海：上海人民出版社：51.

者的弗莱施塔特的批判是必不可少的。马里宁指出弗莱施塔特存在不确切的地方，弗莱施塔特把作为和研究物质世界的具体科学问题混淆起来了，他断言辩证唯物主义应当承认根据某些现在尚未认识的其他概念来解释物质的可能性，也是有问题的。哲学不确切的问题使得他在某种程度上离开了正确的立场，即他把辩证唯物主义看作是最值得相信的"哲学假说"，"对于辩证唯物主义使用'假说'这一术语，即使是从最好的心愿出发，也不能反映辩证唯物主义的实际作用和内容"[①]。

2. 专题研究时期（20 世纪 60 年代初至 20 世纪 90 年代初）

进入 20 世纪 60 年代，西方的研究逐渐清晰具体。相继出版了一些围绕自然科学各门学科或相关主题研究的著作，如希格弗利德（Siegfried，M.）于 1960 年出版的《爱因斯坦和苏联哲学》（*Einstein und die Sowjet Philosophie*）、费耶阿本德 1966 年的《辩证唯物主义和量子论》（*Dialectical Materialism and the Quantum Theory*）。形成较大影响的有 2 部著作，一部是大卫·约拉夫斯基于 1961 年在哥伦比亚大学出版社出版的《苏联马克思主义和自然科学，1917—1932》（*Soviet Marxism and Natural Science*，1917—1932）；另一部是格雷厄姆于 1972 年出版、1987 年再版的《苏联自然科学、哲学和人的行为的科学》（*Science，Philosophy and Human Behavior in the Soviet Union*）。

《苏联马克思主义和自然科学，1917—1932》的出版，立即引起了广泛的注意。在西方极度缺乏对苏联科学哲学和科学史研究的状况下，这部书受到了极大的欢迎，被十余家期刊介绍和评论，产生了较大的影响。书中讨论了五部分的内容：第一部分，革命前的遗产；第二部分，苏联建国——1917—1929 年；第三部分，实证主义的反常拒斥；第四部分，重大突破——1929—1932 年；第五部分，第一阶段的物理和生物学。这部著作反映了 20 世纪 20 年代苏联马克思主义领域中围绕自然科学而发生的意识形态争论。书中研究了共产主义意识形态的发展，尤其是这种意识形态对自然科学哲学问题研究的作用。作者力图辨别，苏联的自然科学哲学研究，哪些问题是基于科学的发展，哪些问题是作为科学家身份的思考，哪些问题是作为党的宣传员而必须为之。

在第三部分——实证主义的反常拒斥中，作者饶有兴味地将辩证唯物主义的真理标准与实证主义联系起来。作者认为，辩证唯物主义将实践作为真理的

① В. А. 马里宁. 1965. 从伪哲学到科学的世界观//《哲学研究》编辑部. 外国自然科学哲学资料选辑（第 7 辑）. 上海：上海人民出版社：53.

绝对标准，而马克思主义在自然科学中所强调的实践，其实是实证主义的应有之义，实证主义内在地包含了自然科学的实践特征。而且，马克思主义辩证法的基本主张回避了有关自然科学的形而上学和实证主义的矛盾。[①]所以，作者认为，苏联哲学界对实证主义的批判很是反常，是马克思主义"标签化"和政治偏见导致的。无论怎样，"自然科学中的马克思主义会像以往那样继续保留——苏联的自然科学家一直这样做并且会继续这样做——寻求实验手段和经验证据以揭示物理宇宙的本质和定律，也许在这个意义上，实证主义很流行"[②]。

1972 年，格雷厄姆的《苏联的科学与哲学》出版，这部著作"立刻成为研究苏联科学史及其与马克思主义哲学关系的标准的工作"[③]。全书包括如下各章节：序言；导言——本书所论述内容的背景；辩证唯物主义——苏联马克思主义的科学哲学；量子力学；相对论；宇宙论和宇宙起源学说；遗传学；生命起源；结构化学；控制论；生理学和心理学；附录———李森科（Lysenko）和日丹诺夫（Жданов，А. А.）；附录二——穆勒（Muller，H. J.）论列宁和遗传学。15 年后的 1987 年，该书再版题为《苏联自然科学、哲学和人的行为的科学》，内容上增添了 2 章："天然与后天的争论"和"生物和人类：专门的主题"。保留下来的章节，如辩证唯物主义、生命起源、遗传学、生理学和心理学、赛博和计算机、化学、量子力学、相对论物理学、宇宙论等，虽然每章都增添了 3—8 页的内容，在叙述这些成就时，日期也延伸至 20 世纪 80 年代的中后期，但总的说来，没有实质性变化。

对格雷厄姆这部材料冗长的著作进行梳理，我们看到，这部著作最值得人们注意的研究在以下两方面。

第一，真实还原苏联科学界的争论。首先是分析科学界争论的实质。在格雷厄姆这部著作问世之前，西方对苏联自然科学哲学问题的研究大多持政治偏见，认为这些领域中的争论并不来自科学和哲学本身，纯粹是出于服务政治的目的与满足意识形态的要求。在格雷厄姆看来，苏联关于辩证唯物主义和科学出版和发表了大量的书籍和讨论文章，如果以严肃的态度来看待这些讨论，必须要厘清苏联学者所讨论的这些问题是"真问题"，还是仅仅为政治而"制造"

---

① DeWitt N. 1962. Soviet Marxism and natural science，1917-1932. The American Historical Review，（2）：419.

② DeWitt N. 1962. Soviet Marxism and natural science，1917-1932. The American Historical Review，（2）：420.

③ de George R T. 1988. Marxism and Soviet science：science，philosophy，and human behavior in the Soviet Union．Science，（4842）：923.

出来的问题。[①]其次是争论的内容。在格雷厄姆之前，西方的关注点主要集中在遗传学领域以及李森科事件，以此推广到苏联整个科学领域，在对其他领域争论的状况缺乏细致、完整了解的情况下，夸大了政治因素对科学研究的"干扰"。格雷厄姆的著作第一次向西方学者介绍了除遗传学外，在相对论物理学、量子力学、化学中的共振论、宇宙论、生命起源和精神心理学等领域发生的争论，其为西方世界完整地了解苏联科学提供了极大的帮助。

格雷厄姆认为，西方学者普遍关注的遗传学领域并不能代表苏联辩证唯物主义和科学的全部实际状况，反倒是"在苏联国外人们所最不清楚的争论——关于量子力学的争论——却非常密切地涉及作为一种科学哲学的辩证唯物主义。毫不奇怪，这场特殊的争论中所使用的字眼，非常接近于其他国家展开的、关于量子力学的争论中所使用的那些字眼"[②]。量子力学的争论之所以重要，是因为一方面量子力学的测量定理强调观察者的作用，另一方面量子力学的概率决定也给确定性的因果关系带来否定。这两方面似乎更加有利于唯心主义，辩证唯物主义必须面对这一新的"挑战"。苏联时期，有关这方面研究的文献汗牛充栋，遗憾的是，西方学者仅仅把这场席卷整个苏联物理学界和很多哲学家积极参与的重大争论看成是内容简单、结论武断的政治行为，并未深入考察这场论战的直接参加者［如布洛欣采夫（Блохинцев, Д. И.）、奥米里扬诺夫斯基和福克等人］的论著和观点。而实际上，"在这次讨论的过程中，在苏联逐渐形成了几种被认为是与辩证唯物主义相一致的对量子力学的解释。从科学的观点看来，这些解释也是具有重要性的"[③]。

第二，客观回答马克思主义是否真实地影响了苏联的科学研究。从广义上讲，社会、文化、政治和意识形态影响科学是真实的状况，"在科学史上，政治影响既不会令人感到惊奇，也不是独一无二的；更确切地说，政治影响是科学史的一部分"[④]。在辩证唯物主义和科学的关系上，苏联学者的研究呈现出两种状况。一种是严肃对待，认真研究；另一种是大贴标签，简单嫁接。苏联有相当一批学者，他们对待马克思主义和科学的研究，态度是真诚且十分认真的。他们真诚地对待辩证唯物主义，以自己的思考，而不是以官方的宣传引导为前提，扎扎实实地推进有关研究。他们如此认真地对待辩证唯物主义，以致他们

① L. R. 格雷厄姆. 1978. 苏联国内的科学和哲学（上）. 丘成，朱狄译. 世界哲学，(2): 48.
② L. R. 格雷厄姆. 1978. 苏联国内的科学和哲学（上）. 丘成，朱狄译. 世界哲学，(2): 49.
③ L. R. 格雷厄姆. 1978. 苏联国内的科学和哲学（上）. 丘成，朱狄译. 世界哲学，(2): 50.
④ L. R. 格雷厄姆. 1978. 苏联国内的科学和哲学（上）. 丘成，朱狄译. 世界哲学，(2): 48-49.

拒绝接受苏联共产党就这种哲学发表的官方声明；他们努力发展他们自己对自然界的辩证唯物主义解释，将技术性很强的文章作为对付审查人员的屏幕。①由于这种研究的目的首先是发展理论自己，并没有把官方的需求放在第一位，因此不可避免地会受到批评。"在苏联，他们不仅受到那些不赞成任何人暗示哲学会影响他们的研究工作的科学家（到处都有这类科学家）批评，而且受到那些辩证唯物主义的官方卫士批评，这些卫士虽然认为哲学有这样的效果，却又想让党在知识领域的发言人来对这种效果下定义。"②虽然如此，他们仍然坚信自己才是不折不扣的辩证唯物主义者。正是这部分人的贡献，才使得"苏联的研究者真诚地认为，一大批有才能的苏联科学家在辩证唯物主义的思想框架内做出了杰出的科学贡献，而且，并饶有兴味地将这些科学成就视为唯物主义哲学的最新发展"③。

当然，另一种研究在苏联不仅大有人在，而且还得到了官方的首肯和鼓励。这种研究将自然领域中的研究成果贴上马克思主义的标签，以彰显马克思主义在指导自然科学研究方面的与众不同。这种研究既不深入也不能以理服人，并不是真正地对马克思主义负责，但却能得到官方的认可甚至褒奖。西方学者眼中的马克思主义与科学的研究往往格外重视这方面，忽视了苏联本就存在着的严肃认真的研究，看法偏颇也就无法避免。这种偏颇表现在三方面，首先，以点带面，妄自推断整个自然领域研究中的"政治干涉"。在这方面，李森科事件为他们提供了百读不厌的案例。例如，1975 年 2 月 16 日，罗伯特·托特（Toth，Robert）在《洛杉矶时报》上发表副标题为《遗传学的先导不是科学而是政治》的文章。把苏联的遗传学视为政治操纵科学的范例，认为在苏联的遗传学发展中，损害科学发展的政策高过一切。④其次，肯定科学成就，但否定相关的哲学分析。1974 年底，美国《生物科学》杂志第 10 期发表了对苏联生物学家杜比宁（Дубинин，Н. П.）的《永恒运动》一书的长篇评论。在肯定杜比宁生物学领域的理论贡献的同时，对其所作的哲学分析给予了委婉的否定。"关心科学正直性的读者，只能对杜比宁的贡献表示赞赏，尽管他的解释和观点并不

---

① L. R. 格雷厄姆. 1978. 苏联国内的科学和哲学（上）. 丘成，朱狄译. 世界哲学，（2）：49.

② L. R. 格雷厄姆. 1978. 苏联国内的科学和哲学（上）. 丘成，朱狄译. 世界哲学，（2）：49.

③ Graham L R. 1987. Science, Philosophy and Human Behavior in the Soviet Union. New York: Columbia University Press: 1.

④ Н. П. 杜比宁. 1987. 论生物学中的哲学斗争//奥米里扬诺夫斯基. 现代自然科学中的哲学思想斗争. 余谋昌，邱仁宗，等译. 北京：商务印书馆. 此处译文转引自黑龙江省自然辩证法研究会. 1983. 苏联科学、哲学与社会研究资料（内部资料）. 73.

总是令人赞同和高兴。"①最后，割裂辩证唯物主义与自然科学的关系。这种偏见认为，辩证唯物主义只是事后对科学成就做政治和教条主义的解释。尽管由所谓的唯心主义科学家完成的重大科学成就并不能成功地保护唯心主义，反倒是经过辩证唯物主义事后的重新解释，成了辩证唯物主义正确性的证据。这足以说明，"辩证唯物主义具有充分的韧性，它能够适应科学中的任何发现。因此，辩证唯物主义其实什么也没有，它只是个空集"②。

格雷厄姆的公允性在于，他不像西方多数学者那样只关注后一种研究，而是报以客观的态度，以全面的视角和翔实的研究对苏联的自然科学哲学研究给予了整体的观察。对于西方学者对李森科事件的渲染，格雷厄姆指出，"我的这项研究所产生的更加具体的结论之一是，在苏联国外人们所最熟悉的争论——关于遗传学的争论——从哲学的意义来看，是同辩证唯物主义关系最小的。在辩证唯物主义的哲学体系中，没有任何东西对李森科的任何一个观点给予明显的支持"③。而且，格雷厄姆有说服力地论证了，苏联科学家坚信辩证唯物主义，并且相信辩证唯物主义会给他们的科学研究带来积极的影响，我确信，辩证唯物主义影响过某些苏联科学家的工作，以致在某些情况下，这些影响帮助他们取得了那些使他们在外国同行中得到国际承认的观点。所有这些，不仅对研究俄国的工作是重要的，而且对整个科学史也是重要的。④

格雷厄姆的研究在西方国家中产生了广泛的影响，对西方国家的苏联研究起到积极的作用。在狄乔治（de George，Richard T.）看来，格雷厄姆关于辩证唯物主义和苏联科学发展关系的讨论，为西方的研究提供了一个难得的案例。因为"我们几乎不清楚，科学家们的哲学信念——马克思主义的或理想主义的或不可知论的关于实在的终极本质的理解——给他们的科学带来了哪些不同"⑤。所罗门（Solomon，S. G.）指出，格雷厄姆的著作使西方学者研究苏联的角度发生了改变，"20 世纪 60 年代，科学史家是考察辩证唯物主义作为科学家的主宰时苏联科学和哲学的关系，而现在则是考察辩证唯物

① 此处译文转引自黑龙江省自然辩证法研究会. 1983. 苏联科学、哲学与社会研究资料（内部资料）. 74.

② de George R T. 1988. Marxism and Soviet science: science, philosophy, and human behavior in the Soviet Union. Science, (4842): 923.

③ L. R. 格雷厄姆. 1978. 苏联国内的科学和哲学（上）. 丘成，朱狄译. 世界哲学, (2): 49.

④ L. R. 格雷厄姆. 1978. 苏联国内的科学和哲学（上）. 丘成，朱狄译. 世界哲学, (2): 49.

⑤ de George R T. 1988. Marxism and Soviet science: science, philosophy, and human behavior in the Soviet Union. Science, (4842): 923.

主义作为苏联科学家专业训练一部分所造成的影响"①。

3. 学术探讨时期（20 世纪 90 年代初至今）

这一时期，研究俄苏科学哲学的代表性人物是 1994 年在都柏林城市大学获得永久教席的海勒娜·希恩（Sheehan, Helena），她的著述主要有：1985 年出版、1993 年再版的《马克思主义和科学哲学：一个关键的历史》（Marxism and the Philosophy of Science: A Critical History）；2004 年出版的《爱尔兰的电视节目：社会及其传说》（Irish Television Drama: A Society and Its Stories）；2007 年发表的文章《马克思主义与科学研究：几十年来的一个覆盖》（Marxism and Science Studies: A Sweep Through the Decades）。研究主题逐渐向以下四个方面聚焦：对马克思主义与科学的关系进行研究，对俄苏科学哲学发展的历史道路进行总结，分析、总结、评价当代俄罗斯科学哲学的理论成就及其特征，俄苏科学哲学发展的未来趋势。

在《马克思主义和科学哲学：一个关键的历史》一书中，海勒娜·希恩写道，该著作尝试将马克思主义发展作为科学哲学的一种历史阐释，并对所涉及的问题进行一种哲学分析。该著作涵盖了马克思主义存在的 100 年，始于 19 世纪 40 年代中期马克思和恩格斯的哲学思想的成熟形态，直到 20 世纪 40 年代中期共产国际的解散为止和第二次世界大战。该著作论述了在辩证唯物主义发展中马克思主义作为科学哲学的主流传统，并论述了后继者倡导其他哲学观点的不同流向。该著作显示了马克思主义传统比通常所想象的更为复杂和更多的分化，体现了（马克思主义者）为争取发展道路的每一步所进行的激烈而又生动的争论。②全书共有 5 章。第一章标题为"奠基者：恩格斯、马克思与自然辩证法"（The Founders: Engels, Marx & the Dialectics of Nature）。介绍了 19 世纪的科学和哲学背景，马克思主义的出现；恩格斯的 3 部著作——《自然辩证法》《反杜林论》《费尔巴哈和德国古典哲学的终结》，唯物辩证法，辩证法的规律，哲学和自然科学的关系，科学史以及人类的进化问题；评价恩格斯的问题与缺陷，马克思哲学与马克思恩格斯之间的关系，反对和支持恩格斯的种种观点；等等。第二章标题为"新生代：第二国际的马克思主义"（The New Generation: The Marxism of the 2nd International）。展开的内容有：新世纪的来

---

① Solomon S G. 1982. The social context of Soviet science. British Journal for the History of Science, (15): 190.

② 转引自安维复. 2012. 马克思主义作为科学哲学——海勒娜·希恩的《马克思主义与科学哲学》. 社会科学, (4): 110.

临，新康德主义复兴（neo-Kantian revival）以及新康德主义对马克思主义的解释，伯恩斯坦（Bernstein）以及改良主义的争论，李普克内西（Liebknecht）对保卫正统的努力，考茨基（Kautsky）与梅林（Mehring）之间的争论，奥地利的马克思主义者，俄罗斯马克思主义者普列汉诺夫（Plekhanov）与列宁，等等。第三章标题为"东方转向：俄罗斯人的马克思主义与十月革命前的争论"（The Shift Eastward：Russian Marxism & Pre-Revolution Debates）。主要内容包括：俄罗斯马克思主义的特点，合法的马克思主义者、经济主义者以及布尔什维克（Bolsheviks）和孟什维克（Mensheviks）的分裂；1905 年的俄罗斯革命，物理学危机，马赫主义，俄国的马克思主义者波格丹诺夫（Богданов，A.）、普列汉诺夫和列宁及其批评者和捍卫者；等等。[①]第四章标题为"十月革命：马克思主义占支配地位"（The October Revolution：Marxism in Power）。主要内容包括：俄国十月革命的初期，文化的变革，布尔什维克的科学家和哲学家，新体制的建立，科学哲学的其他流派如马赫主义对俄国马克思主义的影响，资产阶级科学与无产阶级科学的划界，米宁（Минин，C. K.）的庸俗唯物主义，机械论，托洛茨基，布尔什维克化运动，德波林学派及其反对德波林学派的新转向，1931 年的科学史国际会议上的苏联代表团与《十字路口的科学》，布哈林的"马克思主义及其当代思想"，科学领域的争论，李森科主义，斯大林及其哲学，苏维埃的学术生活——激烈的阶级斗争和大清洗，等等。第五章标题为"共产国际有关自然辩证法的争论"（The Comintern Period：The Dialectics of Nature Debate）。主要内容包括：共产国际的形成，哲学与共产主义——最低纲领和最高纲领；德国的左派，卢卡奇（Lukács）与科尔施（Korsch）及新黑格尔主义的复兴，卢卡奇的历史与阶级意识，科尔施的马克思主义和哲学；共产国际的布尔什维克化，葛兰西（Gramsci）的马克思主义，20 世纪 30 年代的科学哲学；英国的马克思主义，贝尔纳和霍尔丹，列维和豪格本，李约瑟博士；法国的马克思主义；德国和奥地利的马克思主义者；法兰克福学派；马克思主义与维也纳学派；美国的马克思主义；等等。[②]

　　海勒娜·希恩在《马克思主义与科学研究：几十年来的一个覆盖》一文中概述了马克思主义对科学研究的独特贡献。追溯了几十年来马克思主义从起源

---

① Laibman David. 1985. Marxism and the Philosophy of Science：A Critical History. Volume I：The First Hundred Years by Helena Sheehan. Science & Society, （3）：368.

② 安维复. 2012. 马克思主义作为科学哲学——海勒娜·希恩的《马克思主义与科学哲学》. 社会科学，（4）：110-111.

到当代危机的思想轨迹。文章触及一些核心事件，如 1931 年伦敦国际科学史大会苏联代表团的到来，以及在这次国际会议之后马克思主义者和其他国家的交流。重点讨论了马克思主义对几代科学工作者的影响。考察了马克思主义对当代科学研究的影响。认为马克思主义作为一种积极的解释不仅为过去做出了理论贡献，而且在目前甚至未来都拥有强大的解释力。①

　　以海勒娜·希恩为代表的研究，可以总结成四个方面。首先，对马克思主义与科学的关系进行研究。海勒娜·希恩认为，马克思主义科学哲学提供了一个综合的世界观。她非常赞赏贝尔纳的工作，因为"贝尔纳认为马克思主义提供了这样一个综合的世界观。这是一种来自科学的哲学，从科学的角度来透视科学，照亮科学的前进道路。它提供了一种协调科学实验结果，并指出新的实验路径的方法，提供了阐明并统一彼此存在相互关系的科学不同分支学科，以及其他人类活动成果的方法。它呼吁科学学，它看到了辩证唯物主义能够作为一种整合科学的方法，提供了理解科学的深刻的社会历史视角"②。马克思主义在本质上是科学与哲学的统一，今天，马克思主义作为拴在科学发展上的一个世界观解读绝不是处在一个无可争议的位置。这不是什么秘密，现在有许多思想抗争流派，都宣称体现了马克思主义的正确解释，其中一些流派明确放弃了世界观的理想，明显地敌视自然科学，而另一些则迷恋于古怪的科学概念，倾向于对哲学采取贬损的态度。然而，马克思主义的传统主流捍卫了恩格斯提出的科学和哲学的融合。③

　　其次，对主流科学哲学提出了合理的批评，指出西方科学哲学并不是 20 世纪科学哲学发展的唯一一条路线，不应忽视科学哲学研究的马克思主义传统。西方科学哲学自身的发展存在问题，西方科学哲学立足于一个过于狭窄的基础，有着太苛刻的使用标准，因此漏掉了太多的也都是太真实的画面。把发现的语境与证实的语境严格地剥离开来，逻辑实证主义和逻辑经验主义学派只用后者去正当关切科学哲学。④马克思主义指导下的科学哲学有自己的发展道路，

① Sheehan H. 2007. Marxism and science studies: a sweep through the decades. International Studies in the Philosophy of Science, 21（2）: 197.

② Sheehan H. 2007. Marxism and science studies: a sweep through the decades. International Studies in the Philosophy of Science, 21（2）: 200.

③ 安维复. 2012. 马克思主义作为科学哲学——海勒娜·希恩的《马克思主义与科学哲学》. 社会科学，（4）: 112.

④ 安维复. 2012. 马克思主义作为科学哲学——海勒娜·希恩的《马克思主义与科学哲学》. 社会科学，（4）: 112.

"毫无疑问，19 世纪和 20 世纪的科学哲学主要代表人物为马赫、卡尔纳普、波普尔、库恩、拉卡托斯、费耶阿本德。……但是，我要提醒人们注意，在这种语境下往往被忽略一个事实，那就是这条线索并不是 19 世纪和 20 世纪科学哲学发展的唯一一条主要路线"①。科学哲学的研究不应忽视马克思主义传统，"学术界部分学者所从事的研究好像是科学哲学的'唯一的故事'，即从维也纳学派起始，通过波普尔、拉卡托斯到库恩。哲学系中的科学哲学很少从某个侧面来看其他的传统。恩格斯、布哈林、格森、贝尔纳、霍尔丹、朗之万和霍尔兹以及其他许多人的工作从未被提及"②。而且，马克思主义科学哲学也具有不可替代性，"马克思主义对科学的社会历史性提出了强烈的主张，对历史上的任何思想传统，都始终肯定其认知成就。科学被视为不可避免地与经济系统、科技发展、政治运动、哲学理论、文化思潮、道德规范、思想阵地，以及一切与人类相关的事物联系在一起。这也是一个进入自然世界的途径。对于自然世界因何如此的复杂性问题，马克思主义有研究、有文本、有理论、有辩论、有探索。客观主义/建构主义的二分法无法捕捉科学认识的动力。内在论/外在论的二元区分也不曾对历史进程中的主要推动力量给出明确的判断"③。

再次，肯定马克思主义科学哲学的思想优势。对于海勒娜·希恩来说，"我感兴趣的是马克思主义作为一种综合性的世界观。打动我的是，智力活动根植于社会历史的力量这样一种解释方式。我看到了我一直在学习的洞穿整个哲学史的新方法。我在这个新方法中看到了一切，这是一种能够建立一切事物相互联系的方法：哲学、文化、政治、经济和科学。我决定把重点放在科学的相互联系网中，因为这是我最需要理解的"④。她进一步总结道，马克思主义关于这些问题的回答最有意义的地方是：①它把科学理论视为无法逃避的编织成的世界观；②对于科学知识的社会历史特性，它的主张非常强硬；③它没有认识到与科学合理性相冲突的这些方面。马克思、恩格斯看到了科学历史是以这样一种方式展开的，科学是在整个世界观的范围内从事的认知活动，反过来又在它

---

① 安维复. 2012. 马克思主义作为科学哲学——海勒娜·希恩的《马克思主义与科学哲学》. 社会科学,（4）: 112.

② Sheehan H. 2007. Marxism and science studies: a sweep through the decades. International Studies in the Philosophy of Science, 21（2）: 202.

③ Sheehan H. 2007. Marxism and science studies: a sweep through the decades. International Studies in the Philosophy of Science, 21（2）: 197.

④ Sheehan H. 2007. Marxism and science studies: a sweep through the decades. International Studies in the Philosophy of Science, 21（2）: 201.

内部出现了社会经济规律的本质形成。这种科学的特性没有从他们眼中的科学中带走任何东西。过去的科学以过去的世界观为基础，以过去的生产关系为基础，这在人类认识的进化中都是必要的阶段。有必要揭露歪曲科学发展的过去和现在已被取代的意识形态。甚至，有必要把这一进程推展到下一个阶段：在新世界观的背景下，在争取新的社会秩序和新的生产关系的背景下，科学进一步得到发展。①不仅如此，即使是在今天，"马克思主义依旧是一种替代。在这个领域中任何理论都比不上。这是一种观察世界的方式，呈现出内在联系的、过程性的复杂世界图景，而其他人看到的只是不联系的和静态的细节。它还是一种方法，以此揭示经济结构、政治制度、法律规范、道德规范、文化趋势、科学理论、哲学观点，甚至是常识等所有这一切是怎样成为基于生产方式而形成的历史发展模式的结果"②。马克思主义在当今时代仍具有重要的意义，从一开始，马克思主义传统就勇敢地以阐述科学时代性的哲学蕴含为任务，去着眼于规划能胜任时代的科学世界观。恩格斯的反实证主义唯物论是一个非常了不起的成就。他并没有畏缩于那些困惑哲学家时代的基本问题，而是坚持用最佳的时代经验知识去尝试回答这些哲学问题。在这样做时，他不仅奠定了科学世界观的基础，还提出了许多观点，如还原论、科学历史和科学发现逻辑，这些不仅预测了而且超前了某些当代理论。纵观其后来的历史，恩格斯的思想经受住了来自自然科学中的革命性进展以及哲学新趋势和新的政治形态出现的挑战，尽管这些进展每一步都会产生新的矛盾、新的争议。③

最后，从马克思主义的立场出发对科学知识社会学给予分析。马克思主义科学哲学主张将科学、哲学和社会历史的发展综合起来考察。"从一开始，整个事业已被坚定地置于一个更加广泛的社会历史背景中。科学哲学不是被独立的科学哲学家自发设计出来的独立理论。科学也不是独立科学家在封闭的实验室里毫无感觉地发现世界事实的直接堆积。马克思主义者已经把哲学、科学和科学哲学，乃至所有知识文化的各个方面看作是彼此相互交织并且结成一个共同社会模式的全部。并非偶然的是，科学哲学中的整个独特传统已经出现和发展在这样一个独特的马克思主义的社会理论和政治运动的关系中。马克思主义带

---

① 安维复. 2012. 马克思主义作为科学哲学——海勒娜·希恩的《马克思主义与科学哲学》. 社会科学，（4）：112-113.

② Sheehan H. 2007. Marxism and science studies: a sweep through the decades. International Studies in the Philosophy of Science, 21（2）: 207.

③ 安维复. 2012. 马克思主义作为科学哲学——海勒娜·希恩的《马克思主义与科学哲学》. 社会科学，（4）：112-113.

着对资本主义的批判，劳动价值理论，作为阶级斗争的历史唯物主义的解释，对社会主义革命的呼吁进入历史的舞台。它也用同样的行动制定了整个知识社会学学科的传统前提和科学编史的外在论的传统。"[1]

马克思主义科学哲学概念要求明晰，研究语境厚重，"对我来说，马克思主义已经培育了概念化和语境化的要求，其概念化要求强大且透彻，其语境化要求厚重且全面。许多科学的社会研究，包括一些与强纲领相关联的研究，在概念化和语境化方面也仍显得太弱。这并不是否认爱丁堡学派在这一领域取得的重大贡献，他们在科学史引人瞩目的实证研究中给我们提供了最令人印象深刻的成果，将社会结构与宇宙论联系起来，强调在科学争论中阶级利益与所持立场的关联。他们反对看到毫无问题的、不需要社会学解释的、没有社会因素扭曲或损坏的科学史，不认为这种科学史是正确的、理性的"[2]。在科学知识社会学的强纲领那里，知识被看作一种产品，不是被动地个体感知，而是相互作用的社会群体。科学理论不是单独揭示，而是社会建构的。这些主张与马克思主义的观点有共同之处。与马克思主义不同的是，他们认为科学知识是附属社会的，没有提供整体的世界图景，不必与有关社会秩序和自然世界的知识相连接，没有科学进步的概念，没有存在差异的评估标准。对于他们来说，社会团体只是选择理论作为资源来满足他们的目的。他们反对与其他的文化形式对话，反对科学的划界标准，进而反对给予科学崇高的地位。这对于我们进一步深入了解科学认知和社会各方面之间的关系来说，无疑显得太过随机，太过松散，矛盾过于突出。[3]20 世纪 90 年代的科学战争加剧了这种紧张的状态。

马克思主义科学哲学有着强大的理论能力，是拨清科学哲学种种混乱思潮的有力武器。"我同意这样一些人的观点，他们力图捍卫科学的认知能力，反对认识论中的反实在论、非理性主义、神秘主义、因袭主义，尤其是反对后现代主义的任何主张。"马克思主义对科学的社会历史分析是科学哲学解困的重要方向，"我也同意那些坚持强硬的科学社会历史的主张，反对科学主义。一个根植于马克思主义传统的更好的主张已经承担起这些问题的说明并为这些问题的合

---

① 安维复. 2012. 马克思主义作为科学哲学——海勒娜·希恩的《马克思主义与科学哲学》. 社会科学，（4）：113.

② Sheehan H. 2007. Marxism and science studies：a sweep through the decades. International Studies in the Philosophy of Science，21（2）：206.

③ Sheehan H. 2007. Marxism and science studies：a sweep through the decades. International Studies in the Philosophy of Science，21（2）：206.

理解决指明了方向"①。

海勒娜·希恩对马克思主义指导下的科学哲学充满信心，她公允地指出，"马克思主义在哲学史上一直占有重要地位，它一直是科学研究的一种形成力，并对科学研究产生了持续的影响。在知识世界中，这种影响力没有什么理论能比得上，它仍然比许多人认为的更具影响力"②。

（二）俄苏的西方科学哲学研究

俄苏的西方科学哲学研究始于 1925 年，其标志是苏联科学院世界经济和世界政治研究所的建立。该所的主要任务是对美国的政治、经济和国家状况进行了解，为国家领导人的重大决策提供咨询。俄苏的西方研究，一个重要的转折点是 1956 年 2 月，苏共中央政治局委员、部长会议副主席米高扬（Микоян，А. И.）在苏共二十大的讲话。他在讲话中指出，苏联对现代资本主义没有展开充分的研究。从这次讲话开始，俄苏的西方研究开始得到加强。③

俄苏学者对西方科学哲学的研究，从内容和范围来看，可以概括为两个方面。研究的第一方面是从整体上对西方科学哲学进行评述和分析，包括宏观研究和微观研究两个方面。宏观研究是指对西方科学哲学的哲学导向和思想渊源的研究，以说明研究的"资产阶级性质"。微观研究指的是对西方科学哲学的理论内容和研究主题进行研究，如波普尔的否证真理观和科学革命等。研究的第二方面是西方科学哲学的自然科学论据，如 20 世纪 50 年代对逻辑经验主义建立的重要基础——数理逻辑和物理学所做的批判性分析。这些方面的研究在俄苏学者科学哲学发展的不同时期相继展开，重点各有不同。总体上讲，50 年代前后主要集中在宏观研究和自然科学的哲学分析。60 年代到 80 年代末期，随着苏联科学哲学研究的"认识论转向"，对西方科学哲学研究的重点转移到了基本理论和研究主题的分析。苏联解体以后，俄罗斯对西方科学哲学的意识形态壁垒渐渐消退，俄苏学者将西方后历史主义时代的相关研究成果有机地纳入自身的发展逻辑和理论体系中。

我国学者贾泽林认为，自第二次世界大战以后，俄苏哲学界对现代西方哲

---

① Sheehan H. 2007. Marxism and science studies: a sweep through the decades. International Studies in the Philosophy of Science, 21（2）: 206.

② Sheehan H. 2007. Marxism and science studies: a sweep through the decades. International Studies in the Philosophy of Science, 21（2）: 207.

③ E. 施纳伊德尔. 1990. 苏联的西方研究机构. 草纯编译. 国外社会科学,（7）: 70.

学的研究，曾经使用过三种不同的表达方式，分别是"现代资产阶级哲学批判"、"批判地分析现代资产阶级哲学"以及"对西方哲学学说进行恰如其分的和建设性的批判"。贾泽林认为，这些不同的提法和用语的变更，反映出俄苏哲学界对现代西方哲学的态度、观点和评价的变化。[①]作为哲学重要部分的科学哲学同样身处于这样的背景之中，与之相适应，俄苏的西方科学哲学研究也经历了简单批判—批判分析—建设性批判三个阶段。

1. 简单批判阶段（20 世纪 40 年代至 20 世纪 50 年代中期）

俄苏对西方科学哲学的研究，从起步看并不算晚。20 世纪 30 年代，逻辑实证主义兴起之时，其观点就已经影响到苏联国内，标志是米宁等的实证论研究和以斯克沃尔佐夫-斯切潘诺夫（Скворцов-степанов, И. И.）为首的机械论。1922 年，米宁在苏联第一家马克思主义哲学杂志《在马克思主义旗帜下》发表 2 篇文章：《抛弃哲学于甲板外》和《共产主义与哲学》。在这 2 篇文章中，米宁以分类学的研究方式回应了逻辑实证主义把哲学改造为科学的运动。在他看来，"哲学实质上是资产阶级的社会意识，正如宗教是封建主的社会意识一样。无产阶级的阶级意识是科学"[②]。机械论主张一切较复杂的和较高级的现象实质上可以完全归结为较简单的和较低级的现象，哲学是集实证科学最一般成果之大成[③]的这种实证论的观点很快引来了批评的声音，机械论被批判，苏联官方对西方科学哲学采取了完全否定的批判态度。因此苏联的大多数学者不再以研究为主，而是代之以批判为目的。批判的对象是当时在西方盛行的逻辑实证主义，凡是涉及科学知识、认识论、科学方法论、科学史和实证主义哲学时，苏联学者多半辟出专门段落或章节予以批判。[④]这一时期的研究主要有：斯菲奇尼可夫的《外国先进学者反对现代量子力学中非决定论的斗争》（《哲学问题》，1954 年第 6 期）、别基哈斯维里于 1958 年写作的《K. 波普尔是马克思的"批评者"》（《哲学问题》，1958 年第 3 期）、法塔利也夫（Фаталиев, Х. М.）的著作《辩证唯物主义和自然科学问题》（苏维埃科学出版社，1958 年，中译本上海人民出版

① 贾泽林. 1988. "批判"→"此判地分析"（原文错误，应为"批判地分析"——编辑注）→"建设性批判"——苏联哲学界对待现代西方哲学态度的变化. 哲学动态,（2）：20.

② 兹·穆尼什奇. 1982. 今日苏联哲学的正统思想//《苏联问题译丛》编辑部. 苏联问题译丛（第十辑）. 北京：生活·读书·新知三联书店：273.

③ 兹·穆尼什奇. 1982. 今日苏联哲学的正统思想//《苏联问题译丛》编辑部. 苏联问题译丛（第十辑）. 北京：生活·读书·新知三联书店：274.

④ 顾芳福. 1986. 苏联对科学的哲学问题的研究//《现代外国哲学》编辑组. 现代外国哲学·第 8 辑·苏联哲学专辑. 北京：人民出版社：204.

社，1965 年）等。

　　出于批判一般资产阶级哲学的需要，苏联哲学界关注的视野触及维也纳学派的工作。苏联的理论家发现，"各种流行的资产阶级哲学流派在这一斗争中都企图依靠现代自然科学的材料"。一方面，"新实证主义是资产阶级哲学中最流行的派别之一，也是资产阶级哲学中一个具有代表性的派别"。整个现代资产阶级哲学很多方面都与新实证主义相关。另一方面，"新实证主义哲学在西方广大的自然科学家中已经得到了广泛的传播，并且通过自然科学著作，在某种程度上也渗透到了部分苏联科学家中来"。因此，以批判为目的，有限展开了对"新实证主义"（逻辑实证主义）的研究。[①]

　　逻辑实证主义以两种方式处理哲学与科学的关系，一是消解，二是割裂。一方面，逻辑实证主义企图将科学改造为"科学的"来消解哲学和科学的二元对立。正如赖欣巴哈在《科学哲学的兴起》中所说的，"写作本书的目的是要指出，哲学已从思辨进展而为科学了"[②]。另一方面，逻辑实证主义又试图在科学理论中"剔除"形而上学来剥离二者的关系。作为实证科学，科学的材料只具有相对的确定性，而哲学则具有绝对的确定性。如此一来，逻辑实证主义就否定了哲学与科学的关系。而在苏联学者看来，"否定哲学与科学之间的上述相互关系，实质上是在反对辩证唯物主义哲学的存在权利"[③]。

　　对于逻辑实证主义重要的科学基础——数理逻辑和物理学，苏联学者同样给予了无情的批判。1950 年，图加里诺夫（Тугаринов，В. П.）在《哲学问题》上撰文《反对数理逻辑中的唯心论》。杜比宁也批判道，"新实证主义是广为传播的、资产阶级哲学的主观唯心主义流派。它自诩创造了特殊的、仿佛超然于唯物主义与唯心主义之上的'科学逻辑'。它的宗旨仿佛是借助于语言逻辑的研究，从哲学的束缚下拯救科学；它吹嘘自己是实现'科学的经验主义'的哲学基础"[④]。他们把罗素等人借助于超验的逻辑哲学分析，尝试将全部科学归结为逻辑的基础之上的努力斥之为复活贝克莱和马赫的观点，认为"罗素借助于逻辑分析把外部世界的对象归结为感觉材料的复合，并且作出了丝毫不差地

① X. M. 法塔利也夫. 1965. 辩证唯物主义和自然科学问题. 王鸿宾，徐建，沈铭贤译. 上海：上海人民出版社：1.

② H. 赖欣巴哈. 1983. 科学哲学的兴起. 伯尼译. 北京：商务印书馆：3.

③ X. M. 法塔利也夫. 1965. 辩证唯物主义和自然科学问题. 王鸿宾，徐建，沈铭贤译. 上海：上海人民出版社：4.

④ 转引自黑龙江省自然辩证法研究会. 1983. 苏联科学、哲学与社会研究资料（内部资料）. 64.

重复马赫的观点的哲学结论"①。

在物理学领域的批判更加密集，主要针对唯能论和量子力学中选择的主观性而展开。苏联《哲学问题》杂志1948—1957年发表了有关自然科学哲学问题的相关论文，从龚育之先生整理的论文目录看，共发表论文246篇，分布情况如下：一般性论文29篇，数学9篇，物理学79篇，化学19篇，生物学55篇，生理学、心理学34篇，天文学9篇，地理学12篇。其中，物理学哲学的文章数量最多，所占比重最大，接近三分之一。②其中，较有影响的如巴安（Паан，Т. И.）的《英美现代物理学的唯心主义为反动和朦昧服务》（1948年第2期），奥米里扬诺夫斯基的《反对量子力学中的唯心论》（1951年第4期），维茨尼切基的《争取对物理学中相对性原理的一贯唯物的处理》（1952年第1期），奥米里扬诺夫斯基的《反对对量子力学中统计系综的唯心主义解释》（1953年第2期），斯托尔恰克的《争取辩证唯物主义地阐述量子力学基础》（1952年第3期），巴扎罗夫（Базаров，И. П.）的《争取辩证唯物主义地理解与发展相对论》（1952年第6期），马克西莫夫的《现代物理学争取唯物主义的斗争》（1953年第1期），等等。

这一阶段总的特征是，以几乎粗暴、简单的方式划分队伍阵营。把哲学研究的区别简单地归结为马克思主义和反马克思主义两大阵营，具体表现在三方面。第一，将资产阶级哲学视为帝国主义反动派反对共产主义思想理论旗帜——马克思列宁主义的思想武器。第二，捍卫马克思列宁主义必须在与资产阶级哲学这场不可调和的斗争中取得胜利。第三，与资产阶级哲学的斗争是发展马克思列宁主义必经的"磨炼"。1947—1952年，苏联的自然科学哲学研究的一些口号反映出当时研究的指导思想。例如，"反对世界主义，反对奴颜婢膝地拜倒在资产阶级科学面前"，"宣传爱国主义，维护俄国先进的唯物主义自然科学的伟大传统"，资产阶级科学陷入危机以致"资产阶级科学在这个或那个有限的部门中还能做一点积极的工作，但已经不能解决最重要的原则性的问题了"③。

在这种思想导向下，不可避免的是客观公正的介绍和研究遭到批判，最著

---

① X. M. 法塔利也夫. 1965. 辩证唯物主义和自然科学问题. 王鸿宾，徐建，沈铭贤译. 上海：上海人民出版社：10.

② 参见龚育之. 1957. 苏联"哲学问题"（1948—1957年）中有关自然科学哲学问题的论文目录. 自然辩证法（自然科学哲学问题）研究通讯，（2）：47-53.

③ 龚育之，柳树滋. 1990. 历史的足迹——苏联自然科学领域哲学争论的历史资料. 哈尔滨：黑龙江人民出版社：11-12.

名的事件是对亚历山大洛夫（Александров，Г. Ф.）《西欧哲学史》的批判。
1946 年初，由亚历山大洛夫所著的第二版《西欧哲学史》发行。1946 年 4 月，
因为此书亚历山大洛夫被授予斯大林奖章，同年 10 月他又被选为苏联科学院院
士。但是 1947 年初这种关系发生了改变。1946 年 10 月，莫斯科国立罗蒙诺索
夫大学的教授别列钦（Белецкий，З. Я.）在致斯大林的公开信中，指出该书是
对哲学历史"无耻地纯理论上的描述"，这个评价为讨论此书强制地立起了一个
标准。1947 年 1 月，按照中央委员会秘书处指示，讨论率先在哲学所内部进
行。但是，日丹诺夫对讨论的结果深感不满，认为这次讨论没有得到"预期的
结果"。①

　　为了取得预想的结论，第二次讨论会于 1947 年 7 月召开。在日丹诺夫的主
持下，对亚历山大洛夫的著作开始了大范围、长达十天的无情的批判。有四十
多人在会上发言，其中还不包括准备了发言稿而没来得及发言的。日丹诺夫在
这次名为"西方哲学史讨论会"的会上做了题为《论我国哲学战线的状况》的
发言。发言中，他对当时美、英等国的哲学作出的判断是，"现在反对马克思主
义的中心，已经移到美国和英国去了，所有一切黑暗反动的势力，现在都用来
同马克思主义作斗争，又把那些原来是黑暗势力和僧侣们所穿戴的破烂盔甲、
梵蒂冈和人种论，搬了出来，武装那些替原子、金元民主主义服役的资产阶级
哲学，又把那些凶暴的民族主义和陈腐的唯心主义哲学，卖身图利的黄色报
纸，堕落腐化的资产阶级的艺术，都搬出来当作武器。可是大概力量还不够，
现在又在和马克思主义作思想斗争的旗帜之下，动员更深广的后备军，市侩、
无赖、侦探、盗贼都吸收进去了"②。

　　在总结自然科学成就时，他的判断是，"现代资产阶级科学供给宗教和神学
以新的论证，这是必须无情揭破的"。他将英国天文学家埃莱克顿关于宇宙常数
的观点斥为"神秘数学"。对爱因斯坦的时空有限理论、宇宙理论的评价是"不
了解认识的辩证过程，不了解绝对真理与相对真理的关系，而把研究有限的宇
宙领域运动规律所得出的结果，运用到无限的宇宙上去"。对天文学家米伦男通
过计算得出的宇宙创生于二十万万年前的结论嘲笑为"把自己在科学上的无

---

① Мамчур Е А，Овчинников Н Ф，Огурцов А П. 1997. Отечественная философия науки：Предварительные
　итоги. Москва：РОССПЭН：335.

② 龚育之，柳树滋. 1990. 历史的足迹——苏联自然科学领域哲学争论的历史资料. 哈尔滨：黑龙江人民出版
　社：180.

能，拿来污蔑宇宙"，将量子力学的物质波理论视为"康德主义的怪想"。①有了
日丹诺夫定的基调，苏联哲学界开始了对资产阶级科学、哲学的全面批判。生
命哲学是"为帝国主义政策找理论根据，反映着帝国主义时期资产阶级意识形
态的腐烂，反映着资产阶级在尖锐阶级矛盾面前加紧侵略，反映着资产阶级对
于无产阶级加强斗争的恐惧"的哲学。现代实证主义提出的逻辑分析方法被说
成是"根据美英统治集团的直接需要建立的"。②

　　20 世纪末，俄罗斯学者在总结这段历史时认为，这次哲学讨论会给人们留
下的印象是"对领袖的无限制吹捧和统一的意识形态信仰的推广的奇妙组合"。
尽管如此，在当时仍能看到可贵的对西方哲学冷静客观的学术研究。在会议
上，哲学所的研究员卡马里（Каммари, М. Д.）指出，书中很明显地看到了作
者为将哲学史与科学发展的历史紧密结合在一起的愿望而努力。另一位发言者
加克（Гак, Г. М.）表达了在当时看来完全是激进的思想，"我们需要研究理论
问题"。凯德洛夫在自己批判式的发言中指出，"书中有很多有价值的东西"。但
是，在强大的意识形态形势下，日丹诺夫的总结才是会议的宗旨。会议确立的
哲学家最主要的任务是"领导反对道德败坏和卑鄙无耻的资产阶级意识形态的
斗争"，哲学研究的目标是论证"科学的哲学历史，应该是科学的唯物主义世界
观产生、出现和发展的历史"。③

2. 批判分析阶段（20 世纪 50 年代中期至 20 世纪 80 年代末）

　　20 世纪 50 年代中期以前，苏联学者主要是从实证主义的角度来分析逻辑实
证主义，把其视为西方实证主义在 20 世纪的新变种。苏联学者认为，实证主义
是值得研究的资产阶级科学哲学的一个很重要的学派，因此，这一阶段的研
究，主要侧重于对实证主义哲学的研究，而且重点放在对新实证主义哲学的研
究上。随着 1953 年 3 月 5 日斯大林逝世，苏联自然科学哲学以反对自然哲学
（代替论）和反对虚无主义（取消论）为纲领开展研究，对西方科学哲学的态度
发生了转变。但是，他们仍没有把西方科学哲学视为理论研究的对象，仍然是
作为批判的对象。这一时期的苏联哲学界仍把西方哲学称为资产阶级哲学，"苏
联官方有关社会科学的决议，总是把它放在意识形态斗争的部分，作为批判的

① 龚育之，柳树滋. 1990. 历史的足迹——苏联自然科学领域哲学争论的历史资料. 哈尔滨：黑龙江人民出版社：181.
② 贾泽林，周国平，王克千，等. 1986. 苏联当代哲学（1945—1982）. 北京：人民出版社：510.
③ Мамчур Е А, Овчинников Н Ф, Огурцов А П. 1997. Отечественная философия науки: Предварительные итоги. Москва: РОССПЭН: 336.

任务提出来"①。

在这一阶段，意识形态的简单"划界"已悄然退去，苏联学者开始反思他们研究西方科学哲学中存在的问题。1963 年，纳尔斯基（Нарский，И. С.）和斯克沃尔佐夫在《哲学科学》第 6 期发表文章《现代资产阶级哲学批判的迫切问题》，文中指出，苏联学者对西方哲学的批判"并不总是十分深刻和令人信服的；这种批判往往只是给被批判的哲学家贴上这种或那种'标签'，把现代资产阶级所有流派一概看成是反动的、颓废的、在思想上已经腐朽和瓦解的哲学，而对他们哲学观点的整个体系以及他们为了论证非理性主义、唯心主义、宗教等等所提出的那些新论据却没有进行仔细的驳斥。在批判里，与其说是特别注意它的论据，不如说是注意语气的尖锐性。有时批判只是机械地引用列宁反对马赫主义的论据来驳斥一些最新哲学流派，而没有周密考虑到，这些最新的哲学流派发生了一定的变化，改变了方针，利用《唯物主义和经验批判主义》一书出版以后所出现的自然科学的发现进行投机"②。什维列夫（Швырев，В.）尖锐地指出了前一时期研究的问题，首先是立足于批判，缺乏对其理论观点的具体分析，"在苏联的哲学文献中，批判逻辑实证主义引起了相当大的注意。但是，这一批判基本上具有一般哲学的性质，不包括对科学纲领的具体评论……显然不去周详而仔细地评论逻辑实证主义实现它所提出的纲领的能力，不去确凿地指出逻辑实证主义在这方面的毫无根据，对这个学派的任何批判，看来是不全面的，归根到底是不能令人信服的"③。其次是因集中于某一方面的批判失去了对其研究内容的全面理解，他准确地指出，"逻辑实证主义在外国的科学逻辑文献中的三十年的统治，在提出问题的性质上和在术语上留下了很深的印痕。不知道新实证主义的'科学逻辑'观念的内容与历史就不可能了解外国文献中的逻辑方法论研究的现代问题"④。柯普宁（Копнин，П. В.）在《辩证法、逻辑、科学》（1973 年）中，在谈到逻辑实证主义时指出："逻辑实证主义在形式上很难说同数学、物理学、语言学这样一些现代科学有什么区别，它从这些科学中因袭了理论思维方法。现代实证主义哲学内容同科学形式之间矛盾

① 贾泽林，周国平，王克千，等. 1986. 苏联当代哲学（1945—1982）. 北京：人民出版社：513.

② 贾泽林，周国平，王克千，等. 1986. 苏联当代哲学（1945—1982）. 北京：人民出版社：510-511.

③ 转引自顾芳福. 1986. 苏联对科学的哲学问题的研究//《现代外国哲学》编辑组. 现代外国哲学·第 8 辑·苏联哲学专辑. 北京：人民出版社：205.

④ 转引自顾芳福. 1986. 苏联对科学的哲学问题的研究//《现代外国哲学》编辑组. 现代外国哲学·第 8 辑·苏联哲学专辑. 北京：人民出版社：205.

竟那样突出，以致在它自身的范围内就可以找到反对唯心主义的实证主义哲学的论据。"在谈到语义学时，柯普宁指出，"语义学作为一种哲学思想来说是错误的、唯心主义的，但是语义学的某些代表人物却成功地解决了某些特殊的逻辑问题和语言学问题"①。

这一时期苏联对西方科学哲学的研究，就人物而言主要关注波普尔的科学历史观和库恩的科学革命理论；就主题来说，他们评论和研究了诸如科学革命、归纳和演绎、经验与理论、逻辑、认识论和方法论等问题。

对于波普尔的科学哲学思想，苏联学者的研究包括以下几个方面。第一，波普尔与逻辑经验主义的关系。认为波普尔的哲学在总体上没有超越逻辑经验主义，尽管波普尔对逻辑经验主义的一些基本观点持批判态度。苏联学者分析了逻辑经验主义的证实原则、卡尔纳普的可检验原则和波普尔的证伪原则，指出，"这一原则并不比证实原则前进一步，本质上看，只不过是从反面来说的而已"②。第二，证伪原则与马克思主义实践检验原则的对立。证伪原则的错误有其认识论的根源，即波普尔将科学知识的相对性，简单化、绝对化为真理和谬误的对立。事实上，没有任何一个理论能够穷尽全部现有的和未来可能的经验，任何理论都是相对真理。但波普尔因此得出任何理论都将因此而被驳倒直至被放弃的结论，说明波普尔的证伪原则和卡尔纳普的可检验原则"从一开始起，就是作为马克思主义的对立面而设想出来的"③。第三，对"三个世界"思想的评价。对于波普尔非常有影响的"三个世界"思想，苏联学者认为这一思想不过是零星的自然科学唯物主义同柏拉图主义折中主义的结合，并无多大的新意。"第一世界"——这是"物理的"世界，即观察得到的自然界，"第二世界"——这是人的认识和在人的大脑里所发生的心理过程的领域，而"第三世界"——这首先是真理的世界，尽管我们会看到，这里还有些什么东西。初看起来在我们面前的只是某种类似自然科学唯物主义的东西，同柏拉图主义的折中主义的结合，鲍波尔在 1970 年，甚至把这种结合的东西称为"形而上学的实在论"，然而鲍波尔的折中主义在很大程度上带有模仿者的性质。④

奥米里扬诺夫斯基认为，20 世纪 60 年代以后，科学哲学研究的重点转向了对科学的发展给予动态的分析。当然，"出现这种情况的原因并不包括在现代资

① 转引自贾泽林，周国平，王克千，等. 1986. 苏联当代哲学（1945—1982）. 北京：人民出版社：521.
② 顾芳福. 1980. 苏联哲学家视野中的 K. 鲍波尔的哲学. 吉林大学社会科学学报，(5)：44.
③ 顾芳福. 1980. 苏联哲学家视野中的 K. 鲍波尔的哲学. 吉林大学社会科学学报，(5)：44.
④ 顾芳福. 1980. 苏联哲学家视野中的 K. 鲍波尔的哲学. 吉林大学社会科学学报，(5)：44.

产阶级哲学中，对科学知识发展问题的注意越来越增加，研究这种发展正逐渐成为理解科学结构、理解已经形成的科学理论、理解已经建构起来的科学逻辑问题的基础"[①]。在费多谢耶夫看来，西方学者研究的一个重大缺陷在于，"那些久已熟知的辩证法环节在这里往往被形而上学地独立化了"[②]。例如波普尔，他的批判理性主义是"假批判的假理性主义"，因为，波普尔就其本质来说是否定科学中任何的"肯定性"。[③]对于库恩来说，"他的不幸在于，他不理解稳定和变革的辩证统一。因此，在库恩那里，规范的更迭常常变成一种无法给予合理解释的心理行为"[④]。奥米里扬诺夫斯基认为，波普尔、拉卡托斯、库恩等人关于科学知识发展问题的观点并不能解决科学发展中相应的最本质的问题。"当波普尔断定理论与经验间的矛盾时他并没有找到解决问题的途径。库恩抛弃了在'规范'之间转换的规律性，拉卡托斯的'研究纲领'方法论（它们在讨论中起着库恩的'规范'作用），从本质上讲是非结构型的。"[⑤]

对库恩思想的评价和科学革命问题进行研究。米库林斯基（Микулинский，С. Р.）和玛尔柯娃在《科学革命的结构》的俄文译本（1975年）跋中对库恩给予了较为全面的介绍和评述，能够总体反映苏联学术界对库恩研究的共识性认识。文中的主要内容有两方面，一是分析了库恩《科学革命的结构》一书产生广泛深刻影响的原因，二是对库恩思想的研究和评论。

第一，分析了库恩《科学革命的结构》一书产生广泛深刻影响的原因。库恩这部篇幅不大的著作产生了十分巨大的影响。自1962年在美国芝加哥大学出版以来，在短短的几年间即被译成多种文字，1970年在美国再版。围绕这部著作展开的讨论也相当热烈，研究文章和各种著作纷纷涌现。书中讨论的相关问题也成了各种科学史和科学哲学会议的热门问题。这部著作缘何引起如此巨大的反响，米库林斯基分析了以下几个方面的原因。①切合时代要求。米库林斯基认为，库恩这部著作的影响不像西方学者所说的那样，是由于它确定了科学

---

① М. Э. 奥米里扬诺夫斯基. 1987. 现代物理学中围绕主观和客观问题的哲学思想斗争//奥米里扬诺夫斯基. 现代自然科学中的哲学思想斗争. 余谋昌，邱仁宗，等译，北京：商务印书馆. 此处译文转引自黑龙江省自然辩证法研究会. 1983. 苏联科学、哲学与社会研究资料. 27.

② 此译文转引自黑龙江省自然辩证法研究会. 1983. 苏联科学、哲学与社会研究资料（内部资料）. 10.

③ 顾芳福. 1980. 苏联哲学家视野中的 K. 鲍波尔的哲学. 吉林大学社会科学学报，（5）：44.

④ 此译文转引自黑龙江省自然辩证法研究会. 1983. 苏联科学、哲学与社会研究资料（内部资料）. 10.

⑤ М. Э. 奥米里扬诺夫斯基. 1987. 现代物理学中围绕主观和客观问题的哲学思想斗争//奥米里扬诺夫斯基. 现代自然科学中的哲学思想斗争. 余谋昌，邱仁宗，等译. 北京：商务印书馆. 此处译文转引自黑龙江省自然辩证法研究会. 1983. 苏联科学、哲学与社会研究资料. 28.

发展的常规时期和革命时期的存在，因为这个思想并不新颖，马克思主义的科学观早就提出了这样的思想。这部著作引起极大关注的原因首先是与当时的时代发展相契合，是因为这部著作的出现"恰逢其时"。20 世纪中期以来，科学和技术的进步前所未有地影响和改变着人类社会，影响到社会的方方面面。人们从来没有像此时这样关心与科学技术发展有关的一切。库恩的著作"出现在已经准备好了的土壤上并且十分幸运地符合于时代的要求"。①②拓展发展道路，从科学哲学领域发展看，实现了科学哲学发展的需要。20 世纪中期，逻辑经验主义在广受质疑下，已经丧失了它的吸引力。美国学者奎因的《经验论的两个教条》更是把其推向危机的境地。在逻辑经验主义内部尚难以寻求到自我拯救的方案时，人们更加期待从外部获得突破。库恩的这部著作出现在此时，可谓又是"恰逢其时"。③实现了研究传统的转变。从理论研究的角度，《科学革命的结构》实现了研究传统的转变。"库恩不但公开与实证主义传统决裂，而且更重要的是，他提出了一个对科学发展进行分析的根本不同的立场。"与逻辑经验主义相比，库恩的转变在于，"库恩不是从某种刻板的哲学公式出发，而是以对科学史的研究为出发点，也就是以研究科学知识发展的实际过程为出发点。库恩确认：创立真正的科学理论，要经过研究科学史这条道路"②。④扩大研究领域。从研究领域看，《科学革命的结构》扩大了科学哲学原有的研究领域，"与实证主义的传统相反，库恩注意的中心不是分析科学知识的现有结构，而是揭示主要科学观念的变化和更替的机制，实质上就是揭示科学知识的发展"③。

　　第二，对库恩思想的研究和评论。文章精准地剖析了库恩思想的"硬币的两面"。研究共有六个方面。①把科学哲学由静态的结构研究引向动态的历史研究，却没有把历史主义原则贯彻始终。库恩过分强调常规时期和革命时期的区别，强调它们的任务是不一样的。因此，常规时期人们在既有范式内从事解决问题的工作，并不带来理论的变化，这明显违背科学发展的实际。而科学革命也是在常规科学时期就孕育并不断走向成熟的。但是库恩为了强调常规时期和革命时期的不同，只好让历史符合他的逻辑。从库恩的做法可以看出，"从事历

---

① C. P. 米库林斯基，Л. A. 玛尔柯娃. 1978. 库恩的《科学革命的结构》一书的意义何在？李树柏译. 哲学译丛，（1）：71-72.

② C. P. 米库林斯基，Л. A. 玛尔柯娃. 1978. 库恩的《科学革命的结构》一书的意义何在？李树柏译. 哲学译丛，（1）：72.

③ C. P. 米库林斯基，Л. A. 玛尔柯娃. 1978. 库恩的《科学革命的结构》一书的意义何在？李树柏译. 哲学译丛，（1）：72.

史研究本身还不能保证在理论上始终不渝地贯彻历史主义原则"①。②明确说明了科学中理论的更替机制以及科学发展中革命的作用，却剥离了常规科学与革命科学的联系。③通过理论与经验的关系寻找科学革命的原因，却又将竞争理论之间的选择归咎于科学家对理论的信心。④拒绝研究新知识的产生，因此不可能阐明知识真理性的标准问题。⑤没有对科学发展的动力给予阐明，"如果不回答科学发展的动力问题，那么任何一个科学观点都不可能是完全的和完善的"②。⑥不分析科学在社会中的地位和影响科学发展的社会文化因素。不分析科学在社会中的地位和决定科学发展的诸因素，就根本不可能分析科学的本性和科学的发展。库恩承认外在因素对认识科学进步具有头等重要的意义。但是，科学和社会的相互作用问题、社会因素对知识的逻辑结构的影响问题却依然被排斥在库恩的观点之外。从总体上看，库恩这部著作的意义并不在于他提出了有价值的问题和合理地解决了问题，而是在于推动了科学知识发展问题的研究。没有任何一本书像库恩这本书这样引起对科学知识发展问题的兴趣。库恩的这本书之所以重要，与其说是由于它解决了什么问题，倒不如说是因为它在很大程度上推动了，并且继续推动着这个方面的研究。③

　　这一时期，苏联与西方的直接对话是苏联代表团参加的第 16 届世界哲学大会。大会于 1978 年 8 月 27 日至 9 月 2 日在联邦德国杜塞尔多夫召开。大会讨论的主题是"现代科学中的哲学和世界观"，分八个专题：宇宙观念问题，现代生物学及其对哲学的挑战，意识、大脑和外部世界，数学化的成效和范围，共相的哲学问题，科学的理性与其他类型理性的相互关系，掌握科技进步问题，规范及其科学根据。从主题内容看，大会的讨论在很大程度上集中在科学哲学领域中，"几乎所有会议上提出的问题，都可直接或间接地归到认识论和科学哲学的领域，例如：（1）什么是理性的科学型式和其他型式？（2）普遍概念今天处于什么地位？（3）数学化的成就和局限是什么？（4）现代生物学对哲学提出了什么挑战？（5）什么是意识？它与外部世界的关系是什么？（6）哲学上宇宙概念的形成问题。（7）规范和价值能否在逻辑上和（或）科学上予以论

---

① C. P. 米库林斯基, Л. A. 玛尔柯娃. 1978. 库恩的《科学革命的结构》一书的意义何在? 李树柏译. 哲学译丛, (1): 72.

② C. P. 米库林斯基, Л. A. 玛尔柯娃. 1978. 库恩的《科学革命的结构》一书的意义何在? 李树柏译. 哲学译丛, (1): 73.

③ C. P. 米库林斯基, Л. A. 玛尔柯娃. 1978. 库恩的《科学革命的结构》一书的意义何在? 李树柏译. 哲学译丛, (1): 73.

证？（8）科学和技术进步的解释与运用问题"①。苏联派出了庞大的代表团参加此次会议，对于会议的全部议题均有论文和发言予以研究。

与往届大会意识形态的明显对立相比，这届大会强调了讨论和对话。从苏联代表团的论文和发言看，不似以往那样充满极其强烈的意识形态火药味。除"后实证主义"的标志性提法外，一些论文甚至通篇没有出现苏联文章的标志性语句，如"辩证唯物主义认为……""资产阶级从反动哲学立场出发……"等。②一些研究论文虽然从辩证唯物主义的立场出发，但针对问题的研究是严肃和严谨的。对于这种变化，德意志联邦共和国总统瓦尔特·谢尔在大会开幕式上的发言道出了其中的原因，"东西方的工业国家都面临着许多相似的问题。双方都看到了科学技术革命的利弊。我们面临同样的问题，这说明我们的思想相同，而不是由于思想上不同。我们对合理化、科学，对科学的正确性，对经济、技术、科学进步（即实践中的效率）有同样的看法"③。

从总体看，这次大会起到了一定的交流作用。和西方学者一样，苏联的哲学家也充分表达了自己的观点，但整体上没有实现真正的对话。会后，美国学者戈巴尔（Gobar，Ash）写了篇会议的综述性评价，他将分组论文分为三类：论证得好、论证得不好以及与中心问题无关。他则集中注意对第一类进行整体介绍。对苏联学者的工作仅仅提到了下述几个方面：各门科学之间的关系、"理性的限度"、"科学的数学化问题"、有关数学结构与外部世界实际存在的客体和事件的关系问题。对于"现代生物学对哲学的挑战问题""宇宙学与种种宇宙假说"这样的本体论问题，戈巴尔几乎只字未提苏联学者的研究。生物学哲学和宇宙学的相关哲学问题的研究是苏联自然科学哲学问题研究的重要领域，公允地讲，苏联学者的相关研究一直保持长期的优势。这次会议上，苏联学者也围绕这两个主题提供了相关的论文。例如，阿姆巴楚米扬（Амбацумян，В. А.）、卡秋金斯基（Казютинский，В. В.）的《科学革命和宇宙研究的进步》，麦柳欣的《宇宙无限思想的哲学基础》，弗罗洛夫（Фролов，И. Т.）的《论生物学认识的辩证法和伦理学》，杜比宁的《现代生物学的哲学和方法论的迫切问题》，斯米尔诺夫（Смирнов，И. Н.）的《方法论和世界观，生物学认

---

① A. 戈巴尔. 1983. 评第十六届世界哲学会议. 贺仁麟译. 哲学译丛，（3）：58.

② 苏联学者一直认为，逻辑实证主义，后期称为逻辑经验主义是历史上传统实证主义的一个变种。曾经一段时期，为了突出这个学派的"反动资产阶级"的立场，苏联学界一直将此学派称为新实证主义或后实证主义。

③ W. 谢尔. 1980. 第十六届世界哲学大会开幕词. 无明译. 国外社会科学，（2）：38.

识的若干哲学问题》，卡尔宾斯卡娅（Карпинская，Р. С.）的《现代生物学的世界观意义》，等等。戈巴尔对苏联相关研究的"无视"，充分反映出当时西方哲学界对苏联研究的态度。

反观此时的苏联，他们对待西方研究的态度是批判分析式的，这也反映在奥伊则尔曼（Ойзерман，Т. И.）对此次会议的综述中。奥伊则尔曼直言，"闭眼不看各种哲学学说之间的根本分歧，而抽象地提出关于哲学与自然科学和社会科学的关系问题，那是根本站不住脚的"①。与戈巴尔主要陈述西方学者的工作相反，奥伊则尔曼则主要展现苏联学者的有关研究。围绕会议的 8 个专题，奥伊则尔曼逐一陈述了苏联学者的观点，西方学者的观点仅在对其的批判中有所呈现，而且这种批判仍然是"上纲上线"的。例如，生物学对哲学的挑战问题，他在批判法国著名的生物学家、轰动一时的《偶然性和必然性》一书的作者莫诺的观点时，认为以莫诺（Monod，Jacques L.）为代表的科学家"在将遗传性绝对化并形而上学地把遗传性与变异性对立起来的同时，他们把必然性解释成是人的绝无歧义的、无条件的超决定性，是人的独特的自由和主动性"。这充分反映出，"关于现代生物学所提出来的根本世界观问题的讨论，仍是哲学中的两大基本派别——唯物主义和唯心主义之间斗争的合乎规律的反映"②。科学中的合理性问题，对于西方学者"任何合理性都具有主观的性质，归根结底也就是具有相对性"的观点，奥伊则尔曼则认为，辩证唯物主义地理解合理性，能够揭示出合理性所具有的历史局限性、相对性和矛盾性。现代资产阶级哲学家不能理解合理的东西的这种辩证法，使他们陷入了纯粹的相对主义，即主观主义地解释合理的东西。关于规范及其科学根据，新托马斯主义根本否定道德意识的历史发展及其与社会实际的关系，为此，"马克思主义哲学家面临着一场与资产阶级伦理学理论之间的大论战。因为它们反映了资本主义制度的危机，而与此同时却把这种危机说成似乎是不以社会条件为转移的人道危机"，等等。③

3. 建设性批判阶段（20 世纪 80 年代末至今）

20 世纪 70 年代末期，苏联社会和学术界对西方哲学的态度发生了重要的变化，他们意识到应该在西方科学哲学中寻找"合理的内核"。他们开始对西方哲学予以较为全面的分析研究，继续批判的同时，也注意到对其合理成就的肯定。在 1974 年出版的《二十世纪资产阶级哲学》（*Буржуазная ФилософияXX*

---

① Т. 奥伊则尔曼. 1979. 评第十六届世界哲学会议. 舒白译. 哲学译丛，（1）：46.
② Т. 奥伊则尔曼. 1979. 评第十六届世界哲学会议. 舒白译. 哲学译丛，（1）：45.
③ Т. 奥伊则尔曼. 1979. 评第十六届世界哲学会议. 舒白译. 哲学译丛，（1）：45.

Века）一书中，他们对当时对西方有影响的哲学流派——实在论、实用主义、新实证主义、结构主义、哲学人类学、弗洛伊德主义、存在主义、人格主义、新正统派的新教和新托马斯主义等进行了较为全面的梳理和评价。例如，尤莉娜（Юлина，Н. С.）的《二十世纪欧美哲学中的实在论》，梅里维尔（Мельвиль，Ю. К.）的《实用主义》，列克托尔斯基的《从实证主义到新实证主义》，费利波夫（Филиппов，Л. Н.）的《结构主义（哲学观点）》，格里戈里扬（Григорьян，Б. Т.）的《哲学人类学》，列伊宾（Лейбин，В. М.）的《古典精神分析学说与新弗洛伊德主义》，索洛维约夫（Соловьев，Э. Ю.）的《存在主义》，舍尔申科（Шерщенко，Л. А.）的《人格主义》，库兹明娜（Кузьмина，Т. А.）的《新正统派的新教》，格列科夫（Греков，Л. И.）的《新托马斯主义——现代天主教的哲学》，等等。①米特洛欣（Митрохин，Л. Н.）等人写道，新实证主义者特别注意科学研究的方法论问题，无疑抓住了现代科学的需要。新兴科学的蓬勃发展，科学内部的专门化和分工，数学的广泛运用，对客体不能直接观察到的世界的突破，对理论公式结构的特别严格要求，电子计算机的应用以及由此而产生的秩序化问题，等等，所有这一切都要求对科学理论的共同问题进行专门的研究。正是新实证主义者把这些问题提到了现代逻辑和语言学的广泛课题的高度。②在波戈莫洛夫主编的《现代资产阶级哲学》（*Современная буржуазная философия*）教科书中，作者指出，今天资产阶级哲学中的东西，并非简单的荒谬的胡说和蠢话的汇集，而是当今社会实践和现实问题的虚妄和歪曲的反映，也就是说，毕竟是一种反映，我们并没有从现代资产阶级哲学中发现像当年作为马克思主义理论来源中的那样的"合理内核"，但是可以发现它们提出的一些十分现实和重要的问题。在他们的著作中，对这些问题的解决，往往是不正确的，但是资产阶级的哲学家有时提出一些现实性的问题（例如，萨特提出了人的自由和责任的各方面问题，卡尔纳普提出了因果性和可语言性问题，波普尔提出了可检验性和证伪性的关系问题，等等）。③

贾泽林认为，苏联学术界对待西方哲学由简单否定其哲学原则，到"恰如其分的阐释"和"批判性分析"。具体说来，这种变化体现在 5 个方面：第一，

① Л. Н. 米特洛欣，等. 1983. 二十世纪资产阶级哲学. 李昭时，张惠秋，黄之英，等译，北京：商务印书馆：1-2.
② 转引自贾泽林，周国平，王克千，等. 1986. 苏联当代哲学（1945—1982）. 北京：人民出版社：521-522.
③ 转引自贾泽林，周国平，王克千，等. 1986. 苏联当代哲学（1945—1982）. 北京：人民出版社：522.

摆正发展马克思主义哲学与研究和批判现代西方哲学的关系；第二，摆正苏联哲学与世界哲学的关系；第三，建设性地批判与寻找理论的生长点；第四，对西方哲学进行总体分析和全局把握；第五，开展同西方哲学代表人物的交往与对话。①

从苏联解体前哲学领域里的两个事件可以看出这样的变化。第一件事是1987 年 4 月，由《哲学问题》编辑部举办的"哲学与生活"学术讨论会，来自全国的 60 多位哲学家参加。与会者的发言中有一部分对苏联哲学的内容提出了批评。有人直接批评道，苏联哲学中对现代西方哲学未予应有的关注，没有看到其中的积极内容。②第二件事是，在这次讨论会结束后，由哲学研究所所长拉宾（Лапин，Н. И.）组织了一个小组，就苏联哲学的重大研究问题进行研究，所讨论的问题很快吸引了哲学界的广泛关注。讨论问题中有一个很重要的问题是"哲学是不是科学"。1989 年，苏联《哲学科学》杂志刊登了尼基福洛夫（Никифоров，А. Л.）的文章《哲学是不是科学》，引发了全国的大讨论。文章中，尼基福洛夫对西方科学哲学的相关成果给予了合理的分析和有建设性意义的应用。一方面，尼基福洛夫指出，20 世纪西方科学哲学并未完全解决科学与非科学以及伪科学的划界标准问题。虽然他们提出的各种划界标准都在不同程度上存在问题，但是，他们仍然总结出了当前判别科学的通行标准。这些标准分别是：由新实证主义和维也纳小组提出的证实标准，由波普尔提出的证伪标准和由社会历史学派的库恩提出的范式标准。③在"哲学是不是科学"这个问题上，哲学标准是可用的。尼基福洛夫研究的建设性意义还在于，除合理采纳西方学者的上述标准外，还分析了哲学与科学之间存在的重大差别。其主要有四个方面。第一是使用的方法，"科学广泛使用观察、测量、实验、假说等方法，并常常求助于归纳概括、数学推理，但这些方法却与哲学无关或几乎无关"④。第二是所研究的问题，"在科学中有科学家共同感兴趣的问题，在哲学中则不存在这样的问题，科学问题一般都有为大多数人所接受的答案，哲学则不可能有这样的答案"。第三是使用的语言，"每一门具体科学都有自己的专门语言，力图使自己的概念更加明确。哲学则没有日常自然语言之外的语言，而且哲学语

---

① 贾泽林. 1988. "批判"→"此判地分析"→"建设性批判"——苏联哲学界对待现代西方哲学态度的变化. 哲学动态，（2）：21-22.

② 安启念. 2003. 俄罗斯向何处去——苏联解体后的俄罗斯哲学. 北京：中国人民大学出版社：49.

③ 安启念. 2003. 俄罗斯向何处去——苏联解体后的俄罗斯哲学. 北京：中国人民大学出版社：59.

④ 安启念. 2003. 俄罗斯向何处去——苏联解体后的俄罗斯哲学. 北京：中国人民大学出版社：59-60.

言总是那么不确定，每个哲学家都赋予哲学概念以自己特有的含义"。第四是发展方式，"科学的发展是由不够深刻的、不够充分的真理向更深刻、更充分的真理的运动，新理论一经产生，旧理论便不再需要。哲学的发展更像文学艺术，是叠加累积式的，新哲学理论的问世只是增加了已有哲学理论的数量，使之更加丰富多彩，但并不能使旧理论退出历史舞台"①。

态度的转变带来了研究视角的变化。在科学哲学领域发生的变化，首先表现在肯定西方科学哲学的成就和贡献，从马克思主义哲学的立场出发给予分析。具体说来包括三方面，维也纳学派关于科学基础的观点，波普尔的科学证伪主义科学发展模式，库恩的科学革命理论。其次，将西方科学哲学的研究成果有机纳入自己的思想体系中，丰富本国科学哲学的研究。最后，正面回应西方科学哲学提出的新问题，并将其作为本国科学哲学理论研究的生长点。用萨多夫斯基（Садовский, В. Н.）的话说，当时号称年轻一代的哲学家确实在苏联完成了一场极端重要的突破。

斯焦宾在其著作《科学哲学：一般问题》（*Философия науки. Общие вопросы*）中指出，相对独立的科学哲学的研究领域的形成需要两个相互关联的重要因素，"首先，改变研究理念，出现新的研究方略；其次，需要建立起一种新的有关科学的哲学和方法论基础"。古典阶段的固有理念是努力打造完整的哲学体系，并将其视为最后的关于宇宙（自然、社会和思维）的真实情景。这个阶段中科学对世界的认识明显不足，用恩格斯的话说，往往含有辉煌的猜测，但同时也有很多各式各样的"废话"。到了 19 世纪，黑格尔的自然哲学体系，"以古典的理想为前提，采取一种批判的态度，建立了一个最终的、真正的哲学体系"②。然而，这种哲学体系的缺点大家都看到了，为了让科学成果适合预先构建的哲学体系，有时不得不采取削足适履的做法，对科学成果给予扭曲的或错误的诠释。19 世纪哲学的发展开始形成新的途径，哲学家意识到，哲学作为一个发展中的知识体系，像科学一样，并未达到最终结果，只是处在其认识宇宙最终全貌的某一阶段中。于是，自然哲学的研究理念发生了变化，"这一时期开始更加重视科学以及文化等领域的知识和专业技能的细节——艺术、道德、政治和法律意识、常识性的思维、宗教经验等。通过他们与文化各个领域的真

① 安启念. 2003. 俄罗斯向何处去——苏联解体后的俄罗斯哲学. 北京：中国人民大学出版社：60.

② Стёпин В С. 2006. Философия науки. Общие проблемы. Электронная публикация: Центр гуманитарных технологий. http://gtmarket. ru/laboratory/basis/5321[2012-03-18].

正发展来反思其体系和结构，哲学知识的各个领域开始有了相对的自主权。他们作为一个特殊的哲学学科（本体论、认识论、伦理学、美学、宗教哲学、法哲学、科学哲学等）构成了哲学的全貌"①。斯焦宾将其称为哲学研究的专业化，实现了哲学研究理念和研究方略的变化。

科学哲学的独立研究还需要建立起一种新的科学方法论基础。17、18 世纪，占主导地位的是机械世界图景，以及建立在此基础上的理念和方法。而科学哲学的形成，则依赖于更加广泛的哲学基础，就是实证主义。在历史上，西方科学理念发生的重大变化是实证主义逐渐占据主导地位。实证主义的发展经历了三个阶段：第一代实证主义，以 19 世纪的孔德、斯宾塞、穆勒等为代表；第二代实证主义，以马赫、阿芬那留斯等人为代表；第三代实证主义，即新实证主义或逻辑实证主义，主要代表为罗素和维特根斯坦，以及 20 世纪 30 年代的维也纳学派的核心人物，如石里克、卡尔纳普、菲利普、弗兰克、纽拉特、赖欣巴哈等。经过了这三个阶段的发展，实证主义实现了"哲学的改造"。斯焦宾对此给予了高度的肯定，认为实证主义发展至第三代，提出了新的哲学和方法论基础的问题，调整先前的方法论解释和说明，更换了新的科学世界图像，是"科学哲学的里程碑"。②

斯焦宾的研究可以展现出当代俄罗斯科学哲学研究的整体状况。不再以意识形态为前提简单地否定西方科学哲学的研究，而是把西方和自己的研究都纳入科学哲学的总体发展中，对西方科学哲学的成就给予合理的肯定，又保持着自己研究的独立性。

第二节　西方与俄苏科学哲学比较研究的路径

俄苏和西方的科学哲学代表着对科学哲学的两种认识。这两种认识不是彼此排斥的关系，而是统一科学哲学的不同方面，俄苏和西方各自发展、突出了科学哲学的不同方面。发生学的路径凸显了两者历史语境、研究导向的不同，

---

① Стёпин В С. 2006. Философия науки. Общие проблемы. Электронная публикация: Центр гуманитарных технологий. http://gtmarket. ru/laboratory/basis/5321[2012-03-18].

② Стёпин В С. 2006. Философия науки. Общие проблемы. Электронная публикация: Центр гуманитарных технологий. http://gtmarket. ru/laboratory/basis/5321[2012-03-18].

结构学的路径能够显现研究主题和研究内容的差异。过程学的路径则能够从历史的角度展示他们各自的发展道路。尽管在历史语境、研究背景、研究主题等方面显示出较大的差异，但历史的角度却更能够凸显出两者的共性，展现出科学哲学发展的共性规律。对俄苏与西方科学哲学的发展历程、历史语境进行分析，分析各自的规律和特征，总结共性、分析差异，从而揭示其在思想、文化、科学观念等诸多方面显示出的鲜明的个性及深层次的根源。

一、发生学路径

俄苏和西方代表着科学哲学的两种不同理解。在俄苏学者的研究中，科学哲学主要是有关科学中的哲学问题和哲学思想。因此，广义上讲，自然哲学中包含的一些问题也可以算作是科学哲学。所以，俄苏的科学哲学中，自然科学哲学问题的研究、宇宙认识论、科学世界图景、科学与哲学的关系等一直是其重要内容。西方科学哲学则对科学哲学持有一种相异的理解，在他们看来，科学哲学的研究范围除科学中的哲学问题和科学领域中的哲学思想外，科学哲学还作为一种不同于传统哲学的哲学派别。只有这种派别和学术思潮出现，才认为是科学哲学。所以，西方科学哲学虽然也有相关的自然哲学内容，但主体上是科学方法论和科学动力学。俄苏科学哲学探讨的有关科学的哲学问题和哲学思想，其重要前提是处理好科学与哲学的关系。而哲学作为时代的精华，浓缩着所处时代的社会、文化和生活等相关内容。因此，这一视域下的科学哲学是社会相关、文化相关的。西方科学哲学首先是把科学哲学作为一个流派，强调其与传统哲学的区别。从实证主义开始，在认识论的层面思考科学的结构、科学合理性、科学发展动力和科学进步。

当然，这两种理解彼此之间并不彼此排斥，而应视作是在各自的发展中分别突出了科学哲学的不同方面。俄苏的科学哲学以自然科学中的哲学问题为主，同时也包含着科学哲学中认识论的层面，如他们同样关注并研究科学知识的结构、科学发展动力、科学革命、科学进步等主题。西方的科学哲学虽然主要在认识论的领域中关注上述问题，但同时也包含着科学中的哲学问题和自然哲学等内容。大家都知道，维也纳学派的创始人石里克也曾撰写过《自然哲学》。这方面之所以被大家忽视，只是缘于西方科学哲学的研究重心不在于此。

作为一个哲学流派的西方科学哲学从实证主义发端，而俄苏的科学哲学是在马克思主义哲学内部发展的基础上形成的。从发生学角度看，实证主义和马克思主义哲学是在同一哲学背景下产生的。从 19 世纪上半叶起始，实证科学和哲学都有了重大的进展。就经验科学来说，一方面以经典力学等为代表的科学成就在理论化水平上越来越完善，另一方面，经典电磁场理论、热力学理论也实现了理论化发展。同时，其他学科领域，如化学、生物学也取得了重大的进步。化学领域中的成就以门捷列夫的元素周期律为代表，而生物学领域的人工合成有机物、细胞学说和达尔文的生物进化论更是在知识和社会领域中都产生了极大的影响。哲学方面，黑格尔已经建立起一个相当完整的体系。科学和哲学都获得了极大的发展，但科学家和哲学家对自己所在领域的发展却表现出两种迥异的态度。在科学领域，科学家对他们建立的自然科学及其所取得的成就给出了一致的认可和评价。但在哲学领域，所谓已经达到"登峰造极"程度的哲学体系却未能使所有的哲学家取得一致的认可和接受。哲学和实证科学在此表现出的重大差别，就促使一部分哲学家思考：为什么会出现哲学和科学这样的重大差别？进而向哲学家提出一个问题：能不能用科学的方法来研究哲学，或者说，能不能把哲学改造成像科学那样的东西，而把传统哲学完全加以否定使之被代替？就是在这样一个背景下产生出了实证主义。[①]

实证主义与马克思主义哲学是在同一背景下产生的。在解决科学和哲学的关系上，马克思主义哲学提出了与传统哲学相对立的看法，而实证主义的产生也主要是解决哲学与科学的关系问题，他们都在黑格尔的哲学体系中获得某种启发。"恩格斯曾指出，在黑格尔的哲学中，已经不自觉地指明了哲学的出路：哲学应当建立在科学的基础之上。"[②]只是关于这个问题的解决，马克思主义哲学与实证主义出现了重大的差别。"辩证唯物主义哲学与实证主义哲学都是在十九世纪自然科学发展的基础上诞生的。前者重视自然科学的辩证法内容，后者强调自然科学知识的实证性。前者致力于科学与哲学的结合，认为只有辩证法才是适宜于科学发展的最好的思维形式；后者认为研究现象范围以外的问题诸如热的本质等是没有意义的，主张把哲学（称之为形而上学）从科学中排除出去。"[③]

马克思主义哲学即辩证唯物主义哲学，其哲学渊源是德国古典哲学，但却实现了哲学的重大转变。在科学与哲学的关系上，马克思和恩格斯自觉地将辩

① 舒炜光. 1984. 科学哲学的演变. 吉林大学社会科学学报,（6）: 2.

② 舒炜光. 1984. 科学哲学的演变. 吉林大学社会科学学报,（6）: 2.

③ 孙小礼. 1992. 十九世纪以来科学与哲学关系的两大思想传统. 科学技术与辩证法,（1）: 8.

证唯物主义哲学建立在 19 世纪自然科学成就的基础上。马克思在高等数学中找到了"最逻辑的同时又是形式最简单的辩证运动"[①]。恩格斯不仅全面研究了19 世纪中期以前的自然科学成果，而且还密切追踪当时自然科学的最新进展。20 世纪以来，建立在两大哲学基础上的科学哲学都实现了重大发展。

二、结构学路径

结构学的路径能够从两者在内容结构上的差异凸显各自的研究特点，并反映出发展的整体趋势。笔者选取了两套非常有影响的、能够代表进入 21 世纪以来综合反映科学哲学研究的系列出版物以进行具体的比较。西方科学哲学选取了迄今门类规划最为全面的科学哲学丛书——"爱思唯尔科学哲学手册"（Elsevier Handbook of the Philosophy of Science），由世界上最大的医学与其他科学文献出版机构之一的爱思唯尔（Elsevier）出版集团推出。"它以宏大的视角来展现步入新世纪的科学哲学研究面貌，通过对一般科学哲学以及各具体科学哲学研究的梳理与阐释，试图为未来科学哲学开启一幅远景。"[②]这套丛书共 16卷，分一般科学哲学和具体科学哲学两部分。一般科学哲学有 1 卷，即西奥 A. F. 库珀斯（Kuipers, Theo A. F.）主编的《一般科学哲学：焦点主题》（General Philosophy of Science: Focal Issues，2007 年 7 月）；具体科学哲学有 15 卷，包括：约翰·厄尔曼（Earman, John）、杰里米·巴特菲尔德（Butterfield, Jeremy）主编的《物理学哲学》（Philosophy of Physics，2006 年 10 月），安德鲁·欧文（Irvine, Andrew）主编的《数学哲学》（Philosophy of Mathematics，2009 年 6 月），戴尔·杰凯特（Jacquette, Dale）主编的《逻辑哲学》（Philosophy of Logic，2006 年 10 月），彼得·阿德里安斯（Adrians, Peter）、约翰·范·本瑟姆（van Benthem, Johan）主编的《信息哲学》（Philosophy of Information，2008 年 12 月），安东尼·梅杰斯（Meijers, Anthonie）主编的《技术与工程科学哲学》（Philosophy of Technology and Engineering Science，2009 年 8 月），保罗·撒加德（Thagard, Paul）主编的《心理学与认知科学哲学》（Philosophy of Psychology and Cognitive Science，2006 年 10 月），斯蒂芬·特纳（Turner, Stephen）、马克·瑞思乔德

---

① 转引自孙小礼. 1992. 十九世纪以来科学与哲学关系的两大思想传统. 科学技术与辩证法，（1）：8.
② 郭贵春，殷杰. 2016. 当代西方科学哲学前沿研究——《爱思唯尔科学哲学手册》中文版序. 科学技术哲学研究，（4）：1.

（Risjord，Mark）主编的《人类学与社会科学哲学》（*Philosophy of Anthropology and Sociology*，2006 年 10 月）。除此之外，相继出版的还有《生物学哲学》（2007 年 2 月），《复杂系统哲学》（2011 年 5 月），《统计学哲学》（2011 年 5 月），《经济学哲学》（2012 年 4 月），《医学哲学》（2011 年 7 月），《化学哲学》（2011 年 11 月），《语言学哲学》（2012 年 1 月），《生态学哲学》（2011 年 4 月）。同样，俄苏科学哲学也形成了这样的思想体系。2007 年，俄罗斯出版了由斯焦宾主编的供研究生使用的科学哲学教科书，教科书即由两部分组成，第一部分为科学哲学的一般问题，第二部分为当代具体科学的哲学问题，包括数学的、自然的、技术的和社会人文的等哲学问题。[①]

　　就一般科学哲学问题而言，比较爱思唯尔的《一般科学哲学：焦点主题》与俄苏科学哲学的标志性人物斯焦宾 2006 年的著作《科学哲学：一般问题》，我们看到西方与俄苏科学哲学基础性问题的研究均呈现出各自的特点。爱思唯尔的科学哲学著作以"阐释"这一"在科学哲学中极为重要，却由于其隐含性而长期被忽视的科学哲学方法"为重要手段，对科学哲学基础研究领域中的核心问题进行了深度阐释，"提纲挈领地勾勒出一幅当代科学哲学研究的全景画卷"[②]。西方科学哲学侧重于对问题的阐释，因此，其研究突出了问题导向，并以问题的讨论贯穿整个体系，如定律、理论和研究纲领，解释，理论评价，自然科学、社会科学中实验的功能，本体论、认识论与方法论立场，还原、整合与科学的统一，逻辑的、历史的与计算的方法，科学与非科学的划界，等等。

　　斯焦宾的著作则代表着俄苏科学哲学研究的特点，即在历史线索中定位，在社会文化层面上讨论，在科学与哲学的关系中展开。其著作的第一部分为"科学哲学发展的主要阶段"（Основные этапы развития философии науки），从对历史的分析中把握了逻辑经验主义的出现和历史地位，建立起了科学哲学发展的整体过程，并成功地将俄苏科学哲学的贡献纳入其中。[③]第二部分为"社会文化层面的科学知识"（Научное познание в социокультурном измерении），从

① Обсуждение книги В С. 2007. Стёпина "философия науки. Общие вопросы"（материалы "круглого стола"）. Вопросы Философии，（10）：65.

② 郭贵春，殷杰. 2016. 当代西方科学哲学前沿研究——《爱思唯尔科学哲学手册》中文版序. 科学技术哲学研究，（4）：3.

③ Стёпин В С. 2006. Философия науки. Общие проблемы. Электронная публикация：Центр гуманитарных технологий. http://gtmarket.ru/laboratory/basis/5321/5323[2012-03-18].

人类文明的视角阐释科学知识的成因和特殊性。[①]值得一提的是，这是俄苏科学哲学的重要特点，在他们看来，科学哲学问题应该是"在哲学、意识形态和社会人道主义背景下的科学哲学问题"。而且，"当今科学哲学——不是科学学的理论，不是非哲学专业的科目，而是具有世界观、综合性认识论、本体论、方法论、道德和社会哲学这些特征的科目"[②]。科学哲学的研究和传播均体现了这样的特点。俄罗斯科学院院士、《哲学问题》杂志主编列克托尔斯基在评价2007年斯焦宾主编的教科书时也提到，"科学哲学是哲学的一个特殊专业的分支，在它的教学过程中不允许略去那些当代的世界观和那些最大程度使当今青年不安的以及和批判现代文明形式（生态学、人类学、价值判断）相关联的哲学社会问题"[③]。第三部分为"科学知识的结构"（Структура научного познания），反映着俄苏科学哲学的特色和擅长，如经验和理论的关系、实证研究和理论研究的结构，最独特的当属科学基础的研究。[④]第四部分为"哲学与科学"（Философия и наука），这是俄苏科学哲学研究的特点和出发点，也是他们的优势，"在过去，很明显我们比我们的西方同僚更多地、更善于分析研究科学和哲学的相互关系。在这个问题上，西方哲学的实证主义传统长时间将这个问题从科学的历史和逻辑方法论的分析中剔除"[⑤]。第五部分为"科学的动态研究"（Динамика научного исследования），他们提出了不同于西方学者的核心概念——科学世界图景，并以此概念对科学革命问题给出了独到可行的分析，给出了三种不同的科学革命类型——学科内的革命、跨学科间的革命以及改变科学理性类型的全球性科学革命。[⑥]第六部分为"科学革命与科学理性类型的转变"（Научные революции и смена типов научной рациональности），整体上分析了科学革命的现象，将科学革命区分为学科内的革命、跨学科间的革命以及

① Стёпин В С. 2006. Философия науки. Общие проблемы. Электронная публикация: Центр гуманитарных технологий. http://gtmarket. ru/laboratory/basis/5321/5324 [2012-03-18].

② Обсуждение книги В С. 2007. Стёпина "философия науки. Общие вопросы"（материалы "круглого стола"）. Вопросы Философии. (10): 65.

③ Обсуждение книги В С. 2007. Стёпина "философия науки. Общие вопросы"（материалы "круглого стола"）. Вопросы Философии. (10): 65.

④ Стёпин В С. 2006. Философия науки. Общие проблемы. Электронная публикация: Центр гуманитарных технологий. http://gtmarket. ru/laboratory/basis/5321/5325[2012-03-18].

⑤ Обсуждение книги В С. 2007. Стёпина "философия науки. Общие вопросы"（материалы "круглого стола"）. Вопросы Философии. (10): 66.

⑥ Стёпин В С. 2006. Философия науки. Общие проблемы. Электронная публикация: Центр гуманитарных технологий. http://gtmarket. ru/laboratory/basis/5321/5327[2012-03-18].

改变科学理性类型的全球性革命。分析了不同类型的革命引起的科学理性类型的变化。①第七部分为"科学时代非古典科学的研究战略"（Стратегии научного исследования в эпоху постнеклассической науки），围绕俄苏学者提出的分析科学动态发展和科学革命的核心概念——科学世界图景展开集中讨论。总结了现代科学进化论的世界图景，分析了科学世界图景和新的科学世界观在当代文明发展中的指导作用，对科学理性在现代文化中的作用给予了说明。②

莫斯科国立罗蒙诺索夫大学教授列别捷夫（Лебедев，A.）指出，对科学哲学的理解有三个逻辑点，首先是哲学，科学哲学作为哲学的内在组成部分，对科学的解释总是依赖于一定的哲学角度，如理性主义和经验主义、唯物主义和唯心主义等。在这个意义上，可以有黑格尔的科学哲学、康德的科学哲学以及马克思主义的科学哲学。其次是科学，科学哲学的各种观念都反映着对科学的不同理解。最后是作为有关科学理解的一种特殊的知识体系。③这样理解的科学哲学不会自我封闭，因为，"作为文化的两个主要子系统——科学和哲学的相互作用是连续进行的，尽管作用的强度有区别。科学和哲学最大限度地表现出文化的适应性，以确保文化的完整性。科学哲学是哲学和科学之间相互作用的结果，其最终的目标也是文化系统的优化"④。

三、过程学路径

对某一特定时期、阶段的科学哲学状况和特征进行比较。例如，对 20 世纪 60 年代西方和俄苏科学哲学几乎同时发生的重大转向进行比较。在历史分析的基础上，归纳其共性，找出差异性特征，把握其不同特点。

西方和俄苏的科学哲学的发展经历了时间上大致一致的发展时期。以维也纳学派为正统科学哲学出现的标志，这一时期苏联建国，并开始了系统的自然科学哲学问题研究。20 世纪 60 年代，西方科学哲学的社会历史学派出现，科

---

① Стёпин В С. 2006. Философия науки. Общие проблемы. Электронная публикация：Центр гуманитарных технологий. http://gtmarket. ru/laboratory/basis/5321/5328 [2012-03-18].

② Стёпин В С. 2006. Философия науки. Общие проблемы. Электронная публикация：Центр гуманитарных технологий. http://gtmarket. ru/laboratory/basis/5321/5329 [2012-03-18].

③ 2006. Философия науки：проблемы и перспективы（материалы "круглого стола"）. Вопросы Философии，（10）：32.

④ 2006. Философия науки：проблемы и перспективы（материалы "круглого стола"）. Вопросы Философии，（10）：33.

学哲学的研究重心发生了较大变化，而俄苏亦在这一时期发生了科学哲学的
"认识论转向"。

西方和俄苏的科学哲学都在不同时期经历了研究重心的变化。西方从逻辑
经验主义到历史主义，再到后现代科学哲学，从辩护走向审查；俄苏从自然科
学哲学问题到 20 世纪 60 年代转向科学的认识论研究，再到当代俄罗斯社会文
化的综合论走向。

俄苏早期的科学哲学以自然科学哲学问题的研究为主。20 世纪 50 年代中
期，科洛茨尼斯基在《苏联四十年来自然科学哲学问题研究的成就》一文中总
结了苏联建国以来的自然科学哲学问题研究。这一时期的主要工作有两方面，
一是对经典作家有关自然科学的思想进行阐述和总结，许多研究围绕恩格斯的
《自然辩证法》《反杜林论》，列宁的《唯物主义和经验批判主义》《哲学笔记》
《论战斗唯物主义的意义》等著作进行。尽管这在当时是一项极其重要的工作，
但并不是全部。因为苏联哲学家意识到，"生活不是停滞不前的，自然科学在迅
速发展着。只限于宣传马克思列宁主义经典作家著作中的那些对于自然科学的
概括是不够的"。在自然科学领域中同唯心主义的斗争、揭示现代唯心主义各学
派的认识论基础一刻都不能放松，因此，苏联哲学家在这一领域中的另一项工
作是"对现代自然科学的最重要的发现进行了有充分说服力的、辩证唯物主义
的解释和概括"[①]。自然科学哲学问题的核心内容是物理学中的哲学问题，主要
围绕现代物理学的两大基础理论——相对论和量子力学展开。在量子力学的哲
学问题中，他们研究了量子力学规律的特点、量子力学规律和经典力学规律的
本质差异、微观世界中的因果性、微观粒子的自由意志等。在相对论的哲学问
题中，他们研究了时间、空间的哲学问题以及时间空间与物质存在、物质运动
的关系。从爱因斯坦质能关系式 $E=mc^2$ 出发，研究了物质、质量和能量的关
系，并由此出发展开了对奥斯特瓦尔德"唯能论"的批判。对基本粒子"不可
分割性""无结构性"进行了分析和讨论。除此之外，在生物学领域讨论了生物
界的基本原理、有机体与环境不可分割的统一体原理、巴甫洛夫关于动物和人
的高级神经活动生理学学说的哲学意义、意识和人类心理本质等。上述研究的
代表性著作有：瓦维洛夫（Вавилов, С. И.）的《新的物理学和辩证唯物主义》
《光的现象的辩证法》，奥美利亚诺夫斯基的《现代物理学中的哲学问题》，凯德
洛夫的《恩格斯和自然科学》《从门德列也夫迄至今日的元素概念的发展》，鲁

---

① 科洛茨尼斯基. 1957. 苏联四十年来自然科学哲学问题研究的成就. 刘群译. 自然辩证法研究通讯, (3): 16.

巴舍夫斯基的《米丘林的理论遗产的哲学意义》，彼得鲁舍夫斯基的《巴甫洛夫学说的哲学基础》，等等。[①]

当然，这一时期的研究除了自然科学哲学问题外，也有的涉及科学知识的特殊性、科学知识的结构和历史发展规律等狭义的科学哲学问题。世纪之交，马姆丘尔在《祖国科学哲学：初步的总结》一书中对此进行了发掘。例如，1937 年，卡斯捷林出版了《空气动力学和电体动力学基本方程式的总结》一书。书中对新的科学理论的成长进行了方法论角度的评价。他还提出了"理论永远先于经验"的论点，这一"把对科学知识的分析作为自身迫切任务的最新科学哲学思想，当时无论如何也不能归为自然哲学，自然哲学永远追求不同于科学的、对自然界自身的独立的认识"[②]。马姆丘尔还提到了同时代的另一部著作，即彼得堡大学的科斯特切夫的《自然哲学和精密科学》，尽管从书的名称看是展示自然哲学的，但作者实际在文中讨论的也是科学哲学问题。作者在书的结论部分写道，"自然哲学触及了普遍性问题，它更新了科学家的头脑，使其专心于每天的工作，有时还会一叶障目，不见森林；自然哲学提醒科学家注意科学最终的伟大目的，引导他对科学创作的目前的进程进行统计。要知道，能为精密科学铺设新道路的伟大智慧永远都是哲学的"[③]。以往的研究大多忽视了对这一时期除自然科学哲学问题外的科学哲学思想。造成这一现象的原因，用马姆丘尔的话说就是，"虽然'自然哲学'和'科学哲学'不分家，但对于当时的出版物是不同的，经常导致分析困难，还导致对作者发展的观点给出不一致的评价"[④]。

从 20 世纪 80 年代起，俄苏和西方科学哲学几乎是同步地发生了第二次转向——人类学转向。有关这方面的内容，我们将在第四章给予详细的讨论。

[①] 科洛茨尼斯基. 1957. 苏联四十年来自然科学哲学问题研究的成就. 刘群译. 自然辩证法研究通讯，（3）：17.

[②] Мамчур Е А, Овчинников Н Ф, Огурцов А П. 1997. Отечественная философия науки: Предварительные итоги. Москва: РОССПЭН: 155.

[③] Мамчур Е А, Овчинников Н Ф, Огурцов А П. 1997. Отечественная философия науки: Предварительные итоги. Москва: РОССПЭН: 159.

[④] Мамчур Е А, Овчинников Н Ф, Огурцов А П. 1997. Отечественная философия науки: Предварительные итоги. Москва: РОССПЭН: 159.

第三章 西方与俄苏科学哲学比较研究的领域和内容

西方与俄苏科学哲学的比较研究包括两者在研究导向的比较、历史语境的比较、发展道路的比较和研究主题的比较。研究导向的比较彰显出俄苏马克思主义科学哲学的理论优势，表现在科学与哲学的关系、科学技术与社会（STS）的研究、分支性科学哲学研究以及科学革命的研究等；也凸显出西方非马克思主义科学哲学的理论独创性，具体表现在他们对科学认识所做的结构主义分析、建构主义分析、合理性分析和诠释性分析方面。历史语境的比较包括两方面，从发生学角度，一是追溯西方和俄苏科学哲学的早期来源和历史孕育，二是探寻西方和俄苏科学哲学形成的独立研究领域的历史语境。发展道路的比较包括厘清双方各自发展的历史阶段，并对各个历史阶段所发生的研究转向进行分析总结。研究主题的比较从结构学和动力学两个方面进行。

第一节　研究导向的比较

无论科学哲学家对科学哲学有多么不同的看法和观点，无论按照哪一种解释去理解，科学哲学都与哲学有着密切的联系。一方面，科学哲学在某些方面体现了哲学的发展，另一方面，科学哲学的研究要以哲学思想为逻辑前提和研究的基础。哲学的一般观点、原则是科学哲学的重要思想来源。西方与俄苏科学哲学研究的重要区别首先在这一点上表现出来。逻辑经验主义对科学作认识论的研究，并使之成为 20 世纪西方科学哲学家的时代性任务。在认识论领域，科学哲学家各持自己的主张并不奇怪。就个体而言，进入这个领域的研究者头脑中的知识结构、哲学框架、哲学主张的不同定会造成认识上的分歧。就学派而言，不同的哲学派别依据不同的哲学观点和认识论原则也会形成不同的观点。从科学哲学的比较来看，这种差别表现在三个方面：马克思主义科学哲学和非马克思主义科学哲学导向的不同，如俄苏与西方；马克思主义科学哲学内部导向的不同，如俄苏与中国；非马克思主义科学哲学内部导向的不同，如西方科学哲学的内部比较。

一、俄苏马克思主义科学哲学的理论优势

斯焦宾总结了 21 世纪以来俄苏科学哲学的研究。在他看来，俄苏科学哲学一直保持着对正统科学哲学和后正统科学哲学的建设性批评，并且能够吸收自然科学的最新成就，取得成功。他认为秉承苏联时期的研究，今日俄罗斯仍会在以下几个方面保持自己的优势。

（一）科学与哲学的关系

德国学者霍尔茨（Horz，H.）在其文章《马克思主义哲学和自然科学》中说道，"在人类思想史上，哲学与自然科学的关系不断地在爱与恨、重视与轻视之间更替着"。这是因为，"从哲学产生出来的自然科学现在获得了很大的解放，以致忘记了自己的起源"。但马克思主义哲学则建立起和自然科学的良好关系，并形成相互促进的关系，"马克思列宁主义哲学提出真理的实践标准。它不仅不同自然科学知识相矛盾，而且概括了这种知识，因而有助于哲学与自然科学的发展"①。

19 世纪末 20 世纪初，在自然科学领域，尤其是物理学领域发生了深刻的革命。以 X 射线、元素放射性和电子的发现为标志的物理学革命给自然领域的研究带来了深刻的变化。在这场深刻的革命发生之前，物理学以经典力学、经典电磁场理论、经典热力学和统计物理学理论为基础，提供了人类关于自然界相对完整的认识，形成了绝对时空、不变的质量、不可分割的质点和机械因果四大自然观念。按照恩格斯的观点，这些观念为自然领域中的机械论自然观提供了基础。

---

① H. 霍尔茨. 1982. 马克思主义哲学和自然科学. 自然科学哲学问题丛刊,（1）: 10.

1895 年，德国科学家伦琴（Rontgen）在实验中发现了 X 射线。这一发现旋即引起了 1896 年贝克勒尔（Becquerel，Antoine）元素放射性的发现。接下来的物理学领域中的研究确定了铀和镭这样的化学元素的复杂变化，它们在放出射线的过程中，自发地分裂，转变为其他元素的原子，同时伴随大量能量的释放。这是人类第一次发现由一种元素的原子转变为另一种元素原子的事实。新的发现打破了经典物理学把原子看成是不变的自然事物的观念，而且揭示了原子的深刻内部联系和相互转化。这种现象已无法用经典物理学理论来解释。1897 年，精密的实验研究确定了电子的存在，进一步打破了原子作为不可分割的基本物质粒子、没有结构的观念。稍晚些的电磁辐射的研究也获得了极为重要的成果，人们发现了波粒二象性，微观物质粒子除了粒子的特性之外，还显现出波动的特征，以新的方式呈现出间断性和连续性的关系。

这场深刻的革命带来了哲学领域中思想的激烈斗争，各种哲学派别应运而生。在形形色色的哲学派别中，影响较大的一个是物理学家马赫所代表的经验主义，另一个是物理学家彭加莱所代表的约定主义。自然科学的革命不仅带来了经典自然观的崩溃，而且"科学认识的基础，科学评价的标准，真理与谬误的界限，科学概念和科学命题的意义，凡此种种，过去视为绝对的东西，都显露出相对性来"[1]。用马赫的话就是"原理的普遍毁灭"。在马赫、彭加莱他们看来，这场物理学革命充分证明了物理学，甚至整个自然科学没有客观的认识价值，甚至也不是代表有关客观实在的认识。他们认为，把经典物理学理论看成是关于客观实在的反映表明"自然科学从头到尾浸透着形而上学"，而自然科学的唯物主义是"街头的形而上学"。[2]

列宁在深刻分析和概括物理学成就的基础上，对马赫主义者的"自然科学的最新哲学"给予了批判。列宁揭露了马赫主义的唯心主义本质，他写道，自然科学家马赫的哲学对于自然科学，就像基督徒犹大的接吻对于耶稣一样。马赫也同样地把自然科学出卖给信仰主义，因为他实质上转到哲学唯心主义方面去了。[3]列宁进一步指出，"新物理学的唯心主义就是一种时髦，而不是离开自然科学唯物主义的重大的哲学上的转变"[4]。以马赫为首的"这个学派离开了被

① 孙慕天. 2006. 跋涉的理性. 北京：科学出版社：27.
② X. M. 法塔利也夫. 1965. 辩证唯物主义和自然科学问题. 王鸿宾，徐建，沈铭贤译. 上海：上海人民出版社：60.
③ 列宁. 1963. 列宁全集. 第 14 卷. 中共中央马克思恩格斯列宁斯大林著作编译局译. 北京：人民出版社：369.
④ 列宁. 1972. 列宁选集. 第 2 卷. 中共中央马克思恩格斯列宁斯大林著作编译局译. 北京：人民出版社：293.

公认为在物理学家中间占统治地位的唯物主义（它被不确切地称为实在论、新机械论、物质运动论；物理学家自身一点没有自觉地去发展它），是作为'物理学'唯心主义的学派而离开唯物主义的"①。物理学唯心主义既没有驳倒唯物主义，也没有证实唯心主义和自然科学的联系。

　　列宁写作《唯物主义和经验批判主义》的另一重要原因的是，当时的俄国工人政党内部的机会主义派别利用了这种哲学思潮，将其作为反对俄国社会主义革命指导思想的理论基础——马克思主义的"科学"根据。建立哲学和自然科学联盟的思想是列宁于 1922 年在《论战斗唯物主义的意义》中提出来的，"战斗唯物主义为了完成应当进行的工作，除了同那些不是共产党的彻底的唯物主义者结成联盟以外，同样重要甚至更重要的是同现代自然科学家结成联盟，他们倾向于唯物主义、敢于捍卫和宣传唯物主义、反对盛行于所谓'有教养社会'的唯心主义和怀疑论的时髦的哲学倾向"②。哲学和自然科学联盟的思想的提出，确立了正确处理科学和哲学关系的基本原则，也成为苏联时期自然科学哲学问题研究的基本原则。从苏联时期自然科学哲学问题的研究来看，这一原则的积极意义表现在三方面：辩证唯物主义必须以自然科学的成就为基础；自然科学不能回避哲学的结论，自然科学家应当接受辩证唯物主义的世界观；合理划界。③

　　首先，明确提出自然界的辩证法是马克思主义唯物辩证法的重要部分，唯物辩证法即关于自然界运动和发展普遍规律的认识。在马克思主义的奠基人那里，研究自然界的辩证法是其重要部分，恩格斯写作了《自然辩证法》和《反杜林论》等著作。恩格斯在《自然辩证法》中指出，他的工作不是从外部把辩证法的规律加到自然界身上去的，而是要从自然界中寻找辩证法的规律，并在自然界中予以阐发。自然界的辩证观点，使得旧自然哲学变成了无用或无能为力的东西。辩证唯物主义必须以自然科学的成就为基础，列宁在《论战斗唯物主义的意义》中明确指出，"必须记住，正因为现代自然科学经历着急剧的变革，所以往往会产生一些大大小小的反动的哲学学派和流派。因此，现在的任务就是要注意自然科学领域里最新革命所提出的种种问题，并吸收自然科学家参加哲学杂志所进行的这一工作。如果不解决这个任

① 列宁. 1960. 列宁选集. 第 2 卷. 中共中央马克思恩格斯列宁斯大林著作编译局译. 北京：人民出版社：310.
② 列宁. 1960. 列宁选集. 第 4 卷. 中共中央马克思恩格斯列宁斯大林著作编译局译. 北京：人民出版社：608.
③ 孙慕天. 2006. 跋涉的理性. 北京：科学出版社：33.

务，战斗唯物主义根本就既没有战斗性，也不是唯物主义"①。在列宁的号召下，以辩证唯物主义为前提，综合、概括各门自然科学的最新进展并作出相应的哲学结论，成为发展马克思主义哲学的重要任务之一，这极大地促进了苏联自然科学哲学问题的研究。

其次，联盟突出了发展马克思主义哲学的重要任务。以辩证唯物主义为前提，综合、概括各门自然科学的最新进展，做出相应的哲学结论，是马克思主义哲学的重要任务之一。既要加强哲学和自然科学之间的联系，又要分清哲学和自然科学作为有区别的领域的各自独立性，"不言而喻，在研究现代物理学家的一个学派和哲学唯心主义的复活的关系这一问题时，我们绝不想涉及专门的物理学理论。我们想知道的只是从一些明确的论点和尽人皆知的发现中得出的认识论结论"②。用罗任（Рожин，В. П.）的话来说，"哲学并不侵犯实证科学的领域，不与它重复，而是在运用辩证法的基础上把科学的成果加以概括，而这一点是任何一门自然科学所没有而且也不可能做到的"③。这就要求我们在实际的研究中做到"划清自然科学成就本身和对这些成就所做的哲学解释之间的界线，划清自然科学家在科学领域所做的实证研究和他在哲学领域进行的哲学思辨的界线，划清自然科学家的个别哲学结论和他的总体思想倾向的界线"④。列宁的这一主张不仅是对苏联，对世界范围内科学哲学的研究，都有着重要的意义。

最后，联盟也是发展自然科学的需要。列宁曾经指出，自然科学正飞速进步，正处在极为深刻的变革之中，自然科学离开这些结论，无论如何是行不通的。自然科学不能回避哲学的结论，自然科学家应当接受辩证唯物主义的世界观。这里包含三层含义，首先，科学认识需要辩证思维。列宁曾经指出，自然科学的成果是概念，但概念不是在经验的基础上自发形成的。单凭经验并不能获得理性认识，必须在一定的世界观和方法论的指导下统摄经验，方能在经验的基础上实现提升，抽象上升为概念。这里，辩证唯物主义世界观提供了重要的思想武器。其次，自然科学的快速发展需要哲学。正如列宁所指出的，"自然

① 列宁. 1960. 列宁选集. 第 4 卷. 中共中央马克思恩格斯列宁斯大林著作编译局译. 北京：人民出版社：608.

② 列宁. 1960. 列宁选集. 第 2 卷. 中共中央马克思恩格斯列宁斯大林著作编译局译. 北京：人民出版社：257-258.

③ 弗·帕·罗任. 1959. 马克思列宁主义辩证法是哲学科学. 中国人民大学出版社编译室译. 北京：中国人民大学出版社：15.

④ 孙慕天. 2006. 跋涉的理性. 北京：科学出版社：34.

科学进步得那样快，正处于各个领域都发生那样深刻的革命变革的时期，以致自然科学无论如何离不了哲学结论"①。最后，辩证唯物主义能够对自然科学发展中的问题提供合理的解答，"现代的自然科学家从作了唯物主义解释的黑格尔辩证法中，可以找到（只要他们善于去找，只要我们能学会帮助他们）自然科学革命所提出的种种哲学问题的解答，而崇拜资产阶级时髦的知识分子在这些哲学问题上却往往'跌入'反动的泥坑"②。

　　关于对联盟的历史评价所发生的争论主要有两方面：苏联学术界是否真正有过这样的联盟，以及联盟的真正意义何在，亦即辩证唯物主义对科学有无积极的影响。

　　历史上的苏联是否存在过这样的联盟，首先取决于对联盟本质的理解。如果仅仅把这种联盟理解为一种联合或合作，这样的联盟的确存在过。但如果认为联盟是一种朋友般的合作和相互的促进，苏联解体后的俄罗斯学术界则出现了否定的声音。否定的声音认为，曾经的联盟其实就是一种硬性的绑架，将科学家与无产阶级意识形态、科学与辩证唯物主义生硬地"捆绑"在一起，以宣示有独立发展的马克思主义科学的存在。努格耶夫（Nugayev，Rinat M.）认为，直到 20 世纪 60 年代末期，苏联的科学哲学还主要受本体论偏见（ontological bias）的控制，研究者主要讨论实证科学中的发展、因果性和时空等问题。60 年代末期转向科学哲学发展的新阶段，这个阶段的标志是以科学知识的动力学和结构学为主的逻辑方法论研究。本体论研究阶段主要是将自然科学如相对论、相对论宇宙学、量子力学、量子化学、基因学等还原为辩证唯物主义（官方文化的基石），以拯救科学家和科学哲学家的身体和灵魂。在第二个阶段，他们处理现在看来似乎更为复杂的问题，也会遇到后实证主义的挑战。重新审视科学发展的历史以及重新评价西方科学的成就形成了这样的主题研究：科学是个知识系统，在历史中进化。③茹科夫（Жуков，А. П.）认为，自然科学哲学是苏联哲学科学发展最充分的部门，如果不把希望当作现实，而是脚踏实地，那么不得不承认一个事实：哲学研究对科学发展的影响是微乎其微

① 列宁. 1960. 列宁选集. 第 4 卷. 中共中央马克思恩格斯列宁斯大林著作编译局译. 北京：人民出版社：610.
② 列宁. 1960. 列宁选集. 第 4 卷. 中共中央马克思恩格斯列宁斯大林著作编译局译. 北京：人民出版社：609.
③ Nugayev R M. 2007 . A leading paradigm of modern Russian philosophy of science. Journal for General Philosophy of Science, 38（2）：403.

的。①米库拉思科（Mikulack，M. W.）也认为，苏联科学家不关心科学和哲学的关系，无视科学家和哲学家组成联盟和紧密合作的决定，寻求独立自主，摆脱干涉。②格雷厄姆也指出，苏联的科学家，作为一个集团，比起像美国和英国那样的国家里的科学家来，一直是更加明显地面对他们的哲学假设所暗含的各种意思的；在像美国和英国那样的国家里，人们却惯于坚决地认为哲学与科学毫无关系。③

　　透过历史，我们可以清楚地看到，即使是把哲学与自然科学联盟理解为一种联合和合作，这种联盟也极大地促进了俄苏科学哲学的研究和发展。我们应该采取一种现实主义的态度，对苏联历史上存在过的这种联盟给予合理的评价。既不能否定联盟的历史作用，也不能夸大其影响。哲学与自然科学的相互作用受到多种因素的影响，不能简单地以直接结果的方式显现。那种期待能够直接看到哲学对自然科学积极影响的企图是不现实的。

　　俄罗斯科学院哲学研究所的卡萨温（Касавин，И. Т.）认为，科学哲学的命运取决于哲学与科学的关系，哲学是科学哲学之母，科学是科学哲学之父。他曾形象地比喻：儿童（科学哲学）的命运取决于父母（哲学和科学），支离破碎的家庭不会为儿童的健康成长创造条件。把从这样家庭出来的孩子送入社会，必然会出现双重不适。一是不能很好地与社会融合，二是因自身的不成熟而无法使自己独立发展。④科学哲学的良好发展需要其母（哲学）和其父（科学）建立成功的婚姻。然而，从历史上看，这样的婚姻并不理想。在 19 世纪以前，科学的社会建制并不成熟，没有达到"社会制度性成熟"的状态。因此，真正意义上的科学哲学不会出现。19 世纪后半叶，随着科学的日益壮大成熟，一些既热爱哲学又热爱科学的学者做出了杰出的贡献，致使科学哲学这一有前途的婴儿诞生。19 世纪末 20 世纪初，自然科学领域中形成了机械论和进化论两大科学范式，统领着几乎整个自然领域的研究。而"科学哲学的许多成员开始在专业的自然科学和数学的范围内招募。他们带来了一个经验取向和承诺的、逻辑严谨的、失去了大卫·休谟和康德批评风格的、失去了哲学话语相容性的科学哲

① Жуков А П，Клишина С А. 1991. Союз наука и философии：реакьность или миф？ Философские науки，（1）：168.

② Mikulack M W. 2007. Philosophy and science survey. Journal of Soviet and European Studies，55（2）：147.

③ L. R. 格雷厄姆. 1978. 苏联国内的科学和哲学（下）. 丘成，朱狄译. 世界哲学，（3）：70.

④ 2006. Философия науки：проблемы и перспективы（материалы "круглого стола"）. Вопросы Философии，（10）：3.

学"①。科学哲学也相应地在 20 世纪获得了快速的发展。当然，科学哲学的发展和壮大取决于哲学和科学良好关系的建立，一旦这对夫妇的关系在发展中出现问题，科学哲学的前景就会令人担忧。理性世界里长大的科学哲学在试图呼吸社会的经验现实的新鲜空气时，必然会出现不适应。20 世纪以来，哲学和科学的发展都出现了新的特点。在哲学领域，出现了现象学阵营，科学哲学同母异父的兄弟——心灵哲学、人生哲学出现。这对经验承诺、逻辑严谨的科学哲学带来了激烈的冲击。在科学领域，科学发展的速度远非哲学能与之相比，科学在超越哲学并试图引领它。"事实上，如果科学给了我们真正的追求真理的知识和理念，科学就必须推广科学事实和推理方法。这是适用于任何哲学问题的，无论是知识、社会、道德、艺术还是人类。"②出现这种不适应固然有科学哲学"身体"方面的原因，更重要的原因是哲学与科学的关系发生了变化，"科学哲学在剧烈地'咳嗽'，不能坐下来摆出思想者罗丹的姿态，其手掌不再动作，而家长似乎已经提出了离婚"③。在这种形势下，重新回顾自然科学和哲学联盟的思想就有着重大的现实意义。

（二）科学、技术与社会的研究

科学、技术与社会的研究是由苏联学者开辟的。在 1931 年 6 月 29 日—7 月 3 日由伦敦南肯辛顿科学博物馆召开的第二届国际科学史大会上，以布哈林为团长的苏联代表团向大会提交了论文集《十字路口的科学》。论文集收录了 10 篇论文，包括苏联科学院院士、苏维埃最高经济委员会工业研究部主任布哈林（Bukharin, N. I.）的《实践和理论的辩证唯物主义立场》（*Theory and Practice from the Standpoint of Dialectical Materialism*）；苏联科学院院士、列宁格勒（今圣彼得堡）的苏联科学院物理技术研究所所长、物理学家约飞（Joffe, A. F.）的《物理学和技术》（*Physics and Technology*）；经济学家鲁宾施坦（Rubinstein, M.）的《资本主义和苏联状况下的科学、技术与经济的关系》（*Relations of Science, Technology, and Economics Under Capitalism and in the Soviet Union*）；

---

① 2006. Философия науки: проблемы и перспективы（материалы "круглого стола"）. Вопросы Философии, （10）: 5.

② 2006. Философия науки: проблемы и перспективы（материалы "круглого стола"）. Вопросы Философии, （10）: 5.

③ 2006. Философия науки: проблемы и перспективы（материалы "круглого стола"）. Вопросы Философии, （10）: 3.

札瓦多夫斯基（Zavadovsky，B.）的《有机物进化中'物理的'和'生物的'过程》(The "Physical" and "Biological" in the Process of Organic Evolution)；数学家、科学哲学家科尔曼（Colman，E.）的《物理学和生物学中的动态和统计规律》(Dynamic and Statistical Regularity in Physics and Biology)；等等。其中，苏联物理学家格森（Гессен，Б.）在会上做了引起轰动的《牛顿'原理'的社会和经济根源》(The Social and Economic Roots of Newton's "Principia")报告。报告开宗明义地指出，"我们的工作是，坚持用辩证唯物主义方法和马克思创造的历史过程论，结合牛顿生活和工作的时代，来分析牛顿科学工作的起源和发展。我们将对马克思发展的这一基本前提做主要的说明，这一基本前提也是我们这篇文章的出发点"[1]。论文共包括 5 个方面的内容：导论——马克思关于历史发展过程的理论（ Introduction—Marx's Theory of the Historical Process ）；牛顿时代的经济状况、物理学和技术（ The Economics，Physics，and Technology of Newton's Period ）；英国革命时期的阶级斗争和牛顿的哲学观（ The Class Struggle During the English Revolution and Newton's Philosophic Outlook ）；恩格斯关于能的概念以及牛顿理论中能量转化定律的缺失（ Engels' Conception of Energy and Newton's Lack of the Law for the Conservation of Energy ）；牛顿时期的机器破坏者和当今生产力创造者（ The Machine-breakers of Newton's Epoch and the Present Day Wreckers ）。[2]首次提出了"经济任务和技术任务决定物理学研究纲领"的命题。论文提出了两个基本论点：第一，科学是随着资产阶级的兴旺发达而逐步繁荣起来的，为了发展工业，资产阶级需要科学；[3]第二，最进步的阶级也就是需要先进的科学的阶级。格森指出："牛顿没有看出，也没有解决能量守恒问题，不是因为他的天才不够伟大。伟大人物，无论其天才如何超群绝伦，整个说来却只能制定和完成生产力和生产关系历史发展中已经提出的那些任务。"[4]格森的论文引起了极大的轰动。科学社会学的创始人之一贝尔纳评价道，"对英国来说，格森关于牛顿力学的文章是对科学史重新评价的起点"[5]。

俄苏的科学哲学研究，问题域十分广泛，具有普遍和综合的特征，广泛涉及科学世界观、科学方法论和科学社会学的许多重大问题。苏联时期的著名学者麦

① 1931. Science at the Gross Road. London：Kniga（England）Ltd：152.

② 1931. Science at the Gross Road. London：Kniga（England）Ltd：150.

③ 1931. Science at the Gross Road. London：Kniga（England）Ltd：170.

④ 1931. Science at the Gross Road. London：Kniga（England）Ltd：203.

⑤ 参见孙慕天. 2006. 跋涉的理性. 北京：科学出版社：255.

柳欣曾经把自然科学哲学问题的研究对象概括为 4 个方面。在他看来，自然科学哲学问题有自己的特殊对象，它们是：①研究和揭示各种类型的物质系统的最一般的性质、组织结构规律、变化和发展；不仅要一般地定性描述业已发现的规律，而且要尽可能地以定量形式，即通过数学方程来描述它们（这些性质和规律不像辩证唯物主义所研究的性质和规律那样普遍）。②根据各相应科学部门的内容和历史研究科学认识的规律性，研究它的逻辑和方法论，研究科学发现的心理学；分析科学知识的分化和整合，分析新理论和旧理论之间以及各种认识方法之间的关系，确定每种一般科学方法的适用范围和可能性；等等。③从社会角度研究科学发现的应用，研究科学的社会地位，研究科学在现代科学技术革命中的位置，研究科学和生产以及科学、社会关系和国家的相互联系，研究某一门科学对社会意识变化的影响，分析科学发展的社会动力。④对理论做出哲学的论证，确定理论的各种一般范畴、规律和原则的普适性程度，确定它们的应用界限，确定理论的内在逻辑；随着理论的发展，理论的对象也要改变；要研究理论内在信息的增长和应用的动力学，研究它进一步发展的前景。[①]

因此，科学、技术与社会的研究是俄苏自然科学哲学问题研究的重要部分，也是马克思主义研究科学的应有之意。进入 21 世纪，俄苏的 STS 研究在两个方向同时进行。首先是与传统科学哲学的研究相结合，以西方科学哲学的重要问题——语境问题的研究为契合点展开。众所周知，逻辑经验主义之后，社会历史学派将"证明的语境"置于"发现的语境"之下。然而，各种区别矛盾的解释，迫使我们必须重新思考后实证主义方法的理论假设、本体论的前提和方法论原则，重新评价哲学和哲学本体论在社会建构主义、自然主义和相对主义中的作用，这成为 STS 研究的重要方面。[②]其次是 STS 的研究与社会学研究紧密结合。STS 的研究是社会学与科学哲学的一个极好的结合点，能够从社会学角度研究中发现科学和知识的进步。[③]

（三）分支性科学哲学研究

就科学哲学研究的两个重要部分———一般科学哲学和分支性科学哲学研究来说，俄苏与西方的科学哲学各有侧重。西方科学哲学明显偏重前者，分支性

① C.T. 麦柳欣.1989. 苏联自然科学哲学教程. 孙慕天，张景环，董驹翔译. 哈尔滨：黑龙江人民出版社：9-10.

② Столярова О Е. 2015. История и философия науки versus STS. Вопросы Философии，（7）：73.

③ Артюшна А В. 2012. Социология наукии техники（STS）：Сетевой узели трансформация лаъораторной жизни. Сотсиолодисхеские Исследованииа，（11）：35.

科学哲学研究则为俄苏科学哲学所擅长。如前所述，麦柳欣概括的自然科学哲学问题的研究对象中，"根据各相应科学部门的内容和历史研究科学认识的规律性，研究它的逻辑和方法论，研究科学发现的心理学；分析科学知识的分化和整合，分析新理论和旧理论之间以及各种认识方法之间的关系，确定每种一般科学方法的适用范围和可能性等等"。这是研究的重要方面。[①]从研究内容看，俄苏传统的自然科学哲学问题研究其实包含了两个部分，第一部分就是学者普遍熟悉的本体论研究部分，第二部分就是分支性科学哲学的研究。该部分的研究其实是苏联自然科学哲学问题研究的重要部分，麦柳欣在书中这样介绍，自然科学哲学问题，或者简言之，自然科学哲学，其内容可以从两个不同的角度去理解：①可以理解为自然科学本身的哲学，其是对物质世界、对自然现象和社会现象的有关科学理论本身的客观内容，以及对所运用的相应的实验和理论的认识手段所作的自然科学哲学思考；②可以理解为对整个自然科学和自然科学各部门所作的哲学分析，它是从哲学角度作出的，旨在阐明自然科学理论认识客观世界的规律和方法，阐明科学理论的结构、科学认识中经验层次和理论层次的相互关系、自然科学中所使用的逻辑和研究的方法论、理论的社会地位以及自然科学的其他方法论问题。[②]

　　苏联时期的学者在这方面做了大量的学术工作，他们对数学、物理学、生物学、化学、宇宙学、计算与信息、认知科学等领域中的哲学问题均有独特的研究。

　　数学哲学部分，第一方面，从辩证唯物主义出发讨论了数学对象问题，如数学的直接对象，数学在现实世界中的对象，数学对象、逻辑学对象和自然科学对象的关系，等等。第二方面，以辩证唯物主义的视角阐释了数学知识的多样性和数学知识的统一问题，如数学的形式理论和内容理论的关系问题，数学知识公理化和形式化问题的哲学分析，哥德尔不完全性定理的意义，数学及其哲学问题、无矛盾性、完全性和公理独立性概念的哲学含义，应用数学的实际意义及同纯粹数学的联系，等等。第三方面，分析了数学抽象的哲学问题，如数学抽象的特征，潜无限和实无限的抽象，客体在经典数学和结构数学中的认识论地位，数学客体的存在问题，数学抽象的引进和排除问题，等等。第四方面，讨论了数学知识的真理性问题，如数学知识真理性的特点及其对数学客体

① C. T. 麦柳欣. 1989. 苏联自然科学哲学教程. 孙慕天，张景环，董驹翔译. 哈尔滨：黑龙江人民出版社：10.
② C. T. 麦柳欣. 1989. 苏联自然科学哲学教程. 孙慕天，张景环，董驹翔译. 哈尔滨：黑龙江人民出版社：序言 1.

特点的制约性，纯粹数学和应用数学中的真理性问题（经验理性和分析真理性、事实真理性和逻辑真理性），经典数学和结构数学中的真理性，实践作为真理标准在数学中的特征，对先验论、约定论和直觉主义的数学真理性观点给予批判，等等。第五方面，对数学基础的哲学问题进行阐释，包括对数学基础不同流派的哲学分析，辩证唯物主义认识论关于数学基础的认识，等等。第六方面，分析了数学发展的哲学问题，如数学发展的内部、外部因素，数学发展中的量变与质变（数学中的科学革命），数学发展外部因素和内部因素相互作用的辩证法，等等。第七方面，数理逻辑的哲学问题，包括数理逻辑与形式逻辑的关系、数理逻辑与思维的关系、数理逻辑和实在等。

物理学哲学部分，第一方面，物质结构和属性学说的哲学问题，包括辩证唯物主义的物质观和物理学的哲学根据、物质的结构等。第二方面，现代物理学中相互作用和运动理论的哲学问题，包括相互作用和运动的基本形式、各种物质运动形式的相互关系等。第三方面，时间和空间理论的哲学问题，如时空概念的发展、时空的多样性和统一性的辩证法等。第四方面，现代物理学的决定性和因果性问题，包括机械决定论，物理学中的或然决定论，动力学定律和统计定律及统计规律性之间的问题及其在理解决定论本质方面的作用，物理定律和因果性，等等。第五方面，现代物理学原理的哲学问题，包括对称原理、守恒原理、对应原理、互补原理和测不准原理等。

生物学哲学部分，第一方面，从辩证唯物主义原则出发解决生命的起源和本质问题，包括早期生命起源论的自然科学内容和哲学基础，恩格斯对生命起源问题的解决，奥巴林学说的世界观基础和方法论原则，对生命活力论解释的分析，现代科学对生命起源问题和生命本质的哲学思考，等等。第二方面，有机界的发展问题，包括生物学中发展思想形成的主要阶段，达尔文主义解决有机界发展问题的唯物主义实质和辩证性质，进化论发展的主要方向，与反达尔文主义的思想斗争，综合进化理论，等等。第三方面，生物学中的系统方法，哲学基础、概念和方法论意义等问题。第四方面，生物学中的决定论问题，如目的论和机械因果性，达尔文之前的全目的性问题，生物决定论观点，现代生物学中偶然性和必然性的辩证法，对偶因论和现象论的批判，目的性观点，等等。第五方面，理论生物学形成的方法论等问题。①

化学哲学部分。这一领域研究的杰出代表有凯德洛夫，出版了大量研究著

---

① C. T. 麦柳欣. 1989. 苏联自然科学哲学教程. 孙慕天，张景环，董驹翔译. 哈尔滨：黑龙江人民出版社：1-7.

作，如《道尔顿的原子论》（1949 年），《化学元素概念的演化》（1956 年），《伟大发现的一天》（1958 年），《门捷列夫关于周期律早期著作（1869—1871）的哲学分析》（1959 年），《原子学说的三种观点》（1969 年），《恩格斯论化学的发展》（1979 年）。除此之外，他还发表了大量的研究论文。苏联科学院通讯院士日丹诺夫（Жданов，Ю. А.）于 1960 年出版了《有机化学方法论概要》，也发表过大量的研究论文。库兹涅佐夫（Кузнецов，В. И.）于 1973 年出版了《化学发展的辩证法》。谢苗诺夫（Семенов，Н. Н.）于 1952—1972 年发表了大量相关的论文。[①]卡尔考文柯（Гарковенко）将俄苏化学哲学的研究内容归纳为三个方面。第一，对化学取得的成果进行哲学分析。[②]具体包括：基本化学概念的辩证法，如化学元素概念，"可度量"与"不可度量"元素概念间的矛盾，否定性矛盾，简单性矛盾，化学元素概念与原子论的联系；分析结构理论的哲学问题，如对共振论及中介论的批判等。[③]第二，关于化学科学的方法论和认识论问题。[④]具体包括：化学研究的对象，包括普通及无机化学、有机化学、分析化学、物理化学、现代化学等；化学元素概念内容的绝对真理内核，复杂化学实验概念的主要矛盾；量子化学中的哲学问题，如量子化学方法、化学与量子力学的关系等。[⑤]第三，化学科学的社会意义。主要讨论了化学的应用研究、化学的理论与实践、化学发展与社会进步的关系等。[⑥]

宇宙学哲学部分，包括宇宙学模型的哲学根据、物质世界的无限性等。主要代表人物有：阿姆巴楚米杨、卡秋金斯基[⑦]、图尔苏诺夫[⑧]、麦柳欣[⑨]、拉德查鲍夫等。[⑩]

"分支科学哲学旨在对各分支学科中的基本问题进行哲学反思，一方面重点探讨诸如数学、物理学、生物学、系统科学、认知科学、地球科学、医学科学、农林科学、信息科学、材料科学、能源科学、社会科学等领域中的哲学问

① 张嘉同. 1994. 化学哲学. 南昌：江西教育出版社：4.
② 张嘉同. 1994. 化学哲学. 南昌：江西教育出版社：5.
③ 沙赫巴洛诺夫. 1960. 化学哲学问题纲要. 潘吉星译. 北京：科学出版社：i-ii.
④ 张嘉同. 1994. 化学哲学. 南昌：江西教育出版社：6.
⑤ 沙赫巴洛诺夫. 1960. 化学哲学问题纲要. 潘吉星译. 北京：科学出版社：i-ii.
⑥ 张嘉同. 1994. 化学哲学. 南昌：江西教育出版社：6.
⑦ 代表作《科学革命和宇宙研究的进步》，发表于苏联《哲学问题》1978 年第 8 期。
⑧ 代表作《宇宙学的概念基础和世界观基础：宇宙的观念》，发表于苏联《哲学问题》1978 年第 6 期。
⑨ 代表作《宇宙无限思想的哲学基础》，发表于苏联《哲学科学》1978 年第 1 期。
⑩ 代表作《对称性原理在宇宙学中的建设性作用》，发表于苏联《哲学科学》1978 年第 3 期。

题，追问其发生发展的脉络，进而把握具体科学与哲学之关系及其演变；另一方面以某些专门学科——例如社会科学——的本质、合法性及历史文化语境为切入点，透视科学哲学在这些学科领域的拓展，厘清其意义、局限性以及未来态势。"[1]近些年来，西方科学哲学的发展呈"明显的发散性发展态势"，建立在物理主义基础上的科学哲学"帝国"正在向与分支科学哲学结合发展的"共和国"方向行进，为科学哲学的进一步发展提供了新的机遇和路径。[2]俄苏的分支科学哲学研究有着丰富的历史积累和值得发掘的研究成果，可以为进一步的研究提供有价值的借鉴。

（四）科学革命的研究

俄苏学者对科学革命问题的研究在逻辑-方法论和辩证逻辑两个层面上展开，我国以往的介绍和研究主要集中在辩证逻辑层面。在逻辑-方法论层面，俄苏学者的贡献同样不容忽视。他们并没有沿着西方学者开辟的道路和方向做重复性工作，他们甚至比西方更早地意识到科学革命中新旧理论的关系问题，并以互补性原则为基础展开研究。他们为新旧理论的极限转换关系，革命前后新旧理论关系的过渡状态和平行状态，以及新旧理论在概念上的发生学和结构学关系的研究，提供了范式更迭的可通约性根据，形成了研究科学革命问题的独特进路，显现了俄苏学者在这一问题研究的独特贡献。

1. 俄苏学者对互补性原理的研究

1927 年，丹麦物理学家玻尔为解释量子力学中波粒二象性、测不准原理等问题提出了互补性原理。时至今日，围绕这一原理的分歧和争论并未随着时间的推移而消逝，而且正日益显现出其重要的方法论功能。20 世纪中期，俄苏学者开始关注这一问题，并展开对互补性原理的科学意义和哲学意义的分析。俄苏学者的独特贡献在于，他们把互补性思想用于对科学革命问题的分析中。在阐释科学革命中旧理论和新理论关系方面形成了独到的理论分析，对于革命前后旧理论和新理论的"不可通约性"问题，形成了独特的解决方案。其是有别于西方学者的独特贡献，为我们提供了丰富的思想资源。

俄苏学者对互补性原理的早期研究始于 20 世纪中期。1948 年，库兹涅佐夫（Кузнецов，И. В.）出版著作《现代物理学中的互补性原理及其哲学意义》。

---

① 刘大椿，等.2017. 分殊科学哲学史. 北京：中央编译出版社：前言 1.

② 刘大椿，等.2017. 分殊科学哲学史. 北京：中央编译出版社：前言 2.

书中讨论了当时引起人们强烈关注的量子力学的发展。库兹涅佐夫在著作中从量子力学诠释角度讨论了玻尔提出的互补性原理，同时又从这一原理出发讨论了新旧理论之间的关系。这部著作在苏联学者中间引起了激烈的争论，也曾受到所谓斯大林学者的攻击。[①]1949 年，苏联科学院哲学所曾为这部著作组织了一次讨论会，对该书的批评基本上建立在一个简单的逻辑上，"唯物主义哲学提出关于知识与物理世界的关系问题并把此关系的理解建立在物质第一性的基础之上。在这种条件下讨论的是科学理论对物质世界的反映，而不是讨论彼此之间理论的一致性"[②]。1950 年，马克西莫夫在苏联《哲学问题》杂志第 2 期发表文章《关于库兹涅佐夫〈现代的相应原理及其哲学意义〉一书的讨论》，较为翔实地介绍了当时的争论。

总体上看，俄苏学者对互补性原理的研究分为三个时期。

第一时期：在自然科学哲学问题的旗帜下，在本体论层面以建立综合的科学世界图景为目标。20 世纪 50 年代中期，科洛茨尼斯基在《苏联四十年来自然科学哲学问题研究的成就》一文中对 50 年代中期的讨论进行过总结。苏联学者他们证明了，量子力学规律的特点，这些规律和古典力学规律的本质差异，无论如何也不能够成为这种结论的根据；仿佛自然规律在微观世界中受到破坏或被代替，微观世界中没有因果制约性，仿佛在这里占统治地位的是微观粒子的意志自由。至于谈到因果性和规律性在微观世界中的特殊表现，那是另一回事。[③]这一时期，俄苏学者关注的核心是"玻尔所理解的量子力学是否属于客观的科学"[④]。量子力学测量中"原则上的不可控制性"会导致一种错误的认识，"似乎只有在经典物理学中可以使用客观实在性的概念，而在量子力学中情况似乎完全相反"[⑤]。在这一问题上，俄苏学者坚持了彻底的唯物主义的立场。1977年，苏联《哲学问题》在第 2 期刊发海森堡的文章《关于测不准关系的产生的评论》，同时登载了布洛欣采夫给杂志编辑部的信。信中旗帜鲜明地指出，"我的立场同哥本哈根学派的立场的分歧在于，我总是力图在量子理论中排除观察

① 孙慕天. 2006. 跋涉的理性. 北京：科学出版社：256.

② Мамчур Е А, Овчинников Н Ф, Огурцов А П. 1997. Отечественная философия науки：Предварительные итоги. Москва：РОССПЭН：188.

③ 科洛茨尼斯基. 1957. 苏联四十年来自然科学哲学问题研究的成就. 刘群译. 自然辩证法研究通讯, (3)：16.

④ М. Э. 奥米里扬诺夫斯基. 1978. 再论物理学中的可观察性原理和互补原理并兼论辩证法. 柳树滋摘译. 哲学译丛, (3)：29.

⑤ М. Э. 奥米里扬诺夫斯基. 1978. 再论物理学中的可观察性原理和互补原理并兼论辩证法. 柳树滋摘译. 哲学译丛, (3)：30.

者的特殊作用，这种作用是尼·玻尔的学派赋予观察者的。我的目的是使量子力学成为这样一种客观的理论，它同其他一切科学一样，不取决于任何一种观察者的作用"①。奥米里扬诺夫斯基从历史的角度分析了量子力学发展中"原则上的不可控制性"的提出和发展走向。他指出，玻尔的文集《原子物理学和人类知识》所收集的文章是玻尔在二十五年间写成的。这些文章代表着玻尔前期和后期的工作，而这期间，玻尔的思想是发展的。"对比一下他的早期著作和晚期著作，可以看到他在这些著作中所使用的公式逐渐精确化，逐渐地从中清除一切可以从唯心主义和实证主义的精神加以解释的东西。"②

　　第二时期：20 世纪 70 年代，随着科学哲学在苏联的兴起，俄苏学者的研究逐渐转向了方法论层面。互补性原理被研究者推广到自然科学领域，被视为自然领域中的普适性基本原则。1958 年，阿尔谢尼耶夫在自己的文章《关于物理学中的互补性原则》中阐述道，互补性原则使科学家感到惊奇和神秘一点不奇怪，因为仅仅用物理学的手段并不能解释这个原则的含义，互补性原则在物理学理论的历史发展中不是作为物理学原则起作用，而是以方法论原则起作用。③1964 年，伊拉里奥诺夫（Илларионов，С. В.）发表文章《物理学中的限制性原则和它与互补性原则的联系》，进一步发展了这一思想，既批判地分析了互补性原则，也从中出发按照新的方式表述了经典物理学理论与现代物理学理论的相互关系问题。④1975 年，苏联学者出版了集体性专著《物理学的方法论原则（历史与现实性）》，书中第七章集中讨论了互补性原则。佐托夫（Зотов，А. Ф.）在书中强调互补性原则属于物理学方法论的层次，但作为物理学的原则与哲学方法论层面还是有区别的。⑤1979 年，苏联学者的另一部集体性专著《互补性原理》，使"这一原则在历史-方法论研究的广阔情境下被提出"。⑥在这部著作中，凯德洛夫还通过元素周期律与原子结构理论的"缔和"来进一步阐释他所理解的互补原理，"在两方面复杂认识的相互作用下——

① М. Э. 奥米里扬诺夫斯基. 1978. 再论物理学中的可观察性原理和互补原理并兼论辩证法. 柳树滋摘译. 哲学译丛, (3): 28.

② М. Э. 奥米里扬诺夫斯基. 1978. 再论物理学中的可观察性原理和互补原理并兼论辩证法. 柳树滋摘译. 哲学译丛, (3): 29.

③ Мамчур Е А, Овчинников Н Ф, Огурцов А П. 1997. Отечественная философия науки: Предварительные итоги. Москва: РОССПЭН: 190.

④ Мамчур Е А, Овчинников Н Ф, Огурцов А П. 1997. Отечественная философия науки: Предварительные итоги. Москва: РОССПЭН: 191-192.

⑤ Мамчур Е А, Овчинников Н Ф, Огурцов А П. 1997. Отечественная философия науки: Предварительные итоги. Москва: РОССПЭН: 199.

⑥ Мамчур Е А, Овчинников Н Ф, Огурцов А П. 1997. Отечественная философия науки: Предварительные итоги. Москва: РОССПЭН: 193.

门捷列夫的周期表和原子模型——发生了某种同时伴随发展的过程，换句话说，在这种相互作用中门捷列夫周期表和原子模型得到了完善，彼此间一种理论丰富了另一种理论"[①]。进入 21 世纪，相关的研究仍在继续。2003 年，潘克拉托夫（Панкратов，А. В.）发表文章《哲学和科学：不可逆原则和目的论》，从互补性原则的立场出发，讨论了由热力学第二定律引起的不可逆世界图景和机械世界图景的矛盾，并延伸至机械因果关系和目的论的关系。热力学第二定律的不可逆原则与牛顿第一定律不相符合，出现了矛盾。热力学第二定律违背了世界机械图景给出的对所有自然进程的概括，但它却是合理的，是具有相同地位的图景。"因此，它们之间有太多的矛盾：我们关于世界的观念呈现在两个图景之间——一个是机械的稳定图景，一个是热力学的不稳定图景。世界的不可逆动态图景是有尽头的。而一个结束的世界意味着必须有一个开始，是'永恒的和无限的'。"[②]从互补性原则来看，这两种看似矛盾的图景，实则构成了完整自然图景的不同方面。文章在此基础上进一步分析了科学因果关系回归目标的问题。不可逆原则和目标设定是同义的，"我们总结热力学分析，其主要成果是，不可逆原则是对目的论的科学回报"[③]。总体来看，这一时期的研究主要是将量子力学中的互补性原理提升至自然领域中的重要原则，并以此为基础对革命中旧理论与新理论的关系进行阐释。对互补性原理的讨论是这一时期新哲学运动的重要部分，同时"'互补原理'在新哲学运动中得到了深入的研讨并出现了各自不同的阐释"[④]。

第三时期：苏联解体后，俄罗斯科学哲学从整体上经历了短暂的阵痛和停滞后，其研究逐渐转向了更加广阔的历史、社会、文化等领域，尝试以互补性原则来分析社会发展中的更为普遍的问题。例如，2013 年，卡尔片科（Карпенко，А. С.）发表文章《哲学原理的完整性》，分析了诺夫乔伊在《存在巨链》中提出的充足理由原则的逻辑后果。充足理由原则要求实际上执行所有被设想为可能的原则，这将导致无休止的空间、时间、世界和万物"捆绑"，现代宇宙学就是如此。"救赎"的出路是以互补性的方式建立起"绝对混乱——完

---

① Мамчур Е А，Овчинников Н Ф，Огурцов А П. 1997. Отечественная философия науки：Предварительные итоги. Москва：РОССПЭН：197.

② Панкратоъ А В. 2003. Философия И Наука. Телеология и принцип необратимости. Вопросы Философии，（8）：76-77.

③ Панкратоъ. А. В. 2003. Философия И Наука. Телеология и принцип необратимости. Вопросы Философии，（8）：84.

④ 万长松. 2015. 20 世纪 60—80 年代苏联新哲学运动研究. 哲学分析，（6）：87.

全限制"的完整性原则。^①再如，2010 年，佩尔米诺娃（Перминова，Л. М.）发表文章《关于教学的科学原则》。教育理论是一个开放系统，随着时代的变革，新的理论不断涌现。如何处理新理论与已经成熟甚至已经成为经典的教育理论之间的关系，作者以互补性思想为前提，提出了逻辑准则。^②

2. 互补性原理和科学革命研究

量子力学的发展引起了互补性问题，对互补性问题的思考引发了对革命中新旧理论关系的研究。库兹涅佐夫在他 1948 年的著作中指出，量子力学的革命性给当时的科学史家提出了一个十分尖锐的问题，"许多物理学家和科学方法论者将新的量子理论概念理解为科学思想史上的一次'自然断裂'——科学中新的概念总是坚决地与旧概念断交"^③。库兹涅佐夫将这一问题深入整个物理学知识的历史运动领域，更多的是深入整个科学思想的历史运动范围。按照库兹涅佐夫的观点，"玻尔非常担心与经典物理概念的决裂。他的努力得出互补性原则的解释，找到它的公设与经典物理学有联系。互补性原则的意义在于用确定的方式同时符合新的和旧的理论"^④。科学革命是俄苏科学哲学研究的重要议题，观点林立，建树颇多。坚持把科学革命看作是科学发展过程连续和间断的统一是他们的一贯观点。一方面，"如果科学革命这个术语对科学知识的改变毫无意义，那么该术语明显是非建设性的"，另一方面，革命绝不会同在这之前的所有知识的否定相联系，而是体现了传统和现代紧密的相互联系。^⑤科学革命的研究不可回避的问题是理论的更换，用罗特诺戈（Родного，Н. И.）的话说，"对科学史的'转折'时期的分析得出，并不是所有科学理论的更换都是科学革命，而关于科学理论的更换，建构新的科学观点却是所有科学革命的基本组成部分"^⑥。

在互补性原则的前提下，俄苏学者的研究给出了三个方面的结论。首先，新旧理论的极限转换关系。库兹涅佐夫在其著作中指出，"那些其正确性通过某些物理现象域在实验上确立起来的理论，并没有随着新的更普遍的理论的出现

① Карпенко А С. 2013. Философский принцип полноты. Вопросы Философии，（6）：58.

② Перминова Л М. 2010. О дидактическом принципе научности. Педагогика，（9）：20.

③ Мамчур Е А，Овчинников Н Ф，Огурцов А П. 1997. Отечественная философия науки：Предварительные итоги. Москва：РОССПЭН：182.

④ Мамчур Е А，Овчинников Н Ф，Огурцов А П. 1997. Отечественная философия науки：Предварительные итоги. Москва：РОССПЭН：182.

⑤ 孙慕天. 2006. 跋涉的理性. 北京：科学出版社：327.

⑥ Мамчур Е А，Овчинников Н Ф，Огурцов А П. 1997. Отечественная философия науки：Предварительные итоги. Москва：РОССПЭН：327.

而被当作错误理论废弃，作为新理论的极限情况和特殊场合，它对以往的现象域仍然有其意义。在'经典'理论还是正确的领域时，新理论的结论就转换为经典理论的结论"①。

其次，概念的互补性揭示出革命前后新旧理论关系的具体状态。对此，他们分析了两种关系状态，一是过渡状态，二是平行状态，前者是过程意义上的，后者是结构意义上的。在佐托夫看来，从经典理论到量子力学，一些本来确定性的概念呈现出"半人半马形象"，恰是理论发展过渡阶段的证明，反映了理论之间的过渡性。斯达汉诺夫（Стаханов, И. П.）从结构学角度分析指出，互补性反映出旧理论和新理论之间的某种结构上的平行关系，这种平行关系是因为新理论延续旧理论的原则，更使用旧理论的概念。互补性原则作为认识微观世界的基本原则，它的存在基于两个前提。第一，微观客体与宏观客体的运动规律存在差异，我们必须合理地承认这种差异。第二，我们并未在微观领域中建立起一套完全独立于宏观领域的概念，也就是说，对微观客体运动状态的描述，我们必须使用描述宏观客体的那些概念。不同的是，"在量子力学中决定论的传统原则被从现象领域引入概率领域中。虽然，描述现象的量，也就是被称为经典的量在量子力学中不能脱离观察手段而独立出来，否则怎么也不能说明波的功能。客体本身原来不是独立于观察手段的研究客体，而是他们的可能性"②。

最后，新旧理论的概念之间保持着发生学和结构学的联系。马姆丘尔等人阐述道，概念的意义由两个部分组成：一部分是先验的，他们在进入科学理论之前就有思想内容，被列入先验科学知识世界观的范围内，并与其中的思想内容相符；另一部分来自理论，是在理论中获得的，被赋予精确的意义并与理论相符。科学革命带来的是概念理论内容部分的改变，留下的是相对不变的先验内容。例如，从经典物理学向量子力学的过渡，波、粒子等不再是独立的概念，而是看似矛盾却又互补的概念。但在不同理论中，上述概念在特定知识语境中所赋予的基本含义仍然被保留了下来。因此，讨论这些概念时必须将概念还原到其所在的理论中，还必须在经典物理学和量子力学的支持者之间寻求某种相互理解。③对此，佐托夫也进一步阐释道，"事实上，基本的概念——这是

---

① 孙慕天. 2009. 边缘上的求索. 哈尔滨：黑龙江人民出版社：465.

② Мамчур Е А, Овчинников Н Ф, Огурцов А П. 1997. Отечественная философия науки: Предварительные итоги. Москва：РОССПЭН：195.

③ Мамчур Е А, Овчинников Н Ф, Огурцов А П. 1997. Отечественная философия науки: Предварительные итоги. Москва：РОССПЭН：335.

理论的基础，或者是组成基础的本质因素。在认识的历史中，在它们发生革命性改变的前提下，那些概念如质量、能量、冲量、电荷，在经典理论领域内保留了自己真理性的内容。不但如此，对它内容改变的详尽的历史-科学地分析指出，主要的真理性作为历史改变的不变量被保留了下来"[1]。阿克巴尔·图萨诺夫（Турсунов，Акбар）强调了经典概念与新概念之间的结构联系，他指出，新的概念手段不能完全与旧的概念结构断裂，它们之间仍保留着某种确定的演化性，通过进入两个或更多理论的结构当中的普适概念组成经典力学、相对论和量子力学的基本概念类型和一般性概念实现相互联系。

3. 科学革命和不可通约性

不可通约性问题是库恩、费耶阿本德在分析哲学框架内提出来的，是当代西方科学哲学历史研究的一个争论不断的话题。在库恩、拉卡托斯、费耶阿本德的研究中，不可通约性可以归结为两个问题，一是怎样在不同理论之间进行选择，尤其是在新的理论学说提出的时候；二是所给出的选择程序是否包含新理论优于旧理论的明确依据。这些问题在分析哲学的框架内始终没有得到很好的解决。叶果罗夫认为，西方学者所做的工作，就考察科学认识过程来讲，他们仍囿于一种强有力的理想化的概念框架。从常规科学到科学革命，"这种转变怎么才能发生？我们对这个问题的回答是，如果坚持'理性研究者'模型，就什么也不会发生"[2]。俄苏学者对互补性原则的分析，使我们看到，新旧理论之间并不像库恩所说的那样，无法建立起概念之间的普通逻辑关系。因为，"反对不可通约性的主要理由是，新概念的创造者总是以某种方式来比较它们"[3]。

互补性原则形成了分析科学革命的独特视角。俄苏学者在两个相关层次上考察科学革命——形式逻辑和辩证逻辑。互补性原则主要是在前一个层次上。在形式逻辑层面，西方学者把不可通约性以不相容的"或者—或者"的原则来解释范式的更迭，俄苏学者则转向更加丰富的"和/或者"的原则。互补性原则正是在这一层次上启发了我们的认识。在这一视角下，"我们不是把科学范式的更迭过程（根据不可通约性）解释成一种知觉过滤器取代了另一种，而是解释成认识场的扩展，也就是通过扩展研究者所拥有的描述实在的手段，来削弱范

① Мамчур Е А，Овчинников Н Ф，Огурцов А П. 1997. Отечественная философия науки：Предварительные итоги. Москва：РОССПЭН：194.

② Егоров Д Г. 2006. Если парадигмы несоизмеримы，то почему они все-таки меняются？Вопросы Философии，（3）：105.

③ Егоров Д Г. 2006. Если парадигмы несоизмеримы，то почему они все-таки меняются？Вопросы Философии，（3）：107.

式的局限性"①。叶果罗夫举例说明科学革命研究中形式逻辑和辩证逻辑的区别。假定我们对锥体的平面投影有不同的主张：①角锥的平面投影是三角形；②角锥的平面投影是正方形。主张①和②在形式逻辑上是矛盾的，然而二者却都是真的。在叶果罗夫看来，二者的矛盾在于忽略了边界条件，"二者的冲突产生于缺乏边界条件，在条件界限内为真：如果投影平面是垂直的，主张①为真；同时，如果投影平面是水平的，则主张②为真"。"根据边界条件正题和反题为真。"②但是，如果我们进入元层次，在这个层次上建立整合概念，从特殊的二维投影转换为对图形的立体表象，方能定义主张①和②的边界条件。于是，我们就进入辩证矛盾的层次。

以互补性原则为视角展开的对科学革命的分析，并不是辩证法原则的简单外推。从俄苏学者的研究道路看，他们经历了从本体论层面以建立科学世界图景为目标的研究时期，由于量子力学理论对经典理论的"颠覆性"，研究者必然面对量子力学理论与经典理论的关系问题。由于互补性原理致力于解决以经典概念描述微观世界的独特性所带来的矛盾，因此，互补性原理就成为理解理论之间关系的重要渠道。正因如此，互补性原理得以从微观领域拓展至整个自然领域，成为具有普遍方法论意义的原则。应该讲，这个过程始终是问题导向的。认识到这一点，为我们处理好互补性原则和辩证法的关系提供了重要帮助。首先，不能把逻辑推理过程中的矛盾简单地等同于辩证逻辑矛盾，他们分属于不同的层次。因为，在逻辑推理过程中，"辩证法原则不是预设的，辩证矛盾不是逻辑矛盾。逻辑矛盾是在一个描述现实的系统内部显露出来的；辩证矛盾是不同系统之间的冲突，是不合法的普遍化的结果，亦即在为相互冲突的系统之一建立界限方面的矛盾"③。其次，互补性原则的合理内核是其中所包含的对事物对立统一关系的理解和整体性观念④。从互补性的视角来分析范式的转换，凸显出与辩证法原则指导下的研究的区别。以凯德洛夫为代表的俄苏学者有关科学革命的研究，其成果在国内亦有较多、较为详细的介绍。相关研究站在了辩证矛盾的高度，从社会、历史的一般规律对科学革命问题给予相关阐

① Егоров Д Г. 2006. Если парадигмы несоизмеримы，то почему они все-таки меняются? Вопросы Философии，（3）：110.

② Егоров Д Г. 2006. Если парадигмы несоизмеримы，то почему они все-таки меняются? Вопросы Философии，（3）：109.

③ Егоров Д Г. 2006. Если парадигмы несоизмеримы，то почему они все-таки меняются? Вопросы Философии，（3）：109.

④ 孙慕天. 2006. 跋涉的理性. 北京：科学出版社：256.

释，这是相当有意义的研究。其实，俄苏学者在逻辑-方法论层面对科学革命的研究，同样是富有成果且极具价值的。他们并没有沿着西方学者开辟的道路和方向做重复的工作，他们甚至比西方更早地意识到科学革命中新旧理论的关系问题，以互补性原则为进路的研究就代表了其中的工作。这一层面的研究突出了革命中概念、理论关系的具体形式，使我们的研究更加具体和深入。当然，仅以互补性原则的视角来分析和解决科学革命中的不可通约性问题还是远远不够的，必须上升到辩证逻辑的层面方能认识到问题的本质。当然，在这方面，俄苏学者的贡献同样是巨大的。

从总体看，苏联时期从事科学哲学研究的一批杰出学者，如明斯克学派的代表人物什维列夫、斯焦宾等，在马克思主义传统下为发展马克思主义的科学哲学做出了杰出的理论贡献。2004 年，尤金（Юдин，Б. Г.）在凯得洛夫 100 周年诞辰所发表的纪念文章中指出，苏联时期以凯德洛夫等为代表的哲学工作者有自己的哲学观点，他们大多是坚定的马克思主义者，甚至是一个马克思-列宁主义者。也许由于历史的缘故，他们的著作在今天往往给人一种不切实际、失去价值的感觉。事实上并不如此，他们在科学哲学及科学历史领域中所做的工作具有永恒的意义。[①]

二、西方非马克思主义科学哲学的理论独创性

20 世纪 30 年代，逻辑经验主义兴起。卡尔纳普、赖欣巴哈、弗兰克等人致力于在逻辑分析的基础上研究科学知识的结构。在逻辑经验主义者看来，他们的研究具有形式上的普遍意义，并且是超历史的。因此，逻辑经验主义致力于以逻辑的手段从形式上研究科学知识，不研究知识的具体内容。而且他们认为由他们所提供的分析结论不会随着科学的历史而发生改变。只是致力于研究科学知识的结构，并不关心科学实际上如何发展。从波普尔的批判理性主义起，这种情况开始发生改变，他用科学知识增长的研究取代了逻辑经验主义对科学知识形式结构的研究。20 世纪 60 年代，以库恩为代表的社会历史主义学派出现。"超越逻辑实证论，20 世纪 50 年代的西方科学哲学家开始朦胧地意识到，有一种前在的认知要素对科学认识起着限定的作用"，他们为了解释科学知识的发展，提出了范式、研究纲领、研究传统、信息域等核心概念。

---

① Юдин Б Г. 2004. Б. М. Кедров：зпизоды жизни. Вопросы Философии，（1）：53.

（一）科学认识的结构主义分析

对科学认识的结构给予分析为西方哲学所擅长。从洛克起，就尝试对人类认识进行分类。洛克认为，物体有能力使我们产生某些观念，他将这种能力称为性质。而且，"有些性质为物体本身所有，同物体完全不能分开，洛克称之为原始的或第一性的性质；坚硬、广袤、形状、运动或静止以及数目，就属于第一类。那不在物体本身以内，而靠第一性的性质能够使我们产生各种感觉者，如颜色、声音、滋味等等，叫作第二性的性质"①。自洛克起，对人类的认识进行分析，就成了西方哲学的一个重要特点。

西方科学哲学的重要内容之一是对科学及科学认识的形式和要素的分析。作为研究对象的科学认识本身是一个系统，研究它必须首先抓住它的基本组成要素。因此科学概念之间、科学命题之间的相互关系便组成科学理论的结构。

20 世纪以来的西方科学哲学对科学认识的结构学研究形成了两个基本的维度，一是经验主义的维度，二是历史主义的维度。经验主义的维度主要是对经验事实的分析，如经验语句（原子语句、基本命题）、理论语句怎样还原为观察语句等；历史主义的维度特别关注前提性知识，历史主义提出了自己的核心概念，如库恩的范式、拉卡托斯的研究纲领、夏皮尔的信息域、劳丹的研究传统等，寻求解释的方法论单元。

1. 经验主义的维度

20 世纪初期，罗素写作《我们关于外间世界的知识：哲学上科学方法应用的一个领域》，在书中提出了"逻辑是哲学的本质"的口号。罗素阐述自己是逻辑原子主义主张时明确提出，"我以为逻辑是哲学的基本的东西，那个学派宁以他们的逻辑为特征，而不以他们的形而上学为特征。我自己的逻辑是原子的，并且这是我要把重点放在上面的方面。所以我宁愿把我的哲学描述为'逻辑原子主义'，而不描述为有或没有一些形容词冠上的'实在论'"②。罗素认为，科学的任务是对经验材料作出化繁为简的逻辑整理，而哲学的任务是对科学的陈述进行逻辑的分析。科学陈述是我们关于经验事实的知识，与经验世界是表述与被表述的关系。例如，原子命题表述原子事实，分子命题表述复合事实，整个语言系统表述整个经验世界。因此，对科学陈述进行逻辑分析与对经验世界进行逻辑分析应是一致的，因为它们是"同型的"。因此，哲学分析的性质就是

---

① 梯利. 2000. 西方哲学史. 葛力译. 北京：商务印书馆：347.
② 转引自舒炜光. 1982. 维特根斯坦哲学述评. 北京：生活·读书·新知三联书店：70.

"从一系列普通知识出发，这种知识构成我们的材料。经过考察，我们发现这些材料是复杂的，相当含糊的，而且大多在逻辑上是相互依存的，通过分析我们把它们划归成尽可能简单明确的命题，并以演绎的链条把它们组织起来，其中有一定数目的初始命题成为所有其余命题的逻辑保证。这些初始命题就是这一系列普通知识的前提。因此前提与材料大不相同，它们更简单，更明确，更少带有逻辑上多余的东西。如果把分析的工作进行彻底，那么这些前提就会完全摆脱逻辑上的冗余，成为完全明确的，而且其简单性与其导致这一系列知识在逻辑上是相容不悖的。对这些前提的发现用于哲学，但是从这些前提推演出一套普通知识的工作则属于数学，如果给'数学'以略微宽泛的解释的话。"[①]

　　如果说罗素代表逻辑原子主义第一阶段的话，他的学生维特根斯坦则是第二阶段成就的集大成者。维特根斯坦关于逻辑原子主义的著作以《逻辑哲学论》为代表。"对命题的逻辑分析、命题对事实的图示关系以及对世界的逻辑分析三个方面构成逻辑原子主义的主要骨架。"[②]关于命题，维特根斯坦有两个基本观点，首先，命题符号体现着思想与世界的逻辑关系，"我们用以表达思想的记号我称为命题记号。一个命题就是一个处在对世界的投影关系中的命题记号"[③]。其次，命题结构包括常项与变项两大要素，命题乃是其中包含了逻辑表达式的函项。"因此表达式表现为它所表征的那些命题的一般形式。事实上，在这一形式中表达式为常项，而其余的一切都是变项。"[④]"像弗雷格和罗素一样，我把命题看成是其中包含的表达式的函项"[⑤]。

　　卡尔纳普深受罗素和维特根斯坦的影响，在《世界的逻辑构造》一书中对经验主义纲领——"我们的知识来自经验"和逻辑主义纲领——"逻辑是哲学的本质"给予充分的理论论证，尝试对现象世界进行了经验性的逻辑构造。用他自己的话说，"我不是为了描述获得知识的过程，而是对知识进行'逻辑重构'"[⑥]。卡尔纳普对人工语言进行语形分析，试图将哲学问题和科学的哲学问题都归结为句法问题。奎因提出了整体论认识命题，他的整体论认识命题由意义整体论、知识整体论、证据整体论、翻译整体论构成。奎因的整体论将认识

① B. 罗素. 1990. 我们关于外间世界的知识：哲学上科学方法应用的一个领域. 陈启伟译. 上海：上海译文出版社：157.
② 舒炜光. 1982. 维特根斯坦哲学述评. 北京：生活·读书·新知三联书店：75.
③ 维特根斯坦. 1996. 逻辑哲学论. 贺绍甲译. 北京：商务印书馆：32.
④ 维特根斯坦. 1996. 逻辑哲学论. 贺绍甲译. 北京：商务印书馆：35.
⑤ 维特根斯坦. 1996. 逻辑哲学论. 贺绍甲译. 北京：商务印书馆：36.
⑥ 刘大椿, 等. 2016. 一般科学哲学史. 北京：中央编译出版社：138.

论改造为一种语义学理论，还使一度被逻辑经验主义所拒斥的形而上学在语言层面上得以恢复，其理论意义被奎因视为经验论的第四个里程碑。

2. 历史主义的维度

社会历史学派在对科学发展和变化的研究中，给出了分析科学变化的基本单元，从历史分析的角度对科学认识的结构给予了深刻的探讨。劳丹等人指出，在分析科学发展的过程中，需要讨论如下问题：引导假设（guiding assumption）、理论、事实、方法和目标、发展的周期以及发展中知识的积累等。[①]其中，提出引导假设概念是社会历史学派的独特贡献。引导假设"是一些跨越了实质性的历史阶段，相对隔离了经验反驳，应用领域广泛，在一系列科学领域有着较高影响的成熟理论。这些理论既包括有关世界的实质性假设，也包含理论构建和理论指导的修改方针。这些理论通常被称为'范式'（库恩）、'研究纲领'（拉卡托斯）和'研究传统'（劳丹）。虽然这些哲学家坚持理论冲突的说法，但他们还是认为在这些理论中能找出一致性的东西来"[②]。如亚里士多德的物理学、牛顿力学、达尔文进化论、相对论和量子力学等。这些理论被称为引导假设，目的是把它们从具体的、狭窄的、更容易表达的、更直接检验的理论中区别出来。

劳丹等人对引导假设进行了结构学和功能学的分析。一套引导假设：①是科学共同体成员所分享的信念、价值、方法组成的整体（库恩）；②体现在为解决新问题而提出的理论模型的新成就中（库恩）；③提供解决问题的适当标准（劳丹、拉卡托斯）；④为提高理论解决问题的有效性而提供理论修改和转换的明确指导方针（劳丹、拉卡托斯）；⑤是研究领域中各种客体和过程的规范，研究这些客体和过程的可行方法和一套认知目标（劳丹、库恩）；⑥从所在研究领域中识别出重要问题（拉卡托斯）；⑦从一开始就不清晰，并且会保持较长时期（费耶阿本德）；⑧起初是明确的（劳丹、拉卡托斯）；⑨几乎从来都是不明确的（库恩）；⑩有稳定的数学核心使之免遭反驳（斯泰格缪勒）；⑪有使自己免遭反驳的核心要素，这些要素不会改变，直至引导假设被放弃（拉卡托斯、库恩）；⑫有核心要素，这些核心要素有时也会依研究背景的变化而进行修补（劳丹）；⑬有几乎不会转移到认知领域之外的核心思想（科恩）；⑭在革命中会被完全

---

① Laudan L, Donovan A, Laudan R, et al. 1986. Scientific change: philosophical models and historical research. Synthese, 69（2）: 141.

② Laudan L, Donovan A, Laudan R, et al. 1986. Scientific change: philosophical models and historical research. Synthese, 69（2）: 161-162.

移除（库恩）；⑮包含下列要素，即在解决尚未解决的科学问题时表现为一个理论（库恩、劳丹），为使理论成为更好的问题解决者提供理论修改的方向（劳丹、拉卡托斯），为在老问题基础上建立的理论模型解决新的问题指出方向（库恩），为在缺少经验问题的前提下理论的转换提供方向（拉卡托斯、劳丹）。①

提出引导假设——范式、研究传统、研究纲领是社会历史学派的重要贡献，拓展了对科学认识结构的理解。引导假设中肯定了前提性知识的存在和地位，社会、文化等属人的要素进入结构学分析中。他们既重视认知结构中的理论的核心地位，也肯定了认识中非理性因素的地位。突破了逻辑经验主义的狭窄视域，丰富拓展了以往的认识，提供了饶有特色的结论，为我们提供了极为有价值的思考和结论。

（二）科学认识的建构主义分析

建构主义的分析形成了两个基本的导向：理性的建构主义和文化的建构主义。理性建构主义的代表人物有罗素、维特根斯坦、卡尔纳普、范·弗拉森等，文化建构主义主要以社会历史学派为代表。

理性建构主义可以上溯到康德。康德认为理论对经验起建构作用，理性有一先验框架，能够整合经验，由此他提出了"理性为自然立法"的命题。为了处理逻辑与外部世界的关系，罗素提出了他的"逻辑构造论"。在逻辑中，复杂命题可以由原子命题通过各种逻辑连接词复合而成，原子命题是逻辑中的基本命题，它独立存在且不可拆分。由此推之，外部世界是否也能够这样"构造"呢？换言之，外部世界中的各种复杂事实是否也能由原子事实通过逻辑的方法复合而成呢？这就是罗素逻辑构造论的出发点。除了对知识做逻辑的结构分析外，罗素还进一步以逻辑的方式对知识进行合理的建构。用他自己的话说，"除了对构成我们的材料的普通知识做逻辑分析之外，还要考察它的确定性程度。当我们已经达到它的前提时，我们就会看到，这些前提有些看来是可疑的，我们还会看到，依赖于这些可疑前提的那些原始材料也是可疑的"②。而且，"一般而言，我们可以说，我们通常认为是知识的东西并不是同样确实可靠的，而

① Laudan L, Donovan A, Laudan R, et al. 1986. Scientific change: philosophical models and historical research. Synthese, 69（2）: 163-164.
② B. 罗素. 1990. 我们关于外间世界的知识：哲学上科学方法应用的一个领域. 陈启伟译. 上海: 上海译文出版社: 157.

且当我们已经分析到前提时，这些前提的任何结论的确实性程度都要取决于在证明这个结论时所用的最可疑的前提的确实性程度。因此，分析到诸前提不仅适用于逻辑的目的，而且也有助于评断这个或那个派生信念具有的确实性程度。鉴于人的一切信念都可能有误，这种分析的功用似乎至少是像哲学分析所提供的纯逻辑的功用一样重要的"①。为此，罗素提出了逻辑构造法，并把这一方法从数学领域延伸至物理世界，用感觉或感觉材料、感官知觉来重构物理对象，用逻辑构造来代替被推论的实体。维特根斯坦提出了语言图像说，他指出，"我们给我们自己建造事实的图像"②。"图像用表现事态存在和不存在的可能性来图示实在。"③事态是可以思想的，意味着"我们自己可以构造事态的图像"④。在维特根斯坦看来，原子事实能为语言表达，以此为基础推出语句和事实之间存在某种关系，确认并依据这种关系，原子事实方可以表现出来。

逻辑经验主义的另一重要人物卡尔纳普在《世界的逻辑构造》中，说明他的研究目的是"提出一个关于对象或概念的认识论的逻辑的系统，提出一个'构造系统'"。这个构造系统的任务在于，"不是仅仅把概念区分为不同的种类并研究各类概念的区别和相互关系，而是要把一切概念都从某些基本概念中逐步地引导出来，'构造'出来，从而产生一个概念的系谱，其中每个概念都有其一定的位置"。他引述了罗素的观点，即"科学的哲学研究的最高准则是：凡是可能的地方，就要用逻辑构造代替推论出的存在物"⑤。

社会的建构主义主要以社会历史学派为代表，其路径模式为"语境—信念—内化"。社会的建构主义主要是通过世界观来建构的，从一定的文化语境出发，建立起关于外部事物的信念，信念内化为世界观，进而在世界观的指导下，建构经验信念内化为范式的核心或"硬核"，并在此指导下对经验进行选择、加工。库恩的范式主要是世界观，当科学家接受一个范式时，他就"不需要从第一原理出发并为引进的每一个概念进行辩护"⑥。整体上看，社会的建构主义分析引进了人的因素和社会因素，更加注重从科学史中去寻求问题的分析和答案。有必要做一个说明，这里强调的是社会历史学派对科学

---

① B. 罗素. 1990. 我们关于外间世界的知识：哲学上科学方法应用的一个领域. 陈启伟译. 上海：上海译文出版社：158.

② 维特根斯坦. 1996. 逻辑哲学论. 贺绍甲译. 北京：商务印书馆：29.

③ 维特根斯坦. 1996. 逻辑哲学论. 贺绍甲译. 北京：商务印书馆：30.

④ 维特根斯坦. 1996. 逻辑哲学论. 贺绍甲译. 北京：商务印书馆：31.

⑤ 鲁道夫·卡尔纳普. 1999. 世界的逻辑构造. 陈启伟译. 上海：上海译文出版社：3.

⑥ 托马斯·库恩. 2003. 科学革命的结构. 金吾伦，胡新和译. 北京：北京大学出版社：18.

认识所采取的社会建构的分析方式，和 20 世纪 90 年代发展起来的社会建构主义有一定的联系，但不能将两者直接画等号。社会建构主义的前身和社会历史学派不无关联，以库恩为代表的历史主义对彻底的理性主义提出了质疑，他们强调人的主体性和文化荷载。社会建构主义是一套理论主张，核心是认为人类的知识是社会实践和社会制度的产物，或者是相关的社会群体互动协商的结果。其主要目标是通过社会建构将科学因素、实在因素、人的主体因素和文化因素等整合起来。

（三）科学认识的合理性分析

科学认识论不仅要讨论真理，还要讨论意义；不仅讨论真理性，而且也讨论合理性。在两者的关系上，西方科学哲学呈现出三种基本的导向，一是真理与价值的彼此独立，二是真理与价值界限的消逝，三是真理与价值问题的消解。

第一种导向的代表是逻辑经验主义。逻辑经验主义强调科学是一种独特的文化，科学与其他文化之间存在着一条截然分明的界限，这条界限就是他们提出的区别科学与非科学的划界标准——经验证实标准。一个陈述，只有在它可以被观察语句直接或间接地加以检验（并证实）的时候，才可以作出一个有关世界的论断。就科学与非科学文化各自的依据来看，存在着事实与价值的区别。科学的依据是经验事实，理论的真理性要求理论必须与已知事实完全一致。被接受的理论一定是得到了事实证实或确认的真理性认识。因此，科学只与事实有关，在价值面前是保持中立的。而非科学文化，如伦理学、美学等则是依据价值进行判断。因此，在逻辑经验主义那里，事实与价值是完全割裂的。

第二种导向的代表是历史主义。从逻辑主义走向历史主义，是 20 世纪西方科学哲学发生的一次重大变化。历史主义科学观消逝了划界的问题，即劳丹所说的"分解问题的消逝"。因为人们无法找到"认识的不变量"作为划界的标准，"习惯上被视为科学活动和信念都具有明显的认识异质性，这种异质性提醒我们注意，寻找分界标准的认识形式可能是无效的"[①]。在历史主义者那里，科学不是价值中立的，而且，在有关事实与价值的天平上，历史主义者应该是更加偏重于后者。历史主义者关注的核心不再是单个的理论，而是建立起各自的

---

① L. 劳丹. 1988. 分界问题的消逝. 自然科学哲学问题，（3）：20.

分析科学的基本单元。以库恩的范式为例,范式的本质是世界观,科学革命中导致旧范式被放弃,新范式被接受的原因,除了反常经验事实外,还有更重要的东西,即科学共同体成员对范式的信念或信心。如果说旧范式的放弃还与经验事实有一定的关系的话,那么科学共同体则主要以信念的方式接受了新范式。因此,历史主义者在"消逝"科学与价值关系的同时,突出了科学的价值性,否认了科学的真理性。

第三种导向的代表是后现代科学哲学。后现代科学哲学不仅瓦解了科学在文化中的特殊地位,更是消解了事实与价值的二元关系问题。例如,罗蒂认为,科学作为一种文化与其他文化相比并无特殊之处,"在这个文化中,无论是牧师,还是物理学家,或是诗人,还是政党都不会被认为比别人更'理性'、更'科学'、更'深刻'"[①]。而且,科学不应当享有特殊的文化和社会地位,"没有哪个文化的特定部分可以挑出来,作为样板来说明(或特别不能作为样板来说明)文化的其他部分所期望的条件"[②]。罗蒂反对将科学与"客观性""真理性""合理性"这样的概念联系在一起,"没有人,或者至少没有知识分子会相信,在我们内心深处有一个标准可以告诉我们是否与实在相接触,我们什么时候与(大写的)真理相接触"[③]。没有一个学科能够找到一个相对"中性"的标准进行所谓的合理性评价,"认为在(例如)好的牧师或好的物理学家遵循的现行的学科内的标准以外,还有他们也同样遵循的其他的、跨学科、超文化和非历史的标准,那是完全没有意义的"[④]。

对科学认识的合理性分析是西方科学哲学界的一个重要课题。对具有语言能力和行动能力的认知主体如何实现科学认识,以及科学认识的成果——科学知识的可靠性给予认识,既要解决科学知识的可靠性,又要讨论语言陈述能否合理地表达出知识的可靠性,这就是科学知识的发现与辩护,此问题在西方科学哲学中占有重要地位。

(四)科学认识的诠释性分析

诠释的基本含义是理解与解释,它们之间的关系正如伽达默尔所阐述的,"解释不是一种在理解之后的偶尔附加的行为,正相反,理解总是解释,因而解

① 理查德·罗蒂. 2004. 后哲学文化. 黄勇编译. 上海:上海译文出版社:13.

② 理查德·罗蒂. 2004. 后哲学文化. 黄勇编译. 上海:上海译文出版社:13-14.

③ 理查德·罗蒂. 2004. 后哲学文化. 黄勇编译. 上海:上海译文出版社:13.

④ 理查德·罗蒂. 2004. 后哲学文化. 黄勇编译. 上海:上海译文出版社:14.

释是理解的表现形式"①。理解和解释离不开分析，是通过分析实现的。所谓分析，用德·桑科（de Sancto，F.）的话说，"从头到尾地重构这一活动所打算说明的整个作品，就是说，首先找出问题，这个问题究竟是什么，它涉及的是什么，然后观察该问题得以证明的论点并把这些论点放回到它们原先所取出的主题"②。进入 20 世纪，诠释学收到了自然科学方法论的侵袭。自然科学的蓬勃发展，逐渐成为一切知识的典范，并提供以此来衡量一切知识的标准和范式。逻辑经验主义把哲学的任务归结为对语言进行逻辑分析，给出了划分科学与非科学的逻辑标准。在接下来的研究中，科学理论的结构和科学解释的逻辑是密切相关的。因为，如果我们将科学理论看作是一个演绎结构的话，科学解释的逻辑就成了科学逻辑的中心问题，随之而来的就是对科学解释的条件、科学解释的逻辑模型、定律及其在解释中的作用以及理论的还原等问题进行合理的分析和解释。亨普尔对科学解释的机制给予了有影响的分析，提出了科学解释的覆盖率模型。

亨普尔科学解释的研究有三个方面的内容。首先，他给出了科学解释的两个基本要求；其次，分析了科学解释的形式；最后，讨论了科学解释的对象问题。

科学解释的两个基本要求是解释的相关性和可检验性。亨普尔举例说明，物理学中对虹的解释，把虹这种现象的形成解释为白色的阳光经过水珠产生反射和折射的结果。这种解释就满足相关性要求，因为只要有白光照射到水珠上，就可以期待虹一定会出现。用亨普尔的话说，"我们将把物理说明的这一特征说成是满足了说明的相关性要求：所引证的说明性的知识为我们相信被说明的现象真的出现或曾经出现提供了有力的根据"③。关于解释的可检验性要求，亨普尔举出了万有引力解释的例子。把万有引力吸引解释为"爱"，就不满足可检验性要求，因为这一解释缺乏经验内容，没有检验推论，"我们称之为可检验性要求，即构成科学说明的那些陈述必须能够接受经验检验"④。

亨普尔指出，科学解释具有共同的形式，任何的解释都包括两类陈述，第一类陈述是先行条件，第二类陈述是某些一般定律。例如，划艇上的观察者看见浆在水中的那部分发生了弯折，先行条件如下：浆的一半在空气中，另一半

① 洪汉鼎. 2001. 理解与解释——诠释学经典文选. 北京：东方出版社：前言 3.
② 洪汉鼎. 2001. 理解与解释——诠释学经典文选. 北京：东方出版社：前言 2-3.
③ C. G. 亨佩尔. 1986. 自然科学的哲学. 陈维杭译. 上海：上海科学技术出版社：54.
④ C. G. 亨佩尔. 1986. 自然科学的哲学. 陈维杭译. 上海：上海科学技术出版社：55.

在水中，浆是直的。这里的一般定律是折射定律。在此基础上，亨普尔提出了他的著名的解释模型：

$$\left.\begin{array}{l} L_1, L_2, \cdots, L_n \\ C_1, C_2, \cdots, C_n \end{array}\right\} \quad \text{说明语句}$$
$$\overline{\quad E \quad\quad\quad\quad\quad\quad\quad} \quad \text{被说明语句}$$

亨普尔指出，科学解释可以被看作是上述模型所表达的演绎论证，演绎论证的结论为被说明语句 E；其前提集合，即说明者是由普遍定律 L_1，L_2，$\cdots$，L_n，及对特定事实作出断言的陈述 C_1，C_2，$\cdots$，C_n 所组成。这类论证就构成了科学解释的一种类型。亨普尔将其称为普遍定律覆盖下的演绎归结作出的解释，即演绎—律则解释。[①]亨普尔还对科学解释的对象给予了说明。科学解释的对象包括个别现象或事件和普遍定律。"演绎—律则说明中的被说明现象可以是一个发生在特定地点特定时间的事件"，也包括"像伽利略定律或开普勒定律那类经验定律所表述的统一性"。经验定律往往用一些理论原理来解释。亨普尔解释理论的出现是西方科学哲学的重大贡献。

科学认识的诠释性分析，是西方分析科学哲学的重要贡献。20 世纪初，对科学的诠释性解读主要围绕哥本哈根学派对量子力学的正统解释进行。20 世纪，科学呈现出多元化发展的趋势，除物理学外，生物科学的蓬勃发展及新兴领域成为科学诠释学分析的新对象。虽然在量子力学领域和生物科学研究中的诠释学分析都存在着一些问题，但是，"分析哲学与诠释学在回溯（atavistic）倾向方面是相似的，这种回溯倾向是为了建构一种规范的方法论以便说明意义和理解的观念"[②]。这正是科学认识的诠释学研究的意义所在。

俄苏马克思主义科学哲学具有无可替代的理论优势，他们从辩证唯物主义的基本理论观点出发，对科学与哲学的关系，科学技术与社会，分支性科学哲学的研究构成了有别于西方的一道独特的风景，在西方科学哲学没有充分关注的领域中做出了独特的贡献。西方科学哲学对科学认识进行了结构主义、建构主义、合理性和诠释性分析，也在自己最擅长的领域中有所成就。两者各自尽显其研究风格，为科学哲学的比较研究奠定了基础。

---

① C. G. 亨佩尔. 1986. 自然科学的哲学. 陈维杭译. 上海：上海科学技术出版社：57.

② 张志林. 2005. 多维视界中的维特根斯坦. 上海：华东师范大学出版社：132.

第二节　历史语境的比较

西方与俄苏科学哲学的差异是由各自的历史溯源、文化传统、发展语境、哲学导向等的不同决定的。对其存在的历史根据、形成与发展的历史语境进行比较，是深刻理解这种差异形成及其原因的重要方面。

一、西方和俄苏科学哲学发展的历史溯源

西方科学哲学兴起的总体背景是古老的自然哲学、近代科学及科学方法论以及近代后期的科学主义。俄苏科学哲学主要是内生的，立足于自身的文化史，以广义的科学为研究对象。

（一）西方科学哲学发展的历史溯源

西方科学哲学上溯至古老的自然哲学。前亚里士多德时期，自然哲学思想即开始孕育，早期的米利都学派、爱利亚学派、苏格拉底等的自然哲学思想以及元素说代表着自然哲学思想的开始。毕达哥拉斯学派、欧几里得的数学思想、朴素的原子论思想以及柏拉图自然哲学观都对后世的自然哲学思想产生了重要的影响。亚里士多德在《形而上学》中提出了 30 个哲学范畴，总结了"四因说"，"他不仅留下了自然哲学所涉及的几乎所有方面的著作，而且定义了自然哲学，界定了它的范围，并为研究自然提供方法论指导"①。中世纪的新柏拉图主义和经院哲学体系中都包含自然哲学的内容。中世纪的一项重要工作是围绕亚里士多德自然哲学方面的著作做细节、碎片式的展开，"在 17 世纪到 19 世纪，这些碎片式的著作形成了后来的分支自然科学。如果我们将光学、天文学和机械力学视为自然科学的一部分，那么在他们独立成为单独的科学之前，应当将中世纪的自然哲学视为所有科学的科学之母"②。近代时期，欧洲的科学和哲学都进入了繁荣发展时期。一大批科学家和哲学家提出了有关元科学和科学方法论的理论和观点。例如，伽利略的数学分析与物理研究的统一、科学研究的理想化实验方法；牛顿的原子论、分析-综合法及公理法；莱布尼茨的单子

---

① 刘大椿，等. 2016. 一般科学哲学史. 北京：中央编译出版社：30.
② 刘大椿，等. 2016. 一般科学哲学史. 北京：中央编译出版社：35.

论、逻辑方法论；赫歇尔对"科学发现方法"与"科学证明方法"的区分；惠威尔科学发展的"支流-江河"机制；等等。"虽然他们大多数人在此方面的观点并不完善、系统，甚至有时还会自相矛盾，但正是他们的这些片段式的结论，以及将这些结论应用到具体科学研究中取得的丰富成果，为后来主流科学哲学的诸多学派提供了理论根据，特别是逻辑实证主义学派的观点基本都可以在这个时期的哲学思想中找到根源，因此，我们将这一时期看作是科学哲学的肇始时期。"①

科学的发展需要建立一种新的哲学和方法论基础，开始于 19 世纪的实证主义哲学运动掀开了科学哲学发展的大幕。黑格尔着力构建了一个历史上最完整、最系统的理论体系，并将这一哲学体系视为最后的、最终的宇宙（自然、社会和思维）的真实情况，企图通过它弥补科学对世界认识的不足，打造完整的有关世界的认识。但是，自然哲学的建构，让科学成果转化在预先构建的哲学体系中的削足适履的做法往往导致对科学成果错误的或扭曲的诠释。正如恩格斯所指出的，黑格尔的自然哲学往往含有辉煌的猜测，但同时，也有很多各式各样的废话。"实证主义思潮以对黑格尔自然哲学的批判为逻辑起点，试图在反对形而上学的基础上将科学认识建立在经验和归纳的基础上。"②

实证主义哲学的发展经历了三个阶段：第一代实证主义的代表有孔德、穆勒、斯宾塞等。孔德的实证主义在哲学的基础、哲学的研究任务和哲学方法上实现了重大转变，"孔德所开创的实证主义无疑引发了哲学史上的一场革命性转变，哲学的基础和开端不再是形而上学体系，而是彼时诞生的自然科学；哲学的研究任务不再是对事物本质的探索，而是在现象世界的范围内寻求事物之间的相互联系；哲学方法不再是思辨性的分析，而是通过经验性的观察去获取科学性的知识"③。穆勒总结了与近代实验的发现相关联的归纳法，即"穆勒五法"：契合法、差异法、契合共异共变法、共变法和剩余法。在实证主义的发展中，穆勒的归纳主义占据着特殊的地位。斯宾塞的综合哲学对科学方法的统一性以及宇宙结构的统一性的阐述在实证主义哲学的发展中也具有重要的地位。第二代实证主义的代表是马赫和阿芬那留斯等。马赫和阿芬那留斯的哲学主张被称为马赫主义或经验批判主义。马赫希望通过"要素"的范畴去统摄所有自

---

① 刘大椿，等.2016. 一般科学哲学史. 北京：中央编译出版社：38.

② 刘大椿，等.2016. 一般科学哲学史. 北京：中央编译出版社：71.

③ 刘大椿，等.2016. 一般科学哲学史. 北京：中央编译出版社：79.

然科学的认识论和方法论基础，他的要素一元论在实证主义哲学的发展中有着不可替代的地位。马赫主义对科学哲学的作用主要体现在对逻辑经验主义的影响上，既是逻辑经验主义重要的思想来源，也深深影响着逻辑经验主义运动。

第三代实证主义是逻辑实证主义。逻辑实证主义的先驱是逻辑原子主义，代表有罗素、维特根斯坦。19 世纪末 20 世纪初，以物理学为核心的科学革命改变了科学的传统观念。曾经被证明行之有效的科学的基本概念和原理、经典科学广泛使用的标准，失去了它的有效性。相对论和量子力学理论的形成修改了经典物理学的原则。例如，从一个惯性参照系到另一个惯性参照系的时空间隔不变性的公设，可以具有任意高精度的粒子坐标和动量的同时确定的假设，等等。相对论和量子力学不仅提供了现代科学发展的新基础，而且还提供了新的理解科学基本概念和科学原则的根据。把科学的逻辑归为语言的分析，以数学逻辑来实现积极的哲学理想，通过科学本身的科学方法论的手段来解决问题。这种方法的起源是罗素的逻辑原子主义和维特根斯坦的逻辑哲学论。罗素的逻辑原子主义是把逻辑分析方法用于哲学的产物，认为只有数理逻辑才能使哲学成为科学的，"他认为哲学的主要任务就是逻辑分析，消除含混不清的日常语言的词汇和句法对哲学的消极影响，需要运用逻辑分析方法对日常语言进行分析和改造，并在此基础上建立一种理想的人工语言"[①]。逻辑原子主义在维特根斯坦的逻辑哲学论中更加系统化。逻辑哲学论"从头到尾都贯彻了逻辑分析方法。全书除了分析命题的形式，就是分析世界的形式"[②]。维特根斯坦对维也纳学派的形成有很大的影响。他的许多想法被接受。1922 年，石里克在维也纳大学成立"维也纳小组"，小组成员有著名的哲学家、逻辑学家、数学家、物理学家，如石里克、纽拉特、哈恩、弗兰克、卡尔纳普、费格尔、哥德尔等。他们提出了重建科学语言的逻辑分析的任务；设定了一个目标，即揭示科学知识的结构，来解决科学统一问题；建立了一种方法以保证科学知识的进步成长。逻辑实证主义掀起这场声势浩大、影响深远的哲学运动，形成了正统科学哲学的第一个流派。

（二）俄苏科学哲学发展的历史溯源

关于俄苏科学哲学的历史溯源，一直以来有两种极端的观点，一种是外来论，另一种可称为内生论。外来论认为，"如果科学哲学在俄罗斯存在过的话，

---

① 刘大椿，等. 2016. 一般科学哲学史. 北京：中央编译出版社：117.
② 舒炜光. 1982. 维特根斯坦哲学述评. 北京：生活·读书·新知三联书店：72.

也只是在 19 世纪末，而且不是俄罗斯原创的"。内生论则主张，科学哲学"据
说它只是欧洲实证主义观点的一个分支，这个分支非常平庸，且不著名，它无
论在俄罗斯的文化史中，还是在自然科学的发展中以及哲学观点的进展中都未
起过任何作用"①。直到 20 世纪末，俄罗斯学者的研究更加务实，在讨论本土
科学哲学的来源时，立足于自身的文化史，而且以广义的科学为研究对象。马
姆丘尔认为，外来论的观点极不可取，极端的内生论更是一种历史的偏见。在
《国内科学哲学：初步总结》一书的导言中，马姆丘尔开宗明义地指出，这部书
的目的旨在梳理俄罗斯自身科学资源中全部的哲学财富，以阐明俄罗斯历史上
不仅有科学哲学，而且内生于自己的科学文化。②

19 世纪中期以后，俄国哲学界出现了一个与实证主义接近的思想流派——科
学（的）哲学（Научная Философия），这个派别被视为俄国科学哲学的起始。
因为，实证主义从广义的角度来理解，"是一种以科学为基础，常常超出科学概括
综合范围的科学哲学的探索"③。而这个思想流派的出现，首先是来自俄国科学
的辉煌成就，与这些成就相联系的是一批杰出的科学家，如皮罗戈夫
（Пирогов，Н. Н.）、门捷列夫、布特列罗夫（Бутлеров，А. М.）、谢切诺夫
（Сеченов，И. М.）、利亚普诺夫（Ляпунов，А. М.）等。在自然科学的成就面前，
"对科学知识的崇拜，以及全部思想界连忙拜倒在自然科学脚下，达到鼎盛时
期"。在这种情势之下，"实证主义成为不止一类学者的哲学 credo（信念），而且
还令俄国广大社会各界也都拜倒在它的脚下"④。从整体上说，这一派别有三个
最重要的特征，"首先，就是对于科学方法在理解存在上的唯一性信仰，对于科学
思维程序的顶礼膜拜，天真的理性主义，亦即（预先）承认我们的思维与存在之
结构的'相符性'"。其次，"是科学所散播的对于我们知识相对性的信念，对知识
经常处于演化过程的信念，以及我们不可能达到任何'绝对'知识的信念，亦即
对于任何知识的'历史性'的信念"。最后是否定任何形而上学倾向。⑤

第一个明确使用科学哲学概念的是俄国哲学家列谢维奇（Лесевич，В.
В.）。1878 年，他出版了《关于科学哲学的书信》一书，1891 年，他开始以

---

① Мамчур Е А，Овчинников Н Ф，Огурцов А П. 1997. Отечественная философия науки: Предварительные
   итоги. Москва: РОССПЭН: 1.

② Мамчур Е А，Овчинников Н Ф，Огурцов А П. 1997. Отечественная философия науки: Предварительные
   итоги. Москва: РОССПЭН: 1.

③ В. В. 津科夫斯基. 2013. 俄国哲学史（下）. 张冰译. 北京：人民出版社：280.

④ В. В. 津科夫斯基. 2013. 俄国哲学史（下）. 张冰译. 北京：人民出版社：280.

⑤ В. В. 津科夫斯基. 2013. 俄国哲学史（下）. 张冰译. 北京：人民出版社：281.

"什么是科学哲学"为题发表了系列文章。^①列谢维奇的科学哲学研究了两个主题，一是哲学和科学的划界，"经验科学是专门科学，而哲学则是各门学科所研究出来的概念连接起来的一般科学，它把这些概念归结为一个高级的一般的概念"。二是哲学和科学的关系，"在科学还在研究具体分类现象时，它就止于是具体科学，但如果科学不是以此类现象的联动机组，而是以整体的现象为其对象的话，科学便开始带有哲学的性质了"^②。

　　无产阶级文化派的最初形式是无产阶级文化协会，在十月革命前已经出现，他们的联盟是在1917年10月16—19日于彼得格勒召开的会议上实现的。无产阶级文化派的领导人有卡利宁（Калинин，Ф.）、波格丹诺夫、普列特涅夫（Плетнев，В.）等。波格丹诺夫是无产阶级文化派的主要代表者。关于科学，他提出了四个著名的提法。第一，"科学是有组织的社会劳动经验"。^③在他看来，认识是适应自然环境并直接表达的劳动过程。第二，自然科学有阶级性。波格丹诺夫认为，任何过去的科学都是资产阶级的，而无产阶级必须建立自己的科学。"如果，旧科学是最高阶级的统治工具，那么，很显然，对于无产阶级而言，就必须以如此强大的、作为革命武装力量组织工具的自己的科学与旧科学对抗。"^④第三，无产阶级科学是统一的科学，是未来唯一的科学模式。波格丹诺夫认为，"资产阶级世界的发展是在其所有的创造领域中，其中包括科学领域，沿着日益增长专业化的道路进行的。科学划分为各种领域，这些领域的数量在增加"^⑤。科学发展的结果是各专业之间的差别增大，交流接触越来越少。而无产阶级科学是统一的，它克服了科学中的专业化，并培养联系实际的一元论立场。第四，无产阶级科学的任务是科学社会主义化。"无产阶级面临一个伟大的任务：实行科学社会化，使科学能够为社会主义斗争和建设任务服务。"^⑥波格丹诺夫是一个饱受争议的人物，其观点也引发了重大争论。1922年10月8

① 万长松. 2017. 歧路中的探求——当代俄罗斯科学技术哲学研究. 北京：科学出版社：245-246.
② 万长松. 2017. 歧路中的探求——当代俄罗斯科学技术哲学研究. 北京：科学出版社：246.
③ 龚育之，柳树滋. 1990. 历史的足迹——苏联自然科学领域哲学争论的历史资料. 哈尔滨：黑龙江人民出版社：3.
④ Мамчур Е А，Овчинников Н Ф，Огурцов А П. 1997. Отечественная философия науки: Предварительные итоги. Москва：РОССПЭН：4.
⑤ 龚育之，柳树滋. 1990. 历史的足迹——苏联自然科学领域哲学争论的历史资料. 哈尔滨：黑龙江人民出版社：25.
⑥ 龚育之，柳树滋. 1990. 历史的足迹——苏联自然科学领域哲学争论的历史资料. 哈尔滨：黑龙江人民出版社：29.

日《真理报》发表了克鲁普斯卡娅的文章《无产阶级意识形态与无产阶级文化协会》，作者对科学阶级性问题发表了自己的观点。[①]雅可夫列夫也对"科学社会主义化"提出了批评。而"无产阶级文化派的思想家所捍卫的这种科学模式的一个重要的特点是试图使科学简化为实践经验，简化所有的知识模式，其中包括把理论的知识模式转化为形成人经验的知识模式"[②]。

1922年3月，列宁在《在马克思主义旗帜下》杂志上发表了文章《论战斗唯物主义的意义》，文章的主要要点可归纳如下：第一，"辩证唯物主义必须以自然科学的成就为基础，必须紧跟现代自然科学的发展，瞄准其前沿领域和最新成就，不断补充、丰富、修订和发展自己的理论"。第二，"自然科学不能回避哲学的结论，自然科学家应当接受辩证唯物主义的世界观"。第三，"要以科学的客观的态度评价自然科学的成果，划清自然科学成就本身和对这些成就所做的哲学解释之间的界线，划清自然科学家在科学领域所做的实证研究和他在哲学领域进行的哲学思辨的界线，划清自然科学家的个别哲学结论和他的总体思想倾向的界线"。第四，"对唯心主义的自然科学哲学理论产生的认识论根源，要做科学的分析，而不是徒然地抛弃它"[③]。列宁的哲学遗嘱为俄苏科学哲学的早期形态——自然科学哲学问题的研究确立了研究的总体纲领。

二、西方和俄苏科学哲学发展的历史语境

西方和俄苏科学哲学发展的共同的历史语境是20世纪以来的科学技术革命。科学技术革命改变了人类的认知方式，带来了理解科学的新变化。在现代科学技术革命的推动下，西方和俄苏从各自的文化和理论语境出发，对科学的本质、科学发展的历史规律、科学的社会作用等给予阐释和说明，以不同的方式和路径逐渐发展起了各自的科学哲学。以维也纳学派为代表的早期西方科学哲学的研究致力于将哲学改造为科学，为此他们对科学的本质、结构、基础等进行认识论层面的分析。20世纪的科学技术革命同样深深影响着新生的苏联。苏联的科学哲学是在一个特殊的社会背景下出现的。苏联是在一个封建落后的

① 龚育之，柳树滋. 1990. 历史的足迹——苏联自然科学领域哲学争论的历史资料. 哈尔滨：黑龙江人民出版社：47.

② Мамчур Е А，Овчинников Н Ф，Огурцов А П. 1997. Отечественная философия науки：Предварительные итоги. Москва：РОССПЭН：6.

③ 孙慕天. 2006. 跋涉的理性. 北京：科学出版社：33-34.

农业国家的基础上建立起来的，面临着恢复经济、快速发展生产力的重要任务。因此，苏联的科学哲学从诞生起始就以为国服务、为新生苏维埃政权服务、为党服务为己任。

（一）西方科学哲学发展的历史语境

西方科学哲学发展的历史语境有三个方面：第一是 19 世纪末 20 世纪初的科学革命，第二是以弗雷格、罗素成就为代表的数理逻辑的确立和发展，第三当然也是最主要的是哲学中实证主义思想的发展。

19 世纪末 20 世纪初，自然科学的全面发展已经确立了自然科学研究的基本规范。牛顿经典力学提供了历史上第一个严密的理论科学体系，它的成功不仅确立了观察、实验和科学归纳法以及三者结合的科学方法论，而且还确立了一整套有关自然的观念：不可分割的质点、绝对时空和机械决定论。这些观念已经成为自然领域的基本观念。世纪之交的这次革命依循物理学发展内在逻辑，但却深深影响了整个科学界。科学研究开始于问题，作为新的科学基础的相对论理论和量子力学则始于暴露经典物理学理论内在矛盾的两大问题，一个是寻找以太最优参照系的迈克尔逊-莫雷实验给出的以太效应的"零结果"，一个是黑体辐射的实验结果偏离瑞利-金斯公式的"紫外灾难"。经典物理学的元老开尔文曾把这两个问题称为物理学晴朗天空中的"两朵乌云"。开尔文的判断是极具预见性的，正是这两朵乌云带来了物理学革命的暴风雨，暴风雨过后，重新晴朗的物理学天空中出现了现代物理学，也是自然科学新的基础理论——相对论和量子力学。这次革命由物理学的三大发现所引发，1895 年德国科学家伦琴发现了 X 射线，1897 年汤姆生发现电子，1898 年，贝克勒尔、居里夫妇发现并研究了元素放射性。这三大发现直接冲击了经典物理学不可分割的质点的自然观念，揭开了物理学革命的序幕。

相对论改变了传统的时空观念。牛顿的经典力学中，时间、空间的绝对性表现在时间和空间的存在是独立的，不依赖于物质的存在和物质的运动，时间和空间彼此也是相互独立的。时间只是按照自己的本性在均匀地流逝着，空间也只是为物体的运动提供一个场所而已。但实际上，离开了时间和空间，物体的存在和物体的运动将无法描述，更无法度量。因此，时间和空间的绝对性观念引起了较大的争议，牛顿本人为解决这个问题提出了物体的运动在绝对时空中进行、用相对时空来量度的观点，也因无法得到经验上的说明而广受质疑。1905 年，狭义相对论理论将时间和空间与物体运动的关系、时间与空间的关系建立了起来。时间和空间不再是绝对的概念，而是依赖于物体的运动和彼此依赖的另一方。1915 年建立的广义相对论进一步确立了时间、空间与物体存在之间的关系，绝对时空被相对时空所取代。量子力学改变了机械决定论的观念，由测不准原理所带来的不是测量的必然结果，而是微观粒子各种可能状态出现的概率，可能性替代了必然性。自然科学发展的最新思潮除了对科学本身提出了一系列新的问题外，还在哲学层面引发了更深的思考。例如，科学知识的本质是什么？科学发展的动力是什么？科学研究的起点在哪里，等等。同时，由于相对论和量子力学触及时空、物质、运动、因果性等问题，并以科学的方式给出了回答，必然会引发人们对科学和哲学关系的重新思考。

与此同时，在数学领域，弗雷格和罗素在数理逻辑方面的工作和成就，为逻辑经验主义提供了对科学进行逻辑分析的必要手段。弗雷格是数理逻辑的创始人，他为数理逻辑提供了基本概念和符号体系。弗雷格的代表作是 1884 年的《算数基础》，研究的目标是为数学寻求一个统一的基础，为此，他提出了一个逻辑主义方案：从逻辑推出数学，并根据逻辑推论导出和证明所有的分析命题。为了实现这一主张，弗雷格引入了基本的方法论原则"一个词只有在一个句子的语境中才有意义"。这条原则不仅对逻辑和数学研究，对正统科学哲学也产生了重要的影响。

西方科学哲学发展的历史语境的第三个方面是实证主义思潮。从历代实证主义的研究问题看，第一代实证主义讨论了科学与哲学的关系，分析了科学知识的概念、科学知识的系统化和科学分类等问题。第二代实证主义着力克服传统经验主义素朴的实在论和认识论，对科学概念和科学原理给予阐释。第三代实证主义——逻辑实证主义致力于把哲学改造为科学的，其重要手段就是把逻辑方法应用于分析哲学中。按照罗素在《我们关于外间世界的知识：哲学上科学方法应用的一个领域》中的说法，只有数理逻辑才能做到这一点。实证主义是这一时期对科学影响最大的哲学流派，为正统科学哲学的出现奠定了重要的思想基础。

（二）俄苏科学哲学发展的历史语境

俄国科学的发展与 17 世纪以来的近代化进程联系在一起。在这段历史进程中各种思想涌动交织，深刻反映出俄国民族和社会的独特性。哲学上的集中思潮影响并决定了该国自然科学哲学问题研究的传统。

第一种思潮：斯拉夫主义。斯拉夫主义的代表人物有基列耶夫斯基

（Киреевский，И. В.）、霍米雅科夫（Хомяков，А. С.）等。斯拉夫主义强调俄罗斯社会与西欧的差别，在俄国一直存在着自己的文化传统，这种自己的文化传统成为俄罗斯社会的重要基础。"斯拉夫主义敌视资产阶级启蒙思想的哲学基础——理性主义，认为西方的分析主义偏见、理性主义和感觉主义使人丧失了灵魂的整体性。"[1]以基列耶夫斯基为例，他对西方的理性主义十分反感，认为西方文明只承认感性经验和理性是知识的源泉，"结果是一些思想家站在形式抽象性一边（理性主义），另一些思想家则站在抽象感性一边（实证主义）"[2]。马姆丘尔指出，在东正教神学的历史中有两个不同方向，其中一个方向属于基督教教义的解释者和拜占庭禁欲主义的遗产。这一方向局限于祈祷仪式和禁欲宗教训诫的范围中，为了使心灵纯朴，坚决反对"世俗的""尘世的""外界的"知识。而另一个方向重视掌握先前的文化成果，特别是把东正教同合理的知识、哲学和科学结合在一起。该趋向不仅形成了对待合理知识及科学的态度，形成了自己的科学方式，还形成了自身的"科学哲学"。[3]

第二种思潮：西方主义。西方主义是与斯拉夫主义相对立的思潮，代表人物有恰达耶夫（Чаадаев，П. Я.）、斯坦凯维奇（Станкевич，Н. В.）、别林斯基（Белинский，В. Г.）、赫尔岑（Герцен，А. И.）等。西方主义认为俄罗斯应该向西方学习，经历与西方相同的发展阶段，俄罗斯应该掌握欧洲科学和启蒙运动的成果。恰达耶夫认为，"有两股力量是在我们生活中实际存在的。其中之一存在于我们内里——'不完善的'，而另一股则存在于我们之外——'完善的'"[4]。"俄罗斯如果能够吸取欧洲一切有价值的东西，它就能够成为欧洲精神生活的中心。"[5]西方主义的另一重要人物斯坦凯维奇则认为，"哲学的任务是双重的，其首要任务是为宗教的'信仰和信念'提供科学基础，另一个比较不重要的任务才是正确理解和建立其他各门实证科学的基础"[6]。

第三种思潮：实证主义。实证主义的代表人物有拉夫罗夫（Лавров，П. Л.）、Г. И. 维鲁博夫、Е. В. 德·罗伯蒂、米哈伊洛夫斯基（Михайловский，Н. К.）、К. Л. 卡维林、М. М. 特罗伊茨基、Н. И. 卡列耶夫、Н. М. 科尔库

① 孙慕天. 2006. 跋涉的理性. 北京：科学出版社：12.
② Н. О. 洛斯基. 1999. 俄国哲学史. 贾泽林，等译. 杭州：浙江人民出版社：17.
③ Мамчур Е А，Овчинников Н Ф，Огурцов А П. 1997. Отечественная философия науки: Предварительные итоги. Москва: РОССПЭН: 4.
④ Н. О. 洛斯基. 1999. 俄国哲学史. 贾泽林，等译. 杭州：浙江人民出版社：57.
⑤ Н. О. 洛斯基. 1999. 俄国哲学史. 贾泽林，等译. 杭州：浙江人民出版社：59.
⑥ 孙慕天. 2006. 跋涉的理性. 北京：科学出版社：13.

诺夫等。19 世纪下半叶，以门捷列夫元素周期律为代表的俄国科学取得了辉煌的进展。60 年代的俄国开始了一场"启蒙运动"，对科学知识的推崇和广泛传播达到鼎盛时期，也使来自英国和法国的实证主义产生了广泛影响。列谢维奇就是当时俄国实证主义者之一。对此，津科夫斯基总结道，如果把倾向于"科学哲学"的整个流派都算上，整体上看有三个最重要的特征。第一，天真的理性主义，"就是对于科学方法在理解存在上的唯一性信仰，对于科学思维程序的顶礼膜拜，天真的理性主义，亦即（预先）承认我们的思维与存在之结构的'相符性'"。第二，知识相对性的信念，即"科学所散播的对于我们知识相对性的信念，对知识经常处于演化过程的信念，以及我们不可能达到任何'绝对'知识的信念，亦即对于任何知识的'历史性'的信念"。第三，反形而上学，"这一反形而上学倾向往往并不妨碍人们'为了科学的名义'论证显系形而上学的唯物主义，但唯物主义与实证主义的内在相互关联要知道是一个到处都能看到的现象……"①

　　上述历史语境决定了俄罗斯科学哲学的特点。首先，俄罗斯有自己的科学哲学思想并带有自己的文化特征。历史上俄罗斯科学哲学同哲学一样与宗教习俗联系在一起。其次，19 世纪后期，俄罗斯科学哲学思想的出现受到欧洲思想尤其是实证主义的启发和影响，是俄罗斯哲学与西方哲学交融互动的结果。斯拉夫派与西方派的争论本身就显现出西方哲学对近代俄罗斯哲学的影响。最后，关于俄罗斯科学哲学早期思想的出现，欧洲实证主义不是唯一的思想来源，德国古典哲学也是重要的思想源泉。19 世纪的俄罗斯哲学家不乏康德主义者和黑格尔主义者，用别尔嘉耶夫的话来说，俄罗斯"哲学思想的真正觉醒是在德国哲学的影响之下发生的"，认识到这一点，也能够理解俄苏科学哲学发展的历史特点——辩证唯物主义。辩证唯物主义是俄苏科学哲学的基本出发点，他们的研究者都在这个框架内从事研究工作。这里面固然有意识形态的原因，但历史的原因不容忽视。对此，马姆丘尔给出了公允的分析，"不能忘记在辩证唯物主义认识论中包含的不只是这一哲学学说所特有的一系列观点，因为它们是被马克思主义所同化——来自先前的，主要是德国古典哲学的马克思主义。属于德国古典哲学的有康德知识范畴的综合的观点、黑格尔先验的认识论形式的具体-历史特点的学说、认识论的社会本质和

---

① B. B. 津科夫斯基. 2013. 俄国哲学史（下）. 张冰译. 北京：人民出版社：281.

行为特点的观点等"①。这种认识论前提为科学知识的建构和论证方面的研究提供了可靠的基础。

第三节　发展道路的比较

西方与俄苏科学哲学按照自己的思想逻辑相对独立的发展，经历了各自的发展阶段。从发展道路的比较中，我们通过梳理双方各自发展的道路和决定因素，能够总结出科学哲学发展的共性规律。

一、西方科学哲学发展的历史阶段

西方科学哲学发展的历史考察，可以从广义和狭义两个方面来进行。广义的科学哲学史可追溯至前亚里士多德时期自然哲学思想的孕育。狭义的科学哲学史则特指逻辑实证主义以来科学哲学的发展。

（一）广义科学哲学发展的历史阶段

刘大椿的《一般科学哲学史》将西方科学哲学的发展分为三个大的历史时期，第一时期：科学哲学的兴起。从前亚里士多德时期的自然哲学到正统科学哲学的确立，历经前亚里士多德、亚里士多德、中世纪宗教神学之下的自然哲学时期；文艺复兴时期早期科学哲学思想的孕育、近代科学家科学哲学思想的萌芽和近代科学方法论研究的兴起；黑格尔对自然哲学的批判、实证主义、马赫主义、彭加莱、迪昂等哲人科学家的推进；经由逻辑原子主义、逻辑实证主义、逻辑经验主义过程的正统科学哲学的确立。第二时期：现代科学哲学的流变。历经批判理性主义；历史主义；后实证主义，包括实在论科学哲学、自然主义科学哲学、新经验主义科学哲学、新实验主义科学哲学等；阿伽西、苏珊·哈克、劳斯、舍格斯特尔的新科学哲学等。第三时期：后现代科学哲学的演化。历经反科学主义的科学哲学（费耶阿本德、罗蒂）、社会批判论的科学哲学（法兰克福学派、霍克海默、马尔库塞、哈贝马斯）、后现代主义的科学反思

---

① Мамчур Е А, Овчинников Н Ф, Огурцов А П. 1997. Отечественная философия науки: Предварительные итоги. Москва: РОССПЭН: 255.

（海德格尔、福柯、德里达、利奥塔）、激进社会建构论的科学哲学（建构主义科学知识社会学、女性主义、生态主义、后殖民主义）等。[①]

将西方科学哲学的历史置于广泛的西方哲学史背景中去考察，既突出了西方科学哲学在各个时期发展的背景，也凸显了西方科学哲学是西方哲学的重要组成部分。对科学哲学史的整体梳理，能够更好地显现科学哲学基本问题的源起和脉络，从历史全景上来把握科学哲学的发展。

（二）狭义科学哲学发展的历史阶段

从科学哲学的学派来看，按照出现的时间顺序，比较明确的学派有逻辑实证主义、证伪主义、历史主义和科学实在论。科学哲学的思想发展集中表现在这四者的关联上，从逻辑实证主义起始，呈现出四条发展脉络。第一条线是从逻辑实证主义到逻辑经验主义，以及逻辑经验主义的自身演变，"这条线的主要特征是：抛弃从孔德到马赫的实证主义，并从其他哲学派别（包括抨击者）吸收某些见解，但仍然坚持逻辑主义与经验主义相结合"[②]。第二条线是从逻辑实证主义到波普尔证伪主义哲学，并由此出发走向了范围远远超出证伪主义的反实证主义。但"这条线上的逻辑主义并未受到决定性的或严重的冲击，相反得到了保留"[③]。虽然波普尔一再强调他和逻辑实证主义的分歧是"内部"的，但实际上，证伪主义哲学的出现使得逻辑实证主义有了自己的对立面，虽然逻辑实证主义受到一定的冲击，但也提出了新的研究问题，为科学哲学的发展提供了新的方向，也为科学哲学的发展提供了新的道路。这条道路就是，他们的后来者可以同时批判逻辑经验主义和证伪主义，这就引出了第三条线——从逻辑经验主义和波普尔证伪主义哲学走向历史主义。库恩是这条线上的主要代表，从库恩起连着拉卡托斯、劳丹、夏皮尔和费耶阿本德。这条线上的发展对逻辑经验主义的批判是彻底的，一方面，他们追溯奎因批判经验主义的主张，另一方面，他们还对逻辑主义展开了激烈的进攻，"从'羞羞答答'的非理性主义到'理直气壮'的非理性主义"[④]。第四条线是从逻辑经验主义到科学实在论，夏皮尔、普特南、范·弗拉森是这条线上的主要人物。这条线是科学哲学由"理论优位"走向"实践优位"的起始。从这条线继续延伸，"在对实证主义科学哲

① 参见刘大椿，等. 2016. 一般科学哲学史. 北京：中央编译出版社：目录1-9.
② 舒炜光，邱仁宗. 2007. 当代西方科学哲学述评. 2版. 北京：中国人民大学出版社：8.
③ 舒炜光，邱仁宗. 2007. 当代西方科学哲学述评. 2版. 北京：中国人民大学出版社：8.
④ 舒炜光，邱仁宗. 2007. 当代西方科学哲学述评. 2版. 北京：中国人民大学出版社：9.

学的以上种种观念进行反思和批判的基础上，科学哲学不断发展，形成了实在论科学哲学、自然主义科学哲学、新经验主义科学哲学和新实验主义科学哲学等诸多研究路径并存的科学哲学局面"①。

科学哲学的总体发展经历了两次历史转折，第一次是由逻辑主义转向历史主义，第二次是由历史主义、实在论科学哲学转向科学实践哲学。

二、俄苏科学哲学发展的历史阶段

俄苏科学哲学的发展也分为三个阶段。第一阶段：从苏联建国到 20 世纪 50 年代末，经历四十年左右的时间，研究的重心主要是自然科学哲学问题。第二阶段：20 世纪 60 年代初到 90 年代初，苏联解体，是苏联科学哲学快速发展的阶段。这一阶段，苏联经历了科学哲学的"认识论转向"，在传统研究的基础上，转向了科学认识的结构学和动力学研究。第三阶段：20 世纪 90 年代初苏联解体至今，俄罗斯进入后苏联时代，俄罗斯科学哲学的发展呈现出很多新的特征。除了对苏联时期科学哲学的研究进行全面的反思外，一个重要的变化是确立了社会科学哲学是科学哲学研究的重要领域，实现了科学哲学的"人类学转向"。

（一）第一阶段：自然科学哲学问题研究

苏联的科学哲学研究发端于其建国以来的自然科学哲学问题研究。早期的研究，就其宗旨和目的而言主要体现在三方面。第一，概括自然科学的材料，发展马克思列宁主义哲学，"概括自然科学的材料，这是苏联哲学家尽最大努力去完成的马克思列宁主义哲学的最重要的任务之一"②。第二，在唯物主义和唯心主义的斗争中取得胜利。苏联学者认为，唯物主义和唯心主义的斗争一刻都不会停下来。20 世纪，自然科学以前所未有的速度发展。这就使得我们以往对自然科学的正确概括，无论多么深刻，面对新的科学成就都会不够充分。科学中的重大发现，尤其是物理学的新发现，如果不能及时正确地反映在哲学中，唯心主义就会利用这些发现"为自己的反科学的目的效劳"。第三，发展唯物辩证法。"我们不能忘记，唯心主义哲学家也在按照他们的世界观来概括自然科学

① 刘大椿，等. 2016. 一般科学哲学史. 北京：中央编译出版社：227.
② 科洛茨尼斯基. 1957. 苏联四十年来自然科学哲学问题研究的成就. 刘群译. 自然辩证法研究通讯，（3）：15.

材料。唯心主义利用自然科学的困难，科学还没有得到解决的问题投机取巧。我们的任务是及时地揭穿唯心主义的鬼把戏，利用自然科学当中的每一个新发现，作为唯物主义辩证法的新的证明，当作哲学和自然科学进一步发展的起点。"①

从研究内容来看，苏联建国以来的四十年间的自然科学哲学问题研究主要围绕两方面展开。第一，宣传马克思列宁主义经典作家关于自然科学问题的思想，加强哲学家和自然科学家的联盟。苏联学者对恩格斯的《自然辩证法》《反杜林论》，列宁的《唯物主义和经验批判主义》《哲学笔记》《论战斗唯物主义的意义》等著作进行了广泛的研究和讨论。第二，对 20 世纪自然科学的最重要发现进行有说服力的辩证唯物主义解释和概括。主要包括：① 量子力学的哲学解释。苏联学者对量子力学在微观领域的现象和特点，从辩证唯物主义的世界观出发，以共性和个性的关系为基础，指出了量子力学所揭示的微观领域里的规律的特殊性是普遍规律在微观领域的合理表现。因为，"如果预料规律在微观世界中的表现，和在宏观世界中完全一样，那就违反规律了"②。"不管微观世界中的现象的特点怎样众多，在那里，因果性和规律性也同在宏观世界中一样，是客观的，不以人们的意志和意识为转移的。"③② 物质、质量和能量的关系。批判了奥斯特瓦尔德的唯能论，对质能关系式 $E=mc^2$ 给出了新的解释。③基本粒子的有限性和无限性研究。苏联学者指出，如果认为基本粒子是最后的、"不可分割的"、"无结构的"组成粒子，就意味着站到了形而上学的立场上。而如果承认基本粒子仍然可以无限地分割下去，又意味着给相对主义献礼，而相对主义必然通向唯心主义。苏联学者对列宁关于电子和原子一样无穷尽的观点给予了辩证唯物主义的诠释。他们认为，对电子和其他一切基本粒子可分的无限性不能做过于简单化的理解。即电子由较为基本的粒子组成，而较为基本的粒子由更为基本的粒子组成，以此类推，无穷尽。正确的理解应该是，"所谓的基本粒子的复杂性和无穷尽性，不在于一些基本粒子具有组成的性质，它们是由更简单的粒子构成的，而在于基本粒子能够深刻的相互转化。不仅如此，基本粒子仅仅存在于经常相互转化的状态中。而且，有一些粒子不是以现成的形式包含在其它粒子中，它们是从其它粒子的质量和能量中重新产生出来的。任何

① 科洛茨尼斯基. 1957. 苏联四十年来自然科学哲学问题研究的成就. 刘群译. 自然辩证法研究通讯, (3): 15.
② 科洛茨尼斯基. 1957. 苏联四十年来自然科学哲学问题研究的成就. 刘群译. 自然辩证法研究通讯, (3): 16.
③ 科洛茨尼斯基. 1957. 苏联四十年来自然科学哲学问题研究的成就. 刘群译. 自然辩证法研究通讯, (3): 16.

粒子的质量和能量都能够产生并正在产生任何其它粒子，因此，在这一方面，任何粒子的可能性是无限的、无穷尽的，这种'基本'粒子的世界图景是辩证的，是唯物主义的"[①]。④相对论的哲学问题。批判了有关这一领域的主观唯心主义解释。⑤生物学领域的相关哲学问题的研究。如巴甫洛夫关于动物和人的高级神经活动的生理学说等。

　　总体来看，这一时期的研究有这样一些特点。第一，自然科学哲学问题的研究是马克思列宁主义整体研究的重要组成部分。第二，继承了恩格斯、列宁的研究传统，从对经典著作的诠释开始，使自己的研究带有浓郁的经典作家的色彩和辩证唯物主义的特征。第三，密切关注自然科学的新发现。苏联自然科学哲学问题的研究不仅对 20 世纪中期的自然科学重大成就有全面的反映，而且重要问题无一遗漏。第四，成果丰富。这一时期，苏联科学技术的发展取得了长足的进步，以季米里亚捷夫（Тимирязев，А. К.）、齐奥尔科夫斯基（Циолковский，К. Э.）、巴甫洛夫、米丘林、瓦维洛夫等人为代表的苏联科学成就已经在世界科学中占有重要地位，坚定了将哲学家和自然科学家联盟巩固下去的决心和信心。这一时期出版了大量有关研究自然科学中的哲学问题的著作，如瓦维洛夫的《新的物理学和辩证唯物主义》《光的现象的辩证法》；奥美利亚诺夫斯基（Омельяновский，М. Э.）的《现代物理学中的哲学问题》；凯德洛夫的《恩格斯和自然科学》《从门德列也夫迄至今日的元素概念的发展》；奥甫阡尼科夫（Овчиников，Н. Ф.）的《质量和能量的概念》；鲁巴舍夫斯基的《米丘林的理论遗产的哲学意义》；彼得鲁舍夫斯基的《巴甫洛夫学说的哲学基础》等。除此之外，还出版了大量的文集和学术通报。[②]第五，研究不可避免地带有一定的偏见，一些结论和评价有失公允。苏联学者对西方学者的研究成果的评价有时是不准确的。例如，在量子力学领域，苏联学者认为，"现代唯心主义者就企图迫使自然科学家承认这样的结论：在微观世界中没有客观规律性，因此也就没有一般的客观规律性，因为，微观世界是物质的基础"。因此，唯心主义者"把量子力学引导到反科学的主观唯心主义道路上去"。[③]出现这种状况，除了意识形态方面的原因，还与苏联哲学研究的目的有关。苏联哲学研究的重要目的之一是，在与唯心主义的斗争中取得胜利。因而，一些研究为了迎

---

① 科洛茨尼斯基. 1957. 苏联四十年来自然科学哲学问题研究的成就. 刘群译. 自然辩证法研究通讯，(3)：17.

② 科洛茨尼斯基. 1957. 苏联四十年来自然科学哲学问题研究的成就. 刘群译. 自然辩证法研究通讯，(3)：17.

③ 科洛茨尼斯基. 1957. 苏联四十年来自然科学哲学问题研究的成就. 刘群译. 自然辩证法研究通讯，(3)：16.

合这一目的，出现了简单化、粗暴地对待西方科学成就的倾向，给理论研究带来了不利的影响，也使苏联的自然科学哲学问题的研究蒙羞。

（二）第二阶段：认识论转向

经历了 20 世纪 60 年代的认识论转向后，苏联的科学哲学进入了快速发展的时期，展现苏联科学哲学成就和显示其个性优势的代表性成就不断出现。从内容上看，苏联学者的研究主要集中在科学知识的结构、科学理论的起源和发展、科学知识的基础、世界的科学图景、科学活动的典范和标准、科学知识的社会制约性、科学中的革命与传统、科学认识中的继承性问题、后现代科学中科学知识及基础等诸多方面。[①]

这一时期，苏联科学哲学发展的特点有以下三方面。第一，合理吸收西方科学哲学的理论成就。20 世纪 60 年代，苏联哲学家了解了西方自逻辑经验主义以来科学哲学的理论成就，使得他们这一时期的研究不再是完全独立地进行的。60 年代，西方科学哲学中社会历史学派开始出现，他们从历史分析的视角提出了众多的新思想，与正统科学哲学理论观点的交锋更加明显，使西方科学哲学的发展进入了快速时期。对此，苏联的科学哲学给予了应有的回应，并在此基础上，合理吸收西方科学哲学的成就，在一定程度上促进了苏联自己的研究。第二，在自然科学哲学问题的理论框架内从事研究，延续了自己的传统优势。马姆丘尔的总结反映了当时苏联国内研究的这种状况，"在这段时期，科学哲学领域绝大部分的研究活动是在自然科学的哲学问题这个框架内进行的，由苏联科学院哲学研究所自然科学哲学问题部的人员与本国知名的自然科学家紧密合作进行过研究"[②]。第三，一些独立的研究成果超越了西方。一方面，苏联科学哲学的研究保持了自己的独立性，没有被他们的西方同僚"同化"，他们的研究"尽管确实考虑了国外著作的影响，但也可以证实，对科学知识的建立和发展的兴趣并不是对国外科学哲学转折的简单反映。对国内哲学所关注的问题的研究是独立进行的，就相应的国外的研究而言是平行进行的，甚至常常是超前的"[③]。另一方面，这一时期苏联学者在科学知识的结构、科学动力学和世界

---

① Мамчур Е А, Овчинников Н Ф, Огурцов А П. 1997. Отечественная философия науки: Предварительные итоги. Москва: РОССПЭН: 251.

② Мамчур Е А, Овчинников Н Ф, Огурцов А П. 1997. Отечественная философия науки: Предварительные итоги. Москва: РОССПЭН: 251.

③ Мамчур Е А, Овчинников Н Ф, Огурцов А П. 1997. Отечественная философия науки: Предварительные итоги. Москва: РОССПЭН: 255.

科学图景等方面的研究成果已经超越了西方。20 世纪 60 年代，苏联学者积极回应西方新实证主义和后实证主义的理论成就，并在批判、反思的基础上发展了关于科学知识的结构的研究，形成了科学动力学研究的苏联学派。尤为重要的是世界科学图景概念的提出。这一概念在苏联科学哲学研究中被广泛讨论。根据斯焦宾的确认，首先明确提出这一概念的是莫斯杰巴捏卡（Мостепаненко，М. В.）。①世界科学图景作为哲学和科学具体理论模型的特殊形成的过渡环节，间接展现了哲学在基础科学理论发展中所产生的影响。对此，斯焦宾曾这样评价这一概念的作用，"我认为，这是扩大分析认识理论的第一步，也是极其重要的一步。它被确定为世界科学图景的特殊形式。从此出发引出了一系列相关问题：它和理论的相互关系，和事实经验的关系，如何辨别科学世界图景和理论，世界图景和他们在科学中的功能是如何分类的，他们的历史动态和社会文化条件是怎么样的"②。

　　总体来看，苏联 20 世纪 60 年代的科学哲学研究是在自己的框架内进行的，对许多重要问题提出自己的解决方案，很多问题的解决体现了马克思主义传统理论的优势。90 年代，马姆丘尔在回顾这一历史时期国内科学哲学的发展时给出了这样的评价，"60 年代国内科学哲学经历了真正的繁荣。这段时期哲学知识领域在进行研究并表述自己的思想，使人们把国内的科学哲学视为现代世界哲学思想中一种原创的、有趣的和独立的现象"③。

（三）第三阶段：人类学转向

　　苏联解体之后，作为其哲学组成部分的科学哲学和哲学一样，经历了 20 世纪 90 年代初期的低谷和痛苦震荡，用时任俄罗斯哲学学会第一副会长丘马科夫（Чумаков，А. Н.）的话来说，"苏联解体之后，在 90 年代的前 5 年俄罗斯哲学学会的活动实际上已经完全停止。苏联哲学学会重新登记为俄罗斯哲学学会，俄罗斯哲学学会接受了它的全部遗产，包括国际哲学学会会员的资格，但是不可能开展任何严肃认真的工作，因为对哲学的怀疑态度在社会上占据统治地位（出于惯性，许多人把哲学与马克思主义画了等号）。此外，那些受过哲学教育

---

① Обсуждение книги В С. 2007. Стёпина "философия науки. Общие вопросы" (материалы "круглого стола"). Вопросы Философии, (10): 67.

② Обсуждение книги В С. 2007. Стёпина "философия науки. Общие вопросы" (материалы "круглого стола"). Вопросы Философии, (10): 67.

③ Мамчур Е А, Овчинников Н Ф, Огурцов А П. 1997. Отечественная философия науки: Предварительные итоги. Москва: РОССПЭН: 251.

的人，在当时正在为生存而努力，常常无暇顾及哲学，虽然，在那些困难的日子里哲学思维并没有完全停止工作"①。在 90 年代中期，科学哲学开始了缓慢的复兴，但其发展仍面临很多新的问题。首先是马克思主义哲学主流地位的丧失。1991 年苏联解体使俄罗斯社会的发展出现重大的转折。俄罗斯告别社会主义，走上了西方化的道路。这一社会变革，深深地改变了马克思主义哲学在俄罗斯的命运。苏联社会主义时期，马克思主义哲学作为主流意识形态，担负起为社会主义道路和社会主义制度进行合理性论证的使命。因此，马克思主义哲学麾下的科学哲学得以和苏联的社会主义事业共同繁荣。苏联解体后，马克思主义哲学失去了国家意识形态的地位，马克思主义哲学也不再被认为是唯一正确的世界观。人们深刻地认识到，过去的研究只集中在有利于马克思主义哲学发展的课题上，对非马克思主义哲学没有给予应有的关注，或者干脆采取虚无主义的态度，一概加以批判。随着马克思主义哲学作为国家哲学地位的丧失，俄罗斯还原了马克思主义哲学的应有地位，被合理地看作为一种哲学形态，和其他哲学一样。需要指出的是，在俄罗斯的哲学研究中，马克思主义哲学仍占有重要的地位。"大多数人认为，马克思主义哲学还是一个很重要的哲学流派。在俄罗斯，对马克思主义哲学还能公平相待，没有排斥、打击。"②

苏联解体后的俄罗斯科学哲学值得关注的事件有两方面，一是对苏联时期科学哲学的发展进行反思，二是科学哲学的人类学转向。

1. 对苏联时期科学哲学发展的反思

在科学哲学领域，人们对苏联时期的研究表现出三种态度：深刻批判、客观评价、冷静反思。第一种态度是深刻批判。对苏联时期的科学哲学的批判主要有两方面，一是认为苏联科学哲学一直在自我封闭的思想框架内，脱离了世界科学哲学的主流，今日的俄罗斯科学哲学应该回到世界主流的思想体系中。这种观点充斥在这一时期国内的各种新版教科书中。二是国内科学哲学的意识形态属性。这一点曾一直受到西方的强烈批评，但却被苏联官方（也包括学术界）认定为是他们最积极、最有价值的方面。作为哲学组成部分的科学哲学，和哲学一起作为指导思想，得到了积极有效的保障。苏联解体后，曾经正面的、积极的方面成了最不能容忍的方面。用斯焦宾的话说就是"曾经的'＋'号

---

① 安启念. 2003. 俄罗斯向何处去——苏联解体后的俄罗斯哲学. 北京：中国人民大学出版社：12-13.

② Бажанов В А，Баранец Н Г，Огурцов А П. 2012. Философия науки. Двадцатый век：концепции и проблемы. Вопросы Философии，（9）：171.

被'-'号替代"①。凯列（Келле，В. Ж.）对苏联时期政治粗暴干涉科学哲学研究进行了深刻的批评。对于经历过那个时代的人来说，"他们永远会记得在政治中任何一个反对派都是不被接受的，在理论中任何一个不被官方承认的观点都是不被接受的。当然，在这种情况下，人们都说关于作为科学的马克思主义的漂亮话，这种科学应该得到发展，同时被警告理论错误是不会被接受的，他们消极地对实践施加影响。因此，沉寂什么都改变不了，只能维护'沉静'的理论。按照实践家的想法，实践应该服务于基础理论的发展，事实上实践给理论以沉重的压力，同时把理论变成了当时政治理想的辩护，阻止在理论上理解新的现实。科学院的院士们把自己看作党的政治理论的传播者，看作是'沉寂'的马克思——列宁理论的宣传者和保护者。这种情况导致了投机分子和教条主义的出现"②。

　　第二种态度是客观评价。2014 年，俄罗斯科学院哲学研究所的两位学者埃琳娜·О.特洛凡诺娃（Trufanova，Elena O.）和维塔利·G.格洛克霍夫（Gorokhov，Vitaly G.）在《东欧思想研究》（*Studies in East European Thought*）上撰文，即《当代俄罗斯哲学中的认识论和科学技术哲学：20 世纪 80 年代后期至今的文献综述》（*Epistemology and the Philosophy of Science and Technology in Contemporary Russian Philosophy：A Survey of the Literature from the Late 1980s to the Present*）。论文总结了 20 世纪 80 年代后期到目前俄罗斯认识论和科学技术哲学领域重要问题的研究。这些由当代俄罗斯哲学家所从事的研究深深植根于苏联时代的哲学，既包含俄罗斯哲学思想的历史资源，也汲取了国外学派的相关研究，既经典又现代。2006 年，《哲学问题》杂志编辑部举行了一个 12 人参加的"科学哲学：问题与前景"的圆桌会议，参加者都是有较大学术影响的学者，他们是：《哲学问题》主编列克托尔斯基院士，《哲学问题》副主编普鲁日宁（Пружинин，Б. И.），哲学研究所的马姆丘尔、奥古尔佐夫（Огурцов，А. П.）、阿尔什诺夫（Аршинов，В. И.）、罗佐夫（Розов，М. А.）、卡萨温、拉比诺维奇（Рабинович，В. Л.）、波鲁斯（Порус，В. Н.），莫斯科国立罗蒙诺索夫大学教授米凯什娜（Микешина，Л. А.）博士，俄罗斯国立人文大学教授菲拉托夫（Филатов，В. П.）博士。列克托尔斯基的开场白直观地总结了苏联解体后，

---

① Стёпин В С. 2006. Философия науки. Общие проблемы // Электронная публикация: Центр гуманитарных технологий. http://gtmarket. ru/laboratory/basis/5321/5323［2012-03-18］.

② Келле В Ж. 2004. Воспоминая Б. М. Кедрова. Вопросы Философии,（1）：47.

科学哲学研究的变化。他说道:"我们齐聚一堂,讨论科学哲学的发展前景。为什么决定要讨论这个话题呢?因为长时间以来对这一领域的兴趣和关注都在下降,大家还都记得 15 年前发生了什么吗? 20 年来有关逻辑、方法论、自然科学哲学问题等科学哲学的相关问题曾是全联盟最受关注的议题之一。"[①]

多数学者采取了客观评价的态度,合理肯定了苏联时期科学哲学的成就。斯焦宾指出,指责苏联时期科学哲学脱离世界轨道以及为社会主流意识形态服务,并不是经过严肃思考得来的。在他看来,不经过仔细、认真的反思,对苏联几十年来科学哲学成就做如此评价不是恰当合理的。其实在西方,对苏联时期科学哲学的评价也不是全盘否定的。他以美国学者格雷厄姆的著作《苏联的科学哲学和人的行为》为例进行了说明,格雷厄姆称苏联科学哲学取得了"令人深刻的智力成果"。以与西方科学哲学框架的符合程度来评价苏联时期的成就,既不合理,也不公平。苏联时期的研究,重要特点在于强调"应该发展辩证唯物主义,一方面讲要依靠马克思主义经典作家的主要主张,另一方面讲要依靠现代技术数据"。即使在这一时期,仍然有一批杰出的思想家坚持认为,"应该使那些依靠对经典作家的教条式的理解的人失去威望,事实上他们遏止了辩证唯物主义的发展,使辩证唯物主义与现代自然科学相矛盾",并为之身体力行。[②]乌也莫夫在凯德洛夫 100 周年诞辰的纪念文章《追忆凯德洛夫》中,在谈到以凯德洛夫为代表的苏联时期理论思想的影响时,对这一时期的研究也给予了肯定,而且认为这些研究为讨论当代的一些重要问题提供了思想资源。他列举了凯德洛夫在科学哲学方面的重要论著,如《道尔顿的理论历史观点》(1969年)、《自然科学的方法论问题》(1970年)、《现代自然科学的辩证法》(1970年)、《科学的历史及科学研究的原则》(《哲学问题》1971年第 9 期)、《马克思主义自然科学历史的观点:十九世纪》(1978年)、《马克思主义的自然科学历史观点:20 世纪头 25 年》(1985年)等。他的评价是,"至今这些论著还没有失去它的意义。相反由于反对者的批评,人们对这些书籍的兴趣在逐渐增长。这些批评的兴趣集中在科学发展的基础上,首先集中在库恩及其他实证主义代表的著作中有关自然科学发展的基础上"[③]。凯列也指出,苏联时期的研究在重现马克思主义的科学历史观、展现科学发展的历史方面同样做出了重要的贡献。

① 2006. Философия науки: проблемы и перспективы (материалы "круглого стола"). Вопросы Философии, (10): 3.

② Уемов А И. 2004. Воспоминаниа о Б. М. Кедрове. Вопросы Философии, (1): 42.

③ Уемов А И. 2004. Воспоминаниа о Б. М. Кедрове. Вопросы Философии, (1): 42.

他以凯德洛夫的《一个伟大发现的一天》这部著作为例，指出苏联学者"这部分创作遗产还没有得到应有的评价，并且有待于研究者来开发其创作遗产。把辩证法从哲学中删除是错误的，但有些人却试图这样做。如果辩证法被保留下来，那么其理论意义还会吸引人们对这个领域感兴趣"①。

第三种态度是冷静反思。也就是说是以当代的视角对苏联时期进行冷静反思。马尔科维奇（Маркович，М.）认为，在当时的社会政治条件下，从意识形态上来讲科学哲学属不敏感的领域，因此保持了一定特点。在他看来，苏联时期的科学哲学应汲取的教训有以下三个方面：轻视所有马克思前的哲学，反对西方科学哲学建立的重要基础——数理逻辑，反"世界主义"。首先是关于马克思列宁主义的三个来源和三个组成部分的论题遭到驳斥，"这是因为人们确信，马克思和恩格斯不能从过去的哲学家那里学到东西，并因此对黑格尔的反对特别强烈"②。其次是官方哲学对数理逻辑的态度，一开始他们完全否认，认为它与马克思主义不相容，几乎是"阶级敌人的武器"。到了后来，数理逻辑被认定为科学，不再受到批判，但却坚定地认为"辩证法与这门科学没有任何的关系"。③最后，苏联的反世界主义使民族主义高涨。

1949 年 3 月 2 日，苏联《文学日报》发表了题为《反对哲学中的世界主义》的一篇文章，文章点名批判了凯德洛夫。凯德洛夫主张"在同世界主义斗争中，任何时候都不能忘记事情的另一面——与民族主义做斗争"，在世界智力发展的历史中反对夸大俄罗斯科学家和哲学家的作用。④该篇文章由苏联科学院哲学研究所学术委员会起草，认为凯德洛夫的著作充斥"世界主义"，站到了马克思主义的对立面。研究所所长亚历山大认为，凯德洛夫"不得体地引证并阐述了列宁的思想"；米丁谴责凯德洛夫"对俄罗斯民族文化的虚无主义态度"，谴责凯德洛夫"反对科学中首要任务的重要性"的观点，谴责凯德洛夫"对辩证法的经院解释及对列宁遗产的歪曲解释"以及"漠视列宁的党性原则"。特别粗鲁的是马克西莫夫，他说："凯德洛夫是反动思想的喉舌，是我们苏联知识界落后阶层的思想家，这些落后的思想家都染上了资产阶级偏见的病毒，习惯于在资产阶级文化面前卑躬屈膝。"⑤委员会的最后结论是："凯德洛夫的错误已经

① Келле В Ж. 2004. Воспоминая Б. М. Кедрова. Вопросы Философии，（1）：49.

② Маркович М. 2004. Практическая мудрость и достоинство в философии. Вопросы Философии，（1）：64.

③ Маркович М. 2004. Практическая мудрость и достоинство в философии. Вопросы Философии，（1）：64.

④ Маркович М. 2004. Практическая мудрость и достоинство в философии. Вопросы Философии，（1）：64.

⑤ Маркович М. 2004. Практическая мудрость и достоинство в философии. Вопросы Философии，（1）：64-65.

成为犯有严重错误的观点体系，这种观点对马克思列宁主义怀有敌意。在凯德洛夫的书籍及文章中世界主义找到了理论根基。"因此决定把凯德洛夫从委员会中开除。一周之后，米丁继续在《文学日报》上发文《反对在哲学领域中的反马克思主义及世界主义的理论》。在这篇文章中，"世界主义"被理解为间谍和破坏者的"自由思想的"保护伞，世界主义者被理解成反爱国主义的一群人，这些人试图破坏社会主义文化的基础，试图在苏联文学、音乐、戏剧和电影艺术中诽谤苏联共产主义的一切新事物。米丁列出了这些人的代表，如凯德洛夫、卡缅斯基（Каменский）、谢列克托尔（Селектор）、克雷韦列夫（Крывелев）等，凯德洛夫是这群人中的精神领袖。"他们的错误在于：①世界主义；②唯物主义辩证法的经院式的曲解；③歪曲列宁哲学遗产。"凯德洛夫貌似捍卫的是"国际主义意义上的科学家团结一致的伟大原则"，实则是"那些出卖民族科学利益的人的理论基础，这些坏蛋不热爱自己的祖国，也不热爱社会主义文化"。①

在世界发展的历史中夸大俄罗斯科学家和哲学家的作用。在科学机关里，伽利略的肖像被摘下，因为他不是俄罗斯人。罗蒙诺索夫（Ломоносов，М. В.）也是个典型的例子，尽管在18世纪中叶罗蒙诺索夫还没有能量的概念，也没有能量与物质间关系的概念，但仍把能量守恒定律的发现归功于他。马克西莫夫认为俄罗斯科学思想和哲学思想的发展完全不受外国的影响，并"以俄罗斯民族天生会用唯理论和唯物主义解决问题来解释唯物主义和辩证法的发展"②。

总体来看，苏联解体后的几十年中，俄罗斯哲学领域里科学技术哲学是获得最"稳健"发展的学科之一。③这主要是基于两方面的原因。一是良好的发展基础，二是没有像哲学那样遭遇激烈的批判和否定。与认识论等其他领域不同，科学技术哲学在官方意识形态中可以"畅通无阻"地存在，在较长时期内成为学者研究知识理论的"避风港"。科学哲学在20世纪80年代后期的重组改革后蓬勃发展，从内容上看，增加了关于知识地位的研究，而且科学哲学的研究领域延展至社会科学哲学和人文科学哲学的研究。从建制上看，除莫斯科大学和新西伯利亚大学外，先前隶属于苏联科学院和俄罗斯科学院的科学技术史研究所和哲学研究所成了研究的主要中心。

---

① Маркович М. 2004. Практическая мудрость и достоинство в философии. Вопросы Философии, （1）: 65.

② Маркович М. 2004. Практическая мудрость и достоинство в философии. Вопросы Философии, （1）: 64.

③ Trufanova E O, Gorokhov V G. 2014. Epistemology and the philosophy of science and technology in contemporary Russian philosophy: a survey of the literature from the late 1980s to the present . Studies in East European Thought, 66（3-4）: 200.

2. 科学哲学的人类学转向

进入 20 世纪 90 年代，俄罗斯哲学的主要方向之一是哲学人类学的转向。科学哲学在这样的背景中也随之发生变化。凯列将 90 年代以来的俄罗斯科学哲学研究域总结为三个方面。其一是要了解作为科学知识发展过程的科学的特殊性，了解它的实质和标准、它与其他知识类型的区别、它的结构以及发展机制，分析科学活动这一新知识生产过程的特点，分析这一过程所使用的方法。其二是关注科学知识发展历史过程的社会和文化背景、科学对社会的影响，以及这种影响在现代社会中的地位和作用，不考察这些问题就不可能建构关于科学的完整的观念。其三是"自然科学哲学问题"。而且凯列认为，社会科学哲学问题也属于科学哲学的领域。这三个领域不是彼此孤立的，而是作为一个整体出现的，"所有这些约定在一起，就是科学哲学发挥作用的问题域"①。

这三个方面中的每一个都能打通科学哲学的人类学发展之路。科学技术本身就具有丰富的人类学意义，我国有学者曾从三个方面给予过分析。首先，科学技术延伸和拓展人类的"身外的自然"。"身外的自然"是人类在生产实践活动中创造出来的，是人类自身生存和发展的必要条件。其次，科学技术的进步已经极大地拓展了人类的生产和生活空间。科学技术的另一大贡献是延伸和放大了"自身的自然"。最后，科学技术的中介在拓展外部自然空间和复杂性的同时，也改变了自己。两者结合在一起则实现了人的自我超越，"人类就是通过科学技术的发展而逐步实现和占有了自己的全面本质"②。

列克托尔斯基认为，现代文明发展战略出现的新的尖锐问题是文明危机，表现为生态危机和人类学危机两个方面。这是科学哲学研究中不容忽视且必须面对的问题。就人类学危机而言，科学哲学"首先，要讨论现代人类学的危机形势，以及技术操作显露出的对于人类遗传学的干预和改变人类生物性质的可能性"③。雅思凯维奇（Яскевич, Я. С.）做了很好的概括，他认为科学哲学非常有成效的作用是理解现代文明与科学发展战略的价值观念，科学哲学对科学的思考具有"知识的启发式和预后的特征"。科学哲学通过对科学特殊地位的阐释肯定了其作为科技文明发展动力的地位，通过纳入主体与客体的关系，将自

---

① 弗拉基斯拉夫·让诺维奇·凯列. 2003. 论当代俄罗斯的科学哲学. 山西大学学报（哲学社会科学版），(2)：2.

② 黎德扬，孙德忠. 2007. 论科学技术的哲学人类学意义. 自然辩证法研究，(2)：72.

③ Обсуждение книги В С. 2007. Стёпина "философия науки. Общие вопросы"（материалы "круглого стола"）. Вопросы Философии，(10)：68.

已推向哲学的人类学方向。[①]

第四节　研究主题的比较

研究主题在不同发展阶段是不同的。科学哲学研究领域中所能发生的变化，在研究主题上会最明显地表现出来。科学哲学不断发展的标志之一也在于，在新的历史阶段有新的研究主题出现。新的研究主题的出现及其得到重视和研究的程度，既与科学哲学知识成果本身的逻辑展开以及研究视角的变化有关，更与现代科学飞速进步而导致的认识环境的改变和社会条件的变化相关。

一、结构学比较：科学世界图景与范式

在科学知识结构的研究中，以库恩为代表的社会历史学派从历史分析的角度，提出了范式等核心概念并以此为基础展开研究。而不同研究传统下的俄苏科学哲学在 20 世纪 60 年代也提出了自己的核心概念——科学世界图景。科学世界图景与范式都具有前提性知识的地位。在方法论层面，它们都作为解释科学革命的核心概念。二者的"同中之异"表现在结构学和动力学的分析中，导致这种差异的根源在发生学的层面，在于概念提出的语境根源。科学世界图景与范式展现出的结构学、动力学和解释功能上的差异，揭示出科学知识结构研究的两种不同的语境——哲学的与历史的。

在科学知识结构的研究中，西方科学哲学的研究在两个方向上展开。一是逻辑，二是历史。逻辑经验主义一贯注重对科学知识的结构给予逻辑分析，取得了极为有价值的成果。以库恩为代表的社会历史学派则从历史的角度，提出自己的核心概念并以此为基础展开研究。库恩提出了范式，拉卡托斯建立了研究纲领，劳丹确立了研究传统。这些核心概念的作用就是前提性知识，劳丹将其称为"引导假设"。[②]无独有偶，自 20 世纪 60 年代起，不同研究传统下的俄

---

① Обсуждение книги В С. 2007. Стёпина "философия науки. Общие вопросы" (материалы "круглого стола"). Вопросы Философии, (10): 77.

② Laudan L, Donovan A, Laudan R, et al. 1986. Scientific change: philosophical models and historical research. Synthese, 69 (2): 155.

苏科学哲学也取得了重要的成果，他们提出了科学世界图景这一核心概念。科学世界图景在自然科学的认识基础上形成，同时又有着深厚的哲学前提。对不同哲学背景、不同研究传统以及不同路径下提出的核心概念进行比较能够从多方面提供有价值的思考。

（一）科学世界图景与范式的概念

科学知识结构的研究在西方哲学中有着深厚的传统。康德曾经对认识进行分类，将其分为纯粹理性、实践理性和判断力三部分。从罗素的逻辑原子主义到维特根斯坦，从原子命题、真值函项到建立算法，均将知识看作是逻辑结构。到卡尔纳普，更是发展到对人工语言进行分析。奎因从整体论的视角也做出过一定的贡献。这种建立在经验基础上的分析主要围绕对经验事实的阐释而进行。20世纪60年代起，历史主义兴起。从库恩开始，历史主义的重点放在了对前提性知识的研究中。库恩的范式、拉卡托斯的研究纲领、夏皮尔的信息域、劳丹的研究传统等核心概念均对前提性知识进行了相关的研究，产生了不小的影响。劳丹等人曾对库恩等人提出的上述核心概念进行过整体的比较。在他看来，这些"引导假设"具有如下特点。第一，"引导假设"一经确立，就不会轻易放弃，除非有一新的、更合适的取而代之。如果"引导假设"最终被放弃，只是因为他们面对经验上的困难。第二，新理论的生长和现有理论的改变不是一个随机的过程。第三，科学中相竞争的"引导假设"的共存是规则而不是例外。第四，后继的"引导假设"很少能容纳其前任全部解释的成功。[①]

在俄苏的科学哲学研究中，对科学知识结构的研究同样独具特色。他们提出了被称为科学知识基础的特殊知识结构，以此对科学理论的形成和发展给予说明。斯焦宾在他的代表性著作《理论知识（结构、历史演变）》中将科学基础区分成三个相关的构成要素：科学世界图景、科学认识活动的思想与规范、科学的哲学基础。从概念上讲，科学世界图景被定义为"从前提方面保障理论形成和发挥职能的唯一的可能基础"，而且"被有机地列入科学研究组织的哲学的范畴和规范中，并影响科学探索"，其作用是"改进并确保科学条理性的完整因素"。[②]科学世界图景是对科学进行的本体论诠释，不同于我们常说的"科学的

① Laudan L, Donovan A, Laudan R, et al. 1986. Scientific change: philosophical models and historical research. Synthese, 69（2）: 156.

② Мамчур Е А, Овчинников Н Ф, Огурцов А П. 1997. Отечественная философия науки: Предварительные итоги. Москва: РОССПЭН: 93.

哲学基础"，对此，斯焦宾和库兹涅佐夫（Кузнецов，Л. Ф.）曾有明确的阐述。他们认为，"科学的世界图景通常应以确定的哲学原则为支柱，但就这些原则本身而言，他们不能提供科学世界图景，不能代替它。这个图景形成于科学的内部，以总结和综合重要的科学成果道路……"[①]斯焦宾将科学世界图景的功能分为三个方面：首先，保障科学知识的客体化和把他们列入文化中；其次，为知识的综合和系统化形式服务；最后，发挥保障科学知识增长的科学研究大纲的职能。[②]和范式一样，科学世界图景的提出与率先发展的物理学相关。在俄苏学者的研究中，科学世界图景也曾经是"被视为主导科学（主要是物理学和生物学）中所取得的自然知识的综合"。物理世界图景是科学世界图景的基础和核心部分。[③]在物理学的发展中，不可避免地会受到一定的哲学思想的影响，并相继建立起在当时看来合理的自然模型。以这些模型为基础，形成了有关物质和运动、时间和空间、因果性和规律性等物理观念。这些观念通过相应的原则形成一个统一的整体，成为建立物理学理论的基础。"形成物理世界图景的诸要素可以看成理论研究的第一阶段，而构建科学理论的过程本身则是这一研究的第二阶段。"[④]整体的科学世界图景则在此基础上，通过把各门自然科学"吸收"到物理世界图景中来实现。

逻辑经验主义在科学知识结构的研究中秉承静态的逻辑分析传统。一方面，他们主张在科学知识的结构分析中剔除"形而上学"而使自己的研究缺失应有的哲学语境；另一方面，对科学知识结构的静态研究也使自己脱离了历史语境。这也是在逻辑经验主义自身的框架内，难以寻找到解决其困境的合理路径的重要原因。历史主义的出现是一个重大的进步。在库恩的范式中，不仅有条件地允许哲学要素在其核心概念中存在，而且通过范式的转换对科学发展的历史进程给予说明。历史主义的进步体现在对科学知识结构的动态分析上，以历史分析为基础，在历史语境中展开。比较而言，哲学语境中进行的科学知识结构研究则体现在俄苏学者提出的科学世界图景这一概念之中。科学世界图景

---

① Мамчур Е А，Овчинников Н Ф，Огурцов А П. 1997. Отечественная философия науки：Предварительные итоги. Москва：РОССПЭН：297.

② Мамчур Е А，Овчинников Н Ф，Огурцов А П. 1997. Отечественная философия науки：Предварительные итоги. Москва：РОССПЭН：297.

③ М. В. 莫斯捷潘年科，А. М. 莫斯捷潘年科. 1990. 哲学和自然科学世界图景的形成//И. Т. 弗罗洛夫. 辩证世界观和现代自然科学方法论. 孙慕天，李成果，申振玉，等译. 哈尔滨：黑龙江人民出版社：271.

④ М. В. 莫斯捷潘年科，А. М. 莫斯捷潘年科. 1990. 哲学和自然科学世界图景的形成//И. Т. 弗罗洛夫. 辩证世界观和现代自然科学方法论. 孙慕天，李成果，申振玉，等译. 哈尔滨：黑龙江人民出版社：271-272.

不仅与范式形成了鲜明的对比，而且有着自己的特点和优势。

（二）科学世界图景与范式的差异与趋同

在认识论层面，俄苏学者提出的科学世界图景与范式等核心概念都具有前提性知识的地位。在方法论层面，科学世界图景与范式等都作为解释科学革命的核心概念。这是二者能够形成比较的前提，即黑格尔所说的"异中之同"。而二者的"同中之异"表现在结构学和动力学的分析中，导致这种差异的根源则在发生学的层面，在于概念提出的语境根源。

从结构学角度看，社会历史学派在科学知识结构的分析中相继提出了范式、研究传统、研究纲领等核心概念。范式、研究传统和研究纲领均以理论为其核心组成。之所以在理论的基础上还要提出这些核心概念，一是这些核心概念在分析中会承担起超出理论的说明功能；二是可以容纳除逻辑、经验外的其他影响要素，如非理性要素、哲学、社会、文化等。这些核心概念的解释功能取决于对其进行的合理的要素和结构分析。以范式为例，库恩的范式概念曾被大加质疑，认为他在多个含义上使用而招致混乱。其实，这与库恩未能清晰地展示范式的要素与未能给予合理的结构分析直接相关。质疑也好，批评也罢，人们还是一致选择保留范式这一概念，因为范式的作用和解释功能是理论所不能替代的。范式以科学理论为基础形成，虽然在库恩那里有时也用来代表理论，但范式的核心是世界观。科学世界图景是观念形态，它的核心是建立在科学认识基础上的观念，强调的是在科学认识基础上形成的观念性认识，影响科学发展的各种要素有机地内涵在科学世界图景之中。比较而言，范式的结构性特征明显，科学世界图景的整体性则更加突出。范式所显现出的较为明确的结构并不意味着范式的结构要素更加合理，而是在于范式的各个要素之间的独立性较强。在萨普看来，"理论是通过世界观来解释的，理解理论就必须理解世界观"[①]。但是在库恩那里，范式时而是理论，时而是"准形而上学的承诺"。对此，斯焦宾的分析极为透彻，他指出，范式的缺陷在于范式的形而上学部分与科学理论之间的关系是脱离的，范式虽然结构要素明确，但只是分析问题的基础，不能作为科学及其发展的基础。[②]科学世界图景也强调理论在自身的形成过

① Suppe F. 1978. The Structure of Scientific Theories. Urbana：University of Illinois Press：126.

② Стёпин В С. 2006. Философия науки. Общие проблемы // Электронная публикация：Центр гуманитарных технологий. http://gtmarket.ru/laboratory/basis/5321/5323[2012-03-18].

程中的作用，但并不以任何一个具体的理论为基础，而是在概括当下科学认识的总体成果的基础上，以观念的形态存在。范式有时就是理论，而科学世界图景却强调理论所提供的共识性结论。

从动力学角度看，科学世界图景和范式都作为解释科学革命的核心概念。在库恩那里，革命是新范式取代旧范式。作为解释科学革命的核心概念，库恩的理论理应既展示范式更替的过程关系，又要阐明革命前后理论以及范式的逻辑关系，这恰是库恩理论的问题所在。库恩甚至认为，"新范式的诞生是直觉的闪光"，是"云翳顿开"或"灵光闪现"，并以此得出了范式"不可通约"的结论。[①]库恩把转换范式看成宗教信仰的"改宗"，"改换所效忠的范式是一种不能被迫的改宗经历"[②]。在俄苏的科学动力学研究中，科学革命则表现为科学世界图景的转换。这种转换启迪着新的理论、研究方法、知识的解释、论证和组织标准的产生。在自然科学的发展中，科学探索基本原理的改变（重构世界图景、改变共同的研究方法、重拟解释、论证和组织知识的标准）就称为科学革命。[③]同为解释科学革命的核心概念，科学世界图景兼有本体论和认识论双重含义，它既是自然界客观联系的总和，又作为各门科学对自然的认识的概括。俄苏科学哲学关于作为科学认识前提的世界图景，尽管意见不一，但有一点是共同的，即这种图景是有客观基础的，那就是自然界普遍的辩证发展规律，因此不同的科学世界图景的判别标准是确定的，不是相对的，更不是信仰的改宗，是可以通约的。所以科学革命如果说是范式的转换，其间——按凯德洛夫的观点——虽然是科学世界图景或世界观的转变，但仍然是对客观世界的不同程度的反映，是从相对真理走向绝对真理的过程，因此革命前后的科学是连续和间断的辩证统一。

导致范式和科学世界图景在结构学和动力学上存在差异性的根源来自其发生学层面。从发生学角度看，西方科学哲学的核心概念是在分析科学的历史发展中提出的。而俄苏的科学世界图景是在寻找哲学与科学的关系中确立的，其研究的初衷是要从理论上揭示哲学影响科学的方式和路径。着眼点在于发现哲学观念怎样对与经验世界打交道的科学产生影响，以说明马克思主义哲学对自然科学发展的积极作用。应该说，这一概念的提出是俄苏科学哲

① 托马斯·库恩. 2003. 科学革命的结构. 金吾伦, 胡新和译. 北京: 北京大学出版社: 111.
② 托马斯·库恩. 2003. 科学革命的结构. 金吾伦, 胡新和译. 北京: 北京大学出版社: 137.
③ К. М. 瑟特尼克, П. С. 德什列维. 1990. 自然科学革命的辩证法//И. Т. 弗罗洛夫. 辩证世界观和现代自然科学方法论. 孙慕天, 李成果, 申振玉, 等译. 哈尔滨: 黑龙江人民出版社: 120.

学研究的重大成果，俄苏科学哲学都将这一概念的确立作为其独立的科学哲学研究的重要标志。

（三）科学世界图景与引导性假设的意义

科学世界图景作为"哲学和科学具体理论模型之间的特殊形式的过渡环节"，"间接表现了哲学在基本科学理论产生的具体进程中的影响"。围绕这一核心概念，展开诸多相关问题的讨论，"它和理论的相互关系，它和事实经验的关系，如何辨别科学世界图景和理论，世界图景和它们在科学中的功能是如何分类的，它们的历史动态和社会文化条件是怎么样的"①。在斯焦宾那里，以科学世界图景为起点，同时展开了两个方向的研究，"科学世界图景—哲学—文化"和"科学世界图景—理论—经验知识"。②而且，以科学世界图景为核心概念对科学革命所给予的分析，为我们建立理论与经验、理论之间、理论与哲学之间的关系提供了有力的帮助。

首先，理论与经验的关系。认识过程中的理论和经验关系在分析科学知识的结构和构成时始终是一个重要主题。对此，西方和俄苏的研究都对此给予了高度的重视，均产生了有影响的成果。长期以来，逻辑经验主义关于理论语言与观察语言之间的界限等的相关研究一直代表着问题的解决方案。在社会历史学派的历史研究中，常规科学阶段科学共同体在范式的框架内从事解决问题的工作。按照劳丹，科学问题分为经验问题和理论问题，在常规科学阶段，库恩所说的解决问题应该是同时面对这两类问题。在解决经验问题的时候，要求理论有较好的解释功能，以使理论与经验保持一致。常规阶段理论以解决问题的方式与经验发生关联。而革命阶段，理论与经验的关系也同样是以简单且直接的方式被建立的。俄苏学者认为，理论和经验层次之间的界限不会和理论语言与观察语言之间的界限一致，并且在被观察的客体和没被观察的客体相对立的基础上，理论和经验层次的解释不是完全相符的。他们认为，第一，不存在划分理论和经验的完全严格、硬性的标准；第二，理论和经验的分类太笼统，这种分类没有考虑到科学认识中存在的术语、句子类型的多样化，应该用更精细区分的分类来替代。③科学世界图景正是对多样化的认识形式所给予的概括。科

① Обсуждение книги В С. 2007. Стёпина "философия науки. Общие вопросы" (материалы "круглого стола"). Вопросы Философии, (10)：67.

② К. М. Зветтерник, П. С. Дешлеview. 1990. 自然科学革命的辩证法//И. Т. 弗罗洛夫. 辩证世界观和现代自然科学方法论. 孙慕天，李成果，申振玉，等译. 哈尔滨：黑龙江人民出版社：135.

③ Мамчур Е А, Овчинников Н Ф, Огурцов А П. 1997. Отечественная философия науки：Предварительные итоги. Москва：РОССПЭН：258.

学世界图景以间接和直接两种方式与经验发生关联。间接方式以理论为中介，通过理论的原理与经验发生间接的联系。此时，科学世界图景强调自己存在的客观性，但对于经验却不是直接作用的关系，需要经过理论的分析方能建立起通道。科学世界图景有时也会以直接的方式面对经验，但这种情形只会发生在相关的理论尚未建立的时候。用斯焦宾的话来讲，（科学）世界图景同实际经验状况的联系表现得特别明显的时候，是科学开始研究那些还没有对之建立起理论的客体并用经验方法来研究这些客体的时候。[①]

其次，理论之间的关系。这里我们更加关注的是科学革命前后理论之间的关系。常规科学时期科学共同体的成员在范式内从事"解难题"的活动，这种范式既具有向内的聚集性，同时也具有排他性。因此，很难对同一时期不同范式之间的关系展开讨论。库恩所说的范式（理论）之间的关系，更多的是在科学革命时期，范式的转换带来了理论的更替。与范式相比，科学世界图景就是建立在各理论之间联系的基础之上，理论之间的关联内涵于所建立的科学世界图景之中。首先是建立起作为带头学科的物理学理论之间的关联，因为科学世界图景的核心是物理世界图景，也因为"全部自然科学中，只有一门物理学达到了建立'世界图景'所需要的那种基础性和普遍性"[②]。但物理世界图景并不能把科学世界图景的内容概括无遗，一定要把其他各门自然科学都概括进去。"把各门自然科学'吸收'到世界图景的概念中去的基本途径是，依据这些科学部门去说明那些也可以用于其他自然科学部门的观念、原则和方法论手段，这些观念、原则和手段对其他科学部门也可能具有普遍的意义"[③]。在科学革命时期，科学世界图景的转换同样会反映出理论之间的关系，"对科学史的'转折'时期的分析得出，并不是所有科学理论的更换都是科学革命，而科学理论的更换却是所有科学革命的基本组成部分"[④]。

最后，理论与哲学的关系。与逻辑经验主义试图在科学史和逻辑方法论中剔除形而上学的努力相比，俄苏科学哲学有关科学与哲学关系的研究一直处于

① B. C. 斯捷宾. 1990. 科学革命和知识增长的非线性特点//И．Т．弗罗洛夫. 辩证世界观和现代自然科学方法论. 孙慕天，李成果，申振玉，等译. 哈尔滨：黑龙江人民出版社：386.

② М. В. 莫斯捷潘年科，А. М. 莫斯捷潘年科. 1990. 哲学和自然科学世界图景的形成//И．Т．弗罗洛夫. 辩证世界观和现代自然科学方法论. 孙慕天，李成果，申振玉，等译. 哈尔滨：黑龙江人民出版社：273-274.

③ М. В. 莫斯捷潘年科，А. М. 莫斯捷潘年科. 1990. 哲学和自然科学世界图景的形成//И．Т．弗罗洛夫. 辩证世界观和现代自然科学方法论. 孙慕天，李成果，申振玉，等译. 哈尔滨：黑龙江人民出版社：274.

④ Мамчур Е А, Овчинников Н Ф, Огурцов А П. 1997. Отечественная философия науки: Предварительные итоги. Москва: РОССПЭН: 326.

重要地位。用斯焦宾的话来说，"很明显，我们比我们西方的同僚更善于分析和研究科学和哲学的相互关系"①。在哲学语境下思考科学与哲学的关系是俄苏科学哲学的传统优势，在苏联时期马克思主义哲学传统占主导地位的情况下，这种研究得到了极大的加强。对斯大林主义的批判推进了苏联学术界对这一问题的反思，问题的研究更加具体深入。凯德洛夫在《哲学问题》杂志上发表的《哲学作为基础科学》文章引发了对诸如哲学的助发现功能、哲学怎样影响科学发展的新趋势等问题的积极讨论，使"20世纪六七十年代国内的科学哲学学派几乎全体人员都参与互动起来——莫斯科的（莫斯科国立罗蒙诺索夫大学哲学研究所），列宁格勒的，基辅的，新西伯利亚的，明斯克的，罗斯托夫的，等等"②。进入21世纪，俄苏的科学哲学在有关科学知识的研究中仍保持了这一研究传统。他们坚持认为，"科学知识的发展与其他形式的认知活动的发展结合在一起，如哲学、艺术、日常知识、世界宗教等，所有这些都是决定科学发展的特定要素"③。斯焦宾的研究非常能够代表俄苏科学哲学研究的变化。20世纪60年代，随着苏联科学哲学的"认识论转向"，俄苏科学哲学沿着"科学世界图景—理论—经验知识"的理论轨道发展。进入21世纪，以斯焦宾等为代表的研究则实现了文化学的转向，俄苏科学哲学的研究进入了"科学世界图景—哲学—文化"的轨道。

　　范式与科学世界图景的比较为我们展开科学知识结构的研究提供了完整的视域。范式与科学世界图景均建立在对科学知识结构进行研究和分析的基础之上，又都作为说明科学革命的重要概念。但却是在不同的哲学背景和有差异的文化前提下提出的。西方的范式突出了研究的历史语境，俄苏的科学世界图景则展示了研究的哲学语境。从表面上看，科学世界图景与范式等核心概念展现出结构学、动力学和解释功能上的差异，而实则展示了科学知识结构研究的两种不同的语境——哲学的和历史的。

二、动力学比较：科学进步的逻辑分析和历史分析

　　科学进步问题是科学观的核心问题。从纵向看，这一问题贯穿科学哲学的

---

① Обсуждение книги В С. 2007. Стёпина "философия науки. Общие вопросы" (материалы"круглого стола"). Вопросы Философии, (10): 66.

② Обсуждение книги В С. 2007. Стёпина "философия науки. Общие вопросы" (материалы"круглого стола"). Вопросы Философии, (10): 66.

③ Стёпин В С. 2010. Наука и философия. Вопросы Философии, (8): 58.

全部历史进程，从逻辑经验主义起始到当代的科学哲学；从横向看，它触及科学哲学的诸多重要问题，如科学知识发展模型、事实与理论的关系、旧理论与新理论的关系、承认新理论的标准是什么、新旧科学理论的可比性等。

在科学进步问题的研究中，俄苏与西方在历史与逻辑两个路径上展开。西方科学哲学的研究主要是逻辑路径，经历了逻辑经验主义——无历史存在的逻辑分析、批判理性主义——远离历史的逻辑分析和社会历史学派——以重建科学史为目的的逻辑分析三个时期。俄苏科学哲学的研究采取了历史的路径，其研究的特点是：以综合的社会历史分析为背景，以完整的历史分析为前提，以历史基础上的逻辑分析为目标。20 世纪 60 年代，库恩等人尝试寻求逻辑之外的发展，向历史路径靠拢；80 年代，俄苏学者注意到逻辑分析的长处。俄苏与西方的研究互补明显，我们有理由期待未来研究的统一。

科学进步问题的研究应该在逻辑与历史统一的前提下获得展开。秉承不同研究传统的西方与俄苏科学哲学分别在逻辑和历史的路径中从事相关研究，均获得了一定有价值的成果。

（一）西方：从逻辑分析到逻辑建构历史

西方科学哲学对科学进步问题的研究主要是逻辑路径，其研究经历了三个时期：逻辑经验主义——无历史存在的逻辑分析、批判理性主义——远离历史的逻辑分析、社会历史学派——以重建科学史为目的的逻辑分析。

逻辑经验主义主要集中于对科学活动"已完成的产品"的静态分析，他们对科学进步问题的考察是静态的，其出发点是逻辑的。逻辑经验主义科学进步观的核心是知识增长，而知识的增长是按照石里克所表述的方式——"简单命题归属于越来越普遍的命题"——实现的。对于石里克来说，"科学进步的标志主要说来恰恰在于'通过无休止地扩展看似分离的、独立的规律之间的关联来逐渐地减少其数目'"[①]。科学的进步表现为真理的汇聚，当科学所包含的真理越来越多时，就实现了科学进步。逻辑经验主义对科学进步的分析主要是结构学意义上的，科学进步仅仅是个逻辑过程，而不是一个历史过程。

波普尔科学进步思想的核心是试图对促进知识增长所需的各种结构作出回答，因为"研究语法或语言系统代替不了对知识的增长的研究"[②]。在波普尔看

---

① 鲁道夫·哈勒. 1998. 新实证主义——维也纳学圈哲学史导论. 韩林合译. 北京：商务印书馆：33.
② 纪树立. 1987. 科学知识进化论——波普尔科学哲学选集. 北京：生活·读书·新知三联书店：5.

来，进步所需要的是一种批评性的结构，其间，可以使不同的思想批评开放，抛弃我们认为错误的理论，留下到目前为止最好的理论，这就构成了进步的动力。与逻辑经验主义的静态分析相比，波普尔的研究包含着过程性的概念。他强调科学的真理目标，并把科学进步与逼近真理目标联系了起来。"我把猜想性知识的成长本身又同越来越接近真理、近真度或逼真性日趋增长的思想联系起来。按照这种观点，发现更接近真理的理论是科学家的目的所在；科学家的目的是知道得越来越多。这包含我们理论内容的成长，我们关于世界知识的成长。"①

为了进一步说明逼真性概念，1960 年，波普尔提出了一个公式，理论 h′的似真性大于理论 h，是因为且仅仅是因为

（a）$h \cap T \subseteq h' \cap T$

（b）$h' \cap -T \subseteq h \cap -T$

其中，h′、h 代表科学理论，T 是由有关世界的全部正确陈述组成的集合，$-T$ 是 T 的补集。这组表达式的含义是：如果说 h′的似真性大于 h，当且仅当理论 h 与 T 的交集是 h′与 T 的交集的子集，而 h′与$-T$ 的交集是 h 与$-T$ 的交集的子集。② 由此可见，波普尔的"逼近真理目标"并不代表向真理逼近的过程，仅仅是逻辑上多大程度地与作为绝对真理的集合相交。对此，拉卡托斯中肯地评价道，"波普尔科学批评的演绎模型包括经验上可证伪的时—空上普遍的命题、初始条件及其推断。批评的武器是否定后件式：无论归纳逻辑还是直觉简单性都不能使这幅图画复杂化"③。

波普尔之后，图尔敏的进化模型、拉卡托斯的各种研究纲领竞争的模型等，都致力于对科学史的合理重建。拉卡托斯在"科学史及其合理重建"中致力于论证"科学哲学提供规范方法论，历史学家据此重建'内部历史'，并由此对客观知识的增长作出合理的说明"。④拉卡托斯在重建科学史的努力中，分析了他认为起着编史学研究纲领的硬核作用的四种方法论：归纳主义、约定主义、证伪主义和他自己的研究纲领方法论。他强调研究纲领方法论与约定主义和证伪主义的密切关系，"通过同证伪主义和约定主义进行比较，这一方法论得到了最好的描述，该方法论从证伪主义和约定主义中都借用了必要的成分"⑤。

---

① 卡尔·波普尔. 1984. 无穷的探索——思想自传. 邱仁宗，段娟译. 福州：福建人民出版社：157.

② Niiniluoto I. 1980. Scientific progress. Synthese，（45）：439.

③ 伊·拉卡托斯. 1986. 科学研究纲领方法论. 兰征译. 上海：上海译文出版社：149-150.

④ 伊·拉卡托斯. 1986. 科学研究纲领方法论. 兰征译. 上海：上海译文出版社：141.

⑤ 伊·拉卡托斯. 1986. 科学研究纲领方法论. 兰征译. 上海：上海译文出版社：152.

科学不仅是人的一种认知活动，更是一种重要的社会历史性活动。因此，离开科学史的历史视角，脱离其社会文化语境是不可能恰当描述或理解的。应该说，社会历史主义学派的学者有条件地意识到了这一问题。但是，他们不可能从科学的社会文化这一宽阔的视野出发来关注科学，只是在原有的思考框架内有条件地作为要素"引入"。他们采取了两个策略来解决这一问题。策略之一是将社会文化要素"浓缩"到心理学中，将社会文化对科学的影响转换为对科学家的心理影响。通过科学家心理的变化，实现社会文化对科学的作用。这种策略并未跳出逻辑经验主义的框架。科学的总体特征仍然是"逻辑的"。只是在革命时期，科学家在范式选择时才偶尔不那么"逻辑"。策略之二是在总体上保持着逻辑分析手段，但同时也把社会文化作为一个必要条件，这种做法在一定程度上的确超越了逻辑经验主义。和上一个策略一样，这个必要条件在常规科学阶段的作用并不明显，基本上是在革命阶段，在分析新范式取代旧范式时，作为逻辑分析的补充。

（二）俄苏：从历史分析到寻求历史的逻辑

俄苏科学哲学对科学进步问题的研究采取了历史的路径，其研究可分为三个方面：以综合的社会历史分析为背景，以完整的历史分析为前提，以历史基础上的逻辑分析为目标。

俄苏学者将科学置于广阔的社会文化背景中去研究，在他们看来，虽然科学的发展有独特性，但我们无法将科学从民族的文化背景、社会的综合发展中抽离出来。而且，今天的科学发展专业性虽越来越强，我们要在科学与其他人类认识之间明确划界，其难度只会越来越大。用斯焦宾的话讲，"科学知识的发展与其他形式的认知活动——哲学、艺术、日常知识、世界宗教等结合在一起。其他所有认知活动都是培养科学的重要方面"[①]。斯焦宾在回应康德"科学何以可能"时明确提出，"答案应在文化和特定的历史发展以及哲学中找到"[②]。俄苏研究与西方的重大不同则在于，对科学的思考"不仅在逻辑和方法论方面，更应该在社会和文化方面"[③]。俄苏学者尤为擅长分析科学和哲学的关系。在他们看来，哲学是科学与文化的重要中介。从历史的角度看，科学研究的哲学启发

---

① Стёпин В С. 2010. Наука и философия. Вопросы Философии，（8）：58.

② Стёпин В С. 2010. Наука и философия. Вопросы Философии，（8）：65.

③ Обсуждение книги В С. 2007. Стёпина "философия науки. Общие вопросы"（материалы"круглого стола"）. Вопросы Философии，（10）：74.

和哲学辩护既不是巧合，也不是强制性的，是通过下列过程实现的，"新的研究思路的形成会使用一些哲学思想和原则，然后以此出发的研究会以交叉的方式得到另一个哲学解释，他们获得认可后会并入文化的必由之路中"①。科学进步问题的研究正是在这样的语境下进行的，"科学史提供的证据表明，在危机时期，有必要重新思考基本的科学概念和科学理念，这就是转向哲学"②。

俄苏学者的研究将完整的科学历史作为研究的重要依据。在他们看来，科学的发生、发展和进步"必须被视为一个历史性的变化"。他们提出了一个核心概念——科学世界图景——来说明科学史的完整性。科学史的连续性在于科学发展的进程中科学世界图景恒久存在，贯穿科学史的始终。一方面，"作为理论知识特殊形式的科学世界图景是科学历史长期发展的产物"③。在科学的初始时期，虽然没有独立的科学世界图景，但它的"片段"隐含在普遍的世界图景之中。科学世界图景成为世界图景中一个相对独立的部分，开始于 18 世纪末结束于 19 世纪上半叶。其建立的前提是经典力学以及经典力学基础上的科学发展。另一方面，科学世界图景能够对科学发展的各个阶段，尤其是常规科学阶段和革命阶段的科学进步提供合理的说明。科学世界图景是"哲学和具体科学理论之间的特殊形式的过渡环节"。④而且科学世界图景具有双重性，"一方面，它是科学知识系统化的特有形式，另一方面，它不是明确规定的科学体系……而是被认识的现实，其组成是从人类实践中取得的直观形象、日常经验、平时的意识、世界观以及用来转述自然科学基础理论的形象"⑤。在常规科学时期，科学会通过解决问题的方式实现知识体系的拓展，但会在总体上保持现有的科学世界图景不变。因此，科学进步主要体现在知识的进步，即科学世界图景的第一方面，因为在这一阶段第二方面的变化并不明显。而在科学革命阶段，科学进步主要表现在第二方面——科学世界图景发生变化，旧知识向新知识的过渡虽然也是这一时期科学进步的重要方面，但科学世界图景的变化是最值得关注的。在革命阶段，科学发展的连续性表现在，科学世界图景的

① Стёпин В С. 2010. Наука и философия. Вопросы Философии, (8): 71.

② Стёпин В С. 2010. Наука и философия. Вопросы Философии, (8): 65.

③ Стёпин В С. Философия науки. Общие проблемы // Электронная публикация: Центр гуманитарных технологий. http://gtmarket. ru/laboratory/basis/5321/5323[2012-03-18].

④ Обсуждение книги В С. 2007. Стёпина "философия науки. Общие вопросы"（материалы"круглого стола"）. Вопросы Философии, (10): 67.

⑤ Д . П . 高尔斯基，А . Л . 尼基弗洛夫. 1990. 对科学知识发展模型进行逻辑分析的意义// И . Т . 弗罗洛夫. 辩证世界观和现代自然科学方法论. 孙慕天，李成果，申振玉，等译. 哈尔滨：黑龙江人民出版社：306.

变化不是以完全"替代"的方式发生的，而是在现有基础上发生改变，已有的合理成分会被新的科学世界图景继续保留。因此，我们仍然可以在连续的基础上来讨论科学进步。

相比之下，西方科学哲学对科学进步的研究并没有呈现出完整的科学史。科学发展处于两种不同的状态，要么是平稳发展的常规状态，要么是急剧的革命状态。这两种状态中的每一种都可以分别用来描述不同历史阶段上的科学发展。他们至少缺少了科学史中的一个重要阶段：从常规阶段到科学革命过程中的中间过渡阶段。以量子力学的建立为例，与量子力学产生直接相关的并不是经典力学，而是拉格朗日-哈密顿的分析力学。库恩的理论则排除了这一中间阶段（笔者曾撰文《论科学发展中的中间范式》专门进行讨论）。对于相对稳定时期科学的"粗放"发展，以及革命时期科学的"集约"发展，米库林斯基指出，如果不是从某个固定的时期看，而是从整个科学发展，或者是某一科学领域的发展，即从相当长的时期来看，那么我们就找不到这样的科学：在它的整个历史时期内要么只以集约的方式发展，要么只以粗放的方式发展。[①]

20 世纪 80 年代起，俄苏学者开始注意到对科学进步进行逻辑分析的意义。哲学博士高尔斯基（Горский, Д. П.）指出，对科学进步问题进行逻辑分析"有十分重大的意义：它能够更准确地做出某种解答；能够去掉不明确性；能够揭示各种问题的答案在逻辑上的相互关系；能够显示隐藏在内容观念中的矛盾和错误等等"[②]。今天，俄罗斯的科学哲学已经消除了对西方的敌视态度，这使得他们更能够正确对待和合理借鉴他们西方同行的成就。对他们的研究而言，逻辑分析的研究路径打开了一个新的广阔领域，"符号逻辑手段的应用不仅会促使内容上的解决准确化和明晰化，而且对在科学认识方法论领域取得新的成果也会做出一定的贡献"[③]。

（三）寻求互补、追求统一

拉卡托斯的研究有一点很耐人寻味。他基本未对库恩的理论有所阐释，尽

① Д. И. 希罗卡诺夫，М. А. 斯列姆涅夫，等. 1984. 现代科学的发展规律性与认识方法. 中共中央党校自然辩证法研究班俄文翻译组译. 上海：复旦大学出版社：77.

② Д. П. 高尔斯基，А. Л. 尼基弗洛夫. 1990. 对科学知识发展模型进行逻辑分析的意义//И. Т. 弗罗洛夫. 辩证世界观和现代自然科学方法论. 孙慕天，李成果，申振玉，等译. 哈尔滨：黑龙江人民出版社：306.

③ Д. П. 高尔斯基，А. Л. 尼基弗洛夫. 1990. 对科学知识发展模型进行逻辑分析的意义//И. Т. 弗罗洛夫. 辩证世界观和现代自然科学方法论. 孙慕天，李成果，申振玉，等译. 哈尔滨：黑龙江人民出版社：308.

管他自始至终都在关注库恩对自己理论的看法和评价，但他除了对此做出回应外，几乎剥离了自己的研究与库恩理论的关联。这是因为，"对波普尔来说，科学变革是理性的，或至少是可以理性地重建的，因而归于发现的逻辑的范围；而对库恩来说，科学变革——从一个'范式'到另一个'范式'——是一次神秘的皈依，它不是也不可能是靠一些理性的规则来引导的，因而整个地归于发现的（社会）心理学的范围"[①]。库恩摒弃发现的逻辑而走向研究的心理学，正是因为他看到了单纯的逻辑分析难以对科学进步问题做出合理的解释，这迫使他跳出逻辑之外寻求其他的解决路径。因为，研究科学进步首要的是，我们必须弄清楚科学事实上是如何进步的。[②]科学进步会在很多方面有所表现。例如，理论在越来越多的方面，以日益增加的精确程度与自然界相匹配；理论解决难题的数量与日俱增；科学的疆域不断扩大；科学专业的数量不断增长；等等。而"令人惊讶的是，对如何回答这个描述性问题我们竟然一无所知"[③]。公允地讲，库恩对科学进步的研究因完全走进了研究的心理学而广受批评，但也让人们看到了逻辑分析之外的成就。

　　过分强调逻辑分析，使西方科学哲学对科学进步问题的研究走进了一个无休止的怪圈中。西方科学哲学之所以难以走出这个怪圈，与单纯的逻辑分析无法从最根本之处解决问题密切相关。波普尔的知识进化模型同样不例外。科学认识开始于某一问题 P_1，为了解决 P_1，科学家会提出尝试性理论 T_1，T_1 提出后经过否定性证明终遭证伪，于是理论 T_1 被抛弃，然后是新问题 P_2。在这个过程中，科学进步是怎样实现的呢？按照波普尔的观点，就要对问题进行比较，"科学进步唯一的标志是，新问题较之原来的问题要复杂得多、深刻得多，P_2 要比 P_1 更复杂、更深刻"[④]。这一问题的解答引出了两个新的问题，即一是在科学发展中，科学问题的深度和复杂性是否会不断地增加。二是用什么标准来确定或衡量科学问题的深度和复杂性。也许我们会说，问题的深度和复杂性可以通过解决这个问题的理论的深度和复杂性来确定。由此一来，又会引出接下来的两个问题，即一是理论的深度和复杂性用什么来确定，二是理论的复杂性和问题

① 伊姆雷·拉卡托斯，艾兰·马斯格雷夫. 1987. 批判与知识的增长. 周寄中译. 北京：华夏出版社：119.
② 伊姆雷·拉卡托斯，艾兰·马斯格雷夫. 1987. 批判与知识的增长. 周寄中译. 北京：华夏出版社：25.
③ 伊姆雷·拉卡托斯，艾兰·马斯格雷夫. 1987. 批判与知识的增长. 周寄中译. 北京：华夏出版社：25.
④ Д. П. 高尔斯基，А. Л. 尼基弗洛夫. 1990. 对科学知识发展模型进行逻辑分析的意义//И. Т. 弗罗洛夫. 辩证世界观和现代自然科学方法论. 孙慕天，李成果，申振玉，等译. 哈尔滨：黑龙江人民出版社：306-307.

的复杂性孰因孰果的逻辑关系，等等。他们的研究确需历史来补充，用米库林斯基的话讲，"历史-科学分析的深化，新实证主义的危机，一大批哲学家和科学史家意识到新实证主义的不正确性，所有这些都使科学史和科学发展论相互靠拢"①。

　　逻辑分析和历史分析是科学进步问题研究不可或缺的两个方面。在统一的科学问题研究中，逻辑分析和历史分析显然不能截然分开。无历史的逻辑分析和无逻辑的历史分析均不能合理地解决问题。虽然对问题的完整研究不能割裂两者的统一，但就进入实际研究的路径来看，选择其中任何一方作为研究的起始点都是具有合理性的。因此，我们可以对西方和俄苏作出不同选择的原因进行进一步的探讨，而不能对西方和俄苏各自的选择作合理性的评价，毕竟无论是从逻辑出发，还是从历史出发，均在各自的范围内获得了有价值的研究成果。区别在于，不同的选择研究的出发点不同，看问题的角度有别。以逻辑为前提的历史分析和历史分析基础上的逻辑建构，必将趋同融合、殊途同归。

---

① Д. П. 高尔斯基，А. Л. 尼基弗洛夫. 1990. 对科学知识发展模型进行逻辑分析的意义//И. Т. 弗罗洛夫. 辩证世界观和现代自然科学方法论. 孙慕天，李成果，申振玉，等译. 哈尔滨：黑龙江人民出版社：304.

西方与俄苏科学哲学的
差异、互补与趋同演化

　　这一章的思想逻辑是，首先分析西方与俄苏科学哲学的差异性，并将此作为比较研究的出发点。"凡物莫不相异"，用黑格尔的话说就是，"任何事物皆可依相异律加上一个差异的谓词，这和依同一律可以给予任何事物以同一的谓词正相反对"①。因此，差异性的比较是研究首先要进行的，是使相关研究能够得以深入下去的保证。这种差异性分析的意义在于，一是指向我们研究的思维方式，二是指向我国科学哲学研究的现状与评价。在我国学者俞吾金看来，我国当下创造性地研究马克思和马克思主义十分困难，其重要原因在于，"在中国传统的思维方式中，占主导地位的始终是朴素的经验主义和心理主义方法，这种方法在对任何事物、问题的研究中总是求'大同'、求'大概'，缺乏对所研究的事物、问题之间的差异的深入考察和分析。究其原因，恐怕与中国传统文化中缺乏对数学和逻辑的浓厚而持久的兴趣有关"。他认为，"要对马克思和马克思主义进行创造性的研究，就需要在思维方法上有一个转折，即通过差异分析来重构马克思的哲学理论"。②我国科学哲学的研究也存在这样的特点，一是言必称西方，对相关论题、观点的讨论一定以西方学者的著述和论断为论证依据。二言必归西方，研究的合理性体现在，有相关的西方科学哲学理论背景，有相关的论述作支撑。

　　在差异性比较的基础上，我们还必须进行同一性和互补性的比较。因为，"但凡物莫不相异之说，既仅由外在的比较得来"，因为，"相异既不属于某物或任何物

---

① 黑格尔. 2004. 小逻辑. 贺麟译. 北京：商务印书馆：251.

② 俞吾金. 2005. 差异分析与理论重构——马克思哲学研究中的方法论问题. 中共浙江省委党校学报，（1）：10.

的本身，当然也不构成任何主体的本质规定"。① 在黑格尔看来，比较的任务在于从当前的差别中求出同一。②从 20 世纪 60 年代起，两个思想传统迥异的科学哲学发展出现了趋同演化的趋势，对这一趋势所进行的分析，和同一性的阐述交相辉映。前者侧重于结构学的静态角度的阐明，后者则集中于动态角度的分析。

科学哲学比较研究的最终目标是走向比较科学哲学。比较科学哲学的可能性基础是哲学和科学的相通性，也是基于我们对不可通约性本质的思考，不可通约性所表现出来的是一种困难而非本质，是可以通过有效的途径经过合理的分析打破的；同时，比较科学哲学的实现不是通过选择而是通过对话而实现的。比较科学哲学研究的原则是，既要寻求科学哲学的共通性，也要彰显科学哲学的民族性。互补、渗透和整合是比较科学哲学实现的重要路径。

第一节　西方与俄苏科学哲学的差异性

科学哲学以往的研究，未能深入讨论马克思主义科学哲学和非马克思主义科学哲学之间存在的差异。其实，就西方科学哲学来说，欧陆传统的科学哲学和英美科学哲学之间也存在着差异；而马克思主义思想传统下的俄苏科学哲学与中国科学哲学也在学术研究上有不同的特点，存在着思想上的差异。把握这种差异性，既能为比较研究提供前提，也有利于深化我们的认识。

一、研究维度：从本体论的维度理解自然界，还是从认识论的维度理解科学

从历史角度看，西方与俄苏科学哲学研究的起始点是有区别的，这种区别决定了他们在走向趋同式发展之前，形成了科学哲学研究的不同维度。俄苏科学哲学有着长期的自然科学哲学问题研究的传统。苏联时期的自然科学哲学问题研究有着十分鲜明的特色，从内容上看，自然科学哲学问题首先是自然科学本身的哲学，"其根据是对物质世界、对自然现象和社会现象的有关科学理论本身的客观内容，以及对所运用的相应的实验和理论的认识手段所作的自然科学

---

① 黑格尔. 2004. 小逻辑. 贺麟译. 北京：商务印书馆：251.
② 黑格尔. 2004. 小逻辑. 贺麟译. 北京：商务印书馆：252.

哲学思考"①。而西方则主要在认识论的领域内对科学给予认识。

　　在前面的第三章中曾经提到过麦柳欣对俄苏自然科学哲学问题中研究对象的概括，自然科学哲学问题的研究对象排在第一位的就是"研究和揭示各种类型的物质系统的最一般的性质、组织结构规律、变化和发展；不仅要一般地定性描述业已发现的规律，而且要尽可能地以定量形式，即通过数学方程来描述它们"②。

　　俄苏自然科学哲学问题的研究者在这方面从事了大量的研究。有关物理学、宇宙学、生物学、化学、控制论等的哲学问题的研究文献汗牛充栋，研究者从事了深刻而全面的研究。物理学哲学有 5 个方面：①物质结构的哲学问题，如物质结构、实在的物质基础；②现代物理学中相互作用和运动理论的哲学问题，如自然界的各种相互作用、各种物质运动形式及其相互关系；③时间、空间理论的哲学问题，如时空的多样性和统一性；④现代物理学的决定性和因果性问题，如机械决定论、或然决定论、物理定律和因果性；⑤现代物理学原理的哲学问题，如对称原理、守恒原理、对应原理、互补原理和测不准原理等。宇宙学哲学问题主要有两个方面：①宇宙学模型的哲学依据；②物质世界的无限性。生物学哲学问题有5个方面：①生命起源问题的哲学基础和方法论原则，如奥巴林学说；②进化论和达尔文主义；③生物学中的决定论问题；④理论生物学的方法论问题；⑤人的生物学本性与社会本性的相互关系问题。库普佐夫（Купцов，В. И.）指出，俄苏自然科学哲学问题研究的重要特点是，"它们总是要超出这些问题由以产生的那个领域的界限。例如，讨论量子力学所反映的或然联系的本性问题，旧自然地引申到或然性在经典物理学中的地位问题，而且最后总要导致对一些更普遍的问题进行讨论：要说明或然性概念的各种解释，并说明它们在科学认识中的应用，要考察或然联系在客观现实中的地位"③。

　　西方与俄苏科学哲学都面向科学，俄苏科学哲学通过对科学的研究进而探知科学对象——自然界的存在性质和规律，西方科学哲学则从认识论的维度对科学本身进行研究。逻辑经验主义将科学认识论的两个基本问题——划界和归纳问题作为自己的重要研究内容。波普尔对科学动力学的进化逻辑——猜想和反驳给予了深刻的阐释。库恩等人的研究关注科学知识的增长，分析科学发展

---

① С. Т. 麦柳欣.1989. 苏联自然科学哲学教程. 孙慕天，张景环，董驹翔译. 哈尔滨：黑龙江人民出版社：序言 1.

② С. Т. 麦柳欣.1989. 苏联自然科学哲学教程. 孙慕天，张景环，董驹翔译. 哈尔滨：黑龙江人民出版社：9.

③ В. И. 库普佐夫. 1990. 研究自然科学哲学问题的新阶段//И. Т. 弗罗洛夫. 辩证世界观和现代自然科学方法论. 孙慕天，李成果，申振玉，等译. 哈尔滨：黑龙江人民出版社：239.

的图示以及常规阶段和革命时期的理论选择和科学进步问题。费耶阿本德的认识论虽然是"无政府主义"的，但他的科学哲学也是立足于对传统科学方法论的批判，仍然没有离开传统领域。西方科学哲学在认识论领域对科学进行的研究成果丰硕，但由于他们过于囿于这一领域，走向了"冰峰的哲学"，与现实的科学发展的距离难以消除。

二、研究着眼点：从科学发现的逻辑着眼，还是从社会实践着眼

19 世纪末 20 世纪初的自然科学革命使该领域发生了深刻的变化，哲学不可避免地要面对这一革命性的变化。从研究对象来说，20 世纪的科学哲学面对的是以相对论和量子力学为代表的最新物理学的成就。在认识论上，主张要清除科学中的形而上学，突出经验的第一性的地位。在方法上，主张数学演绎和观察实验的结合，并仅仅抓住科学知识的两个重要方面——逻辑和经验。在逻辑上以数理逻辑为主要工具，用数理逻辑的方法来分析科学理论的逻辑结构。正如波普尔所指出的，科学家会提出陈述或陈述系统，然后检验它们。在经验科学的领域里，科学家构建假说或理论系统，然后用观察和实验来检验这些陈述和陈述系统，"对这个程序作出逻辑分析，也就是说，分析经验科学的方法，就是科学发现的逻辑，或者说知识的逻辑的任务"[①]。

俄苏学者在社会文化层面研究科学，理论知识和科学一样是一个文化历史现象，科学产生于文明和文化历史发展的背景下。在这样的背景下，不仅产生了理论科学，也形成了科学的价值合理性。斯焦宾分析道，科学和人类的文明发展紧密相关。20 世纪以前，随着科学发展的日益整体化，科学成果在生产实践应用中所创造出的巨大生产力，使科学已成为社会的重要推动力量。科学的影响除了在生产领域外，更影响到人类活动的许多领域，开始规范、重新规划人类的行为。可以预见，人类文明的未来挑战，更是离不开对当代科学发展趋势及前景的分析。斯焦宾指出，通常人们所说的"西方文明"其实是一个模糊的概念，指的是它的起源地区，更合理的术语应该是"科技文明"。"科技文明"是文明的一种类型，代表着人类文明发展的一个特殊阶段。这一阶段的文明呈现出与传统社会文明不同的特点，"相对成熟的国家出现科技文明，使社会变革的步伐急剧加快"[②]。科技文明在与传

---

① 卡尔·波普尔. 2008. 科学发现的逻辑. 查汝强, 邱仁宗, 万木春译. 杭州：中国美术学院出版社：1.

② Стёпин В С. 2000. Теоретическое Знание（Структура, Историческая Эволюция）. Москва：Прогресс-Традиция, http://ru. philosophy. kiev. ua/pers/stepin/index. htm[2014-05-16].

统社会的积极互动中，导致许多文化传统的破坏，不仅将传统文化推向边缘，而且从根本上将传统社会推向了现代化道路。20 世纪下半叶以来，科技文明进入全球化时代，科技文明面临全球性危机和全球化挑战，最主要的有三个方面。第一是大规模杀伤性武器背景下人类生存条件的改善，大规模杀伤性武器首先是科技产品。第二是全球性生态危机，科技文明赋予了人类一种巨大的力量，成为全球性生态危机的重要推手。第三是人的保护问题，加速发展的科技文明带来了人的社会性认同和身份认同的问题。科技文明遇到的这些问题，提醒人们必须转向文明进步的新形式，呼唤一种新的文明的到来。

　　问题解决的出路不在于阻止科学和技术的发展，而在于对科技文明的深刻认识和反思。例如，科学的人文维度，思考这一问题会进一步推动对科学的价值合理性问题的新认识。这又将引进一系列新的问题：科学知识有无外在于它的价值取向？科学知识以什么样的机制将外在价值包容于自身之中？科学和真理的关系是否会出现新的形式？等等。"这正是当代科学哲学真正的基本问题。对上述问题的回答，需要对科学知识的成因、科学知识发展的特殊机制进行研究，搞清楚历史上不同类型的科学合理性是如何形成的，以及当下改变的趋势。显然，在这个方向迈出的第一步应该是对科学的分析，分析其功能，分析科学合理性的历史性转变及其具体细节。"[①]

　　这是俄苏科学哲学研究科学的基本着眼点。科学知识的发展过程不仅仅取决于所研究对象的特殊性，更渗透着社会和文化性质等多种因素。"纵观科学的历史发展，你会发现，判定科学知识不断变化的标准是文化类型的变化，文明所看到的科学实在、我们的思维方式和研究各种所接触到的现象的方法，都形成于文化语境。"[②]

三、研究方法：以辩证逻辑作为指导思想，还是以形式逻辑作为工具手段

　　20 世纪西方正统科学哲学发展的科学背景主要是 20 世纪初期数学和物理学的发展。逻辑实证主义的两大思想先驱之一是逻辑原子主义，逻辑原子主义在

① Стёпин В С. 2000. Теоретическое Знание（Структура，Историческая Эволюция）. Москва：Прогресс-Традиция，http://ru. philosophy. kiev. ua/pers/stepin/index. htm[2014-05-16].

② Стёпин В С. 2000. Теоретическое Знание（Структура，Историческая Эволюция）. Москва：Прогресс-Традиция，http://ru. philosophy. kiev. ua/pers/stepin/index. htm[2014-05-16].

20 世纪初曾一度引领分析哲学的发展，其代表人物是罗素和维特根斯坦。逻辑原子主义是罗素对自己哲学的称呼，是把逻辑分析方法应用于哲学的产物。在《我们关于外间世界的知识：哲学上科学方法应用的一个领域》一书中，明确主张只有数理逻辑才能使哲学成为科学的。"把他的思想集中起来，焦点就在于：凡纯粹哲学范围内的题材都自行简约而成逻辑问题。"罗素的理由是，"所有的哲学问题，经过分析与净化之后，不是成了非真正的哲学问题，就是成了逻辑问题"[①]。对逻辑原子主义更加系统完整论述的是维特根斯坦。舒炜光先生指出，《逻辑哲学论》在四个方面更加集中阐释了逻辑原子主义的思想：①全书自始至终贯彻了逻辑分析方法，"全书除了分析命题的形式，就是分析世界的形式"。②突出了原子命题在其全部分析中的地位，"从假定原子命题为命题的基本形式出发，首先分析原子命题，然后推广到对命题的其他主要形式作分析"。③在分析命题形式的同时，依据内容划分出三种命题，即自然科学命题、形式科学命题和形而上学命题，"由此几乎涉及到一切基本科学，特别是在处理哲学本身时把逻辑分析方法贯彻到底了"。④ "千方百计地企图充实命题形式与世界形式之间的过渡环节。"[②]从逻辑经验主义开始，西方正统科学哲学对其领域内的重大命题的思考和讨论，其基础都是形式逻辑。正如我们在第三章所分析过的，除了像科学知识的结构这样的静态研究，就连像科学革命这样的重大科学史问题，基础也是形式逻辑的分析手段。

把形式逻辑和辩证法进行对比，凸显出俄苏与西方的重要差别。首先是源于对恩格斯原著的解读。恩格斯在《反杜林论》中写道，"一旦对每一门科学都提出了要求，要它弄清它在事物以及关于事物的知识的总联系中的地位，关于总联系的任何特殊科学就是多余的了。于是，在以往的全部哲学中还仍旧独立存在的，就只有关于思维及其规律的学说——形式逻辑和辩证法。其他一切都归到关于自然和历史的实证科学中去了"[③]。恩格斯进一步指出，"这样，对于已经从自然界和历史中被驱逐出去的哲学来说，要是还留下什么的话，那就只留下一个纯粹思想的领域：关于思维过程本身的规律的学说，即逻辑和辩证法"[④]。

① 舒炜光. 1982. 维特根斯坦哲学述评. 北京：生活·读书·新知三联书店：68.

② 舒炜光. 1982. 维特根斯坦哲学述评. 北京：生活·读书·新知三联书店：72.

③ 马克思，恩格斯. 1995. 马克思恩格斯选集. 第 3 卷. 中共中央马克思恩格斯列宁斯大林著作编译局译. 北京：人民出版社：65.

④ 马克思，恩格斯. 1995. 马克思恩格斯选集. 第 4 卷. 中共中央马克思恩格斯列宁斯大林著作编译局译. 北京：人民出版社：253.

在处理形式逻辑和辩证逻辑关系方面，俄苏科学哲学经历了曲折发展的三个时期。第一时期（20 世纪 20 年代至 40 年代初）是形式逻辑和辩证逻辑的对立时期。苏联学者曲解了恩格斯的思想，将两者对立起来。恩格斯关于辩证逻辑和形式逻辑的相关论述有几个方面。第一，辩证逻辑和形式逻辑的区别，辩证逻辑和旧的纯粹的形式逻辑相反，不像后者满足于把各种思维运动形式，即各种不同的判断和推理的形式列举出来和毫无关联地排列起来。相反地，辩证逻辑由此及彼地推出这些形式，不把它们互相并列起来，而使它们互相隶属，从低级形式发展出高级形式。①恩格斯还用初等数学与微积分的关系来进一步说明这种关系，初等数学，即常数的数学，是在形式逻辑的范围内活动的，至少总的说来是这样；而变数的数学——其中最重要的部分是微积分——本质上不外是辩证法在数学方面的运用。②第二，辩证思维对形而上学思维的关系，数学本身由于研究变数而进入辩证法的领域，而且很明显，辩证哲学家笛卡儿使数学有了这种进步。辩证思维对形而上学思维的关系，和变数数学对常数数学的关系是一样的。③

对恩格斯上述表述的简单化理解形成了苏联学者的分析模式，它们认定所有的形式逻辑都是逻辑发展的低级阶段，这个阶段难抵更高级的阶段——辩证逻辑。这一观点不仅得到了凯德洛夫的完全同意，而且他还试图论证这个观点。凯德洛夫在自己的一部著作《有关变化概念的内容和数量》中对这个问题进行过讨论。他对形式逻辑中一个著名的结论——概念的数量越多，其内容就越贫乏；概念的内容越贫乏，其数量就越多——给予了批评。举例来讲，"长方形"要比"正方形"在概念的数量上多，但长方形所具有的特点却比正方形要少。凯德洛夫经过分析研究指出，这个定律仅仅在这种情况下适用，即"这个概念所描述的物体是静止的，处于彼此不变化的状态中"。如果这个概念被看作是常变化的，那么在概念的内容和数量上就不会有反比例关系，在"认识自然的过程中，无论是科学概念的数量还是内容都向一个方向变化，即向着增长和丰富的方向发展"。④因此，在自然领域的认识中，形式逻辑应该让位给辩证逻

① 马克思，恩格斯. 1995. 马克思恩格斯选集. 第 3 卷. 中共中央马克思恩格斯列宁斯大林著作编译局译. 北京：人民出版社：546.

② 马克思，恩格斯. 1995. 马克思恩格斯选集. 第 3 卷. 中共中央马克思恩格斯列宁斯大林著作编译局译. 北京：人民出版社：174.

③ 马克思，恩格斯. 1995. 马克思恩格斯选集. 第 3 卷. 中共中央马克思恩格斯列宁斯大林著作编译局译. 北京：人民出版社：161.

④ Уемов А И. 2004. Воспоминаниа о Б. М. Кедрове. Вопросы Философии, (１)：43.

辑。在进一步的研究中，凯德洛夫还用门捷列夫的发现来支持这一观点。

　　第二时期（20 世纪 40 年代中期至 50 年代中期）是反思形式逻辑和辩证逻辑关系的时期。凯德洛夫遭到了批评，官方哲学对形式逻辑学的态度前后不一致。一开始人们完全否认逻辑学，认为它与马克思主义不相容，认为它几乎是"阶级敌人的武器"。随后逻辑学又被认为是一门独立的科学，开始不受批评，但辩证法与这门科学没有任何的关系。1958 年 10 月 27 日至 11 月 3 日，在莫斯科国立罗蒙诺夫大学举行了形式逻辑方面关于科学研究工作任务问题的会议，会议由苏联高等教育部科学技术委员会哲学部倡议召开。会议着重指出了随着当代科学技术的迅速发展，如信息技术、计算技术、自动化以及物理学、心理学、语言学等科学部门的发展而日益凸显出的形式逻辑，特别是数理逻辑的重要作用。反思了此前的一段时期，苏联在逻辑方面，特别是形式逻辑、数理逻辑方面的研究工作的缺点和失误。认识到，"由数理逻辑成就中得出的一个重要理论结论，就是承认形式的方法在研究中有巨大的作用。由于运用了这种方法，便在分析思维形式和思维规律中得出了广泛的概括，了解了多种多样的推理形式有一定的共同点，发现了结论的许多新形式，达到了论证科学论断方式的科学精确性，而主要的，则是制定了得出逻辑结论的精确方法"[①]。

　　会议通过了四方面的决议：逻辑人才队伍的培养，创办定期出版物和栏目专刊，召开广泛性的学术会议，推荐 36 项科学研究的"标准题目"。会议推荐的题目可分为七类：①数理逻辑和唯物辩证法。例如，根据唯物辩证法的观点来研究数理逻辑的主要成就，阐明数理逻辑最重要成就的一般逻辑意义和认识论意义，根据数理逻辑的成就来批判唯心主义的思潮，等等。②数理逻辑和思维形式。例如，思维形式同数理逻辑演算规则之间的相互关系，根据人类思维及其形式和规律之客观起源相一致的观点来说明各种逻辑演算的可能性。③逻辑与语法。例如，根据现代逻辑的观点来分析语法分类、语法联系和逻辑联系的相互关系。④形式化的意义。如逻辑中形式化的意义和形式化对揭示内容的意义。⑤逻辑和科学方法论。例如，科学理论和科学方法的概念，研究逻辑形式和科学认识在各种科学领域（数学科学、自然科学、社会科学）的特点，自然科学中概念形成的逻辑问题，研究自然科学理论的逻辑问题，关于二律背反和悖论（在逻辑、数学及其他领域内）问题的一般提法及其在思维和认识过程

---

① 叶·沃依什维洛，阿·库兹涅佐夫，德·拉胡齐，等. 1959. 逻辑方面科学研究工作和教学工作的迫切任务. 自然辩证法研究通讯，（4）：71.

中的作用和地位，判断意义的逻辑分析，表现规律的判断之逻辑结构，模态逻辑及对它的解释，概率逻辑中的穆勒方法，概率逻辑中的类比，概率逻辑中的假设，等等。⑥各人物和学派的逻辑思想研究。例如，斯多葛派的逻辑学说，莱布尼茨著作中的数理逻辑思想，皮尔斯逻辑观点的分析，布尔逻辑代数原理；对李沃夫-华沙学派的逻辑哲学观点的批判的历史的概述，对维特根斯坦的逻辑哲学观念的批判分析，对语义学研究中的卡尔纳普语义学理论的批判分析，等等。⑦逻辑的应用。例如，逻辑在教育学方面的应用，根据数理逻辑的观点研究理论语言学的逻辑问题和机器翻译的逻辑问题，档案学的逻辑问题，科学信息论和逻辑理论，心理学理论的逻辑问题，根据现代逻辑的观点来分析语法分类，法学中的逻辑问题，等等。①

在稍后一段时期，苏联学者柯普宁在其著作《作为认识论和逻辑的辩证法》中，也明确肯定这一点。必须承认现代形式逻辑是一门独立的学科，"在现代发达的科学知识的条件下，形式逻辑变成了独立的科学部门，这一科学部门由于它近年来所取得的成就已经从哲学中分离出去，如同其他科学（自然科学和社会科学）当时从哲学中分离出去一样。形式逻辑的对象成为极其专门的东西，在这个意义上它同其他科学（心理学、语言学、数学等等）没有丝毫区别"②。

第三时期（20 世纪 50 年代中期至 60 年代中期）是合理认识形式逻辑和辩证逻辑关系的时期。第一是澄清苏联国内对恩格斯有关表述的简单化的错误理解，承认形式逻辑的不可替代性。如何正确地理解恩格斯有关辩证法和形式逻辑关系的表述，柯普宁做了两方面的说明。一方面，不能把恩格斯的话理解为似乎他把哲学仅仅局限于关于思维的学说，除了形式逻辑和辩证法以外，哲学中就不再有任何其他东西了。其实，只要完整地理解恩格斯就会发现，贯穿在恩格斯的全部著作中的哲学观念是，他并不把辩证法本身局限于关于思维的学说。在给辩证法下定义的时候，他总是指出，辩证法是关于一切运动的一般规律的科学，是关于自然界、社会和人类思维最一般规律的科学。另一方面，不能把马克思主义哲学局限于辩证法。恩格斯从不把马克思主义哲学局限于辩证法，而是认为马克思主义哲学是现代唯物主义，即"是本质上辩证的"唯物主

---

① 叶・沃依什维洛，阿・库兹涅佐夫，德・拉胡齐，等. 1959. 逻辑方面科学研究工作和数学工作的迫切任务. 自然辩证法研究通讯，（4）：74.

② П．В．柯普宁. 1984. 作为认识论和逻辑的辩证法. 赵修义，王天厚，等译. 上海：华东师范大学出版社：40.

义。①针对苏联曾经激烈反对形式逻辑的科学思潮，柯普宁分析道，把辩证法和现代形式逻辑说成是不相容的、彼此排斥的，似乎承认形式逻辑就要否定辩证法的思想是不合理的。柯普宁指出，辩证法和现代形式逻辑彼此不相容且互相排斥，这种情况只有在下述场合才可能存在，即如果这两种科学体系具有同一个对象，并建立了彼此互相否定的理论。例如，从"凡人皆有死，苏格拉底是人"这两个前提中，两种科学体系分别推出"苏格拉底必死"和"苏格拉底不死"两个结论。"但是，辩证法既没有自己的命题演算，也没有自己的谓词演算等等。诚然，这也根本不是它的研究领域。在科学理论思维中，辩证法和形式逻辑涉及的是不同的方面。辩证法提供在思维向新结果运动过程中卓有成效的范畴体系，而形式逻辑则提供一种借助于它就能够从现有知识中，按照给定的规则推出一切可能结论的运算子。"②1957 年，罗任在其著作《马克思列宁主义辩证法是哲学科学》（中译本 1959 年由中国人民大学出版社出版）中写道，"思维是两门独立的科学——辩证逻辑和形式逻辑——研究的对象。但是这两门科学是从不同的方面来研究思维的，因此，从研究对象上来说，它们彼此是有区别的。形式逻辑和辩证逻辑的区别的客观基础，存在于逻辑思维本身的性质之中，正如欧几里得几何学和洛巴切夫斯基几何学的区别存在于空间的客观特性一样"③。辩证逻辑不能取代形式逻辑，"形式逻辑同辩证法的关系，正好像初等数学同高等数学的关系一样。高等数学不能取消初等数学，同样，马克思主义辩证法也不能取消形式逻辑，而要使形式逻辑摆脱形而上学和唯心主义"④。

第二是指出马克思主义哲学并不拒斥形式逻辑。罗任指出，形式逻辑不是资产阶级的，"正如不可能有'无产阶级的'或'资产阶级的'语法一样，也不可能有'无产阶级的'或'资产阶级的'逻辑，因为决定思维的逻辑结构的规律和规则，对于全人类的思维来说都是同样的"⑤。而且，马克思列宁主义的奠

① П．В．柯普宁. 1984. 作为认识论和逻辑的辩证法. 赵修义，王天厚，等译. 上海：华东师范大学出版社：25.
② П．В．柯普宁. 1984. 作为认识论和逻辑的辩证法. 赵修义，王天厚，等译. 上海：华东师范大学出版社：49.
③ 弗·帕·罗任. 1959. 马克思列宁主义辩证法是哲学科学. 中国人民大学出版社编译室译. 北京：中国人民大学出版社：170-171.
④ 弗·帕·罗任. 1959. 马克思列宁主义辩证法是哲学科学. 中国人民大学出版社编译室译. 北京：中国人民大学出版社：174.
⑤ 弗·帕·罗任. 1959. 马克思列宁主义辩证法是哲学科学. 中国人民大学出版社编译室译. 北京：中国人民大学出版社：172.

基人并不反对形式逻辑，他们坚决反对资产阶级理论家想把形式逻辑变为世界观，扩大形式逻辑的界限和权力，使其成为科学认识的唯一方法的企图。[①]罗任还反对把形式逻辑等同于形而上学，"我们这里还存在一种错误的观点，这就是把形式逻辑跟形而上学等同起来，理由是：形式逻辑在研究思维形式时撇开了这些形式的内容和变化"[②]。作者论证道，"同一律绝非肯定事物或思维是不变的。它的要求只是：当事物本身保持同一的时候，关于事物的思想必须是确定的，并且在这一或那一论断的过程中必须保持同一"。"矛盾律也决不排斥现实的矛盾，即辩证的矛盾。它所要求的是不发生论断中的矛盾，即逻辑上的矛盾。""排中律也不排斥矛盾和运动。"柯普宁同样明确表达了同样的观点，在他看来，马克思主义哲学和形式逻辑的关系，如同它和科学知识的其他部门（数学、物理学、生物学、心理学、语言学等）的关系一样。否认形式逻辑，就如同否认数学、语言学一样荒谬。不仅如此，马克思主义哲学也以形式逻辑的存在为前提，它像关注一切其他专门学科的成果那样地关注着形式逻辑的成果。[③]另外，"形式逻辑使用着哲学所制定的范畴。比如，形式逻辑的出发点应当是科学地理解真理的及其标准，科学地理解思维及其形式的本质，正确地辩证唯物主义地解决哲学基本问题等等。形式逻辑本身老用自己的方法并根据自己的规律，那就解决不了也无法解决这些问题；它有另外的对象"[④]。他批评了对形式逻辑采取虚无主义的态度的做法，"对形式逻辑、对形式逻辑问题采取虚无主义态度不是马克思主义的。马克思主义仅仅准确地规定了形式逻辑的对象，而绝没有抛弃形式逻辑"[⑤]。

第三是指出了形式逻辑的局限性。柯普宁认为，形式逻辑具体学科的地位决定了它的局限性。首先，"形式逻辑的规律和形式不能成为哲学方法和认识论的基础，因为它撇开了外界现象和思维的发展。一旦某门专门学科（力学、数学、物理学、生物学）的方法变成哲学的认识方法，那么，这个方法本身就成为一种片面的、形而上学的方法"[⑥]。其次，只要形式逻辑开始以现代认识的普

① 弗·帕·罗任. 1959. 马克思列宁主义辩证法是哲学科学. 中国人民大学出版社编译室译. 北京：中国人民大学出版社：173.
② 弗·帕·罗任. 1959. 马克思列宁主义辩证法是哲学科学. 中国人民大学出版社编译室译. 北京：中国人民大学出版社：178.
③ П. В. 柯普宁. 1984. 作为认识论和逻辑的辩证法. 赵修义，王天厚，等译. 上海：华东师范大学出版社：40.
④ П. В. 柯普宁. 1984. 作为认识论和逻辑的辩证法. 赵修义，王天厚，等译. 上海：华东师范大学出版社：40.
⑤ П. В. 柯普宁. 1984. 作为认识论和逻辑的辩证法. 赵修义，王天厚，等译. 上海：华东师范大学出版社：51.
⑥ П. В. 柯普宁. 1984. 作为认识论和逻辑的辩证法. 赵修义，王天厚，等译. 上海：华东师范大学出版社：41.

遍方法论自居，它就成为"不可靠的"，"当形式逻辑被人正确理解时，它就是认识思维结构的有力工具之一，它所制定的运算子可以为极不相同的各门科学所使用"①。在罗任看来，形式逻辑有局限性，辩证逻辑可以克服形式逻辑的局限性。"形式逻辑是简单证明的工具，也就是寻找新结果的方法，但它是有局限性的，是不充分的。"②"形式逻辑只满足于思维的一个方面，即思维的逻辑正确性；而辩证逻辑可以克服形式逻辑的这种局限性。辩证逻辑实质上是辩证思维的理论和方法。它是由正确地思维前进一步，达到以各种思维形式真实地反映现实。它研究通过思维达到真实地认识现实的条件和途径。辩证逻辑考察思维形式及其具体内容，正因为如此，它才解决了在人的思想中真实地反映现实的问题；它告诉我们，要有真实的认识，单靠正确的思维还是不够的。"③

第四是指出形式逻辑和辩证逻辑具有互补性。柯普宁先是分析了辩证法作为逻辑的合理性以及辩证逻辑的特点。首先，辩证法是从客观世界中获得概念体系的工具。他写道，"辩证法自古希腊罗马时代以来就具有两种不同的形式：一是运用概念的技巧（柏拉图）；一是理论上了解现实，首先是自然界本身（赫拉克利特）。辩证法的这两种本原似乎是绝对异源的：辩证法要么教会人思维（运用概念的技巧），要么就是对世界及其事物本性的一种理解。这两种知识体系彼此长期作为逻辑的东西同本体论的东西对峙着。但是，随着哲学的发展，便产生了关于它们相一致的思想。辩证法除了其他任务外，其目的就是建立和完善能获得客观真理的科学理论思维工具，而从客观世界中获得其内容的概念体系就是这样的一种工具"④。其次，辩证法是现代科学必需的一种逻辑学，"辩证法作为逻辑，其力量在于它能够把科学概念和理论内容的客观性同它们的变异性、流动性结合起来。不仅如此，辩证法还证明：离开发展，就不可能获得客观真理，现代科学所必需的是这样一种逻辑学，它揭示作为思维理解对象过程的认识的规律性"⑤。再次，辩证法不是标准，而是一种方法，"辩证法不是所得知识的某种标准、检验

① П.В.柯普宁. 1984. 作为认识论和逻辑的辩证法. 赵修义，王天厚，等译. 上海：华东师范大学出版社：51.
② 弗·帕·罗任. 1959. 马克思列宁主义辩证法是哲学科学. 中国人民大学出版社编译室译. 北京：中国人民大学出版社：174.
③ 弗·帕·罗任. 1959. 马克思列宁主义辩证法是哲学科学. 中国人民大学出版社编译室译. 北京：中国人民大学出版社：182.
④ П.В.柯普宁. 1984. 作为认识论和逻辑的辩证法. 赵修义，王天厚，等译. 上海：华东师范大学出版社：41-42.
⑤ П.В.柯普宁. 1984. 作为认识论和逻辑的辩证法. 赵修义，王天厚，等译. 上海：华东师范大学出版社：42-43.

等级，而是通过批判分析具体事实材料增加实际知识的一种工具、方式和方法，是具体分析现实对象、现实事实的一种方法（方式）"①。

柯普宁总结了辩证逻辑的 4 个特点。第一，辩证逻辑是获得真理和证明真理的方法的学说，"辩证逻辑作为获得真理和证明真理的方法的学说，它有自己的研究思维形式的方法，而研究思维形式始终是逻辑学的对象。辩证逻辑在研究思维形式时，首先以唯物主义的解决哲学基本问题为出发点"②。第二，把逻辑的东西（思维的运动）看作是历史的东西（客观现实诸现象的运动）的反映。恩格斯曾经明确指出，辩证逻辑和旧的纯粹的形式逻辑相反，不像后者满足于把各种思维运动形式，即各种不同的判断和推理的形式列举出来和毫无关联地排列起来。相反地，辩证逻辑由此及彼地推出这些形式，不把它们相互并列起来，而使它们互相隶属，从低级形式发展出高级形式。③第三，辩证逻辑是抽象和具体的统一。辩证逻辑把抽象和具体在科学理论思维中统一的原理作为解决上述问题的基础。这一原理在辩证逻辑中占有特殊的地位。正是在这一原理的基础上建立起辩证逻辑的全部体系的：判断、概念、推理、科学理论、假说的发展都无非是由抽象到具体的上升过程。④第四，辩证逻辑不仅能够分析思维形式的结构，更能够对其发展给出说明。

柯普宁还对形式逻辑和辩证逻辑的互补性给予了阐释。他认为，辩证逻辑和形式逻辑都分析语言，分析语言表达的是语言形式本身，但辩证逻辑并不仅仅是分析语言，它把语言看作是知识存在和发挥作用的工具，并力求洞察获得知识的过程。"如果说形式逻辑关心的是表达思维的语言形式本身，那么，辩证逻辑研究的首先是通过语言形式表达出来的思想内容……辩证逻辑所注意的正是那些理解客观事物及其关系的客观本性的形式：概念、判断、推理、理论、假说等等。"⑤而且，现代科学认识发展的经验表明，辩证法和形式逻辑这两种逻辑体系都能卓有成效地发挥作用。"科学既需要严格的演绎规则，也需要范畴体系；这些范畴体系乃是思维在把握现实新客体时进行富有成果的想象和创造性活动的基础。"⑥

---

① П．В．柯普宁. 1984. 作为认识论和逻辑的辩证法. 赵修义，王天厚，等译. 上海：华东师范大学出版社：43.

② П．В．柯普宁. 1984. 作为认识论和逻辑的辩证法. 赵修义，王天厚，等译. 上海：华东师范大学出版社：45.

③ 马克思，恩格斯. 1995. 马克思恩格斯选集第 3 卷. 中共中央马克思恩格斯列宁斯大林著作编译局译. 北京：人民出版社：546.

④ П．В．柯普宁. 1984. 作为认识论和逻辑的辩证法. 赵修义，王天厚，等译. 上海：华东师范大学出版社：45-46.

⑤ П．В．柯普宁. 1984. 作为认识论和逻辑的辩证法. 赵修义，王天厚，等译. 上海：华东师范大学出版社：46.

⑥ П．В．柯普宁. 1984. 作为认识论和逻辑的辩证法. 赵修义，王天厚，等译. 上海：华东师范大学出版社：51.

承认形式逻辑的合理性。客观上，人类的思维只有在具有逻辑上正确的思维形式的条件下，才能在内容上真实地反映现实。而思维在逻辑上的正确性是真实地认识自然界的完全必要条件，因此，研究思维在逻辑上的正确性这个任务由现代的形式逻辑加以解决。"现代的形式逻辑脱离思维的具体内容，研究逻辑上正确的思维的规律和形式。形式逻辑撇开各种思维形式的具体内容来论述各种思维形式，并确定它们之间的联系的规则。逻辑在概念、判断和推理中抛开个别的和具体的东西，而把握作为它们的基础的一般的东西，并在这个基础上制定人类思维的一切正确逻辑活动的规律和规则。"①从 20 世纪 60 年代中期起，该项研究进入第四时期，以科学逻辑所引发的问题为核心而展开相关的研究。总体来看，俄苏的研究以辩证逻辑为总的指导思想，初期为了突出辩证逻辑的地位，也为了批判资产阶级哲学的需要而拒绝形式逻辑。当他们认识到形式逻辑的作用而将其纳入自己的研究领域中时，又以自己的方式合理地处理了两者的关系。辩证逻辑是根本，也是研究的前提。

俄苏与西方科学哲学差异性的总体根源是两者发展的文化传统和历史语境的差别。在哲学领域，表现为指导思想和理论前提的不同，同时还受到各自哲学发展规律的影响。这些因素导致了他们在面向科学进行相关研究时，研究的出发点、研究的中心、研究方法和研究结论出现显著的差别。

第二节　西方与俄苏科学哲学的互补性

美国学者格雷厄姆曾指出，在关于量子的争论中，似乎最引人注目的事情是，俄苏的科学家和辩证唯物主义者方面所提出的观点，与那些信奉颇不相同的科学哲学的非俄苏学者方面所提出的见解是相似的。根据这一点，我们可以说，"苏联国内的辩证唯物主义者所关切的事情，同世界上其他地方的科学哲学家所关切的事情在许多方面是相似的"。而产生这种情况的原因之一是唯物主义的问题的根本性质，"大家不应该忘记这个事实：唯物主义者和唯心主义者之间的争论，并不是在苏联出现以后才有的，而是已经有两千年以上的历史了。苏联的和非苏联的对自然界的解释者往往提出相同的问题，而且他们有时作出十

---

① 弗·帕·罗任. 1959. 马克思列宁主义辩证法是哲学科学. 中国人民大学出版社编译室译. 北京：中国人民大学出版社：171-172.

分相似的回答"①。总体上，俄苏与西方科学哲学提出了大量相同的研究问题，从不同视角对这些问题给予了阐释。用"十分相似"来概括其共性恐有失全面，"互补"似乎更能够揭示出它们的特点。

一、整体层面

（一）一般科学哲学和分支性科学哲学

科学哲学的研究包括两个方面，一般科学哲学和分支性科学哲学。一般科学哲学从整体上对科学进行研究，这部分的成果形成科学哲学的基础理论部分，如科学说明、科学评价、观察与理论、科学发现模式等。这方面的研究以科学为一个整体，但在整体的说明中不可避免地会遇到具体科学的哲学问题。例如，在研究经验与理论的关系时，理论在最终还原为经验的命题下遇到的最大困难来自量子力学。同样，在讨论科学发展模式时，社会历史学派的研究更多地以物理学的发展为历史依据。因此，科学哲学的基础理论研究和发展，离不开分支性科学哲学的具体研究。"科学哲学的基础理论是具体科学的哲学问题研究的全面概括和整体升华；具体科学问题的哲学问题研究是科学哲学基础理论研究的基础和源头。"②20 世纪以来，俄苏科学哲学领域在数学哲学、物理哲学、化学哲学、生物哲学等领域做了大量有意义的工作，且在很长一段时期将研究工作主要集中于此（当然，西方科学哲学也做了一些相应的研究）。科学哲学的发展必须立足于这一研究基础。

由于科学哲学研究的这两部分不能截然分开，因此，无论是西方，还是俄苏，他们的研究工作都触及了这两方面。区别在于，西方科学哲学以科学哲学的基础理论研究为主，把科学作为一个整体，把具体科学问题的研究视为对整体研究的说明或案例。俄苏的科学哲学则是从具体科学问题的哲学研究开始，在具体科学问题的哲学研究基础上，先是试图建立起统一的科学世界图景。20世纪 60 年代之后，以此为基础来进行整体的科学哲学基础理论研究。他们的研究各有所长。西方科学哲学立足于科学的整体研究，其在科学结构、科学解释、科学评价、科学发展动力和模式等方面的研究取得了丰硕成果。俄苏科学哲学立足于具体科学的哲学研究，由于取得了对具体科学哲学问题的深入和翔

---

① L. R. 格雷厄姆. 1978. 苏联国内的科学和哲学（上）. 丘成，朱狄译. 世界哲学，（2）：50.

② 郭贵春，程瑞. 2007. 科学哲学在中国的现状与发展. 中国科学基金，（4）：202.

实的研究成果，他们在科学哲学一些相关问题的研究中形成了不同于西方的独特解决方案；一些仍困扰西方科学哲学的重大理论问题，如范式不可通约性问题、革命前后理论的关系问题、重大科学发现中心理因素的作用分析等，俄苏科学哲学均提供了合理可接受的解决方案。

在俄苏科学哲学中，具体科学问题的哲学研究占有相当大的比重，是俄苏科学哲学研究的极为重要的组成部分。在 20 世纪 60 年代以前，数学和各门自然科学中的哲学问题一度主导了俄苏科学哲学。60 年代以后，随着苏联认识论学派的兴起，俄苏科学哲学开始转向了科学的认识论研究，研究主题开始往西方科学哲学的研究方向聚拢。

（二）认识论视域和社会文化视域下的科学

在西方哲学的传统中，科学观或有关科学的研究一直在认识论中占据重要的地位。正如波普尔所指出的，认识论的问题可以从两方面来研究：①当作日常的知识或常识的问题；②当作科学知识的问题。培根、笛卡儿、洛克、莱布尼兹、休谟、康德、穆勒等大哲学家都主要采取第二种研究方式，通过对科学知识的分析来探讨认识论问题，"他们的科学观或关于科学的理论就在他们的认识论中占了中心地位或主要地位"[①]。20 世纪初，逻辑经验主义兴起，逻辑经验主义的任务，"在于研究科学，特别是自然科学的认识论问题，在于考察科学知识的基础和目标"[②]。图尔敏把科学哲学归为科学认识论和科学方法论，他认为，科学哲学作为一门学科，首先要阐明科学探索过程中的各种要素，即观察程序、论证模式、表达和演算方法，形而上学假定等，然后从形式逻辑、实用方法论以及形而上学等各个角度估价它们之所以有效的根据。[③]科学认识论和科学方法论是西方科学哲学的两个重要组成部分（当然，科学哲学还包括本体论的内容，这方面的研究是俄苏科学哲学所擅长的）。虽然从研究对象看，科学认识论和科学方法论有区别，前者以科学认识为研究对象，后者以科学方法为研究对象，但科学方法其实是科学认识中的一个方面，因此，科学哲学实质上就是科学认识论。瓦托夫斯基等人一直坚持这样的观点，在他看来，他们可以把科学哲学描绘成是一种理解科学的事业。而且只要这种概念框架提供了科学思

---

① 江天骥. 2006. 逻辑经验主义的认识论·当代西方科学哲学. 武汉：武汉大学出版社：89.

② 江天骥. 2012. 逻辑经验主义的认识论·当代西方科学哲学·归纳逻辑导论. 武汉：武汉大学出版社：5.

③ 转引自舒炜光. 1990. 科学认识论：第一卷. 长春：吉林人民出版社：6.

想的基本形式，或它的基本结构，那么，就可以把科学哲学研究的特点描绘成是对科学思想的概念基础的一种研究。[①]从西方科学哲学发展的历史进程中，我们仍可以看到这一特征，"我们可以从哲学研究的逻辑上把 20 世纪科学哲学的历史理解为三个转变：从决定论的逻辑向概率的转变，从形而上的认识论研究向自然化的认识论研究的转变，从自然化的认识论向社会化的认识论及其两者结合的转变"[②]。

在俄苏科学哲学中，"科学知识的社会文化制约性"命题具有重要的地位。他们认为，科学是文化系统的子系统，科学自身对文化系统中的其余部分和社会生活给予影响，同样地也受到来自社会意识和文化系统所有方面的强大作用并在其中发展且确定下来。[③]社会意识和文化对科学的作用有三种类型：第一，对科学认识过程的条件和前提产生影响；第二，影响认识主体以及我们在认识活动中所运用的方法和手段；第三，影响科学认识发展的过程逻辑。列巴涅（Ребане，Я. К.）认为，社会意识——不单单是一代一代传下来的知识总和，它是在社会文化发展过程中所积累的信息，是在人们的实践和认识活动结果中确立下来的。它的传递借助于社会文化的物质，并在社会历史发展的每一个具体阶段、在个人和社会的认识中显露出来。[④]科萨列娃（Косарева，Л. М.）指出，物理现实是人类实践发展和人类文化不可分割部分的历史成果。科学的直接客体——另一个现实——带有两个特征，具有双重特性：它是自然和社会的统一。[⑤]可见，科学不直接和与它相对应的客体有关系，而是借助于文化系统。

斯焦宾确信，被多次提及的科学认识的范例和规范、科学的世界图景和科学的哲学基础——科学知识基础联盟是文化对科学影响的途径。依据他的观点，这个联盟的出现在科学知识结构中使社会文化因素对科学发展的影响迁移到具体分析这些因素对科学研究的主旨的阐述中。斯焦宾在确定研究过程的基

---

① 瓦托夫斯基. 1982. 科学思想的概念基础——科学哲学导论. 范岱年，吴忠，林夏水，等译. 北京：求实出版社：7.

② 郑祥福. 2007. 从当代西方科学哲学走向看当前马克思主义认识论的任务. 浙江师范大学学报（社会科学版），（3）：21.

③ Мамчур Е А，Овчинников Н Ф，Огурцов А П. 1997. Отечественная философия науки：Предварительные итоги. Москва：РОССПЭН：305.

④ Мамчур Е А，Овчинников Н Ф，Огурцов А П. 1997. Отечественная философия науки：Предварительные итоги. Москва：РОССПЭН：307.

⑤ Мамчур Е А，Овчинников Н Ф，Огурцов А П. 1997. Отечественная философия науки：Предварительные итоги. Москва：РОССПЭН：306.

础作用时认为，专业的和涉及整个科学领域的世界图景是联结具体科学理论和被引入科学知识的时代文化的中间环节。与此同时，正如研究者所确信的那样，哲学是把世界图景列入文化的中间环节，通过这个中间环节，不同的文化现象对世界图景产生影响。哲学就像"照亮"了包含于文化中的认识活动的范例和规范；它积极参与到新范例和规范的变革及生成（完成）中，并把它们传递到科学中。在科学中，它们依照科学研究的特点具体化并以解释、论证知识、组织规范的形式出现。[①]

二、具体层面

（一）科学知识结构："引导假设"和科学世界图景

在第三章的相关内容中，我们已经详细比较了"引导假设"和科学世界图景的概念，并分析了两者区别的意义。从互补的角度来审视这对概念，其互补性的根据来自四个方面。首先，这对概念都是在分析科学知识结构的主题中提出的。其次，在科学知识结构中的地位相近或相同，都具有前提性知识的地位。再次，都作为社会-文化因素成为影响科学的重要途径。最后，都是解释科学革命的核心概念。比较而言，从知识结构分析的角度，双方都有条件地肯定了知识中不可剥离的、没有经过逻辑分析或无法分析或本身就是非逻辑的部分的存在。区别在于，西方的出发点是局部的，俄苏研究的出发点是整体的。西方科学哲学是在对知识进行了充分的逻辑分析的基础上，在遭遇到诸多困难的情况下逐渐走向对知识的全面分析的。因此，西方科学哲学的特点是对知识本身的逻辑分析既精细又彻底，但整体上的分析却存在着模糊和含混。范式、研究纲领、研究传统（也应该包含波朗尼的隐性知识的相关阐述）等的要素及要素关系的阐释都是模糊的。对科学知识本身的逻辑分析和具体分析不是俄苏科学哲学的长项，他们的长处是对知识的整体分析，尤其是前提性知识的结构性分析。俄苏学者把前提性知识分为三个层次。第一层次是科学活动的范例和规范，广泛存在于任何的科学研究之中，是科学作为科学而区别于其他认识形式的特有品质，"那些使科学称为科学的科学评定，区别于其他所有一切的意识形

式——艺术、神话、宗教、日常认识等"[①]。第二层次是第一层次的普遍标准在具体时期具体阶段中的具体化，"那些方针系统——关于知识的解释、描述、证明、组织等的规范观念，表现为时代的思维方式，从而构成研究理想和规范的第二层次的内容"[②]。第三层次是第二层次的方针在各个具体的自然科学研究部门的运用，"最后是第三层次，是第二层次观点的具体化，就是针对具体科学领域的条理化和具体化——物理、化学、生物学等"[③]。从内在结构上讲，科学活动的范例和规范由两大部分组成——基础部分和基准部分。基础部分属于科学层面，由基本原理和科学方法构成；基准部分属于哲学层面，由世界图景和思维方式构成，其结构如图 4-1 所示[④]。

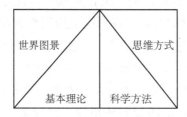

图 4-1　科学活动的范例和规范结构

如前所述，基础部分方面的研究为西方科学哲学所长。而基准部分——世界图景和思维方式则为俄苏科学哲学所擅长。尤其是世界图景，俄苏对其进行了十分详细且有深度的研究。

（二）科学动力学：内史论和外史论的关系

内史研究是科学史研究的起点，也曾一度是科学史研究的基础。早期的科学史主要是学科史，如公元前 4 世纪，欧德摩斯（Eudemus）撰写的有关天文学史和数学史方面的著作，约瑟夫·普里斯特利（Priestley, Joseph）的《电学的历史与现状》（1767 年）和《与视觉、光线和颜色有关的发现的历史与现状》

① Мамчур Е А, Овчинников Н Ф, Огурцов А П. 1997. Отечественная философия науки: Предварительные итоги. Москва: РОССПЭН: 294.

② Мамчур Е А, Овчинников Н Ф, Огурцов А П. 1997. Отечественная философия науки: Предварительные итоги. Москва: РОССПЭН: 294. 此处译文由孙慕天译出，参见孙慕天. 2006. 跋涉的理性. 北京: 科学出版社: 258.

③ Мамчур Е А, Овчинников Н Ф, Огурцов А П. 1997. Отечественная философия науки: Предварительные итоги. Москва: РОССПЭН: 294.

④ 孙慕天. 2006. 跋涉的理性. 北京: 科学出版社: 259.

（1772 年）等。"在科学发展的大多数时期，都是把科学史作为完全不能与科学加以区分的一种历史传统的一部分来认识和修习的。"[①]科学史的早期研究采取了内史方式，既与这种状况有关，也与萨顿建立统一科学史的纲领有关。首先，科学史研究的目的是找出科学过去的研究和当下及未来研究的关联，在萨顿看来，"对过去的科学进行研究本身没有价值，但只要通过它与当代和未来科学的关联性，便可证明这种研究是有道理的"[②]。这决定了科学史的研究更多地关注于科学史事，并力图以逻辑的方式把它们联结起来。其次，萨顿把科学理解为系统化的实证知识，科学是"系统化的实证知识，或者是在不同时代、不同地方被当作这类知识的东西"，同时，"实证知识的获得和系统化仅仅是真正累积渐近的人类活动"。因此，科学史自然就要研究科学知识发展的历史。最后，萨顿虽然也承认科学的发展"在原则上应当作为相应时期社会和文化潮流的一个必不可少的组成部分加以研究"[③]。然而，萨顿所处的年代，科学的社会作用尚未充分显现，因此，科学史研究以内史研究为主也有这方面的原因。

20 世纪 30 年代，以 1931 年 6 月 7 日在英国伦敦召开的第二届国际科学史大会为标志，科学史的外史研究开始出现。苏联科学史家格森的论文《牛顿〈原理〉的社会经济根源》在与会者中引起强烈反响。在此之后。1938 年，美国著名科学社会学家和科学史家默顿（Merton，R. K.）发表了长篇博士学位论文《17 世纪英国的科学、技术与社会》（发表于萨顿创办的另一种科学史杂志 Orisis 上）。1939 年，英国著名物理学家贝尔纳（Berna，J. D.）出版了《科学的社会功能》，对外史研究起到了极大的推动作用。外史论向内史论公开的挑战和诘难开始于 1956 年由美国社会科学研究院联合委员会（Joint Committee of the Social Science Research Council）和国家科学史及科学社会学研究院（the National Research Council for the History and Sociology of Science）联合召开的科学史讨论会。此次会议的 16 篇论文和 19 篇评论文章以《科学史中的重要问题》为题出版，在西方史学界引起了强烈反响。这次会议"由社会科学界发起本身就说明了社会学家对纯科学史家的'内史'式的研究方式的不满意。从此，内外史论之争在科学界、科学哲学界、科学史界和社会学界引起了一场'百家争鸣'的大讨论"[④]。

---

① 赫尔奇·克拉夫. 2005. 科学史学导论. 任定成译. 北京：北京大学出版社：1.
② 赫尔奇·克拉夫. 2005. 科学史学导论. 任定成译. 北京：北京大学出版社：18-19.
③ 赫尔奇·克拉夫. 2005. 科学史学导论. 任定成译. 北京：北京大学出版社：19.
④ 魏屹东. 1996. 试论科学内外史发展的三个阶段. 科学技术与辩证法，（4）：40.

　　外史论占据"上风"的重要时间节点是 1962 年，这一年发生的两个事件促进了这一转变。事件一是这一年的 8 月在美国伊达卡和费拉德尔非亚召开的第十届国际科学史大会，事件二是库恩《科学革命的结构》一书的出版。第十届国际科学史大会的核心议题是科学技术的应用和应用科技史。这一议题不可避免地触及科学技术的社会应用，科学技术发展与社会等的关系问题，客观上推动了外史研究。库恩的著作使科学哲学对科学的研究发生重大的转向，从科学知识的结构学研究走向过程学研究，从静态走向动态，从科学的逻辑走向科学的历史过程。库恩解释科学史的核心概念——范式中不仅有条件地允许非理性（逻辑）因素的存在，更是预留了影响科学发展的诸多社会、文化等要素。在科学革命发生时，决定新范式取代旧范式的关键不是内史逻辑的，而是内史之外的原因。虽然内史论者和外史论者都对库恩的理论提出了批评，但库恩在科学历史进程发生转折时的分析对内史论是一个极大的否定。由此而来的转变正如时任 ISIS 杂志主编的马尔特霍夫（Maulthauf, R. P.）在谈到他担任该杂志主编 15 年的感想时所说的，"对我影响最深刻的事件是科学史研究逐渐从内史转向了外史"。[①]

　　20 世纪 70 年代末，内史论和外史论的争论开始由对立论战走向融合并开始了统一的尝试。1977 年 8 月在英国爱丁堡召开的第十五届国际科学史大会上，专门讨论了"科学思想的内在与外在动因"，对内史论与外史论在科学史研究中的作用给予了肯定。[②]英国剑桥大学的海斯教授明确指出，内史论和外史论都具有合理性和各自的片面性，都是研究科学史的重要方法，彼此并不矛盾，应该互补。在此次会议上，苏联学者米库林斯基在论文《根本不应成为问题的内史论和外史论之争》中更是明确地指出，"把科学史绝对地划分为智力的（内部的）理论和具有内史论的特点的社会（外部）理论，是与科学的真实情况不符的。我们可以而且确切地说到科学表现的两种形式：作为科学知识的系统的科学和作为活动的特殊形式的科学，或社会的一种体制。但这正是我们所认为的科学的两种不同的截面，而不是两种独立存在的形式"[③]。

　　俄苏的科学史研究独具特色，我国学者曾用"科学史研究中的苏联学派"给予概括。在这一学派中，有致力于将科学史专业化的先驱、曾提出智慧圈理

---

① 魏屹东. 1996. 试论科学内外史发展的三个阶段. 科学技术与辩证法,（4）：42.

② 魏屹东. 1996. 试论科学内外史发展的三个阶段. 科学技术与辩证法,（4）：42.

③ C. P. 米库林斯基. 1983. 根本不应成为问题的内史论与外史论之争. 梁前文译. 科学史译丛,（1）：65.

论的维尔纳茨基，马克思主义研究传统的创始人、著名的理论家和政治家布哈林，在第二届国际科学史大会以"牛顿力学的社会经济根源"吹响"外来论"研究号角的格森，主张科学史与科学哲学结合、苏联科学史和科学哲学的标志性人物凯德洛夫，综合论学派的核心人物米库林斯基，等等。[①]对于西方科学史研究中的内史论和外史论之争，米库林斯基的观点是"根本不应成为问题"，因为"无论是内史论还是外史论都代表了一种简单的、局限性的和片面的设想，因此说不上在两者之间作出选择，正如活力论与机械论之间没有什么选择一样"。因此，"内史论和外史论都不可能作为解决科学史问题的理论基础"。[②]米库林斯基并未对内史论和外史论进行简单粗暴的否定，而是客观分析了内史论和外史论的作用，指出内史论和外史论"这两种倾向都不是完全没有成果的"。但随着科学的大规模变化，科学的特征、科学的结构、科学的社会作用、科学认识的社会价值等都发生了重大的变化，导致了内史论和外史论地位和作用的变化。[③]米库林斯基提出了综合论，其综合论的核心观点可概括为两个方面。首先，科学史是综合的科学史，科学并不具有两种互相独立的历史——内史和外史。如果像科学的客观实际所发生的那样，而不是以抽象描述的方式反映科学的发展，那么，我们就只能考虑它们共同的历史。至于为了研究需要，有可能挑选出这个和那个方面来考虑它的历史，那又是另外一回事了。[④]其次，科学史的研究是综合的，科学发展的机制法则，在这里意味着新知识的首先的和首要的形成过程，它不是通过科学概念的逻辑交织（这是内史论要求我们做的）形成的研究基本范围能够解释的，也不是通过把科学史的因果关系缩小为排他性的社会和经济条件（这是外史论者徒劳无功想做的）能够解释的，只有通过在认识到它们的辩证统一和社会历史实践对科学的客观内容、社会经济文化历史条件和个性因素之间相互关系发展的决定性影响的过程中分析这种相互关系才能够进行解释。[⑤]

　　发生在西方的内史论和外史论之争，主要是因为外史研究方法的出现。这场争论的核心不是要通过较量摒弃哪一方，而是要从中选择出一种更为基础的研究科学史的方法论，本质上不是用一方去替代另一方。科学史研究从萨顿、

① 张明雯. 2009. 俄罗斯和苏联科学哲学与科学史研究. 哈尔滨：黑龙江人民出版社：113.
② C.P. 米库林斯基. 1983. 根本不应成为问题的内史论与外史论之争. 梁前文译. 科学史译丛，（1）：61.
③ C.P. 米库林斯基. 1983. 根本不应成为问题的内史论与外史论之争. 梁前文译. 科学史译丛，（1）：62.
④ C.P. 米库林斯基. 1983. 根本不应成为问题的内史论与外史论之争. 梁前文译. 科学史译丛，（1）：65.
⑤ C.P. 米库林斯基. 1983. 根本不应成为问题的内史论与外史论之争. 梁前文译. 科学史译丛，（1）：69.

科瓦雷主张的科学思想史研究起始，在形成学科领域、统一科学史研究的努力中做出了重要的贡献，这一贡献应该给予充分肯定。科学史外史研究的出现也是历史的必然，不仅是合理的，也是科学史研究的进步。科学史领域的内史论和外史论之争，其宗旨也是要捍卫统一科学史的理想，因此，这场争论也不完全是消极的。以米库林斯基为代表的俄苏科学史研究有独到之处，他们的综合论主张力图在内史论和外史论之间，在"真实的历史"和"重组的历史"之间保持合理的张力，以辩证思维来看待内史论和外史论之争，形成了研究科学史的独特视角。但由于众所周知的原因，他们的研究也不免陷入教条主义，过于强调内史研究和外史研究的统一，以至于武断地判定内史论和外史论都不能作为解决科学史问题的基础，不仅抹杀了内史论和外史论的贡献，也与科学史研究的实际出现了偏差。

辩证地看待西方与俄苏的研究，既肯定内史研究和外史研究的贡献，又要克服其局限性，将两者辩证地综合，对于科学史研究而言，应是一条合理的可行之路。

（三）科学革命：过程学和类型学研究

俄苏科学革命问题的研究是引人瞩目的，它们对科学革命的概念、特征、本质、过程等都有十分详尽的阐述，尤其是对科学革命的类型学的研究，对科学革命的类型学研究又引申出斯焦宾对科学理性的类型的分析。

许多研究科学革命的专业著作对科学革命的类型给出了回答。卡秋金斯基依据科学革命的广度和深度将科学革命分成全球、局部和小型科学革命三种类型。罗德诺戈也提出过相类似的观点，他认为科学革命可以分为在科学中提出了有特别重大意义的全球性科学革命，以及只在某一方面取得重大意义的小型科学革命。他进一步补充道，全球性科学革命形成新的"世界观"，确立一些新的、与此之前不同的原则和世界结构的概念，确立新的科学逻辑学体系，说明和解释新的方法。科学的根本变革是独立性的，虽然是有重大意义的基本原理的变革，但没有产生新的"逻辑"，也没有形成新的世界观，这就是小型革命。[①]

库兹涅佐娃（Кузнецова, Н. И.）等人认为，科学革命是某些科学评价标准

① Мамчур Е А, Овчинников Н Ф, Огурцов А П. 1997. Отечественная философия науки: Предварительные итоги. Москва: РОССПЭН: 325-326.

本质上的改变，从改变中可以得到与这些评价标准相符合的理论。按照这一标准，他们列出了科学革命的四种类型：有重大意义的新理论观点的出现、新方法的制定（或借用）、新的研究对象的发现、新方法论纲领的形成。这四种类型的科学革命，有时会集中显现在某一种类型上，但也可能凸显出多个。因为，这些"科学评价标准的形成……意味着不同类型的革命是相互联系的，他们互为条件，常常出现很多观点，这说明科学评价标准不只是由一种革命形成的，而是几种"①。

上述谈到的有关科学革命类型的观点，都具有一定的合理性。但就讨论的丰富性和深入性来说，斯焦宾首屈一指。斯焦宾把科学革命分为两种类型。第一，这是一种"与没有在研究理念和规范方面显著改变的、世界的一种特殊图景的转换相连的革命"②，"革命，和研究对象改变的情况相联系，不是先前的思想和科学标准以及它的哲学基础的本质变革"③。这种类型的科学革命发生在学科内部，当有新的客体类型进入研究领域，而掌握这个新客体需要改变本学科基础时就会发生这种类型的科学革命。"科学革命的直接领域是个别学科（科学部门）。本学科中所采取的认识理想和准则在一定发展阶段上同专门的世界图景一起构成研究者的纲领，该纲领保证知识的增长直到所研究客体的系统组织的一般特征在世界图景中被考虑到，而掌握这些客体的方法适合于定型的研究工作的理想和准则。但随着科学的发展这种纲领可以向自己的研究范围内吸收进新型的客体，这些客体较之定型的世界图景认定的东西要求另一种观察实在的角度。新的客体可能也需要改变由研究工作的理想和准则之体系引起的认识活动的方法系图。"④这种类型的案例是物理学发展中机械运动向电动力学世界图景的转变。

第二，这是一种"科学的理想和规范连同世界图景从根本上改变的革命"⑤。

---

① Мамчур Е А，Овчинников Н Ф，Огурцов А П. 1997. Отечественная философия науки：Предварительные итоги. Москва：РОССПЭН：326.

② Стёпин В С. Философия науки. Общие проблемы // Электронная публикация：Центр гуманитарных технологий. http://gtmarket. ru/laboratory/basis/5321/5327［2012-03-18］.

③ Мамчур Е А，Овчинников Н Ф，Огурцов А П. 1997. Отечественная философия науки：Предварительные итоги. Москва：РОССПЭН：327.

④ В. С. 斯捷宾. 1990. 科学革命和知识增长的非线性特点//И. Т. 弗罗洛夫. 辩证世界观和现代自然科学方法论. 孙慕天，李成果，申振玉，等译. 哈尔滨：黑龙江人民出版社：389.

⑤ Стёпин В С. Философия науки. Общие проблемы // Электронная публикация：Центр гуманитарных технологий. http://gtmarket. ru/laboratory/basis/5321/5327［2012-03-18］.

"革命，是世界图景的根本改变，引起思想变革和科学研究标准以及科学的哲学基础的变革。"[1]第一种类型的革命是由于学科内知识的发展，第二种类型的革命由于学科间的交流和互动，是以"疫苗接种""范式移植""嫁接"为基础发生的科学革命。通过学科间的交流和互动，一门学科特殊的科学世界图景和研究的理想与规范向另一个学科转移，这种转移引起了科学基础的改变。在这种方式的革命中，提供"接种疫苗"或"被嫁接"的学科处于基础或前提的地位。什么样的学科能起到这样的作用呢？斯焦宾认为是带头学科，通常作为"被嫁接"到其他科学的范式原理，是带头科学的原理部分。带头科学的实在图景的核心在一定历史时期构成一般科学世界图景的基础，而其中所采用的理想和准则取得一般科学的地位。对这一地位的哲学思索和论证为向其他科学传播相应的原则和理想创造条件。[2]

当科学基础的所有组成部分（世界图景、理想与规范、哲学基础）都发生变化的时候，被斯焦宾称作"全球科学革命"的事件发生了。在全球科学革命时期，不仅科学基础的全部组件要进行重构，科学理性的类型也要发生相应改变。斯焦宾区分出三种进化的科学理性类型：经典理性、非经典理性、后非经典理性。在科学进化的不同阶段表现出来科学合理性的不同类型。与经典理性对应的是经典科学的两个阶段，与非经典理性对应的是非经典科学阶段，与后非经典理性相对应的是后非经典科学。

历史上可以列举出四次这样的科学革命。第一次是在17世纪，力学学科的成熟标志着经典科学的形成。第二次革命发生在18世纪末到19世纪上半叶，机械图景已经失去了一般科学世界图景的地位。这两次全球科学革命使经典科学及其思维方式得以形成和发展。第三次革命发生在19世纪末到20世纪中叶，主要是经典科学思维方式的变革和新的非经典科学理想与规范的形成。第四次科学革命发生在20世纪70年代，不仅科学基础发生了根本改变，而且后非经典科学应运而生。

科学理性的类型随着科学革命的发生进化出三种形态。第一种是经典理性，与经典科学的发展阶段相对应，其结构示意图如图4-2所示。

① Мамчур Е А, Овчинников Н Ф, Огурцов А П. 1997. Отечественная философия науки: Предварительные итоги. Москва: РОССПЭН: 327.

② В. С. 斯捷宾. 1990. 科学革命和知识增长的非线性特点//И. Т. 弗罗洛夫. 辩证世界观和现代自然科学方法论. 孙慕天, 李成果, 申振玉, 等译. 哈尔滨: 黑龙江人民出版社: 392.

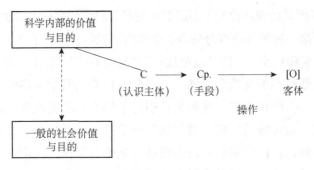

图 4-2 经典科学理性结构示意图

第二种是非经典理性，与非经典科学的发展阶段相对应，其结构示意图如图 4-3 所示。

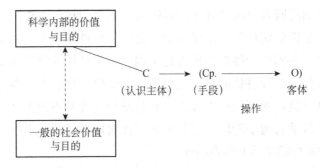

图 4-3 非经典科学理性结构示意图

第三种是后非经典理性，与后非经典科学相对应，其结构示意图如图 4-4 所示。①

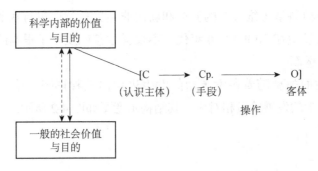

图 4-4 后非经典科学理性结构示意图

---

① 万长松. 2015. 从科学哲学到文化哲学——B. C. 斯焦宾院士思想轨迹追踪. 自然辩证法通讯，（1）：125.

这方面的工作西方学者没有触及。从某种程度上说，俄苏的研究更加开放，每一个时期科学的任务也更加明确。科学理性既充分考虑了对客体的认识和活动的手段、操作，也包含文化中的主流的科学世界观，更为全球性问题的解决、人类生存战略的选择留下了思考的空间。

在量子力学中，互补原理的提出是由于经典物理学的"概念构架"具有狭窄性，只适用于提出它的理论所研究的对象，不适用于新的微观领域。在科学哲学中也有类似的情况。马克思主义科学哲学和非马克思主义科学哲学各有自己的概念构架，当他们用自己体系内建立起的概念构架去说明另一套体系时，双方都显示出某种不适应。因为双方的研究传统、研究视角、研究的出发点等均有不同。从辩证法的角度，互补本是辩证矛盾的一种形式，是一种"结构性矛盾"，克服并解决这种矛盾，则能互为补充形成对事物的完整认识。

第三节　西方与俄苏科学哲学的趋同演化

20 世纪，西方和俄苏科学哲学的发展都经历了各自的转向，揭示了各自发展的理论轨迹和发展趋向，也呈现出趋同演化的发展趋势。

20 世纪西方科学哲学的发展经历了三次转向，有学者将这三次转向概括为：社会—历史转向、文化的转向和后现代转向。[①]西方科学哲学的第一次转向发生在 60 年代，这次转向的特征是由逻辑主义走向历史主义。第二次转向从内因看是由第一次转向发展而来，首先是逻辑经验主义遭遇越来越严峻的挑战，其次是历史主义理论的进一步发展；从外因看，这次转向则是因为科学哲学、科学史以及科学社会学等相关研究的交汇。

与此同时，大洋彼岸的俄苏科学哲学研究也发生了重要的转向。第一次转向是由传统的自然科学哲学问题的研究转向了科学动力学研究。20 世纪 50 年代中期以前，俄苏自然科学哲学问题的研究重在探讨自然科学中的哲学问题，研究范围基本上在本体论范围之内，以自然科学的成就为马克思主义哲学的基本原理提供说明和论证。俄苏自然科学哲学问题研究的第一次转向从 50 年代中后期开始。1958 年苏联召开的第一届自然科学哲学问题会议，对以往研究中的简

---

① 洪晓楠. 1999. 20 世纪西方科学哲学的三次转向. 大连理工大学学报（社会科学版），（1）：57.

单化倾向进行了反思，并逐渐开始了向逻辑和认识论问题研究的转向。正如斯焦宾所指出的，"在 60—70 年代，科学哲学被认为是成效卓著的一个哲学研究领域。正是在这里，我们早于其他领域开始克服由意识形态造成的孤立主义，开始讨论西方同行正在研究的问题。在这一时期，自然辩证法的本体论问题在我国关于自然科学哲学问题研究的著作中逐渐退居第二位，占据中心地位的是逻辑和科学研究方法论问题"①。70 年代以后，俄苏自然科学哲学问题研究再次发生转向。俄苏通过两个路径转向了科学哲学的人文化。路径之一是科学哲学中科学方法论问题研究的重心开始转向历史传统、文化背景、人际交往及世界观等与人有关的主题；路径之二是全球性问题的研究，在全球性问题的研究中，人们开始深入思考价值、道德等问题与科学技术的深刻联系。弗罗洛夫指出，这次转向的主要成果之一便是认识到"现代科学正在人道化、社会学化。科学力图重建与认识活动的主体——人的统一。它日益以人为尺度，也即直接与人的需要和能力相适应……我们可以要求一种新的科学，一种与人、价值、人道主义处于紧密的统一与相互作用之中的科学"②。

不同思想传统、不同理论导向的西方和俄苏科学哲学发展的历史过程既揭示出双方各自发展的思想逻辑，又必然呈现出某种共性特征。两者在发展中所呈现出的共性可以概括为趋同演化。

一、第一次趋同：社会—历史转向（20 世纪 60 年代）

20 世纪 60 年代，西方与俄苏科学哲学的研究都开始发生转向。从 20 世纪中期开始，西方科学哲学对逻辑经验主义的"公认观点"的清算促进了新的研究纲领的出现。以库恩《科学革命的结构》的出版为标志，西方科学哲学的研究从静态走向动态，从注重科学知识的结构分析逐渐转向了科学的动力学分析。同是在 60 年代，苏联科学哲学的研究也开始从以本体论为主的自然科学哲学问题研究转向了科学发展的"转折"问题的研究。在科学动力学研究中，有两种趋同：一种是在 20 世纪中叶，西方科学哲学界对科学哲学的本性是科学动力学这一点有了普遍的认同，而俄苏自然科学哲学研究也几乎同时地发生了向

---

① 原文载《哲学问题》1995 年第 2 期，转引自安启念. 1997. 苏联哲学的人道化及其社会影响（上）. 高校理论
战线，（1）：59.
② 原文载《哲学问题》1995 年第 7 期，转引自安启念. 1997. 苏联哲学的人道化及其社会影响（上）. 高校理论
战线，（1）：59.

科学动力学的重心转移，这可以称为"趋同 1"；另一种是在科学动力学中，新旧理论的一致性（consistency）或会聚（convergency，亦译作趋同）问题，不约而同地成为西方与俄苏科学哲学共同的理论热点，这可以称为"趋同2"。[①]

西方科学哲学的这次转向是从波普尔开始的。波普尔的科学哲学是西方从知识的静态的、结构的研究转向动态的、社会的研究的重要转折点。斯焦宾曾经评价道，"波普尔对知识增长过程的说明包含人类意识和世界互动的大背景"。他的世界 1、世界 2、世界 3 的三个层次的划分以及彼此的互动决定了科学的发展。关于三个世界的阐述，"波普尔实现了对实证主义传统的决定性突破，标志着科学知识从分析科学的逻辑转向了分析科学发展的历史社会条件"[②]。波普尔之后，社会历史学派兴起。库恩从分析科学的历史发展着手，成功地在科学哲学领域中引入了科学发展和科学革命的主题，开辟了科学哲学的一个新领域。对此，斯焦宾给予了高度的肯定，"库恩的优点在于，对科学动态发展和科学革命问题的分析，他试图通过考虑科学作为一种社会文化现象来实现，强调非科学知识和各种社会因素对范式转变过程的影响"[③]。

在 20 世纪 60 年代前，俄苏科学哲学领域绝大部分的研究活动是在自然科学的哲学问题这个框架内进行的，从 60 年代后期开始，这种状况发生了转变。与研究科学知识的构成和结构一起，苏联国内的科学哲学开始积极地研究科学的起源和发展问题。20 世纪 60 年代末和 70 年代初期，新西伯利亚学派开始成名，他们研究科学的动态发展问题，并把这一问题的研究与社会文化等要素联系在一起。主要代表人物有罗佐夫、阿列克谢耶夫（Алексеев, И. С.）、罗佐娃（С. С. Розова）等。在这一时期，来自明斯克学派的科学哲学家也对这一转向做出了重要贡献。该学派的领导者是斯焦宾，成员有托米里奇克（Томильчик, Л. М.）、泽连科夫（Зеленков, А. И.）、叶利苏科夫（Елсуков, А. Н.）、佩图什科娃（Петушкова, Е. В.）、库兹涅佐娃（Кузнецова, Л. Ф.）、雅斯凯维奇等。该学派工作的重要特点是立足于对科学历史的、社会的分析，结合具体科学，如物理学、生物学等的分析给予历史的重建。斯焦宾总结道，"接近 70 年代末，科学哲学家的兴趣开始转移到研究社会文化因素方面，这些因素决定着科学知

① 孙慕天. 2006. 跋涉的理性. 北京：科学出版社：453.

② Стёпин В С. Философия науки. Общие проблемы // Электронная публикация：Центр гуманитарных технологий. http://gtmarket. ru/laboratory/basis/5321/5323〔2012-03-18〕.

③ Стёпин В С. Философия науки. Общие проблемы // Электронная публикация：Центр гуманитарных технологий. http://gtmarket. ru/laboratory/basis/5321/5323〔2012-03-18〕.

识的动态发展。确立了一个立场，然后根据它分析知识的增长机制、研究过程、全套工具。科学内部运行的有独立思想的方法都是必需的，但对于理解科学发展的规律性是不够的。应该把科学发展的规律性放在社会文化上下文中研究，并把它包括到社会逻辑学与文化逻辑学角度的哲学分析的系统中去。通往方法论和科学社会逻辑学与文化逻辑学一体化的道路已经开启了"①。

俄苏科学哲学的这一转向在时间上与西方科学哲学几乎同步。对这种同步的分析可以看到，一方面，西方与俄苏科学哲学的趋同发展是由 20 世纪科学发展的总体趋势决定的。科学的发展改变了我们对科学的以往理解，科学不再是"概念中的科学"，而是"历史中的科学"。另一方面，这种转向由科学哲学自身的发展逻辑决定，是各自的发展道路使然，不是简单的认同和全盘照搬。马姆丘尔曾总结道，俄苏科学哲学的相关研究"尽管确实考虑了国外著作的影响，但也可以证实，对科学知识的建立和发展的兴趣并不是对国外科学哲学转折的简单反映。对国内哲学所关注的问题的研究是独立进行的，就相应的国外的研究而言是平行进行的，甚至常常是超前的"②。

二、第二次趋同：文化—人类学转向（20 世纪 80 年代）

现代西方科学哲学体系中，英美科学哲学碾压了欧陆科学哲学的人文主义传统，在认识论领域走着"无人"的道路。在逻辑经验主义的理论中，作为科学主体的人是"逻辑的人"，经历了科学历史主义的转向，人也是"历史的人"。但无论是"逻辑的人"还是"历史的人"，都不是现实社会历史中有文化前见、历史聚焦和社会承载的"活生生"的现实的人。在以科学实践哲学等为代表的新科学哲学中，人作为主体的存在地位被有条件地肯定，成为"介入的人"。

斯焦宾分析了科学哲学发生文化—人类学转向的两个原因。首先，科学哲学的方法论分析，无论是面向自然科学、社会科学还是人文科学都属于社会和历史知识的领域，科学知识的发展动力不是自然的过程，而是社会的过程，是人类文化现象，因此，科学的研究支持一种特殊的人文科学——人的科学。其次，自然科学、社会科学和人文科学的严格界限在 20 世纪后期已经

---

① Степин В С. 2004. У истоков современной философии науки. Вопросы Философии, （1）: 7.

② Мамчур Е А, Овчинников Н Ф, Огурцов А П. 1997. Отечественная философия науки: Предварительные итоги. Москва: РОССПЭН: 255.

消融。当今科学开始越来越多地集中在协同特性、复杂系统等的研究，这些研究凸显出人及其人的活动的要素，人的问题的研究很合理地进入科学哲学的领域。①

（一）西方：从"逻辑的人""历史的人"到"介入的人"

1. 逻辑经验主义："逻辑的人"

拒斥形而上学是逻辑经验主义的核心议题，正如我国哲学家洪谦所说的，在逻辑经验主义那里，"哲学的任务是从逻辑的观点分析和阐明科学中的概念、假设和命题的意义，从而使我们因之而引起的形而上学的思想混乱得到澄清"②。在具体做法上，逻辑实证主义是以逻辑特别是数理逻辑为分析论证的工具，以命题的意义标准为判据。以逻辑为工具，追求一种与研究者、解释者的境况无关的、形式的说明模式。逻辑经验主义的哲学前提是由两个判断构成的，第一个哲学前提是逻辑与事实的同构性，第二个哲学前提则是"对科学活动主体——人的逻辑假定"。即"科学活动中的人，是纯粹理性的没有个人前见、个人动机、价值选择等主体性特征的'逻辑的人'。这一假定，直接产生了价值中立的科学事实观"③。如果把"逻辑的人"的假定展开，则延伸出三个理论主张：理性语言应用的无歧义性、价值中立的事实的存在、不存在科学的语用问题。④

"逻辑的人"的假定是逻辑经验主义的重大缺陷，它将作为科学家——科学主体的人片面抽象为"理想语言的构建"和对"科学主体的经验描述"。然而，科学主体的人的问题绝不是仅仅通过语言的构建和经验的描述之间的相互联系的意义得到的理解。"而正是'逻辑的人'的假定，将科学主体的主观前见、个人动机、哲学观念等价值选择因素剔除出了科学活动过程，使其在直观反映论的意义上确立了经验的这种'阿基米德点'的地位。其逻辑是：'逻辑的人'的假定→科学主体的语用问题被转换成了无旨趣的事实问题→科学被理解成了'知性操作'。"⑤

① Стёпин В С. Философия науки. Общие проблемы // Электронная публикация：Центр гуманитарных технологий. http://gtmarket. ru/laboratory/basis/5321/5329 ［2012-03-18］.
② 洪谦. 1999. 论逻辑经验主义. 范岱年，梁存秀编. 北京：商务印书馆：98.
③ 曹志平. 2007. 马克思科学哲学论纲. 北京：社会科学文献出版社：353.
④ 曹志平. 2007. 马克思科学哲学论纲. 北京：社会科学文献出版社：354.
⑤ 曹志平. 2007. 马克思科学哲学论纲. 北京：社会科学文献出版社：357.

2. 科学历史主义："历史的人"

西方科学哲学中的科学历史主义和马克思主义所主张的对科学的社会历史分析有着重大的区别。西方科学哲学只是强调对科学的哲学理解，除了要有结构学分析外，还必须与科学发展的历史实践相结合。这种研究不是将科学视为一种在社会历史中存在着的一种重要社会活动和现象，而仅仅是要在科学的哲学研究中，赋予历史作用的一种哲学方法论。除范式外，库恩科学哲学的另一个重要概念是科学共同体，科学共同体既是科学知识的创造者，又是科学知识的评价者和确认者。"科学共同体的核心和基础是'历史的人'，即因历史而表现出受前见、信念、动机等价值因素支配的人。"[①]本来，科学共同体是在科学知识的创造、评价和接受的现实活动和历史过程中形成的，本应该被赋予更多的现实性。但在库恩那里，科学共同体仅仅是在需要强调科学发展历史性时才被显现出其方法论层面上的意义。"由于库恩通过'历史的人'诉诸的只是主观性、个体性、精神性，以'历史的人'为基础展开的理解科学的出发点只是信念，效果、解决问题被作为了科学的最高目的，因此，科学历史主义的困惑，在'历史的人'作为前提确立的同时，基本上就产生了。在它改变漠视历史和人的'积累'的科学发展观，在动态的科学发展形式的描述中将历史、科学主体的人的因素、主观的因素表现出来，并从历史方面给予确证的同时，科学历史主义也从对科学的主体性、非理性因素的强调走向了主体主义、工具主义。"[②]

3. 科学实践哲学："介入的人"

20世纪80年代，科学实践哲学在美国兴起，其创始人是约瑟夫·劳斯（Rouse，Joseph）。劳斯的代表作有《知识与权力：走向科学的政治哲学》（*Knowledge and Power: Toward a Political Philosophy of Science*，Cornell University Press，1987年），《涉入科学：如何从哲学上理解科学实践》（*Engaging Science: How to Understand Its Practices Philosophically*，Cornell University Press，1996年），《科学实践如何重要：重提哲学的自然主义》（*How Scientific Practices Matter: Reclaiming Philosophical Naturalism*，University of Chicago Press，2002年）等。劳斯的科学实践哲学对传统科学哲学把科学仅仅看作是知识体系的"理论优位观"给予了批判，建立了一种以科学实践为基础，以实验室实践、文化和权力及其地方性

① 曹志平. 2007. 马克思科学哲学论纲. 北京：社会科学文献出版社：359.

② 曹志平. 2007. 马克思科学哲学论纲. 北京：社会科学文献出版社：361-362.

知识为主体的科学观。[①]

　　科学实践哲学与传统科学哲学的区别在于，传统科学哲学中的科学主要是指科学知识体系，而科学实践哲学中的科学主要是指科学实践活动，前者是理论优位的，后者是实践优位的。在传统科学哲学看来，科学为陈述体系，是一种信条，是普遍性知识；而科学实践哲学则认为，科学为处理现象的策略，是研究的对策，是地方性知识，需要在运用中理解。[②]还有一个十分重要的区别：传统科学哲学中，科学活动主要是"表征"（representing），而在科学实践哲学中，科学活动本身既包括"表征"，也包括"介入"（interven-ing），而介入性活动及其成果在传统科学哲学的研究中很少得到体现。

　　传统科学哲学对介入问题的无视或忽略是不合理的。因为，科学实践的重要特性在于对天然自然对象和人工对象的介入，这是科学研究的基础性活动，构成了科学研究的重要基础。于光远先生格外强调这一点，他曾说过，我们这个学派，是属于马克思主义哲学学派的；是马克思主义学派当中重视自然辩证法的一个学派；在自然辩证法的学派当中，是特别重视"人工的自然"和"社会的自然"的一个学派[③]。他还多次提到，天然自然、人工自然和社会自然的关系。人的各种认识实践活动起初是面对天然自然的，但人的认识实践活动一经发生，天然自然就会因人的影响而被破坏，"这被破坏后的局部的自然，就不再是'天然的自然'，可以说是'社会的自然'"[④]。

　　（二）俄苏：科学哲学人道化

1. 提出背景

　　苏联人道主义思潮形成于20世纪50年代。形成的背景从国际发展的整体趋势看，是20世纪中期以来的科学技术革命以及全球化。从某种程度上说，苏联人道主义思潮正是对20世纪科学技术革命和全球化问题的回应。从苏联国内的背景看则是由于苏共指导思想发生了转变。1953年斯大林逝世，在1956年苏共二十大上，赫鲁晓夫公开批判个人崇拜。这次会议提出了"一切为了人，一切为了人的幸福"的口号，人道主义的呼声日益高涨，理论界也不再回避人道主义问题。而是认识到，人的问题在任何足够发达程度的文化中始终具有重要的意义。

---

① 刘大椿，等. 2016. 一般科学哲学史. 北京：中央编译出版社：300.

② 刘大椿，等. 2016. 一般科学哲学史. 北京：中央编译出版社：305.

③ 于光远. 2013. 中国的科学技术哲学——自然辩证法. 北京：科学出版社：65.

④ 于光远. 2013. 中国的科学技术哲学——自然辩证法. 北京：科学出版社：67.

　　研究人的问题具有认识和实践的双重意义。从认识角度，人是各门科学研究的重要对象，人的研究对各门科学的发展十分重要。社会科学对人有着多角度的研究，"各门社会科学把人作为任何社会系统的基本要素和社会性质的基本载体进行研究。人被看作主要的社会生产力、历史过程的主体和客体、个性，以及教育的对象等等"。自然科学对人研究的角度也是多样的，在自然科学中，人被作为生物进化的产物，"有其特殊的遗传程序和一定变异域的机体和自然个体，以及生物圈的组成部分来研究"。对于技术科学而言，技术科学"研究人的问题是为了保证控制、通讯和管理系统的正常运行，以及制造能够在工艺过程中模拟人类某些功能的设备"①。

　　从实践角度，研究人的问题对于国民经济各领域也十分重要。1976 年 1月，苏联《共产党人》杂志第一期刊登哲学副博士列克托尔斯基和哲学博士麦留欣的文章《谈谈唯物辩证法发展的若干问题》，在这篇文章中，作者就有前瞻性地指出，科技革命深刻地改变着人类社会，也改变着人类的生产和生活方式。因此，在研究科技革命问题时，"其中占中心地位的问题之一是人的社会哲学问题。日益开展的科技革命会给人提供一个什么样的未来：是做一整套机器的毫无个性的附属品，还是做为了社会进步而操纵机器的、自己命运的真正创造者？只有通过揭示人和技术、技术和一系列社会关系，而从更广泛的意义上来说则是人和社会的相互关系的现实辩证法，才能正确地、真正科学地解决这一极为重要的问题"②。

　　在 1981 年 4 月 22—24 日于莫斯科召开的全苏第三次现代自然科学哲学问题会议上，哲学博士库普佐夫在讨论自然科学哲学问题研究的意义时也很有前瞻性地指出，"首先应当指出的是这一研究对于形成科学世界观的巨大意义。同时，这种研究对解决下述问题所做的重大贡献也有重要的意义：关于自然界的总体观念，关于人在世界中的地位、人的认识与人能动地改造世界活动的可能性、作为文化现象的自然科学和整个科学的特点及其在社会生活中所起的作用的特点"③。在这个世界上，科学的价值取向及其社会使命正在明晰地昭示出来。今天逻辑、方法论和科学哲学正处于新的发展阶段，作为文化现象的科学

---

① 沈恒炎，燕宏远. 1991. 国外学者论人和人道主义（第 2 辑）. 北京：社会科学文献出版社：13.

② 贾泽林，王炳文，徐荣庆，等编译. 1979. 苏联哲学纪事. 1953—1976. 北京：生活·读书·新知三联书店：592-593.

③ В. И. 库普佐夫. 1990. 研究自然科学哲学问题的新阶段//И. Т. 弗罗洛夫. 辩证世界观和现代自然科学方法论. 孙慕天，李成果，申振玉，等译. 哈尔滨：黑龙江人民出版社：237.

合理性研究正把我们引向人道主义价值问题。

从总体上看，苏联科学哲学人道化有三方面的原因。首先，从社会方面说，一是苏共人道主义纲领的提出，二是苏联发达社会主义的理论研究。其次，从哲学方面说，一是苏联哲学的人道化，二是西方哲学的影响。"弘扬主体性是近代西方哲学的基本倾向，并在 20 世纪中叶达到顶峰；人的问题在 20 世纪西方哲学中的地位日益突出，人道主义和对人的关注成为普照之光，体现在众多的研究领域之中。"①最后，苏联科学哲学的人道化也是苏联科学哲学发展内在逻辑的产物。

2. 研究内容

斯焦宾指出，自然科学、社会科学和人文科学成果都是人类通过认识活动而得到的相关知识，就知识而言，三者就具有共同性；另外，自然科学、社会科学和人文科学的知识都是广义的科学知识，"它们的区别是植根于各自特定的学科领域"。"在人文科学和社会科学的学科中，包括人的感觉、人的意识的主题，并且这样的主题经常出现。"②这一主题的研究需要专门的认识手段，以便能够了解人的认知过程，这是人文科学和社会科学做不到的。这就需要科学方法论，有关人的问题的研究进入了科学哲学领域。

在社会科学等领域，关于人的研究非常广泛，有哲学、新闻学、艺术批评等。科学哲学进入这一问题的研究，形成了研究的两个重要内容——"社会的人道主义知识"和"科学的社会人道主义知识"。"第一类包括科学研究的成果，但不限于它们，因为这部分的研究还涉及创造性等其他非科学的形式。第二类仅由科学研究的成果组成，在这种情况下，研究本身的细节和范围是受到限制的。当然，这类研究本身并不与文化的其他领域隔绝，而是与其存在互动，虽然科学的形式与人类的创造性活动离得非常近，但不能依据科学来鉴定其他领域的研究。"③这两方面的内容是相通的，一方面，我们可以从社会科学的人与自然科学的人的比较入手研究；另一方面，我们又必须充分了解它们各自的具体内容和一般内容。从一个领域形成的方法论方案可以为另一个所用，在解决具体问题的过程中，已有的方法论方案会发展出自己的内容，使之可以

① 安启念. 1997. 苏联哲学的人道化及其社会影响（上）. 高校理论战线，（1）：60.
② Стёпин В С. Философия науки. Общие проблемы // Электронная публикация：Центр гуманитарных технологий. http://gtmarket. ru/laboratory/basis/5321/5323［2012-03-18］.
③ Стёпин В С. Философия науки. Общие проблемы // Электронная публикация：Центр гуманитарных технологий. http://gtmarket. ru/laboratory/basis/5321/5323［2012-03-18］.

在知识的任何其他领域中应用，包括社会科学和人文科学。

第一类研究的出发点是对现代文明危机的关注，"现代文明危机（生态的、人类学的）使文明发展战略出现新的尖锐的问题。这种联系产生了关于科学的社会作用及其在现代文化的地位的问题……首先，要讨论现代人类学的危机形势，以及显露出的技术操作在人类对遗传学的干预时改变人类生物性质的可能性"①。这方面的研究已经成为俄苏科学哲学的重要内容之一。俄罗斯科学院院士列克托尔斯基在评价斯焦宾于 2007 年出版的教科书《科学哲学：一般问题》时曾总结道，该书广泛讨论了在哲学、意识形态和社会人道主义背景下科学哲学的问题。"科学哲学是哲学的一个特殊专业的分支，在它的教学过程中不允许略去那些当代的世界观和那些最大程度使当今青年不安的以及与批判现代文明形式（生态学、人类学、价值判断）相关联的哲学社会问题。"②

第二类研究的代表是俄苏的宇宙认识论，代表成果是哈洛德内伊（Холодный，Н. Г.）的人类宇宙主义和进化认识论以及维尔纳茨基的智慧圈理论。哈洛德内伊认为，进化论就是宇宙哲学的根源。1944 年他出版著作《关于自然与人类关系的达尔文主义思想》，在书中提出了人本主义宇宙观和进化论的认识论，强调在人与自然的相互关系中，人类活动在整个自然进化过程中的重大意义。在书的第一部分，哈洛德内伊分析了人与自然的相互关系，指出人创造的这一独特环境，即他所谓的人工自然区别于天然自然。人工自然是生物界的一部分，是人靠自身的劳动创造的。"尽管人所创造的生存环境具有自身的独特性，但也仍然是世界不可分割的一部分，而且还完全服从于现存的规律。人并不是凌驾于自然之上，而是与自然处于同一统一体当中。"③人的活动对于自然界而言是作为一种内生性、内部的因素而出现的，因为人由于自身的智慧能够把自然现象逐渐地变作内部机制，对其实施改变并使其向有利于自身需要的方向发展。在书的第二部分他把人对宇宙的使命和人在宇宙当中的地位进一步展开。

哈洛德内伊之后，维尔纳茨基提出他"宇宙哲学"的基本思想，共三个方面。首先，科学被视为全球化现象，也就是，在影响着地貌和生物圈的规模上

① Обсуждение книги В С. 2007. Стёпина "философия науки. Общие вопросы" (материалы"круглого стола"). Вопросы Философии, (10): 68.

② Обсуждение книги В С. 2007. Стёпина "философия науки. Общие вопросы" (материалы"круглого стола"). Вопросы Философии, (10): 65.

③ Мамчур Е А, Овчинников Н Ф, Огурцов А П. 1997. Отечественная философия науки: Предварительные итоги. Москва: РОССПЭН: 147.

是一种全球化现象，同时又是作为一种理解和掌握宇宙的力量而存在。其次，科学哲学应该建立在对有机物向生物圈的进化和由生物圈向智慧圈的进化过程的认识这一基础之上。最后，智慧圈的发展是科学以及科学的技术和社会应用的最重要的任务。[①]除此之外，维尔纳茨基在科学哲学方面的研究也卓有贡献。例如，在科学知识的结构方面，维尔纳茨基按时间的不同划分出不同的阶段：经验事实，经验总结，假说和理论，以及规律性的认识，等等。

这次趋同所显现出的共同点有以下三方面。第一，我们可以从不同视角关注到科学的实践属性。逻辑经验主义追求的理想语言应用的无歧义性和价值中立的事实，将科学实践活动的主体——人从科学的分析中剔除，已被视为其重大的理论缺陷。社会历史主义关注科学发展的过程，虽然没有把科学视为一种在社会历史上存在着的重要社会活动，但也没有完全割断科学与人类活动的关系，为 20 世纪 80 年代科学实践哲学的兴起做了必要的铺垫。科学实践哲学中的科学主要是科学实践活动，由理论优位走向了实践优位。俄苏科学哲学是在马克思主义思想传统下发展起来的，摆脱了对经典作家陈述的简单化讨论和理解，对这一问题的研究日趋深入。在穆拉维约夫看来，科学哲学作为实践哲学的投影要素。缺少实践维度的对科学的分析，使"科学陷入了没有明确、清楚的公共目的，而是与偶然的经验或'实验'相并列，没有从实验到现实实现的过程"的状况，因为"所有这些方案具有不与知识反映过程和科学团体的集体实践相联系的抽象特点"。坚持实践的观点，"科学获得的不只是统一的方针，而且获得了公共的功能和一种使命——道路，在这条道路上，人类成了了解整个宇宙的支配者和变革者。这种情况下科学成了'所有实践知识的汇集和它的公共事业的理论和技术'"[②]。

第二，都关注作为认识主体的人的地位的变化。西方科学哲学从汉森观察渗透理论的命题中显现出科学认识主体的地位。比较而言，俄苏科学哲学的讨论要更加充分些。盖金科（Гайбенко，П. П.）曾经指出，经典科学和非经典科学的差异与不同在于人与自然关系的变化。经典科学时期，人与自然的关系是二分对立的，认识的目的主要是满足自己的主观需求。非经典科学时期，人与自然是融为一体的，人作为自然的一部分和自然界有机地统一。我们认识的并

① Мамчур Е А, Овчинников Н Ф, Огурцов А П. 1997. Отечественная философия науки: Предварительные итоги. Москва: РОССПЭН: 148.

② Мамчур Е А, Овчинников Н Ф, Огурцов А П. 1997. Отечественная философия науки: Предварительные итоги. Москва: РОССПЭН: 143.

非是独立于主体的纯粹客观现象，而是我们与自然相互作用而形成的一种关系状态。①

　　第三，都承认科学哲学作为一种哲学，必须关注时代的变化。由于传统的科学哲学是对科学的认识论研究，因此，狭义的科学哲学被特指为科学的认识论研究。而实际上，对科学的哲学研究并不仅仅是认识论研究，西方对科学的哲学研究已经从认识论走向价值论，更是走向了对科学的全方位的哲学研究，如科学社会学、科学历史学、科学心理学、科学伦理学、科学美学等。这些研究不仅拓展了对科学的哲学研究，而且通过各自的研究领域实现了对时代的关注。俄苏学者认为，逻辑-方法论问题仍处于传统的科学哲学的中心位置。但是在现代阶段找到科学合理性问题的历史变异性具有特别重要的意义，科学有社会文化价值，科学在社会生活中的功能正发生着改变。俄苏学者的努力使我们看到，"通过科学哲学可以引导有理性地谈论关于最紧迫的现代文明问题，因为科学已经有好几个世纪是人类文明发展的决定因素之一了"②。当然，讨论当今人类学和社会学主题都在哲学层面上进行——这也是科学哲学研究要求这样做的。

三、科学哲学趋同演化的思想启示

　　两种不同思想传统的科学哲学在各自道路上的发展呈现出趋同演化的趋势，是十分耐人寻味的。对这种趋势给予认识和思考，可以从多方面给予我们思想启示。

（一）科学哲学趋同演化的基础：科学发展凝聚共同主题

　　科学哲学是对科学的哲学反思。20 世纪科学的快速发展，给科学带来了惊人的变化，从三个方面聚焦了科学哲学的共同主题：科学自身的变化，科学技术与社会关系的变化，以及科学全面发展引发的社会影响。

　　从 17 世纪到 20 世纪，牛顿、麦克斯韦等人建立的科学世界的总图景发生了重大转变。物质的基本单元的观念被打破，机械的决定方式被量子力学的概率决定方

---

① Обсуждение книги В С. 2007. Стёпина "философия науки. Общие вопросы" (материалы"круглого стола"). Вопросы Философии, (10): 69.

② Обсуждение книги В С. 2007. Стёпина "философия науки. Общие вопросы" (материалы"круглого стола"). Вопросы Философии, (10): 65.

式所替代，宏观领域中绝对的时空和客体概念变成了相对概念。我们熟知的科学领域——对宏观客体的研究——正在向宇观和微观领域进发。不同思想传统的西方和俄苏科学哲学共同面对着 20 世纪科学发生的巨大变化，形成了共同思考的重要研究课题。他们从各自的路径出发，来研究科学的理念，分析科学知识的结构和动态发展及动力学模型，尝试确定科学的发展模式。

20 世纪科学的快速发展也使得科学哲学必须共同面对科学、技术与社会关系的变化。20 世纪的科学进步，改变了自经典科学时代以来科学活动的本质，"小科学"走向了现代的"大科学"。现代的知识生产离不开综合的社会支持，包括组织方面，各自新型的科学组织方式的出现；资金支持方面；物质支持方面；等等。科学已经成为一种重要的社会活动，这种情形的出现带来了需要共同面对的新问题：科学与社会的关系，科学的社会功能，科学的合理性价值随着时代的演进会发生怎样的变化等。

20 世纪科学发展还带来了广泛和深刻的社会影响，科学对社会的影响已经渗透至社会生活的各个领域，科学越来越多地应用在社会活动的各个领域，参与评估、决策，开始影响到社会发展的路径和目标选择。所有这些问题都为当代科学哲学提出了新的问题。一方面，作为一种社会文化现象的科学知识，社会和文化因素在其历史形成机制、知识的生产方式等产生了怎样的影响；另一方面，科学作为生产力，其转变社会的巨大力量以怎样的方式和路径实现。

20 世纪也是科学得到褒奖和批评最多的时代。科学经常受到猛烈批评，科学被指控的"大罪"源于两方面。一是科学成果应用的负面结果，如当代伦理学质疑的生物技术领域，核事故引发的恐怖，等等。二是科学不免要为当代全球性的环境危机担责。虽然这种批评同样是对科学巨大作用的一个间接承认，但问题是必须面对的。除了要进一步思考科学的价值和社会功能外，还必须改变科学的发展战略。科学不仅要为寻求当代全球危机的出路助力，还要与人类未来的文明和发展联系在一起。

无论从何种角度讲，科学都是一个值得认真研究的对象，哲学、历史学、社会学、经济学、心理学、科学学等都从各自的视角给予了应有的关注。科学哲学试图回答以下问题：科学的本质、科学知识的基础、科学知识的结构、科学的发展模式、科学发展的影响因素、科学的组织原则、科学合理的运作方式等。在精神文化领域还没有哪一个领域能像科学那样对人类社会产生如此重大的影响。斯焦宾的总结是恰当的，"科学是所有未来的导演"。①对人类未来的关注聚焦了不同思想传统下的科学哲学的共同主题。

（二）科学哲学趋同演化的根据：全球化凸显英美范式

在导言部分，从三个方面分析了全球化对世界科学哲学发展的影响：全球化营造了世界科学哲学的发展平台，全球化改变了世界科学哲学发展的历史轨迹，全球化弱化了民族科学哲学的意义价值。如前所述，科学哲学作为哲学学科中全球化程度最高的学科之一，首先缘于英美分析哲学范式的传播。当下全球化的科学哲学采用了英美分析哲学范式，原因有二。首先，英美分析哲学是从知识的角度来理解科学，因而这种科学哲学在本质上就是一种知识论。"所谓全球化科学，实质上就是全球化科学的知识及其产生知识的方法。也正是这种全球化科学的知识及其方法，给了英美分析哲学的科学哲学范式以合法性。"其次，取决于英美科学哲学的研究方法，"英美分析哲学的方法大多采用逻辑、推理和分析的方法，因而在本质上属于一种科学研究的方法，具有普适性且易于全球化"②。正因如此，世界范围内的科学哲学研究都在全球化的背景中向"科学的逻辑"聚拢。但也正如我们所认识到的那样，"尽管全球化科学哲学在理论上几乎穷尽了各种逻辑可能性，但最终仍然无法令人满意地解决科学哲学中最基本的问题，例如，科学与非科学的划界问题、科学的进步性与合理性问题，以及实在论与反实在论问题等等"③。究其根本原因，是因为上述问题不仅仅是逻辑问题，而且还是历史问题。仅从逻辑的角度来说明，尽管可以在理论上做到穷尽各种可能性，仍无法对所研究的问题给出合理的说明，这是西方科学哲学由逻辑的分析走向历史的分析的重要根据。俄苏科学哲学从本体论转向认识论，从研究科学知识的结构、科学知识的基础（世界的科学图景）走向研究科学理论的起源和发展、科学活动的典范和标准、科学知识的社会制约性、科学中的革命则依循了自己的发展逻辑。俄苏科学哲学的自然科学哲学问题研究解决的是自然界本体的哲学问题，但是，直接的研究对象却是自然科学。他们通过对自然科学所获得的认识和结论的研究，揭示自然科学背后的自然界的性质和规律。这种研究的最初方法是辩证逻辑。随着苏联学术界对

① Стёпин В С, Горохов В Г. 2006. Философия науки и техники. http://society polbu. ru/stepin_sciencephilo/ch53_i. html[2011-02-16].
② 孟建伟. 2014. 全球化科学哲学：根源、问题与前景. 北京行政学院学报，（6）：109.
③ 孟建伟. 2014. 全球化科学哲学：根源、问题与前景. 北京行政学院学报，（6）：109.

形式逻辑和辩证逻辑关系的重新厘清，形式逻辑所擅长的分析也自然成为研究的重要部分。

进入 21 世纪，全球化时代带来了新的变化。在绪论部分，我们已经阐述到，全球化科学哲学的最大问题在于通过切断科学的文化之根及科学同全球多元文化的深刻关联，来抽象地研究"科学的逻辑"。这使得这种知识论的科学观"只关注科学的辩护和证明，而不关注科学的发现和创新；只关注人所创造的科学，而不关注创造科学的人；只关注科学同别的文化的区别，而不关注科学同别的文化的联系。这样一来，科学的人性之根和文化之根从根本上被切断了"①。解决这一困难，成了各种科学哲学的共同目标。

（三）科学哲学趋同演化的实现：马克思主义科学哲学的开放性

俄苏科学哲学发展的历史道路彰显出马克思主义科学哲学的开放性。具体可以从三个方面有所呈现：一是从本体论走向认识论，二是开启从辩证逻辑走向辩证逻辑和数理逻辑的结合，三是从各门自然科学哲学问题的研究走向分支性科学哲学研究。

苏联的自然科学哲学问题研究把注意力主要集中在本体论问题的研究上。空间、时间、物质、因果性的哲学问题，物质和意识、自然和社会的相互关系问题等都进入研究的视野中。这种状况在 20 世纪 60 年代中期开始显露出转折，"继续本体论问题研究的同时，自然科学创建的现实性图景变得有意义了，与分析科学认识活动本身的规律相关的认识论和方法论问题的强化研究开始了"②。代表性著作如 П. В. 托万茨的《科学认识的逻辑》（1964 年），斯米尔诺夫的《知识的层次和认识的阶段》（1964 年），И. Б. 诺维克的《科学认识的逻辑》（1964 年）等。最有影响的当属柯普宁，柯普宁在 1965 年出版了《科学研究的逻辑》，1973 年出版了遗作《作为逻辑和认识论的辩证法》。③柯普宁主张，唯物辩证法表现为最一般的科学认识方法，"唯物辩证法作为马克思主义的逻辑和认识论，乃是对现代科学知识进行逻辑分析的哲学基础"④。在柯普宁等人的影响下，60 年代苏联的科学哲学开始显露出转折，在继续本体论问题强化研究的

① 孟建伟. 2014. 全球化科学哲学：根源、问题与前景. 北京行政学院学报，（6）：111.

② Мамчур Е А，Овчинников Н Ф，Огурцов А П. 1997. Отечественная философия науки：Предварительные итоги. Москва：РОССПЭН：254.

③ 孙慕天. 2009. 边缘上的求索. 哈尔滨：黑龙江人民出版社：406.

④ П. В. 柯普宁. 1984. 作为逻辑和认识论的辩证法. 赵修义译. 上海：华东师范大学出版社：28.

同时，与分析科学认识活动本身的规律相关的认识论和方法论问题的强化研究开始了。在这种条件下，科学哲学工作者在研究认识论和方法论问题上做出了很大的贡献，研究的关注点开始往与分析科学知识，科学知识的结构、基础、起源和发展相关的问题上集中。

20 世纪 40—50 年代，苏联的自然科学哲学问题研究拒斥数理逻辑，认为数理逻辑只是数学的一个分支。在认知过程的分析首先是辩证逻辑，这是马克思在《资本论》所采取的方法。同样，对知识的发展进行分析是辩证逻辑的责任。凯德洛夫完全同意这个观点，并且在自己的研究中试图论证这个观点，他坚信所有的形式逻辑都是逻辑发展的低级阶段。他曾举例反驳形式逻辑中一个著名的定律：概念的内容和数量之间呈反比，即概念的数量越多，它的内容就越贫乏，反之概念的内容越贫乏，它的数量就越多。在"认识自然的过程中，无论是科学概念的数量还是内容都向一个方向变化，即向着增长和丰富的方向发展"。此时，形式逻辑就应该让位给辩证逻辑。[①]

20 世纪 50 年代起，这种方法开始被质疑，代表人物是季诺维也夫（Зиновьев，А. А.）。季诺维也夫通过深入的研究发现，马克思对资本概念的分析仅通过辩证矛盾（不通过形式逻辑）的断言并不符合事实。1981 年 4 月在莫斯科召开的全苏第三次自然科学哲学问题会议上，高尔斯基、尼基弗洛夫（Никифров，А. Л.）撰文《对科学知识发展模型进行逻辑分析的意义》，对数理逻辑在科学知识的分析中的作用给予了合理的肯定。认为数理逻辑"能够更准确地做出某种解答；能够去掉不明确性；能够揭示各种问题的答案在逻辑上的相互联系；能够显示隐藏在内容观念中的矛盾和错误等等"。数理逻辑不可忽略的作用还在于，"逻辑分析的结果往往是向哲学和历史-科学新水平的跃升，是对原来的内容观念重新进行审查和修正"[②]。至此，俄苏的科学哲学研究开始以数理逻辑为手段从事科学知识的研究，发现的逻辑成为科学方法论研究的一个重要方面。

分支性科学哲学的研究核心是物理学、生物学哲学和方法论的问题。物理学哲学和方法论的研究集中了大量的哲学家和物理学家，他们在相关的研究中发挥了积极的作用。哲学家如萨奇科夫（Сачков，Ю. В.）、巴热诺夫（Баженов，Л. Б.）、阿克秋林（Акчурин，И. А.）、马姆丘尔、阿列克谢耶夫、丘季诺夫

① Уемов А И. 2004. Воспоминаниа о Б. М. Кедрове. Вопросы Философии，（1）：43.
② Д. П. 高尔斯基，А. Л. 尼基弗洛夫. 1990. 对科学知识发展模型进行逻辑分析的意义//И. Т. 弗罗洛夫. 辩证世界观和现代自然科学方法论. 孙慕天，李成果，申振玉，等译. 哈尔滨：黑龙江人民出版社：306.

（Чудинов，Э. М.）、伊拉利奥诺夫、斯焦宾、拉祖莫夫斯基（Разумовский，О. С.）、佩琴金（Печенкин，А. А.）、帕霍莫夫（Пахомов，Б. Я.）、克拉韦茨（Кравец，А. С.）、潘琴科（Панченко，А. И.）；物理学家如福克、斯莫罗金斯基（Смородинский，Я. А.）、法因贝格（Фейнберг，Е. Л.）、沃尔肯施泰因（Волькенштейн，М. В.）、巴拉申科夫（Барашенков，В. С.）、切尔纳夫斯基（Чернавский，Д. С.）等。生物学哲学和方法论领域也同样看到了哲学家、生物学史方面的专家和生物学家的合作。哲学家如弗罗洛夫、卡尔宾斯卡娅、利谢耶夫（Лисеев，И. К.）、阿布拉莫娃（Абрамова，Н. Т.）、吉鲁索夫（Гирусов，Э. В.）、博尔津科夫（Борзенков，В. Г.）、克列米扬斯基（Кремянский，В. И.）等；生物学史和生物学家如扎瓦茨基（Завадский，К. М.）、杜比宁、罗基茨基（Рокицкий，П. Ф.）、察依科夫斯基（Чайковский，Ю. В.）等。不仅如此，他们的研究还广泛进入了社会科学哲学和方法论以及人文科学哲学和方法论的研究领域。

第四节　从科学哲学比较研究到比较科学哲学

比较科学哲学产生的思想前提，一是科学哲学思想发展的内在逻辑，二是冷战结束后国际形势的变化，三是俄苏和中国马克思主义科学哲学的发展。

以科学哲学思想发展的内在逻辑来说，比较科学哲学的成立首先取决于科学哲学的个性化发展以及形成相对独立的、自成体系且思想发展又比较成熟的多个理论体系。亦即必须有可以进行比较的双方甚至是多方的同时存在。具体地说，从科学哲学的比较走向比较科学哲学，一定要有能够与英美科学哲学"平起平坐"且相对独立的科学哲学的存在。不一定与英美科学哲学的发展完全匹配，但一定有英美科学哲学没有乃至无法将其内含于其中的内容和个性特征。非英美科学哲学要努力发展，同时英美科学哲学也要客观地承认除自己之外，其他科学哲学思想体系的存在，而且是科学哲学发展的重要组成部分。只有在这个前提下，比较科学哲学才能得以确立和展开。全球化时代，虽然世界各国有了全方位、多层面的接触和交流，东西方文化的交流和互动正日益深入和加强，但就目前而言，全球化的影响和作用主要还是单向的，是西方的思想文化单方向的世界扩张。时至今日，如果不加特别的说明，科学哲学基本上指的就是英美的科学哲学，其他的科学哲学并没有得到合理的承认。以俄苏科学哲学为例，虽然 20 世纪的科学哲学思想发展在其国内产生过较大的影响，在诸如科学知识结构、科学发展动力和科学革命等问题的研究中，并不逊于西方学者的成就，但在大多数西方科学哲学家的心中，无论俄苏科学哲学怎样发展，都无以撼动他们自己的成就地位。因为正宗的科学哲学只有一个，是他们自己建立起来的西方科学哲学。

随着冷战的结束，西方学者才把自己的目光缓慢地投向俄苏科学哲学问题的研究。其研究视角又大多集中于政治权力对科学的干涉，甚至把马克思主义哲学和科学研究的关系转换成意识形态和科学，研究较多地集中在消极案例，如李森科事件等。其中也出现了一些理性、全面研究俄苏科学的学者，如格雷厄姆、斯坎兰、都柏林城市大学的海勒娜·希恩等。他们的研究成果在西方世界和俄苏国内产生了极大的影响。西方学者围绕格雷厄姆的著作，写出很多评论性文章，书中的结论也不断地出现在俄苏学者的引文中。在格雷厄姆等人的影响下，西方知识界对俄苏科学哲学的研究有了一定程度的展开。这代表了一种较为开明的态度，西方人开始了解到另外一种科学哲学。无论他们对俄苏学者的工作持何种态度，肯定、批评还是否定，毕竟认可了其存在。

除俄苏外，20 世纪 80 年代以后，改革开放的中国迎来了理论的快速发展时期。随着中国在各个领域的快速崛起，其独特的思想文化，儒家哲学深厚的底蕴，以及自然辩证法旗帜下有中国特色的科学哲学理论，也在日益壮大，并进入世界思想的进程中。

这些成果明确地向西方宣告，与西方科学哲学相比，马克思主义思想传统下的科学哲学，尽管在论旨、概念和方法等方面与西方不同，但它们也有自己独特的思想体系和独有的存在价值，要了解世界科学哲学发展的新趋势，不能无视其特殊的贡献。更何况，英美分析哲学传统下发展起来的科学哲学，其自身发展也遭遇到多方困难。要克服这些困难，不能仅仅在自身的理论框架内部寻求方案，必须以开放的姿态来面对马克思主义科学哲学，寻求来自外部的资源力量。

在英美科学哲学范式一统天下的情况下，其他国家的发展正以此为标准来审视自己的科学哲学。其实，西方科学哲学要想走出今日的困境，同样需要以马克思主义科学哲学为参照系，以审视和重新评价自己。果真如此，马克思主义科学哲学与非马克思主义科学哲学比较研究的思想前提就形成了。

一、比较科学哲学的可能性

（一）哲学和科学的相通性

维特根斯坦说过，"世界是怎样的这一点并不神秘，而世界存在着，这一点是神秘的"[①]。世界是怎样的，是科学要回答的问题，而世界的存在则是哲学需思考的问题。科学的相通性是由对象的确定性、研究方法的一致性、知识表达形式的共同性决定的。作为哲学研究对象的科学是无歧义的、具有统一表达形式的、整体的科学。西方科学哲学科学统一问题的研究从多角度揭示出了科学相通性。按照时间顺序，西方的科学统一问题的研究先后经历了要素的统一、逻辑形式的统一、语言的统一和归化的统一。要素统一的代表是马赫，马赫认为，高度发展的科学可以把事实归结为少数性质相似的要素，科学统一的核心是寻找到贯穿于各门自然科学中的最具有普适性的要素，并以此构造出统一的科学。马赫之后，罗素、维特根斯坦的逻辑原子主义对逻辑的统一性情有独钟，认为一切科学陈述不论其经验内容如何，都具有共同的逻辑形式。卡尔纳普将物理语言作为统一科学的语言，在他看来，物理语言具有统一科学语言的两个要求，一是主体间性，二是普遍性。当然，西方科学哲学科学统一问题的研究回避了科学统一的客观基础，这是其不可无视的缺点。尽管由科学统一问题研究所揭示出的科学的相通性并不理想，但有一点还是取得了高度的共识，即"科学本身已经高度知识化、学科化、专业化和规范化，在全球范围内已经形成统一的范式，无论是问题领域，或是研究方法，还是价值标准等等，都是全球化程度最高的领域。除此以外，再也没有其他别的专业领域能够像科学那样在全球化的道路上做得如此全面、彻底而成功"[②]。

张世英在论文《相同与相通——兼论哲学的任务》中分析了哲学相通性的存在论根据，并区别了"相同"和"相通"的概念。相同性是认识论角度的概念，世界上找不到两片完全相同的叶子，但人类却能够通过认识的抽象活动撇开相异的方面，抽取出相同的方面，构成抽象的同一性。但现实中却没有这种抽象的相同性。相通是存在论角度的概念，现实中虽不存在抽象的相同性，但却存在着彼此的相通性，"彼此不同的东西而又能互相沟通，这就是我所说的相

① 维特根斯坦.1996. 逻辑哲学论. 贺绍甲译. 北京：商务印书馆：104.

② 孟建伟.2014. 全球化科学哲学：根源、问题与前景. 北京行政学院学报，（6）：108.

通"①。认识论"把认识相同性视为哲学的一项重要任务",而存在论则"认为把握现实的东西之彼此相通是哲学的重要任务"。哲学的任务既有认识论角度对相同性的认识,也有存在论角度对相通性的认识,而"哲学之最高任务不是认识相同性,而是把握相通性"。②

我们可以从研究主题上看到哲学的相通性,例如"老子和赫拉克利特分别用'道'和'逻各斯'作为万事万物的本源,旨在寻找一种囊括宇宙万物的概念;孔子和苏格拉底分别使用'仁'与'德性'、'知'与'知识'等概念,来表达相似的道德主张和人生价值;荀子的'明分使群'社会建构观念与柏拉图的'分而治之'的理想国理念,均渗透着既'分'且'一'的社会和谐观等"③。我们还可以从哲学在不同时代总是面对人类共同的主题上看到哲学的相通性。公元前6世纪,哲学同时出现在欧洲地区、中国和印度,他们各自以自己的方式提出和回答这样的问题:一切是什么?整个世界是什么?当今时代的哲学与全球化发展带来的新问题联系在一起。哲学的差异性则来源于不同文化的特点和具体格局,而"哲学的相通性源于人类共同的自然处境和共同的生存条件和生理机制,如认知机制"④。

科学哲学是对科学的哲学反思,科学的相通性保证了哲学反思的对象的一致性,而哲学的相通性保证了来自不同哲学传统所形成的反思具有可比性。

（二）不可通约性是困难而非本质

自库恩提出不可通约性命题以来,这一问题不仅出现在西方科学哲学领域,更是扩展到科学社会学等诸多领域,成为争议不休的问题。尤其是在当今全球化背景下,不同文化的汇通和不同文明的冲突更是凸显了这一问题的重要性,是分析比较科学哲学的可能性和可行性不能绕过的问题。一方面,我们不能不加保留地全盘接受不可通约性的结论,另一方面,我们也必须正视不同哲学体系中因文化语境、研究向度、研究问题、思维方式和表达方式等的不同而带来的巨大差异。因此,比较科学哲学的研究必须破解不可通约性问题。

在不可通约性问题的研究中,俄罗斯学者给出了独特的解决方案。叶果罗

① 张世英. 1995. 相同与相通——兼论哲学的任务. 北京大学学报（哲学社会科学版）,（4）: 53.
② 张世英. 1995. 相同与相通——兼论哲学的任务. 北京大学学报（哲学社会科学版）,（4）: 53.
③ 赵国珍. 2013. 论先秦哲学与古希腊哲学的相通与相融. 山西青年管理干部学院学报,（4）: 62.
④ 武汉大学哲学学院, 武汉大学中西比较哲学研究中心. 2009. 比较哲学与比较文化论丛（第1辑）. 武汉: 武汉大学出版社: 6.

夫在《如果范式不可通约，为什么它却变动不居？》一文中，分析了西方科学哲学中不可通约性的本质，分析了出现不可通约性问题的原因，并提出了解决这一问题的方案。叶果罗夫指出，不可通约性带来了比较的困难，但不是比较的本质。他借助于罗素的中性语言规划（neutral-linguistic programming，NLP）理论，建立了元思维层次和元立场的概念，指出了辩证矛盾和逻辑矛盾的区别，提出了把辩证法原则应用于解决逻辑推理矛盾的有效建议。

在叶果罗夫看来，不可通约性概念的本质在于"一些理论内容的类在下述意义上是不可比的，它们之间没有建立起通常的逻辑关系（蕴含、排斥、交叉）"①。出现这种不可通约性困难的原因有两个方面，首先是建构理论时所采用的抽象层次不同，革命前后的科学理论"就像根据自由放任（laissez faire）原则建构的完全竞争的经济理论和根据客观市场实际建构的经济理论之间的关系一样"，本不在一个层次上，这种层次上的差别，被西方学者忽略。其次是他们把科学发展模式理想化。这种理想化的本质是，"①理想的研究者（无论在事实方面，还是在整个假说谱系方面，都拥有自己那一知识部门的完备信息，批判地分析各种研究成果，等等）；②理想的经验基础（其内容能够成为完全证伪理论的根据）"②。从常规科学向科学革命转变的时刻是库恩科学革命理论遇到的强烈批判之一。理想模型的最大问题在于，难以解释科学革命的发生，科学革命"这种转变怎么才能发生？我们对这个问题的回答是——如果坚持'理想研究者'模型，就什么也不会发生"③。

叶果罗夫给出了解决不可通约性问题的两个方案。他提出了元思维层次的解决方案，"按我们的看法，如果我们根据罗素的逻辑类型论，在中性语言规划的框架内，把所制定的元思维层次的图式作为科学思维的模式，就可以找到所提问题的答案了"④。组成范式的专业母体要素，如对具体模型的信念、价值方针、活动范型等构成了科学活动的元层次。在科学活动中，元层次提供思考问题的背景、方法论和思维方式，"专业母体体现的是自动习惯的作用"。他打了

① Егоров Д Г. 2006. Если парадигмы несоизмеримы, то почему они все-таки меняются? Вопросы Философии, （3）: 104.

② Егоров Д Г. 2006. Если парадигмы несоизмеримы, то почему они все-таки меняются? Вопросы Философии, （3）: 104.

③ Егоров Д Г. 2006. Если парадигмы несоизмеримы, то почему они все-таки меняются? Вопросы Философии, （3）: 105.

④ Егоров Д Г. 2006. Если парадигмы несоизмеримы, то почему они все-таки меняются? Вопросы Философии, （3）: 106.

个比方，即科学家在某一个范式内解决问题，相对于一名司机习惯于开某种型号的汽车，他已经十分熟悉这种汽车的控制系统，他只是按照某种特定的习惯开车上路，并绕过各种障碍。范式的转换，犹如变换到其他型号的汽车，这种汽车有另一种控制系统，这使得司机不能使用过去的"操纵模板"了，但他绝不需要重新开始学习，过去的驾驶技术、开车习惯，最关键的是对汽车性能的总体认知将开始发挥作用。这相当于科学家面对新范式的情况，"这时他不得不在两种逻辑层次上做出理性的努力。在一个逻辑层次上，他要在发动汽车时体现出行为的连贯性，就是在更高的元程序化的层次上，开始启动并确定以后按什么方式去做。通过训练后，习惯变成了下意识，而驾驶汽车却是在一种自觉的逻辑层次上发生的。按照这种分析，在科学课题得以解决时，所采用的范式使应用者实现的思维操作的数量降到最小，却仍然处于自觉的逻辑层次上。在遇到有另一种结构的课题时，较之范式由以建立的那种原始构型，要求转向于对研究程序更高层次的认识"①。

范式不可通约必然的结果是范式不可比，即采取不相容的逻辑"析取式"（"或者—或者"）。在叶果罗夫看来，跳出这种逻辑矛盾的方式是采用辩证逻辑来分析问题，"辩证法原则不是预设的，辩证矛盾不是逻辑矛盾。逻辑矛盾是在一个描述现实的系统内部显露出来的；辩证矛盾是不同系统之间的冲突，是不合法的普遍化的结果，亦即在为相互冲突的系统之一建立界限方面的矛盾"②。他结合锥体投影的例子提出了不同语境的边际条件主张。我们对锥体的平面投影会有不同的主张：①角锥的平面投影是三角形；②角锥的平面投影是正方形；③角锥的平面投影是圆形。很明显，主张①和②在形式逻辑上是矛盾的，然而二者却都是真的。"二者的冲突产生于缺乏边界条件"，在条件界限内为真。辩证逻辑则包含边际条件问题，根据边界条件正题和反题为真，或者换句话说，"相对于形式逻辑乃是元层次，在这个层次上所进行的是建立整合概念"。③

基于上述对不可通约性问题的分析，给我们的启示是，科学哲学的研究和

---

① Егоров Д Г. 2006. Если парадигмы несоизмеримы, то почему они все-таки меняются? Вопросы Философии，（3）：106.

② Егоров Д Г. 2006. Если парадигмы несоизмеримы, то почему они все-таки меняются? Вопросы Философии，（3）：108.

③ Егоров Д Г. 2006. Если парадигмы несоизмеримы, то почему они все-таки меняются? Вопросы Философии，（3）：108.

发展，不能局限于西方的单一语境，单一语境提供唯一的边际条件，这就很容易走进死胡同。借助于中性语言规划理论建立起的元思维层次和元立场理论，可以看到，科学哲学在各自的语境中的冲突都可能是合理的，我们能够建立起消除矛盾的概括性元模型，使不可通约性问题有解，也使比较科学哲学成为可能。哲学也是如此，"如果我们承认翻译的不确定性或不可通约性只是比较哲学所面临的困难而不是比较哲学的本质，那么我们就必须承认比较哲学是可能的"[①]。

（三）比较科学哲学是对话而非选择

比较科学哲学应该是不同科学哲学传统之间的对话，而不是有意识凸显某种科学哲学的强势地位，更不以一种科学哲学战胜另一种为目的，而是要深化科学哲学的研究，实现科学哲学的创新。

印度学者达亚·克里希纳在文章《比较哲学：是什么和应该是什么》中分析了比较哲学研究存在的基础性矛盾，他写道，"在'比较研究'的基础中存在的矛盾，往往被求助于所有知识的共性以及把知识同这个有特权的'我们'等同起来的做法所掩盖，人们正是从这个有特权的'我们'的观点出发，来判断和评价'其他'社会和文化的"[②]。这段表述指出了比较研究存在的两个普遍问题，一是对"知识的共性"的追求，二是比较中的"特权"。比较研究的目的是寻求共性，找出差异。亦即所谓"知识的共性"本应是通过比较分析而得到的结果，但就目前的现实而言，它反倒成了从事比较研究的前提。这种倒果为因的现状主要根源于，"凡是当时被西方发现的任何能称为'知识'的东西，都是普遍正确的。因此，这种知识就被看作是一种普遍标准，用它来衡量世界上所有其他社会和文化，这种标准不仅适用于知识领域，而且适用于一切领域，也不管它们是否与知识领域有关"[③]。

这种情形在科学哲学领域中尤为明显。一方面，从研究对象看，现代科学普遍采取了西方科学的范式，甚至引发了中国、阿拉伯等古老文明国家是否存在古代科学的争论。另一方面，就科学哲学研究的现状看，现代科学哲学又普遍采用了英美科学哲学的范式。因此，科学哲学的比较研究似乎难以避免地用

---

① 武汉大学哲学学院，武汉大学中西比较哲学研究中心. 2009. 比较哲学与比较文化论丛（第 1 辑）. 武汉：武汉大学出版社：13.
② 达亚·克里希纳. 1989. 比较哲学：是什么和应该是什么. 马莉莉译. 第欧根尼，（1）：79.
③ 达亚·克里希纳. 1989. 比较哲学：是什么和应该是什么. 马莉莉译. 第欧根尼，（1）：79.

英美科学哲学在认知领域和非认知领域提供的标准来衡量所有其他的科学哲学。属于其他文化传统和其他哲学派别的研究者不是用他们自己的观点去看待、分析西方科学哲学，而是自觉或不自觉地全盘接受西方学者的研究，并试图从自己的研究中发掘出哪些成就与西方科学哲学相类似，如果做到了，则显示出自己的价值，如果做不到，便会把这种不能与之比附的差别视为差距。西方科学哲学中的这种"特权"地位就随之形成了。在这种特权的审视下，我们就会面对这样的问题：我们能否把存在于西方分析哲学传统之外的有关科学的思考看作是科学哲学？从历史上看，不同于英美分析哲学范式的科学哲学，如欧陆哲学、中国儒家哲学、俄罗斯东正教哲学中也有很多有关科学的思考，但这些均没有纳入正统的科学哲学中。从当下看，我们最为关注和应该回答的是，以中国和俄苏为代表的马克思主义思想传统的科学哲学在世界科学哲学中的地位和贡献。

要消除比较科学哲学研究中的基础性矛盾，合理的做法不是选择，而是对话。英美科学哲学的最大问题是它割断了科学的文化之根，切断了科学哲学同多元文化的联系。如果科学哲学是人类理性的事业，它必定会在某种程度上显示出跨文化的相似性。这种相似性不会是通过逻辑的分析获得的，而是要通过交流和对话，在彼此的相互理解中实现。"无论如何，能使该问题的解决迈出第一步的唯一办法，应该是从两方面去看问题，即探索各自如何从对方的观点出发来看待问题。在用自己的思想方法来观察或理解、判断和评价另一种文化和传统时，任何文化或传统都不能拥有特权地位。"[①]

二、比较科学哲学研究的原则

比较科学哲学的研究既要寻求科学哲学的共通性，也要彰显科学哲学的民族性，这两个原则之间是辩证统一的。从科学哲学的个性中显现出的各民族文化的独特性是保证人类文化多样性的基本条件。而作为人类文明共通性的重要表现的科学哲学的共通性原则是全球化时代文明发展的必然要求。从这个意义上说，"关心本民族文化的独特性与探索人类文明的共通性原则，都内在关联着人类共同体的健康与未来命运的绝对要求，因而就成为当今比较文化与比较哲

---

① 达亚·克里希纳. 1989. 比较哲学：是什么和应该是什么. 马莉莉译. 第欧根尼，（1）：83-84.

学研究的价值起点"[①]。

（一）寻求科学哲学的共通性

寻求科学哲学的共通性如果意在探索并确定全人类共同认可的标准和规范原则，那么这一点恐难实现。世界上并非只有英美一种科学哲学，但目前只有这种科学哲学得到了较为广泛的认同，虽然这种科学哲学自身存在的问题又十分明显和突出。寻求科学哲学的共通性意在凸显这样的理念，没有必要让每一种形态的科学哲学在所有的领域中都显现出有区别的特征，没有必要呈现每一种科学哲学的不可替代性，而是在多样性前提下的有效互动和彼此融通。无论我们选择科学哲学中的哪一个主题来研究，这一主题都不会只被一种科学哲学所关注、所正视，而是多方关注并形成整体的思考。我们面对科学所形成的研究主题，每一种科学哲学都会做出贡献，会形成可供选择的多种观点，这就是科学哲学的多样性。这一点在当下还很难做到，但比较科学哲学的意义却是如此。达亚·克里希纳对比较哲学的研究有一个目标理想，比较哲学"有可能起到每一种哲学传统的共同解放者的作用，即把每一种哲学传统从自己的过去（而不是现在）强加在自己身上的种种限制中解脱出来，从一种处于支配地位的文化强加于其他文化上的标准中解脱出来，并最终从用此标准对他们自己的哲学成就所作的评价中解脱出来"。套用比较哲学的说法，即比较科学哲学从英美分析哲学传统中解脱出来，发展风格各异的科学哲学，应该是比较科学哲学的目标和选择。

（二）彰显科学哲学的民族性

科学哲学的民族性强调发掘并维护本民族文化的独特性。科学哲学的共通性和民族性不是对立的。共通性是科学哲学共性的表现，民族性是科学哲学的个性特征，强调科学哲学的共通性和民族性实际上是强调科学哲学研究中共性和个性的统一。

从发生学角度，科学哲学首先是民族性的，而不是普适共通的。广义的科学哲学从诞生起就一直是多元的，而且各个国家的科学哲学从一开始就出现了多种导向，如英国惠威尔、赫歇尔的经验-归纳方向，法国彭加莱、迪昂的约定主义方向，德奥的逻辑原子主义，与英国经验论相关的否证主义等。从科学哲

① 武汉大学哲学学院，武汉大学中西比较哲学研究中心. 2011. 比较哲学与比较文化论丛（第 3 辑）. 武汉：武汉大学出版社：14.

学兴起和发展的历史语境看，西方科学哲学是在西方哲学的总体背景中发展起来的，而俄苏科学哲学则是在西方哲学和传统斯拉夫文化的互动中孕育的，其发展则是在马克思主义哲学的传统中。从过程学角度，西方科学哲学的发展从正统科学哲学——逻辑经验主义出发，沿着四条道路经历了逻辑经验主义、否证主义、历史主义、新科学哲学到另类科学哲学的发展阶段；俄苏科学哲学的发展则按照自身的逻辑经历了自然科学哲学问题研究、认识论转向和人类学转向的历史阶段。从研究导向看，俄苏马克思主义科学哲学侧重于科学与哲学的关系，科学、技术与社会的研究，分支性科学哲学研究和科学革命的研究等方面的研究；西方非马克思主义科学哲学则主要集中在对科学认识所进行的结构主义分析、建构主义分析、合理性分析和诠释性分析等方面。从研究主题看，结构学研究中的科学世界图景与范式，动力学研究中的有关科学进步问题的逻辑分析和历史分析、西方科学哲学的从逻辑分析到逻辑建构历史，俄苏科学哲学的从历史分析到寻求历史的逻辑，无不展现出科学哲学的地域性和民族性。正是这种民族性差异导致了科学哲学在研究导向、历史语境、研究主题、发展道路等方面的重大区别。

三、比较科学哲学实现的路径

科学哲学的比较和比较科学哲学，这两个概念既有内涵上的差别，也有过程上的差别。从内涵上看，我们不妨借用美国学者 R. 帕尼卡尔对哲学的比较和比较哲学所做的解释来说明这种区别。在他看来，"'哲学比较'是从一定的角度将一种哲学与其他哲学进行比较，'哲学的比较'是一种哲学将自己与其他哲学进行比较的结果"。而"比较哲学的定义可以这么下：在不止一种传统的视野下对于一个或一些问题的哲学探讨"。[①]可见，比较哲学一定具备两个基本的条件。首先，比较哲学是哲学。在这种理解下会引出如下问题，关于比较哲学的问题不仅问它的哲学特点，而且问它在整个哲学中的位置。我们在问比较哲学的性质时问的是什么呢？我们问的是一种哲学如何与其他哲学相联系，或几个哲学流派如何互相联系以及它们如何看待一个或许多特定的问题，这些问题又是如何互相联系的，我们何以能够比较它们，我们问的是人们如何解释哲学探究的任务。批判的比较哲学必须追问进行哲学比较时所持的哲学态度。[②]其次，

---

① R. 帕尼卡尔. 1993. 比较哲学：比较什么? 刘德中译. 国外社会科学, (9): 1.

② R. 帕尼卡尔. 1993. 比较哲学：比较什么? 刘德中译. 国外社会科学, (9): 1.

比较哲学必须是比较的。怎样实现这种比较呢？R. 帕尼卡尔总结了5种方式。第一种方式：元哲学。"如果哲学最终是人类的，那么比较哲学只能从超人类的立场上来驾驭。这样，比较哲学看起来就是一种超验哲学，也是元哲学。"[①]这种方式貌似可以做到中立地、无偏见地对待各种哲学，但是，任何一个研究者都是从自我的价值判断出发的，无法做到理想中的中立，因此，元哲学这种超验的方式虽然能够使我们对各种哲学有比较深刻的理解，但存在无法消除的困难。第二种方式：结构分析。"或许结构或形式哲学能更好地胜任比较哲学的工作。那样比较哲学就成为不同哲学体系所表现出的共同模式的形式化分析。事实上，当前许多解释比较哲学的努力都采取了这种形式。"[②]与第一种方式相比，结构分析能够揭示人类精神的模式和结构，但涉及不到传统哲学所关注的诸多问题。第三种方式：语言哲学。"这种选择的最大优点是它显示了每种哲学的相对自主性和相对完全性。"这种选择的合理性在于，建立在语言基础上的哲学分析，我们可以从中获得有价值的哲学认识。局限性在于，哲学比较的关键是成功的翻译和在各种语言之间寻找对应的同义语。第四种方式：现象学分析。"这种方法对于比较哲学是有益的贡献，因为它为我们提供了不同哲学体系中相似问题的横向认识，但由于两个主要原因它不能成为真正独立的比较哲学的替身。"[③]一是在适当的情境下提出的某一特定问题并不代表有关的哲学世界观的真正问题，而只是我们对它的解释；二是即使所有哲学问题的总和也不能给予我们许多哲学所具有的统一认识。第五种方式：对话哲学。

比较科学哲学是一个亟待发展的领域，目前的发展状况尚在摸索之中，成果零星，总体不尽如人意。从发展的外部条件来说，比较哲学也"还是一个不成熟的学科领域，尤其是在方法论、研究领域和界限等问题上还存在很多不确定性，没有形成基本的共识"。比较哲学"是将比较活动纳入哲学思考范围，并对比较活动的实质、特征、方法及其可能的结果加以系统思考的哲学活动，是一种系统的理论思考"[④]。如果借用这一说法，科学哲学的比较研究和比较科学哲学的关系是，科学哲学的比较研究是一种研究活动，而比较科学哲学则是将比较活动纳入哲学思考的范围，并在比较哲学的整体框架内，对科学哲学领域

---

① R. 帕尼卡尔. 1993. 比较哲学：比较什么？ 刘德中译. 国外社会科学，（9）：2.
② R. 帕尼卡尔. 1993. 比较哲学：比较什么？ 刘德中译. 国外社会科学，（9）：2.
③ R. 帕尼卡尔. 1993. 比较哲学：比较什么？ 刘德中译. 国外社会科学，（9）：2-3.
④ 明海英. 2017. 找准比较哲学研究的价值起点. http://www. cssn. cn/zx/bwyc/201705/t20170531_3534486.shtml
　　[2018-01-22].

内比较活动的个性特点加以总结思考，并在比较哲学的指导下，形成系统的理论思考。因此，对比较科学哲学的实现路径这一问题的思考带有极大的探索性质。可依赖的路径有互补、渗透和整合。

（一）互补

比较科学哲学虽然不只是西方与俄苏"两家"的比较，也不能只是一两个派别的比较，但就目前科学哲学的实际发展来看，西方非马克思主义科学哲学与以俄苏和中国为代表的马克思主义科学哲学在各自的道路上都取得了相对成熟的发展。因此，比较科学哲学的建立和发展当以两者为核心。互补强调的是兼容性，各取所长、相互依赖和各自的优势发挥，而不是像历史上曾经出现过的彼此互相排斥和全盘否定。互补应看到的是差异中的各种不可替代性，为比较研究提供了"外在"的前提。西方科学哲学的长处是科学认识的逻辑分析，他们对科学认识的结构主义分析、建构主义分析、合理性分析和解释学分析是马克思主义科学哲学较少涉及的领域。毫无疑问，科学认识的社会学分析则是俄苏科学哲学之优长。马克思主义哲学强调辩证法既是本体论，又是认识论，也是方法论。因此，马克思主义科学哲学中有一个重要部分是本体论意义上的各门自然科学哲学问题研究，也与西方科学哲学无视科学背后的客观基础——自然界形成了互补。正视这种差异，给有差异的认识以合理的地位，发挥各自的优长，才能从整体上提高科学哲学的理论解释力。

（二）渗透

比较研究中在互补基础上的推进是交叉渗透。不同思想传统的交叉渗透是比较科学哲学发展的"内在"努力，是比较的双方对于外来成分的一种"同化"。有学者指出，"比较"研究不应当以研究者自以为是的某种理论为标准来判定另一种理论的是非、高下，而是将用来做"比较"的两种或两种以上的理论相互作为对方的参照，寻找出其中的异同，并进而辨析出其中的"异中之同"与"同中之异"，最终达到一种"视域的融合"。[①] 这种渗透意在消除各种理论的界限。全球化时代，每一种知识都不是封闭的。很明显，西方科学哲学的发展遇到了难以克服的困难，在自己的理论圈子内找不到走出困境的道路，

① 明海英. 2017. 找准比较哲学研究的价值起点. http://www. cssn. cn/zx/bwyc/201705/t20170531_3534486.shtml [2018-01-22].

要想继续发展，必须借助外来的帮助。同时，西方科学哲学出现较早，理论形态也最完备，其研究成果和基本观点不是马克思主义的。从中合理地吸收有益的成分，建设系统的、完整的马克思主义科学哲学既能够克服西方科学哲学的片面性，也合乎科学哲学的发展趋势。

（三）整合

整合的层次最高，是指"通过对于对立双方的同时'超越'从而达到了新的更高发展水平"[①]。就目前的研究状况来说，科学哲学的比较研究主要位于"互补"和"渗透"两个较为初级的层级上，而比较科学哲学则要实现最高层级上的"整合"。这种整合需要建立起新的理论框架，比较双方原有的理论框架只能做到在渗透中同化外来成分，他们处在统一层级上。而只有高出原有框架的处于高层级的理论框架才能实现这种整合，这就是建设中的比较科学哲学的历史使命。

在比较哲学的研究中，有学者指出，应该建构一种开放的比较哲学路径。比较哲学常用的进路大致可分为两类。一是"平行"的进路，"即把两种不同的哲学体系或观点平等看待，不预设价值的高低，自'同'而'异'再到'同'，即其目的是达到'客观'、'公正'的比较结果"。二是"自高而下"的进路，"即从某种自认为处于价值高位的哲学出发，对其他哲学观点进行评价性的比较，自'异'而'同'，并形成前后一致的体系与结论"[②]。这是一种可行的整合之路，是比较科学哲学的背景和借鉴。

对于我国的科学哲学而言，其研究离不开与西方科学哲学的比较，20 世纪 80 年代以后，在西方科学哲学的理论框架中思考我国科学哲学（自然辩证法）研究的倾向越来越明显，以西方的理论代表理论的前沿，以西方科学哲学的研究问题为我国研究的主题和方向，甚至以我们基于文化差异形成的在研究领域和研究主题上的不同为我们没有与世界接轨的"差距"。我国科学哲学的发展更需要比较科学哲学的视野，全面地吸收、整合世界该领域的优秀成果，结合中国当代发展的实际，创造性地走出一条既符合时代共性，又有自己文化特征的中国科学哲学之路。

---

① 郑毓信. 2006. 从东西方的比较到"两种文化"的整合——方法论视角下的我国科学哲学研究. 陕西师范大学学报（哲学社会科学版），（2）：48-49.

② 明海英. 2017. 找准比较哲学研究的价值起点. http://www. cssn. cn/zx/bwyc/201705/t20170531_3534486.shtml [2018-01-22].

结　论

　　西方与俄苏科学哲学比较研究的历史背景是 20 世纪以来的科学技术革命和比较哲学的研究。科学技术革命改变了对科学的原有理解，提升了科学哲学在现代哲学中的地位，推动了科学哲学在东西方的全面发展。20 世纪的比较哲学研究明确了哲学比较研究的目标，分析了哲学比较研究的前提。西方与俄苏科学哲学比较研究的历史契机从纵向角度讲是现代化社会转型，从横向角度看是全球化浪潮。现代化社会转型的历史进程降低了西方文化的神圣性，凸显了多元文化的合理性。全球化营造了世界科学哲学的发展平台，改变了世界科学哲学发展的历史轨迹，也弱化了民族科学哲学的意义价值。

　　西方与俄苏科学哲学比较研究的意义与价值表现在三方面。第一，有利于走出当下西方科学哲学发展的困境。西方科学哲学的发展存在着本体论与认识论的割裂、逻辑方法与历史方法的分离等固有缺陷，又在后现代中出现迷失。20 世纪科学技术的快速发展，带来了很多新的变化。科学已不再是仅仅从逻辑的角度就能给予说明的对象。科学技术与社会的一体化发展，使得我们在关注科学时，难以将科学从技术与社会及社会文化中完全剥离出来，科学已不再仅仅是认知行为。在科学、技术与社会的发展中对文化的依赖日益加深，导致传统西方科学哲学的领域无法容纳这些相关的研究，走向发展的困境。西方科学哲学在自己的理论圈子内难以找到走出困境的道路，必须借助外来的帮助。西方科学哲学要想走出今日的困境，同样需要以马克思主义科学哲学为参照系，以审视和重新评价自己。第二，彰显马克思主义科学哲学的思想优势。俄苏近百年来的科学哲学在马克思主义的思想指导下不仅使本国的马克思主义哲学研究得到发展，对本国自然科学的研究也产生了积极影响，更使本国的科学哲学研究取得原创性成就。他们的研究证明了，唯物辩证法和历史唯物论不仅能够提供分析重要科学问题雄厚的理论资源，同样具备研究科学哲学重大理论问题的优势。科学哲学的研究也能够推动马克思主义哲学的研究发展。第三，推进中国科学哲学的本土化研究。俄苏科学哲学的发展给予了我们极大的思想启示，在为我们提供巨大的思想资源的同时，其独特的发展道路更值得我们深思。当代中国科学哲学的发展与重构，必须在全方位开放（不仅仅是西方）的前提下，全面吸收世界各国的思想资源，才能走出一条科学哲学发展的中国化道路。比较研究能够积累更加丰富的理论资源，能够全面合理地汲取马克思主义科学哲学和非马克思主义科学哲学——西方科学哲学中分析哲学导向和欧陆科学哲学的思想资源，为整体推进中国科学哲学的发展做出贡献。一方面，中国科学哲学要全方位开放，对世界科学哲学的思想成就要全面吸收，走中国化科学哲学之路；另一方面，从俄苏马克思主义科学哲学发展的成就中获取启示，能够加强对马克思主义科学哲学的理论自信。

从理论层面来说，比较研究的基础源于科学的自在本性和科学哲学的形而上学性；从现实层面来说，则是基于西方与俄苏科学哲学研究的相互对望。可以从三条路径对科学哲学进行比较研究：发生学路径、结构学路径和过程学路径。

西方与俄苏科学哲学的差异性表现在：从研究维度看，是从本体论的维度理解自然界，还是从认识论的维度理解科学；从研究着眼点看，是从科学发现的逻辑着眼，还是从社会实践着眼；从研究方法看，是以辩证逻辑作为指导思想，还是以形式逻辑作为工具手段。互补性表现在：整体层面上表现为一般科学哲学和分支性科学哲学的互补，认识论视域和社会文化视域下的研究互补；具体层面上表现为科学知识结构研究中"引导假设"和科学世界图景的互补，科学动力学研究中内史论和外史论研究的互补，科学革命研究中过程学和类型学研究的互补。几乎是同时的，西方与俄苏科学哲学在自己的思想逻辑发展中经历了两次趋同式演变。第一次是 20 世纪 60 年代的社会—历史转向，第二次是文化—人类学转向，西方经历了从"逻辑的人""历史的人"到"介入的人"的转变，俄苏科学哲学则出现人道化发展趋势。科学哲学趋同演化的基础在于科学发展凝聚了共同的研究主题；科学哲学趋同演化的根据是全球化凸显出英美科学哲学的研究范式；科学哲学趋同演化的实现则在于马克思主义科学哲学的开放性。

　　从科学哲学比较研究到比较科学哲学。比较科学哲学的可能性在于：哲学和科学的相通性，不可通约性是困难而非本质，比较科学哲学是对话而非选择。比较科学哲学研究的原则是寻求科学哲学的共通性，彰显科学哲学的民族性。比较科学哲学实现的路径是互补、渗透和整合。

参 考 文 献

阿·依·别尔丘克.1983. 第二次世界大战后到七十年代中期资本主义经济的世界周期发展. 雉堞, 德礼摘译.（2）：38-44.

安启念.1997. 苏联哲学的人道化及其社会影响（上）.高校理论战线, （1）：57-60.

安启念.2003. 俄罗斯向何处去——苏联解体后的俄罗斯哲学.北京：中国人民大学出版社.

安维复.2012. 马克思主义作为科学哲学——海勒娜·希恩的《马克思主义与科学哲学》.社会科学, （4）：108-113.

奥伊则尔曼 T.1979. 评第十六届世界哲学会议.舒白译.哲学译丛, （1）：44-46.

奥米里扬诺夫斯基 M Э.1978. 再论物理学中的可观察性原理和互补原理并兼论辩证法.柳树滋摘译.哲学译丛, （3）：26-32.

巴姆.1996. 比较哲学与比较宗教.巴姆比较哲学研究室编译.成都：四川人民出版社.

曹志平.2007. 马克思科学哲学论纲.北京：社会科学文献出版社.

陈观烈.1979. 七十年代——资本主义世界的"滞胀"年代.世界知识, （6）：15-16.

达亚·克里希纳.1989. 比较哲学：是什么和应该是什么.马莉莉译.第欧根尼, （1）：78-87.

董光壁.1983. 科学哲学的两种传统.世界科学, （12）：14-15.

法塔利也夫 X M.1965. 辩证唯物主义和自然科学问题.王鸿宾, 徐建, 沈铭贤译.上海：上海人民出版社.

范·弗拉森.2002. 科学的形象.郑祥福译.上海：上海译文出版社.

范可.2008. 全球化语境下的文化认同与文化自觉.世界民族, （2）：1-8.

费孝通.2007. 费孝通论文化与文化自觉.北京：群言出版社.

冯友兰.1996. 中国哲学简史.北京：北京大学出版社.

冯友兰.2004. 冯友兰经典文存.上海：上海大学出版社.

冯友兰.2014. 新知言.北京：北京大学出版社.

弗·帕·罗任.1959. 马克思列宁主义辩证法是哲学科学.中国人民大学出版社编译室译.北京：中国人民大学出版社.

弗拉基米尔·柯萨诺夫, 弗拉基米尔·维希金.2004. 意识形态与核武器——苏联理论物理学的艰难岁月.科学文化评论, （1）：72-84.

弗拉基斯拉夫·让诺维奇·凯列. 2003. 论当代俄罗斯的科学哲学. 山西大学学报（哲学社会
　科学版），（4）：1-5.

弗罗洛夫 И Т. 1987. 科学技术的哲学问题和社会问题研究的问题与展望. 戴凤文，孙云先译.
　哲学译丛，（5）：16-24.

弗罗洛夫 И Т. 1990. 辩证世界观和现代自然科学方法论. 孙慕天，李成果，申振玉，等译. 哈
　尔滨：黑龙江人民出版社.

戈巴尔 A. 1983. 评第十六届世界哲学会议. 贺仁麟译. 哲学译丛，（3）：58-65.

格雷厄姆 L R. 1978. 苏联国内的科学和哲学（上）. 丘成，朱狄译. 世界哲学，（2）：48-53.

格雷厄姆 L R. 1978. 苏联国内的科学和哲学（下）. 丘成，朱狄译. 世界哲学，（3）：66-71.

龚育之，柳树滋. 1990. 历史的足迹——苏联自然科学领域哲学争论的历史资料. 哈尔滨：黑
　龙江人民出版社.

龚育之. 1957. 苏联"哲学问题"（1948—1957 年）中有关自然科学哲学问题的论文目录. 自
　然辩证法研究通讯，（2）：47-54.

顾芳福. 1980. 苏联哲学家视野中的 K. 鲍波尔的哲学. 吉林大学社会科学学报，（5）：44-47.

顾芳福. 1983. 苏联学者对 T. 库恩哲学思想的评述简介. 吉林大学社会科学学报，（1）：
　105-108.

郭贵春. 1991. 当代科学实在论. 北京：科学出版社.

郭贵春，程瑞. 2007. 科学哲学在中国的现状与发展. 中国科学基金，（4）：202-204.

郭贵春，殷杰. 2016. 当代西方科学哲学前沿研究——《爱思唯尔科学哲学手册》中文版序.
　科学技术哲学研究，（4）：1-8.

赫尔奇·克拉夫. 2005. 科学史学导论. 任定成译. 北京：北京大学出版社.

黑格尔. 2004. 小逻辑. 贺麟译. 北京：商务印书馆.

亨佩尔 C G. 1986. 自然科学的哲学. 陈维杭译. 上海：上海科学技术出版社.

洪汉鼎. 2001. 理解与解释——诠释学经典文选. 北京：东方出版社.

洪谦. 1984. 逻辑经验主义（下卷）. 北京：商务印书馆.

洪谦. 1999. 论逻辑经验主义. 范岱华，梁存秀编. 北京：商务印书馆.

洪晓楠. 1999. 20 世纪西方科学哲学的三次转向. 大连理工大学学报（社会科学版），
　（1）：57-61.

胡海波，孙璟涛. 2002. 反思"中西哲学"比较研究的前提性问题. 吉林大学社会科学学报，
　（5）：24-30.

怀特 M. 1964. 分析的时代. 杜任之，等译. 北京：商务印书馆.

霍尔茨 H. 1982. 马克思主义哲学和自然科学. 自然科学哲学问题丛刊，（1）：10.

纪树立. 1987. 科学知识进化论——波普尔科学哲学选集. 北京：生活·读书·新知三联书店.

贾泽林，王炳文，徐荣庆，等编译. 1979. 苏联哲学纪事 1953—1976. 北京：生活·读书·新
　知三联书店.

贾泽林，周国平，王克千，等. 1986. 苏联当代哲学（1945—1982）. 北京：人民出版社.

贾泽林. 1988. "批判" → "此判地分析" → "建设性批判" → 苏联哲学界对待现代西方哲学态度的变化. 哲学动态, (2): 19-22.

江天骥. 2006. 逻辑经验主义的认识论·当代西方科学哲学. 武汉: 武汉大学出版社.

江天骥. 2012. 逻辑经验主义的认识论·当代西方科学哲学·归纳逻辑导论. 武汉: 武汉大学出版社.

江怡. 2005. 当代西方科学哲学的走向分析. 自然辩证法研究, (7): 15-19.

蒋继良. 苏联"哲学问题"杂志 1957—1958 年自然科学中的哲学问题选题计划. 自然辩证法研究通讯, (3): 74-75.

津科夫斯基 B B. 2013. 俄国哲学史(下). 张冰译. 北京: 人民出版社.

卡尔·波普尔. 1984. 无穷的探索——思想自传. 邱仁宗, 段娟译. 福州: 福建人民出版社.

卡尔·波普尔. 2003. 客观的知识——一个进化论的研究. 舒炜光, 卓如飞, 梁咏新, 等译. 杭州: 中国美术学院出版社.

卡尔·波普尔. 2008. 科学发现的逻辑. 查汝强, 邱仁宗, 万木春译. 杭州: 中国美术学院出版社.

科洛茨尼斯基. 1957. 苏联四十年来自然科学哲学问题研究的成就. 刘群译. 自然辩证法研究通讯, (3): 15-17.

克拉夫特. 1998. 维也纳学派—新实证主义的起源. 李步楼, 陈维杭译. 北京: 商务印书馆.

柯普宁 Π B. 1984. 作为逻辑和认识论的辩证法. 彭漪涟, 王天厚译. 上海: 华东师范大学出版社.

柯普宁 Π B. 1984. 作为认识论和逻辑的辩证法. 赵修义, 王天厚, 等译. 上海: 华东师范大学出版社.

孔多塞. 2006. 人类精神进步史表纲要. 何兆武, 何冰译. 南京: 江苏教育出版社.

劳丹 L. 1988. 分界问题的消逝. 自然科学哲学问题, (3): 20.

赖欣巴哈 H. 1983. 科学哲学的兴起. 伯尼译. 北京: 商务印书馆.

黎德扬, 孙德忠. 2007. 论科学技术的哲学人类学意义. 自然辩证法研究, (2): 72-75.

李培林. 1992. 另一只看不见的手: 社会结构转型. 中国社会科学, (5): 3-17.

理查德·罗蒂. 2004. 后哲学文化. 黄勇编译. 上海: 上海译文出版社.

列宁. 1961. 列宁全集. 第14卷. 中共中央马克思恩格斯列宁斯大林著作编译局译. 北京: 人民出版社.

列宁. 1972. 列宁全集. 第2卷. 中共中央马克思恩格斯列宁斯大林著作编译局译. 北京: 人民出版社.

列宁. 1972. 列宁全集. 第4卷. 中共中央马克思恩格斯列宁斯大林著作编译局译. 北京: 人民出版社.

刘大椿, 等. 2016. 一般科学哲学史. 北京: 中央编译出版社.

刘大椿, 等. 2017. 分殊科学哲学史. 北京: 中央编译出版社.

刘大椿, 吴展昭. 2014. 从历史转向的视角看科学理论选择的合理性——评库恩与拉卡托斯的理论选择标准. 北京科技大学学报（社会科学版），（3）：87-92.

刘大椿. 2011. 自然辩证法研究在实践中不断开拓. 自然辩证法研究，（12）：10.

刘大椿. 2013. 另类、审度、文化科学及其他——对质疑的回应. 哲学分析，（6）：43-53.

鲁道夫·哈勒. 1998. 新实证主义——维也纳学圈哲学史导论. 韩林合译. 北京：商务印书馆.

鲁道夫·卡尔纳普. 1999. 世界的逻辑构造. 陈启伟译. 上海：上海译文出版社.

罗伯特·S. 科恩. 1988. 当代哲学思潮的比较研究—辩证唯物论与卡尔纳普的逻辑经验论. 陈荷清，范岱年译. 北京：社会科学文献出版社.

罗素 B. 1990. 我们关于外间世界的知识：哲学上科学方法应用的一个领域. 陈启伟译. 上海：上海译文出版社.

洛斯基 H O. 1999. 俄国哲学史. 贾泽林，等译. 杭州：浙江人民出版社.

洛谢夫 A Φ. 1991. 论人的问题//沈恒炎，燕宏远. 国外学者论人和人道主义（第 2 辑）. 北京：社会科学文献出版社.

马克思，恩格斯. 1956. 马克思恩格斯全集. 第 1 卷. 中共中央马克思恩格斯列宁斯大林著作编译局译. 北京：人民出版社.

马克思，恩格斯. 1995. 马克思恩格斯选集. 第 3 卷. 中共中央马克思恩格斯列宁斯大林著作编译局译. 北京：人民出版社.

马克思，恩格斯. 1995. 马克思恩格斯选集. 第 4 卷. 中共中央马克思恩格斯列宁斯大林著作编译局译. 北京：人民出版社.

马迅. 2004. 新一轮比较哲学研究的任务和问题——上海社会科学院中西哲学比较研究讨论会述要. 社会科学，2004（1）：125-128.

麦柳欣 C T. 1989. 苏联自然科学哲学教程. 孙慕天，张景环，董驹翔译. 哈尔滨：黑龙江人民出版社.

孟建伟. 1996. 从科学主义走向后现代主义——当代西方科学哲学的命运. 自然辩证法研究.（1）：15-21.

孟建伟. 2014. 全球化科学哲学：根源、问题与前景. 北京行政学院学报，（6）：108-113.

米库林斯基 C P. 1983. 根本不应成为问题的内史论与外史论之争. 梁前文译. 科学史译丛，（1）：61-69.

米库林斯基 C P，玛尔柯娃 Л A. 1978. 库恩的《科学革命的结构》一书的意义何在？李树柏译. 哲学译丛，（1）：71-73.

米特洛欣 Л H，等. 1983. 二十世纪资产阶级哲学. 李昭时，张惠秋，黄之英，等译. 北京：商务印书馆.

明海英. 2017. 找准比较哲学研究的价值起点. http://www. cssn. cn/zx/bwyc/201705/t20170531_3534486. shtml[2018-01-22].

帕尼卡尔 R. 1993. 比较哲学：比较什么？刘德中译. 国外社会科学，（9）：1-4.

裘杰. 2011. 马克思主义科学哲学的两个研究传统——中俄科学哲学的发生学比较. 求是学刊，（3）：33-36.

裘杰. 2011. 中俄科学哲学问题域比较研究. 北方论丛, （3）: 120-122.

任元彪. 2002. 20 世纪中国科学技术哲学简述. 自然辩证法研究, （4）: 19-22.

沙赫巴洛诺夫. 1960. 化学哲学问题纲要. 潘吉星译. 北京: 科学出版社.

沈恒炎, 燕宏远. 1991. 国外学者论人和人道主义（第 2 辑）. 北京: 社会科学文献出版社.

沈泽如. 2012. 浅析东西方科学哲学的民族性范式比较. 科技创新导报, （10）: 240.

施纳伊德尔 E. 1990. 苏联的西方研究机构. 草纯编译. 国外社会科学, （7）: 70-74.

石丽琴. 2006. 库恩和拉卡托斯科学发展模式比较研究. 广西社会科学, （12）: 46-49.

舒炜光, 邱仁宗. 2007. 当代西方科学哲学述评. 2 版. 北京: 中国人民大学出版社.

舒炜光. 1982. 维特根斯坦哲学述评. 北京: 生活·读书·新知三联书店.

舒炜光. 1983. 科学哲学辨析. 自然辩证法通讯, （6）: 4-5.

舒炜光. 1984. 科学哲学的演变. 吉林大学社会科学学报, （6）: 1-9.

舒炜光. 1987. 科学哲学思潮. 浙江大学学报（人文社会科学版）, （3）: 14-24.

舒炜光. 1990. 科学认识论. 第一卷. 长春: 吉林人民出版社.

斯宾格勒. 2006. 西方的没落. 吴琼译. 上海: 上海三联书店.

斯杰宾 B. 1994. 转向时期的俄罗斯哲学. 李尚德译. 哲学译丛, （1）: 76.

宋浩. 2010. 民族性与比较科学哲学. 哈尔滨: 哈尔滨师范大学硕士学位论文.

宋芝业. 2008. 波普尔与库恩的科学发展模式比较. 理论学习, （8）: 62.

《苏联问题译丛》编辑部. 1979. 苏联问题译丛（第一辑）. 北京: 生活·读书·新知三联书店.

《苏联问题译丛》编辑部. 1982. 苏联问题译丛（第十辑）. 北京: 生活·读书·新知三联书店.

孙慕天, 刘孝廷, 万长松, 等. 2015. 科学技术哲学研究的另一个维度——中国俄（苏）科学
    技术哲学研究的回顾与前瞻. 自然辩证法通讯, （5）: 149-158.

孙慕天. 2006. 跋涉的理性. 北京: 科学出版社.

孙慕天. 2009. 边缘上的求索. 哈尔滨: 黑龙江人民出版社.

孙小礼. 1992. 十九世纪以来科学与哲学关系的两大思想传统. 科学技术与辩证法, （1）: 8-13.

孙玉忠. 2015. 面向 21 世纪的欧洲科学哲学. 自然辩证法研究, （6）: 117-120.

孙正聿. 1990. 辩证法的自在性与自为性——关于列宁《哲学笔记》中的一个重要思想. 哲学
    动态, （6）: 9-11.

孙正聿. 2008. 中国高校哲学社会科学发展报告: 1978—2008. 桂林: 广西师范大学出版社.

索库列尔 3 A. 1984. 当代西方科学哲学的若干倾向和问题. 舒白摘译. 哲学译丛, （2）: 54-
    60.

梯利. 2000. 西方哲学史. 葛力译. 北京: 商务印书馆.

涂纪亮译. 1959. 关于自然科学中哲学问题的研究任务（全苏自然科学中哲学问题会议决议）.
    自然辩证法研究通讯, （5）: 32-33.

托马斯·库恩. 2003. 科学革命的结构. 金吾伦, 胡新和译. 北京: 北京大学出版社.

瓦托夫斯基. 1982. 科学思想的概念基础——科学哲学导论. 范岱年, 吴忠, 林夏水, 等译.
    北京: 求实出版社.

万丹. 2002. 波普尔与库恩思想比较研究. 开放时代，（6）：23-30.

万长松. 2015. 20世纪60—80年代苏联新哲学运动研究. 哲学分析，（6）：82-94.

万长松. 2015. 从科学哲学到文化哲学——B.C.斯焦宾院士思想轨迹追踪. 自然辩证法通讯，（1）：120-127.

万长松. 2017. 歧路中的探求——当代俄罗斯科学技术哲学研究. 北京：科学出版社.

王杰. 2011. 全球化时代文化多样性的意义. 学术月刊，（7）：93-100.

王淼洋，范明生. 1994. 东西方哲学比较研究. 上海：上海教育出版社.

王彦君. 2002. 苏联与西方科学哲学缘起比较. 中山大学研究生学刊（社会科学版），（3）：1-4.

王彦君. 2009. 科学革命："结构学"与"动力学"的比较. 燕山大学学报（哲学社会科学版），（2）：12-16.

维特根斯坦. 1996. 逻辑哲学论. 贺绍甲译. 北京：商务印书馆.

魏屹东. 1996. 试论科学内外史发展的三个阶段. 科学技术与辩证法，（8）：39-43.

魏屹东. 2003. 西方科学哲学中的形而上学与反形而上学. 文史哲，（4）：86-91.

沃尔夫冈·查普夫. 2000. 现代化与社会转型. 2版. 陈黎，陆宏成译. 北京：社会科学文献出版社.

吴彤. 2006. 科学哲学与自然知识的民族性. 内蒙古大学学报（哲学社会科学版），（5）：65-67.

武汉大学哲学学院，武汉大学中西比较哲学研究中心. 2009. 比较哲学与比较文化论丛（第1辑）. 武汉：武汉大学出版社.

武汉大学哲学学院，武汉大学中西比较哲学研究中心. 2011. 比较哲学与比较文化论丛（第3辑）. 武汉：武汉大学出版社.

武汉大学中西比较哲学研究中心. 2007. 哲学评论第六辑. 武汉：武汉大学出版社.

希罗卡诺夫 Д И，斯列姆涅夫 М А，等. 1984. 现代科学的发展规律性与认识方法. 中共中央党校自然辩证法研究班俄文翻译组译. 上海：复旦大学出版社.

《现代外国哲学》编辑组. 1986. 现代外国哲学·第8辑·苏联哲学专辑. 北京：人民出版社.

谢尔 W. 1980. 第十六届世界哲学大会开幕词. 无明译. 国外社会科学，（2）：38-39.

杨颖春. 2014. 波普尔与拉卡托斯的科学发展模式比较. 山西大同大学学报（自然科学版），（1）：93-96.

叶·沃依什维洛，阿·库兹涅佐夫，德·拉胡齐，等. 1959. 逻辑方面科学研究工作和教学工作的迫切任务. 自然辩证法研究通讯，（4）：71-74.

叶义材. 1980. 美国的"滞胀"与凯恩斯学说的破产. 安徽财贸学院学报，（2）：28-40.

伊·拉卡托斯. 1986. 科学研究纲领方法论. 兰征译. 上海：上海译文出版社.

伊姆雷·拉卡托斯，艾兰·马斯格雷夫. 1987. 批判与知识的增长. 周寄中译. 北京：华夏出版社.

于光远. 1996. 一个哲学学派正在中国兴起. 南昌：江西科学技术出版社.

于光远. 2013. 中国的科学技术哲学——自然辩证法. 北京：科学出版社.

俞吾金. 2005. 差异分析与理论重构——马克思哲学研究中的方法论问题. 中共浙江省委党校
学报，（1）：10-16.

袁海军. 1999. 在比较中划界和进步——论西方科学哲学中三种典型的划界标准. 内蒙古大学
学报（哲学社会科学版），（3）：116-120.

约翰·A. 舒斯特. 2013. 科学史与科学哲学导论. 安维复译. 上海：上海科技教育出版社.

张百春. 2006. 俄罗斯哲学与东正教. 哲学动态，（11）：44-47.

张嘉同. 1994. 化学哲学. 南昌：江西教育出版社.

张明雯. 2009. 俄罗斯和苏联科学哲学与科学史研究. 哈尔滨：黑龙江人民出版社.

张世英. 1995. 相同与相通——兼论哲学的任务. 北京大学学报（哲学社会科学版），（4）：
53-59.

张涛. 2015. 介于科学和哲学之间的科学哲学——基于对波普尔和费耶阿本德的思想比较. 廊
坊师范学院学报（社会科学版），（2）：78-81.

张晓芒. 2008. 比较研究的方法论问题——从中西逻辑的比较研究看. 理论与现代化，
2008（2）：69-73.

张志林. 2005. 多维世界中的维特根斯坦. 上海：华东师范大学出版社.

赵璧如. 1958. 苏联"哲学问题"（1957—1958）中有关自然科学哲学问题的论文目录. 自然
辩证法研究通讯，（2）：53-54.

赵璧如. 1958. 苏联 1951—1957 年出版有关自然科学哲学问题著作目录. 自然辩证法研究通讯，
（2）：55-57.

赵国珍. 2013. 论先秦哲学与古希腊哲学的相通与相融. 山西青年管理干部学院学报，（4）：
62-65.

《哲学研究》编辑部编. 1965. 外国自然科学哲学资料选辑（第 2 辑）. 上海：上海人民出版社.

《哲学研究》编辑部编. 1965. 外国自然科学哲学资料选辑（第 3 辑）. 上海：上海人民出版社.

郑祥福. 2007. 从当代西方科学哲学走向看当前马克思主义认识论的任务. 浙江师范大学学报
（社会科学版），（3）：21-26.

郑毓信. 2006. 从东西方的比较到"两种文化"的整合——方法论视角下的我国科学哲学研究.
陕西师范大学学报（哲学社会科学版），（2）：45-49.

中国社会科学院情报研究所三室哲学研究所自然辩证法室. 1980. 当代苏联哲学论文选. 天津：
天津人民出版社.

周寄中. 1984. 对范式论的再思考. 自然辩证法通讯，（1）：21-28.

朱煜，全锐. 2006. 波普、库恩、拉卡托斯科学哲学思想之比较. 西安建筑科技大学学报（社
会科学版），（12）：5-9.

自然辩证法（数学和自然科学中的哲学问题）十二年（1956—1967）研究规划草案. 自然辩
证法研究通讯，（10）：1-4.

Ballestrem K G. 1962. Bibliography of recent western works on Soviet philosophy. Studies in East

European Thought，（2）：168-173.

Barrotta P. 1998. Contemporary philosophy of science in Italy: an overview. Journal for General Philosophy of Science，（29）：327-345.

de George R T. 1988. Marxism and Soviet Science: Science, Philosophy, and Human Behavior in the Soviet Union. Science，（4842）.

DeWitt N. 1962. Soviet Marxism and natural science, 1917-1932. The American Historical Review，（2）：419-420.

Friedman M. 1991. The re-evaluation of logical positivism. The Journal of Philosophy, 88（10）：505-519.

Galavotti M C, Nemeth E, Stadler F. 2014. European Philosophy of Science—Philosophy of Science in Europe and the Viennese Heritage. Dordrecht: Springer.

Gochet P. 1975. Recent trends in philosophy of science in Belgium. Journal for General Philosophy of Science，（6）：145-163.

Graham L R. 1987. Science, Philosophy and Human Behavior in the Soviet Union. New York: Columbia University Press.

Laibman David. 1985. Marxism and the Philosophy of Science: a Critical History. Volume I: The First Hundred Year by Helena Sheehan. Science & Society，（3）：367-371.

Laudan L, Donovan A, Laudan R, et al. 1986. Scientific change: philosophical models and historical research. Synthese, 69（2）：141-223.

Leplin J. 1984. Introduction of Scientific Realism. Berkeley: University of California Press.

Mcallister J W. 1997. Philosophy of science in the Netherlands. International Studies in the Philosophy of Science, 11（2）：191-204.

Mcallister J W. 2008. Contours of a European philosophy of science. International Studies in Philosophy of Science, 22（1）：1-3.

Niiniluoto I. 1980. Scientific progress. Synthese，（45）：424-462.

Niniluoto I. 1993. Philosophy of science in Finland: 1970-1990. Journal for General Philosophy of Science，（24）：147-167.

Nugayev R M. 2007. A leading paradigm of modern Russian philosophy of science. Journal for General Philosophy of Science, 38（2）：403-406.

Psillos S, Suárez M. 2008. First Conference of the European Philosophy of Science Association. Journal for General Philosophy of Science, 39（1）：157-159.

Regt H. 2009. EPSA09: Second Conference of the European Philosophy of Science Association. Journal for General Philosophy of Science，（40）：379-382.

Rouse Joseph. 1998. New philosophies of science in North America—twenty years later. Journal for General Philosophy of Science，（29）：71-122.

Sheehan H. 1993. Marxism and the Philosophy of Science, A Critical History. New Jersey:

Humanities Press International.

Sheehan H. 2007. Marxism and science studies: a sweep through the decades. International Studies in the Philosophy of Science, 21（2）: 197-210.

Solomon S G. 1982. The social context of Soviet science. British Journal for the History of Science, （15）: 189-191.

Suppe F. 1978. The Structure of Scientific Theories. Urbana: University of Illinois Press.

Trufanova E O, Gorokhov V G. 2014. Epistemology and the philosophy of science and technology in contemporary Russian philosophy: a survey of the literature from the late 1980s to the present. Studies in East European Thought, 66（3-4）: 195-210.

Ujlaki G. 1994. Philosophy of science in Hungary. Journal for General Philosophy of Science, （25）: 157-175.

Vincent B B. 2005. Chemistry in the French tradition of philosophy of science: Duhem, Meyerson, Metzger and Bachelard. Studies in History and Philosophy of Science, （36）: 627-648.

1931. Science at the Gross Road. London: Kniga（England）Ltd. Bush House, Aldwych, London, W. C. 2.

3rd Conference of the European Philosophy of Science Association. http://epsa11. phs. uoa. gr/index. files/Page388. htm[2017-06-15].

Бажанов В А, Баранец Н Г, Огурцов А П. 2012. Философия науки. Двадцатый век: концепции и проблемы. Вопросы Философии, （9）: 171-175.

Егоров Д Г. 2006. Если парадигмы несоизмеримы, то почему они все-таки меняются? Вопросы Философии, （3）: 102-110.

Жуков А П, Клишина С А. 1991. Союз наука и философии: реакьность или миф? Философские науки, （1）: 165-169.

Жуков В Н. 2012. Историа и философия науки: лроьлема концепции. Alma Mater, （3）: 14-16.

Карпенко А С. 2013. Философский принцип полноты. Вопросы Философии, （6）: 58-70.

Келле В Ж. 2004. Воспоминая Б. М. Кедрова. Вопросы Философии, （1）: 47-52.

Кузнецов В И. 2004. От истории развития науки. Вслед за лидером. Вопросы Философии, （1）: 17-25.

Лекторский В А. 2004. Бонифатий Михайлович Кедров: человек и мыслитель. Вопросы Философии, （1）: 14-16.

Мамчур Е А, Овчинников Н Ф, Огурцов А П. 1997. Отечественная философия науки: Предварительные итоги. Москва: РОССПЭН.

Маркович М. 2004. Практическая мудрость и достоинство в философии. Вопросы Философии, （1）: 63-66.

Обсуждение книги В С. 2007. Стёпина "философия науки. Общие вопросы"（материалы "круглого стола") . Вопросы философии, （10）: 64-88.

Орлов В В. 2010. XXI Век и проълема научности философии. Вестник пермското университета.

Панкратов А В. 2003. Телеология и принцип необратимости. Вопросы философии, （8）: 73-85.

Перминова Л М. 2010. О дидактическом принципе научности. Педагогика, （9）: 20-28.

Садовский В Н. 2004. Бонифатий Михайлович Кедров: человек и ученый. Вопросы философии, （1）: 30-40.

Степанянц М Т. 2013. Расширяя горизонты философии и науки. Вопросы философии, （2）: 75-88.

Стёпин В С. 2000. Теоретическое Знание（Структура, Историческая Эволюция）. Москва: Прогресс-Традиция, http://ru. philosophy. kiev. ua/pers/stepin/index. htm[2014-05-16].

Стёпин В С. 2004. Уистоков современной философии науки. Вопросы философии, （1）: 5-13.

Стёпин В С. 2006. Философия науки. Общие проблемы. Электронная публикация: Центр гуманитарных технологий. http: //gtmarket. ru/laboratory/basis/5321[2012-03-18].

Стёпин В С. 2010. Наука и философия. Вопросы Философии, （8）: 58-75.

Стёпин В С, Горохов В Г. 2006. Философия науки и техники. http://societypolbu.ru/stepin_sciencephilo/ch53_i.html[2011-02-16].

Столярова О Е. 2015. История и философия науки versus STS. Вопросы Философии, （7）: 73-83.

Уемов А И. 2004. Воспоминаниа о Б. М. Кедрове. Вопросы философии, （1）: 41-46.

Философия науки: проблемы и перспективы（материалы "круглого стола"）. 2006. Вопросы философии, （10）: 3-44.

Юдин Б Г. 2004. Б. М. Кедров: зпизоды жизни. Вопросы философии, （1）: 53-55.

英汉术语对照表

A

absolute space	绝对空间
absolute time	绝对时间
acceptability	可接受性
ad hoc interpretation	特设性解释
a model of scientific progress	科学进步模式
analysis of meaning	意义分析
analytic philosophy	分析哲学
analytic proposition	分析命题
analytic statement	分析陈述
anormaly	反常
anti-metaphysics	反形而上学
anti-realism	反实在论
auxillary hypothesis	辅助性假说

B

background knowledge	背景知识
basic sentence	基本语句
basic statement	基本陈述
belief	信念
boundary condition	边界条件

C

causal necessity	因果必然性
classical mechanics	经典力学
classical physics	经典物理学

classical science	经典科学
comparability	可比性
comparison of part with whole	整体与部分的比较
complementarity	互补性
completeness	完备性
conceptual framework	概念框架
conceptual problem	概念问题
conceptual switch	概念转换
confirmation	确证
Copenhagen school	哥本哈根学派
constructionism	结构主义
constructive empiricism	建构经验论
context of discovery	发现的上下文
continuity	连续性
conventionalism	约定主义
covering-law of scientific explanation	科学解释的覆盖率
crisis	危机
criterion of meaning	意义标准
critical rationalism	批判理性主义
cultural tradition	文化传统

D

deductive pattern of explanation	演绎性解释模式
deductive reasoning	演绎推理
deductivism	演绎主义
degress of falsifiability	可证伪度
demarcation	划界
determinism	决定论
dialectical synthesis	辩证的综合

E

empirical content	经验内容
empirical criterion	经验标准
empirical criticism	经验批判主义
empirical epistemology	经验认识论
empirical evidence	经验证据

empirical fact	经验事实
empirical knowledge	经验知识
empirical law	经验定律
empirical problems	经验问题
empirical science	经验科学
empirical test	经验检验
empirical verification	经验证实
empiricism	经验主义
external history	外史

F

factual proposition	事实命题
factual statement	事实陈述
falsifiability	可证伪性
falsification	证伪

H

hard core	硬核
historical relativism	历史相对主义
Historical school	历史学派
historicism	历史主义
history of science	科学史
holism	整体论
humanism	人文主义、人本主义、人道主义
humanistic understanding of science	对科学的人文主义理解

I

identification	确认
incommensurability	不可通约性
incompatibility	不相容性
inductive-deductive method	归纳-演绎法
inductive pattern of explanation	归纳性解释模式
internal conceptual problems	内部概念问题
internal history	内史
internalism	内在论
irrationalism	非理性主义

J

| justificationism | 证实主义 |
| justify | 证实 |

L

logic of discovery	发现的逻辑
logic of justification	证明的逻辑
logic of science	科学的逻辑
logical construction of scientific knowledge	科学知识的逻辑结构
logical construction of scientific theory	科学理论的逻辑结构
logical empiricism	逻辑经验主义
logical language	逻辑语言
logical method	逻辑方法
logical necessity	逻辑必然性
logical positivism	逻辑实证主义
logical reconstruction	逻辑重建

M

Merton thesis	默顿命题
meta method	元方法
metacriterion	元标准
metalanguage	元语言
metaphysical hypothesis	形而上学假定
metaphysical research program	形而上学研究纲领
metascience	元科学
methodology of scientific research programme	科学研究纲领方法论

N

natural philosophy	自然哲学
naturalism	自然主义
negative heuristics	反面助发现法
normal science	常规科学

O

| observation levels of scientific language | 科学语言的观察层次 |

observation sentence	观察语句
observation statement	观察陈述
observational fact	观察事实
observational term	观察术语

P

paradigm	范式
philosophy of language	语言哲学
philosophy of science	科学哲学
philosophical tradition	哲学传统
physicalism	物理主义
positive heuristics	正面助发现法
positivism	实证主义
prescience	前科学
principle of complementarity	互补原理
principle of indeterminacy	测不准原理
problem-solving ability	解决问题的能力
progress of science	科学进步

R

rational reconstruction	理性重建
rationalism	唯理论
rationality	理性、合理性
rationality of science	科学合理性
realism	实在论
relative truth	相对真理
relativism	相对主义
relativity	相对性
relativity theory	相对论
research programme	研究纲领
research tradition	研究传统

S

| science of science | 科学学 |
| scientific community | 科学共同体 |

scientific concept	科学概念
scientific culture	科学文化
scientific discovery	科学发现
scientific dynamics	科学动力学
scientific explanation	科学解释
scientific language	科学语言
scientific method	科学方法
scientific methodology	科学方法论
scientific philosophy	科学哲学
scientific rationality	科学理性
scientific realism	科学实在论
scientific research program	科学研究纲领
scientific revolution	科学革命
scientific statement	科学陈述
scientific theory	科学理论
scientific thought	科学思想
scientism	科学主义
semantics	语义学
social construction of scientific discovery	科学发现的社会结构
social history of science	科学社会史
sociology of science	科学社会学
solved problem	已解决的问题
symbolic logic	符号逻辑
synthetic proposition	综合命题
synthetic statement	综合陈述

T

testability	可检验性
textual analysis	文本分析
theoretical statement	理论陈述
theoretical term	理论术语
theories choice	理论选择
tributary-river analogy	支流-江河类比

U

| unsolved problem | 未解决的问题 |

V

values of science	科学价值
verifiability	可证实性
verification	证实
verisimilitude	逼真度
verstehen	理解
Vienna circle	维也纳学派
view of nature	自然观
view of science	科学观

俄汉术语对照表

А

абстрактный объект	抽象客体
антропологизм	人本主义
артефакт	人工物
антропоцентризм	人类中心论
аргумент от культуры	文化的论据

Б

базисные исследования	基础研究
биосфера	生物圈

В

высокое соприкосновение	高度契合

Г

герменевтика	解释学
глобальный эволюционизм	全球进化论
глобальная научная революция	全球科学革命
глобальные проблемы	全球性问题
гуманистическая философия истории	人道主义历史哲学

Д

диалогичность	对话性
диспозитив	社会机制
диалог культур	文化对话

И

инженерия	工程
инструментализм	工具主义
историческая эволюция научной рациональности	科学理性的历史进化
идеальное	理念
интернализм	内史论
идея всеединства	万物统一思想
идеалы и нормы исследования	研究的理想与规范

К

категориальные структуры	范畴结构
контекст парадигмы сложностности	复杂性范式语境
контекст постнеклассической науки	后非经典科学语境
классическая рациональность	经典理性
критический марксизм	批判的马克思主义
когнитивный поворот	认知转向
культура	文化
культурология	文化学

Л

логика науки	科学逻辑
логико-эпистемологический анализ	逻辑-认识论分析
линейная модель	线性模型

М

марксизм постиндустриальной эпохи	后工业时代的马克思主义
методология науки	科学方法论

Н

неклассическая рациональность	非经典理性
наука	科学
научная философия	科学（的）哲学
научная рациональность	科学（合）理性
научная революция	科学革命
научно техническая революция（НТР）	科学技术革命

научная картина мира	科学世界图景
наyковедение	科学学
научная программа	科学研究纲领
Новое философское движение	新哲学运动
носфера	智力圈

O

онтологизм	本体论主义
объектный подход	客体方法
общество знания	知识社会

П

правила соответствия	对应原则
парадигмальная трансплантация	范式移植
постнеклассическая наука	后非经典科学
постнеклассическая рациональность	后非经典理性
постсоветская школа критического марксизма	批判的马克思主义后苏联学派
преднаука	前科学
переключения гештальта	完形转换

P

Русская философия	俄国哲学
Российская философия науки и техники	俄罗斯科学技术哲学
Российская философия	俄罗斯哲学
Российское философское общество（РФО）	俄罗斯哲学学会
революционно-кри¬тическая деятельность	革命性批判活动
разум	理性

C

социология техники	技术社会学
структура и генезис научной теории	科学理论的结构和发生
социальная эпистемология	社会认识论
социо-культурный анализ	社会-文化分析
стиль мышления	思维方式
Советская философия	苏联哲学

Советская философия естествознания　　　　苏联自然科学哲学

синергетика　　　　协同学

Т

традиционные цивилизации　　　　传统文明

третья научная картина мира　　　　第三科学世界图景

трансгуманистическое общество　　　　后人本主义社会

теоретический конструкт　　　　理论建构

теоретическая схема　　　　理论图式

тип цивилизационного развития　　　　文明发展的类型

Ф

фундаментальная наука　　　　基础科学

философское основание науки　　　　科学的哲学基础

философия культуры　　　　文化哲学

фракция　　　　学派

философский разум　　　　哲学理性

философская антропология　　　　哲学人学

Ц

цивилизация　　　　文明

Ч

человековедение　　　　人学

Э

эмпирический объект　　　　经验客体

эпистемологизм　　　　认识论主义

экстернализм　　　　外史论

英汉人名对照表

A

Avenarius，Richard   阿芬那留斯

Ayer，A. J.   艾耶尔

B

Bachelard   巴什拉

Bahm，Archie J.   巴姆

Barrotta，Pierluigi   巴罗塔

Becquerel，Antoine   贝克勒尔

Bentham，G.   边沁

Bernal，J. D.   贝尔纳

Bernstein   伯恩斯坦

Blumberg，Albert E.   布鲁姆堡

Bochenski，Jozef Maria   波亨斯基

Boltzmann，L.   玻尔兹曼

Boyd，R.   波依德

Boyer，D.   博耶

Bridgeman，P. W.   布里奇曼

Bukharin，N. I.   布哈林

Butterfield，Jeremy   巴特菲尔德

C

Carnap，Rudolf   卡尔纳普

Carrier，Martin   凯瑞尔

Cartwright，Nancy   卡特赖特

Cohen，L. J.   科恩

Colman, E.	科尔曼
Comte, Auguste	孔德
Condorcet, M.	孔多塞

D

de George, Richard T.	狄乔治
Descartes, Rene	笛卡儿
Dummett, M.	达米特
Durkheim, E.	涂尔干

E

Earman, John	厄尔曼
Edgerton, W.	埃杰顿
Einstein, A.	爱因斯坦
Eisensdadt, S. N.	艾森斯塔特
Ellis, B.	爱利斯
Epicurus	伊壁鸠鲁

F

Feyerabend, P.	费耶阿本德
Fine, Arthur	法因
Frank, Philipp	弗兰克
Frege, G.	弗雷格
Freistadt, Hans	弗莱施塔特
Friedman, Michael	弗里德曼

G

George, F.	乔治
Gobar, Ash	戈巴尔
Gochet, Paul	戈切特
Gorokhov, Vitaly G.	格洛克霍夫
Graham, L. R.	格雷厄姆
Gramsci	葛兰西

H

Habermas, Jürgen	哈贝马斯
Hacking, Ian	哈金
Haldane, J. B. S.	霍尔丹
Hanson, N. R.	汉森
Hempel, C. G.	亨普尔
Hesse, Mary	赫斯
Hook, S.	胡克
Horz, H.	霍尔茨
Hume, D.	休谟
Hunt, R. N. C.	亨特
Huntington, S. P.	亨廷顿

I

Irvine, Andrew	欧文

J

Jacquette, Dale	杰凯特
Joffe, A. F.	约飞
Joravsky, David	约拉夫斯基

K

Kautsky	考茨基
Kline, G. L.	克莱恩
Korsch	科尔施
Koskinen, Inkeri	科斯基宁
Kraft, Viktor	克拉夫特
Krishna, Daya	克里希纳
Kuhn, T.	库恩
Kuipers, Theo A. F.	库珀斯
Kusch, Martin	库施

L

Lakatos, Imre	拉卡托斯
Largeault, Anne Fagot	洛格特

Laudan，Larry	劳丹
Leibniz，G. W.	莱布尼茨
Leitgeb，Hannes	莱特格布
Lep1in，Jarren	列普林
Liebknecht	李普克内西
Longino，Helen	朗基诺
Lukács	卢卡奇
Lysenko	李森科

M

Mach，Ernst	马赫
Mackinnon，E.	麦金农
Mäki，Uskali	梅基
Marcuse，Herbert	马尔库塞
Maxim，M.	马克西姆
McAllister，James W.	麦卡利斯特
McMullin，Ernan	麦克马林
Mehring	梅林
Meijers，Anthonie	梅杰斯
Metzger	梅茨格
Meyerson	梅耶森
Mikulack，M. W.	米库拉思科
Mill，John Stuart	穆勒
Minkowski，Hermann	明科夫斯基
Monod，Jacques L.	莫诺
Morgan，L.	摩尔根
Musgrave，Alan	马斯格雷夫

N

Neurath，Otto	纽拉特
Niniluoto，Ilkka	尼尼鲁托
Nugayev，Rinat M.	努格耶夫
Nussbaum，Martha	努斯鲍姆

O

Olgin，C.	奥尔金
Orwell，George	奥尔维尔

P

Peano，Giuseppe	皮阿诺
Perelman	佩雷尔曼
Pirozhkova，V.	莉罗兹科娃
Plamenatz，J.	普莱蒙纳茨
Plekhanov	普列汉诺夫
Poincaré，H.	庞加莱
Putnam，Hilary	普特南

Q

Quine，W. V. O.	奎因

R

Reichenbach，Hans	赖欣巴哈
Rescher，Nicholas	雷谢尔
Risjord，Mark	瑞思乔德
Rontgen	伦琴
Rosenfeld	罗森菲尔德
Rubinstein，M.	鲁宾施坦
Russell，R	罗素

S

Sahlins，M.	萨林斯
Schlick，Moritz	石里克
Schrödes，E.	施罗德
Sellars，W.	塞拉斯
Service，E.	塞维斯
Shapere，Dudley	夏皮尔
Sheehan，Helena	希恩
Siegfried，M.	希格弗利德
Solomon，S. G.	所罗门

Spencer，Herbert	斯宾塞
Spengler，O.	斯宾格勒
Sperber，Dan	斯波伯
Stadler，Friedrich	斯塔德勒
Steward，J.	斯图尔特
Stove，D. C.	斯托夫
Suarez，Mauricio	苏亚雷斯
Suppe，F.	萨普

T

Thagard，Paul	撒加德
Tonnies，F.	滕尼斯
Toulmin，Stephen Edelston	图尔敏
Trufanova，Elena O.	特洛凡诺娃
Turner，Stephen	特纳

U

Ujlaki，Gabriella	乌伊拉基

V

van Benthem，Johan	范·本瑟姆
van Fraassen	范·弗拉森
Vico，G.	维柯
Vincent，Bernadette Bensaude	文森特

W

Wetter，Gustav	维特尔
White，L.	怀特
Whitenhead，A.	怀特海
Whorf，B. L.	沃夫
Wittgenstein，L	维特根斯坦
Wolters，Gereon	沃尔特斯
Wong，David	翁格
Wylie，Alison	怀利

俄汉人名对照表

А

Аршинов, В. И.	阿尔什诺夫
Арсеньев, А. С.	阿尔谢尼耶夫
Амбацумян, В. А.	阿姆巴楚米扬
Александров, Г. Ф.	亚历山大洛夫

Б

Базаров, И. П.	巴扎罗夫
Белецкий, З. Я.	别列钦
Белинский, В. Г.	别林斯基
Белов, П. Т.	别洛夫
Богданов, А.	波格丹诺夫
Будилова, Е. А.	布季洛娃
Блохинцев, Д. И.	布洛欣采夫
Бутлеров, А. М.	布特列罗夫

В

Вавилов, С. И.	瓦维洛夫
Вицницкий	维茨尼切基
Вул, Б. М.	武尔

Г

Граигорьев, А. А.	格拉戈列耶夫
Григорьян, Б. Т.	格里戈里扬
Греков, Л. И.	格列科夫

Гессен, Б.	格森
Герцен, А. И.	赫尔岑
Гатевский, Б. М.	加捷夫斯基
Гак, Г. М.	加克
Гарковенко	卡尔考文柯

Е

| Егоров. Д. Г. | 叶果罗夫 |

Ж

Жданов, А. А.	日丹诺夫
Жданов, Ю. А.	日丹诺夫
Жуков, А. П.	茹科夫

З

| Зотов, А. Ф. | 佐托夫 |

И

| Илларионов, С. В. | 伊拉里奥诺夫 |

К

Киреевский, И. В.	基列耶夫斯基
Карпинская, Р. С.	卡尔宾斯卡娅
Карпенко, А. С.	卡尔片科
Каганов, В. М.	卡加诺夫
Калинин, Ф.	卡利宁
Каммари, М. Д.	卡马里
Каменский	卡缅斯基
Казютинский, В. В.	卡秋金斯基
Касавин, И. Т.	卡萨温
Кедров, Б. М.	凯德洛夫
Копнин, П. В.	柯普宁
Корпов, М. М.	科尔波夫
Криний, А. М.	科林尼
Коникова, А. С.	科尼柯娃

Копин，П. В.	科平
Крывелев	克雷韦列夫
Кузьмина，Т. А.	库兹明娜
Кузнецов，В. И.	库兹涅佐夫
Кузнецов，И. В.	库兹涅佐夫
Кузнецов，Л. Ф.	库兹涅佐夫
Кузнецов，П. С.	库兹涅佐夫

Л

Лапин，Н. И.	拉宾
Лавров，П. Л.	拉夫罗夫
Ляпунов，А. М.	利亚普诺夫
Лебедев，С. А.	列别捷夫
Лепешская，О. Б.	列别什卡娅
Лекторский，В. А.	列克托尔斯基
Лесевич，В. В.	列谢维奇
Лейбиш，В. М.	列伊宾
Ломоносов，М. В.	罗蒙诺索夫

М

Маркович，М.	马尔科维奇
Максимов，А. А.	马克西莫夫
Малинин，В. А.	马里宁
Мамчур，Е. А.	马姆丘尔
Мелюхин，С. Т.	麦柳欣
Мансуров，Н. С.	曼苏罗夫
Мельвиль，Ю. К.	梅里维尔
Михайловский，Н. К.	米哈伊洛夫斯基
Микешина，Л. А.	米凯什娜
Микулинский，С. Р.	米库林斯基
Минин，С. К.	米宁
Мичуин，И. И.	米丘林
Митрохин，Л. Н.	米特洛欣
Мостепаненко，М. В.	莫斯杰巴捏卡

H

Наан, Г. И.	纳安
Нарский, И. С.	纳尔斯基
Никифоров, А. Л.	尼基福洛夫
Новинский, И.	诺温斯基

O

Овчиников, Н. Ф.	奥甫阡尼科夫
Огурцов, А. П.	奥古尔佐夫
Омельяновский, М. Э.	奥米里扬诺夫斯基
Ойзерман, Т. И.	奥伊则尔曼

П

Паан, Т. И.	巴安
Павлов, И. П.	巴甫洛夫
Поршиев, Е. Ф.	波尔什涅夫
Порус, В. Н.	波鲁斯
Панкратов, А. В.	潘克拉托夫
Перминова, Л. М.	佩尔米诺娃
Пирогов, Н. Н.	皮罗戈夫
Пузиков, П. Д.	普济科夫
Плеханов, Г. В.	普列汉诺夫
Плетнев, В.	普列特涅夫
Пружинин, Б. И.	普鲁日宁
Пушенко, И. Е.	普什科

Р

Рабинович, В. Л.	拉比诺维奇
Рожин, В. П.	罗任
Родного, Н. И.	罗特诺戈
Розов, М. А.	罗佐夫

С

Садовский, В. Н.	萨多夫斯基
Содовиев, Ю. И.	萨多维耶夫

Саркисов, С. А.	萨尔基索夫
Стаханов, И. П.	斯达汉诺夫
Стёпин, В. С.	斯焦宾
Скворцов-степанов, И. И.	斯克沃尔佐夫—斯切潘诺夫
Смирнов, И. Н.	斯米尔诺夫
Станкевич, Н. В.	斯坦凯维奇
Столегов, В. Н.	斯托列戈夫
Сорцак, Л. И.	索尔恰克
Соловъев, Э. Ю.	索洛维约夫
Селектор	谢列克托尔
Семенов, Н. Н.	谢苗诺夫
Сеченов, И. М.	谢切诺夫

Т

Тимирязев, А. К.	季米里亚捷夫
Тердецкий, Я. П.	捷尔杰茨基
Тешлов, Б. М.	捷普洛夫
Трошин, Д. М.	特罗申
Тугаринов, В. П.	图加里诺夫
Турсунов, Акбар	图萨诺夫

У

Уемов, А. И.	乌也莫夫

Ф

Фаталиев, Х. М.	法塔利也夫
Филатов, В. П.	菲拉托夫
Филиппов, Л. Н.	费利波夫
Фесенков, В. Г.	费先科夫
Фролов, И. Т.	弗罗洛夫
Фок, В. А.	福克

Х

Хомяков, А. С.	霍米雅科夫

Ч

| Чаадаев，П. Я. | 恰达耶夫 |
| Чумаков，А. Н. | 丘马科夫 |

Ш

Шерщенко，Л. А.	舍尔申科
Швырев，В.	什维列夫
Штейнман，Р. Я.	施泰因曼

Ю

| Юдин，Б. Г. | 尤金 |
| Юлина，Н. С. | 尤莉娜 |

Я

| Яскевич，Я. С. | 雅思凯维奇 |
| Ярошевский，М. Г. | 亚罗施耶夫斯基 |

后　记

本书是我的第五部学术著作，是 2013 年立项的国家社会科学基金一般项目"历史语境视野下的苏联（俄罗斯）与西方科学哲学比较研究"（项目批准号：13BZX019）的最终研究成果。

该项课题的研究建立在下述成果的基础上。首先是研究主题的比较。2003年黑龙江省教育厅项目"西方科学哲学科学进步问题综合研究"获批，2005年，黑龙江省教育厅项目"马克思主义科学哲学科学进步问题综合研究项目"获批。这两个项目开启了不同思想传统下的科学哲学的主题比较研究。科学哲学整体的比较研究率先在马克思主义思想传统内进行，2010 年，"中俄科学哲学比较研究"被黑龙江省社会科学规划办立项，从三个方面展开了比较研究：首先是在研究域和研究主题方面展开的结构学方面的比较研究，其次是从历史的溯源中寻求发生学意义上的比较，最后是从应用角度分析了对建设中的马克思主义科学哲学的思想启示。限于课题本身的目标，课题主要对马克思主义思想传统内部的俄苏和中国的科学哲学进行了比较。这种比较如果进一步深入的话，必须引入西方科学哲学作为重要的理论背景。西方非马克思主义科学哲学的丰富成果，是对马克思主义科学哲学进行内部比较的重要参照系。这一目标实现的最好方式是对马克思主义和非马克思主义的科学哲学进行比较。2012 年，"差异与趋同：苏联（俄罗斯）与西方科学哲学比较研究"被黑龙江省社会科学规划办立项，合理地接续了上述研究。俄苏与西方科学哲学的比较研究形成了 4个角度：背景研究、结构学研究、动力学研究、方法学研究。背景研究分析了20 世纪以来受全球化进程和科学技术进步的影响，科学哲学发展的历史语境发生了重大转换，这种转换带来了科学哲学的研究平台、研究内容和研究目标的变化。结构学研究侧重呈现俄苏与西方科学哲学在科学知识结构研究中的共性和差异。动力学研究主要分析科学的动态发展，如科学进步等重大问题。方法